国家出版基金项目
“十三五”国家重点出版物出版规划项目
深远海创新理论及技术应用丛书

海洋机电装备技术

杨灿军　陈燕虎　吴世军　陈炳喆　编著

海洋出版社
2022年·北京

内 容 简 介

海洋机电装备技术无论是在认识海洋方面还是在开发和保护海洋方面，都将起到越来越重要的作用。本书系统阐述了海洋机电装备相关技术体系，涉及的海洋机电装备技术有海洋机电装备设计技术、海洋机电装备材料技术、海洋装备传感器技术、海洋装备通信技术、水下机器人技术、海洋装备通用技术、海洋装备集成设计与试验技术等。希望本书的出版能促进我国海洋机电装备的设计、研发、试验和推广应用，更好地为我国海洋科学研究和海洋经济发展作贡献。

本书可为从事海洋科学技术研究与应用工作的科技工作者、企业技术人员以及在校涉海学科教师、研究生及本科生提供参考。

图书在版编目(CIP)数据

海洋机电装备技术／杨灿军等编著. --北京：海洋出版社，2022.10

(深远海创新理论及技术应用丛书)

ISBN 978-7-5210-1005-3

Ⅰ.①海…　Ⅱ.①杨…　Ⅲ.①海洋工程-机电设备　Ⅳ.①P75

中国版本图书馆 CIP 数据核字(2022)第 170018 号

丛书策划：郑跟娣
责任编辑：郑跟娣
责任印制：安　淼
出版发行：海洋出版社
地　　址：北京市海淀区大慧寺路 8 号
邮　　编：100081
开　　本：787 mm×1 092 mm　1/16
字　　数：417 千字

发行部：010-62100090
总编室：010-62100971
网　址：www.oceanpress.com.cn
承　印：鸿博昊天科技有限公司印刷
版　次：2022 年 10 月第 1 版
印　次：2022 年 10 月第 1 次印刷
印　张：20.75
定　价：125.00 元

本书如有印装质量问题可与本社发行部联系调换

前　言

海洋约占地球表面积的71%，它是地球的动力之源，对于地球的能量转换、生态循环起着重要的促进作用。海洋对于全球环境和气候变化影响巨大，理解海洋的运行机理是人类文明发展的关键。同时随着社会的不断发展，人类对地球资源的开发需求日益增多。海洋中蕴藏着极其丰富的海洋生物资源、矿产资源和海洋能源，人类开发、利用和保护海洋的脚步将随着资源需求的增加和科技的进步而逐渐加快。无论是在认识海洋还是开发利用和保护海洋方面，海洋机电装备技术都将起到越来越重要的作用。

本书旨在阐述海洋机电装备相关技术体系，促进我国海洋机电装备设计、研发、试验和推广应用，更好地为我国海洋科学研究和海洋经济发展作贡献。本书主要介绍了海洋机电装备的技术基础、设计技术、材料技术、传感器技术、通信技术、水下机器人技术及集成与试验技术。

海洋机电装备技术基础主要从海洋的形成、海水性质、海洋物理、海洋化学、海洋地质、海洋生态和海底资源等方面介绍海洋机电装备的应用背景，为全面阐述海洋机电装备相关技术奠定基础。

海洋机电装备设计技术主要面向海洋机电装备设计过程中的优化设计方法、密封设计方法、耐压壳体设计方法和电子电路设计方法等，通过数据采集系统设计和水下机器人设计实例介绍设计技术方法应用，同时还简要介绍设计过程中需要使用的计算机辅助设计软件。

海洋机电装备材料技术是海洋机电装备的重要支撑，主要阐述海洋工程结构材料、浮力调节材料和表面涂料，并简要介绍材料在海洋中的腐蚀和防腐技术。

海洋机电装备传感器技术全面介绍常用的物理海洋观测传感器、化学海洋观测传感器、生物海洋观测传感器和海底物探观测传感器，并预测海洋观测传感器的发展趋势，为海洋机电装备的传感器选型提供参考。

海洋机电装备通信技术是海洋机电装备实现信息交互的重要一环，主要从水下光纤通信、水下无线光通信、水下电磁波通信、水下声通信和水下量子通信等方面详细阐述海洋机电装备的常用通信方式。

水下机器人技术主要介绍水下机器人的分类，并重点阐述水下机器人的设计原理、操纵与控制技术、定位导航技术、目标探测与识别技术和水动力学试验技术。水下机器人技术是海洋机电装备技术的综合体现。

海洋机电装备集成与试验技术主要分为海洋机电装备集成技术和海洋机电装备试验技术，是海洋机电装备从实验室理想环境走向海洋复杂环境必不可少的重要步骤。

本书可为从事海洋科学技术研究与应用工作的科技工作者、企业技术人员以及在校涉海学科教师、研究生及本科生提供参考。

囿于作者的有限知识以及总是不够充分的写作时间，书中难免出现不足之处，希望各位读者能够帮我们发现问题和疏漏，以便我们进一步修改与完善。

杨灿军

2020 年 2 月于浙江大学求是园

目　录

第1章　绪　论 …… 1

1.1　海洋技术及装备定义 …… 2

1.1.1　海洋技术定义 …… 3

1.1.2　海洋机电装备技术定义 …… 5

1.2　研究海洋机电装备技术的意义 …… 5

1.2.1　科技发展 …… 6

1.2.2　经济效益 …… 6

1.2.3　国家安全 …… 6

1.3　海洋机电装备的发展现状与趋势 …… 7

1.3.1　海洋机电装备发展现状 …… 7

1.3.2　海洋机电装备发展趋势 …… 23

第2章　海洋机电装备技术基础 …… 25

2.1　引言 …… 26

2.2　海洋的形成 …… 26

2.3　海水性质 …… 27

2.3.1　海水组成 …… 27

2.3.2　海水盐度 …… 27

2.3.3　海水密度 …… 28

2.3.4　海水热性质 …… 29

2.3.5　海水的其他物理性质 …… 30

2.3.6 海冰 …… 30
2.4 海洋物理 …… 31
2.4.1 海洋的深度 …… 31
2.4.2 海洋盐度分布 …… 32
2.4.3 海洋温度分布 …… 33
2.4.4 海水密度分布 …… 34
2.5 海洋化学 …… 36
2.6 海洋地质 …… 37
2.6.1 海底地质构造 …… 37
2.6.2 海洋沉积学 …… 38
2.7 海洋生态 …… 39
2.8 海底资源 …… 40
2.8.1 传统资源 …… 40
2.8.2 非传统资源 …… 40

第3章 海洋机电装备设计技术 …… 43
3.1 引言 …… 44
3.2 优化设计方法 …… 45
3.2.1 优化设计一般步骤 …… 45
3.2.2 传统优化设计方法 …… 46
3.2.3 现代优化设计方法 …… 49
3.2.4 海洋机电装备结构优化研究现状 …… 51
3.3 密封设计 …… 53
3.3.1 密封设计概述 …… 53
3.3.2 O形圈密封 …… 55
3.3.3 硬密封 …… 57
3.3.4 组合式密封 …… 57
3.4 耐压壳体设计 …… 58
3.4.1 耐压壳体设计原则 …… 58

3.4.2 耐压壳体材料选择 …… 58
3.4.3 耐压壳体形状选择 …… 60
3.4.4 耐压壳体壁厚计算 …… 61
3.5 电子电路设计 …… 62
3.5.1 电路设计说明 …… 62
3.5.2 下位机软件 …… 64
3.6 数据采集系统设计举例 …… 66
3.6.1 密封设计 …… 66
3.6.2 结构设计 …… 67
3.6.3 电子控制设计 …… 68
3.6.4 接口设计 …… 68
3.6.5 应用介绍 …… 69
3.7 载人潜水器设计举例 …… 70
3.7.1 设计流程 …… 70
3.7.2 载人潜水器外形选择及总布置设计 …… 71
3.7.3 设计方法 …… 72
3.8 设计流程中的软件应用 …… 73
3.8.1 计算机辅助机械设计 …… 73
3.8.2 计算机辅助电子线路设计 …… 78
3.8.3 计算机辅助控制系统设计 …… 80

第4章 海洋机电装备材料技术 …… 81
4.1 引言 …… 82
4.2 海洋工程结构材料 …… 82
4.2.1 力学性能 …… 82
4.2.2 强度理论 …… 83
4.2.3 金属材料 …… 85
4.2.4 非金属材料 …… 91
4.3 浮力调节材料 …… 96

4.3.1 浮力材料 …… 96
4.3.2 相变材料 …… 102
4.4 表面涂料 …… 105
4.4.1 防污涂料 …… 105
4.4.2 防腐涂料 …… 108
4.4.3 隐身涂料 …… 109
4.4.4 防结冰涂料 …… 111
4.5 材料腐蚀与防腐 …… 111
4.5.1 影响材料腐蚀的海洋环境因素 …… 111
4.5.2 海洋腐蚀分类 …… 113
4.5.3 防腐蚀方法 …… 115
4.5.4 表面处理与改性 …… 116
4.5.5 腐蚀监测技术 …… 118

第5章 海洋机电装备传感器技术 …… 119
5.1 引言 …… 120
5.2 物理海洋观测传感器 …… 121
5.2.1 电导率传感器 …… 121
5.2.2 温度传感器 …… 123
5.2.3 压力传感器 …… 126
5.2.4 温盐深(CTD)剖面仪 …… 129
5.2.5 海流测量设备 …… 136
5.2.6 验潮仪 …… 141
5.2.7 波浪测量单元 …… 145
5.2.8 浊度传感器 …… 150
5.2.9 浮游生物光学计数器 …… 155
5.2.10 光合有效辐射传感器 …… 156
5.2.11 光散射传感器 …… 157
5.2.12 深海照相设备 …… 158

5.3 化学海洋观测传感器 …… 159
5.3.1 溶解氧传感器 …… 159
5.3.2 pH 值传感器 …… 163
5.3.3 二氧化碳传感器 …… 164
5.3.4 负二价硫传感器 …… 164
5.3.5 氨氮传感器 …… 165
5.4 海洋生物观测传感器 …… 167
5.4.1 基于声学的海洋生物观测传感器 …… 168
5.4.2 基于光学的观测传感器 …… 171
5.4.3 基于流式细胞技术的观测传感器 …… 175
5.4.4 基于分子生物学的观测传感器 …… 178
5.5 海底物探观测传感器 …… 181
5.5.1 海底重力观测传感器 …… 182
5.5.2 海底磁力观测传感器 …… 184
5.5.3 海底地震观测传感器 …… 185
5.6 海洋观测传感器发展方向 …… 186

第 6 章 海洋机电装备通信技术 …… 189
6.1 引言 …… 190
6.2 水下光纤通信 …… 190
6.2.1 水下光纤通信概念 …… 190
6.2.2 水下光纤通信发展趋势 …… 193
6.3 水下无线光通信 …… 195
6.3.1 水下无线光通信概念 …… 195
6.3.2 LED 无线光通信 …… 196
6.3.3 水下无线激光通信 …… 198
6.4 水下电磁波通信 …… 200
6.4.1 水下电磁波通信概念 …… 200
6.4.2 水下电磁波通信频段 …… 200

6.4.3 水下电磁波传播特点 …… 201
6.4.4 水下电磁波通信发展 …… 202
6.4.5 水下无线射频通信 …… 203
6.5 水下声通信 …… 205
6.5.1 水下声通信概念 …… 205
6.5.2 水下声信道的特征与影响因子 …… 206
6.5.3 水下声通信技术种类 …… 207
6.5.4 欧洲水下声通信技术发展 …… 209
6.6 水下量子通信 …… 210
6.6.1 量子通信概念 …… 210
6.6.2 海水信道特点 …… 212
6.6.3 水下量子通信关键技术 …… 214
6.6.4 水下量子通信国内外发展现状与面临的问题 …… 215

第7章 水下机器人技术 …… 219
7.1 引言 …… 220
7.2 水下机器人概述 …… 220
7.3 水下机器人设计原理 …… 221
7.3.1 水下空间描述和坐标变换 …… 221
7.3.2 水下机器人运动学与动力学 …… 223
7.4 水下机器人操纵与控制技术 …… 232
7.4.1 无人遥控水下机器人的运动控制 …… 232
7.4.2 自主式水下机器人的运动控制 …… 233
7.5 水下机器人定位导航技术 …… 234
7.5.1 水下声学定位导航 …… 234
7.5.2 惯性导航系统 …… 237
7.5.3 其他导航方法 …… 238
7.6 水下机器人目标探测与识别技术 …… 239
7.6.1 水下成像 …… 239

7.6.2　水下目标识别与图像处理 …… 242
7.7　水下机器人水动力学试验技术 …… 244
7.7.1　水动力 …… 244
7.7.2　水动力试验设备 …… 245

第 8 章　海洋机电装备集成与试验技术 …… 247
8.1　引言 …… 248
8.2　海洋机电装备集成关键技术 …… 248
8.2.1　高可靠水密连接技术 …… 249
8.2.2　高能量密度能源供给技术 …… 254
8.2.3　高集成度水下推进技术 …… 264
8.2.4　高集成度水下液压驱动技术 …… 272
8.2.5　高可靠水下作业技术 …… 275
8.2.6　高可靠水下成像技术 …… 277
8.2.7　轻量化技术 …… 286
8.2.8　低功耗设计技术 …… 287
8.2.9　安全可靠性设计技术 …… 288
8.3　海洋机电装备试验技术 …… 289
8.3.1　海洋机电装备试验技术相关概念 …… 289
8.3.2　试验阶段 …… 290
8.3.3　试验条件建设 …… 291
8.3.4　相关试验规范 …… 293
8.3.5　典型试验举例 …… 297
8.4　海洋机电装备集成与试验技术发展趋势 …… 299

参考文献 …… 300

Chapter 1 第 1 章 绪 论

“海洋”已成为在国际上出现频度最高的词汇之一，特别是对于当前的中国，“海洋”这个词汇更具有特殊的含义。南海海洋油气田开发、大洋海底资源勘探、环球航次科考活动、“蛟龙”号载人深潜、中国军舰亚丁湾护航、中国航母下水、我国周边国家对我国钓鱼岛与南海诸岛的主权争议等，一次又一次把公众的视线引至海洋。人们深刻地意识到，中国的发展离不开海洋。事实上，一百年前，孙中山先生就开始了他的海洋抱负的实践。孙先生一生曾航海 20×10^4 km，相当于绕地球 5 周，并早就提出了“自世界大势变迁，国力之盛衰强弱，常在海而不在陆，其海上权力优胜者，其国力常占优胜”(盖广生，2011)。海洋承载着我们几代人复兴中华的强烈希望，海洋已经深深融入普通百姓的日常生活之中。中国的海洋事业，必将对中国人民的今天与将来产生重要影响。因此，对海洋的科学研究，对海洋资源的探寻与开发，对海洋工程与技术的发展，将成为科学技术领域一项长期而艰巨的任务。美国一位科学家说得好：“今天人类对太空的认识，已经远远超过人类对自身居住的星球的认识。”毛主席曾有一句著名的诗词：“可上九天揽月，可下五洋捉鳖。”那么，我们如何“下洋捉鳖”？如何去了解这占地球表面积约 71%的辽阔海洋？如何去探测这平均深度深达数千米的海洋？如何去开发遍布从海面到水体到海底的丰富海洋资源？目前，人类对海洋，特别是海底的认知还不完全，全球变暖过程中海洋的作用还处于不断揭示之中，海底海洋的命题逐渐摆在了科学家们的面前。显而易见，为了完成这些工作，海洋机电装备将起到不可替代的支撑作用。

1.1 海洋技术及装备定义

全球海洋总面积约为 3.6×10^8 km^2，约占地球表面积的 71%，其所容海水约有 13.7×10^8 km^3，含化学元素 80 余种，有海洋生物 20 余万种，总生物量估计为 3×10^{10} t。海洋是一个巨大的资源宝库，其所含矿物资源、生物资源、水资源、各种能源和空间资源等潜力巨大，因而成为人类发展经济并从事相应科学技术开发的重点领域。到 20 世纪末，世界海洋经济总产值已超过 10 000 亿美元，在世界经济总产值中的比重已超过 10%，而且这一比重还将迅速提高。海洋既是人类在地球上生存、发展的最后领域，同时也是各种灾害(台风、风暴潮、巨浪、海冰、海底地震及海啸、赤潮、海上溢油、海岸侵蚀、海平面上升等)的温床，因而人类为了生存及发展，在开发和利用海洋的同时，必须加强海洋环境保护和海洋灾害防护能力的研究与建设。

随着人类经济活动的迅猛发展，陆上资源和空间已难以满足或充分满足社会发展的需求。21 世纪将是人类全面向海洋进军的时代，海洋的开发利用及其防护将面临一个突飞猛进、空前繁荣的新时期。这种开发利用和防护将是全方位的，而面临的国际竞争也将是空前激烈的。从目前人类的需求来看，这种勘探开发利用和监测防护主要包括以下几类：①资源的开发利用，包括海底油气和天然气、水产资源、海水及其所含物质资源、海底矿产资源、海洋能源等；②空间的利用，包括海洋作为交通和通信通道、海洋空间等；③环境监测和保护，包括全球海洋二氧化碳含量的监测、海洋及海岸带的环境保护及防灾抗灾措施等。

所有这些开发利用及防护都离不开海洋工程设施和相关的机电装备。由于海洋开发利用的内涵与目的差异巨大，其所采用的工程设施和机电装备也千差万别。随着人类向海洋进军的深度与广度不断扩展，海洋经济的门类已遍及人类经济生活的各个领域，它们需要有不同类型的海洋工程和机电装备作为技术支撑。同时，由于海洋环境条件十分复杂，有时还极为恶劣，海洋工程设施及相关机电装备的造价十分昂贵，尤其当这些设施与装备愈来愈向深海及大洋推进，工程设施的规模日趋庞大，其所需投资剧增，从而要求人类对海洋环境条件的认识和对机电装备的设计理论与建造工艺有很大的提高与深化，以期在保证机电装备安全可靠的前提下节约投资、缩短建设周期、减少维修工作和延长使用年限。从总体上来说，海洋工程技术及机电装备技术的发展可分为三大类：①开发全新的工程技术及机电装备(包括新领域内的开发技术和原有领域内的创新技术)；②对现有技术的改进与发展；③延长已有工程及机电装备使用期的新技术。

1.1.1　海洋技术定义

浙江大学陈鹰教授2014年在《机械工程学报》上对“海洋技术”定义有如下描述：“海洋技术，是研究海洋自然现象及其变化规律、开发利用海洋资源、保护海洋环境以及维护国家海洋安全所使用的各种技术的总称，是研究实现海洋装备及工程系统的技术手段与方法。大众熟知的海洋工程材料技术、水下声学技术、水下作业技术、水下探测技术、水下光学技术、海洋试验技术、海洋遥感技术、水下通信技术、水下导航技术、水下运载技术、海底观测技术、航海技术、水动力技术、海洋装备设计与集成技术等，都属于海洋技术范畴。”

根据海洋技术的内涵特点，可把海洋技术分为基础技术、支撑技术和应用技术三个部分(陈鹰等，2018；Kitts et al.，2012)，如图1-1所示。

海洋基础技术，是在各种相关的基础理论的基础上，为了满足海洋领域不同的应用需求而衍生出来的技术。如图1-1所示，这类技术直接来自基本的物理概念，基础性最强。海洋基础技术的组成见表1-1。

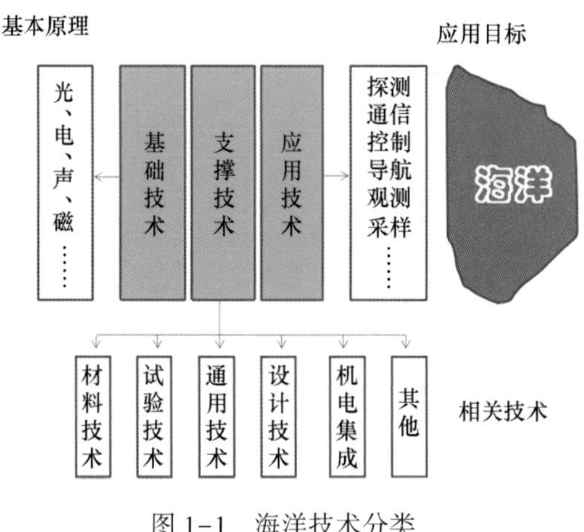

图 1-1 海洋技术分类

表 1-1 海洋基础技术组成

	基础理论	相应的海洋技术
海洋基础技术	声学	水下声学技术
	光学	水下光学技术
	磁学	水下地磁技术
	电学/光学	海洋遥感技术
	力学	水下运动物体动力学
	⋮	⋮

海洋支撑技术，是基于海洋基础技术，在各种不同需求领域来实现海洋技术装备和海洋工程系统的辅助技术。如图 1-1 所示，这类技术具有很强的支撑性。海洋支撑技术组成见表 1-2。

表 1-2 海洋支撑技术组成

	需求领域	相应的海洋技术
海洋支撑技术	材料	海洋材料技术
	设计	海洋装备设计技术
	制造	海洋装备制造技术
	集成	机电集成技术
	试验	海洋试验技术
	通用件、基础件	海洋通用技术
	⋮	⋮

海洋应用技术，是实现海洋领域中各种具体应用要求的技术。这类技术直接面向目标，解决海洋科学研究、海洋开发与利用、海洋环境保护等问题，应用性强。海洋应用技术十分广泛，有些是明确立足于相应的基础技术，比如水下通信技术可以是立足于水下声学技术，或者立足于水下光学技术，而有些海洋探测技术，可以立足于水下地磁技术等。海洋应用技术组成见表1-3。

表1-3 海洋应用技术组成

	应用领域	相应的海洋技术
海洋应用技术	海底及海底资源探测	水下探测技术、水下采样技术、海洋油气工程技术
	海洋运载	船舶技术、水下运载技术、水下通信导航技术、航海技术
	海洋观测/监测	海洋传感器技术、海洋观测网络技术
	海洋生物	海洋生物技术、海洋养殖技术
	海洋结构物	海洋建筑工程技术
	海洋能利用	海洋能技术
	⋮	⋮

1.1.2 海洋机电装备技术定义

海洋机电装备技术特指研究海洋自然现象及其变化规律、开发利用海洋资源、保护海洋环境以及维护国家海洋安全所使用的水下机电装备设计制造所需的各种技术的统称，包括机电装备结构设计与制造技术、材料技术、传感器技术、通信技术、通用技术、应用试验技术以及水下机器人技术等。海洋机电装备技术是人类研究海洋、开发利用海洋和保护海洋等一系列活动的技术支撑。海洋机电装备技术基础性和综合性强，涉及面广，与各相关学科领域联系密切。

1.2 研究海洋机电装备技术的意义

目前，人类对海洋，特别是对海底的认知尚在探索中，认识海洋仍然是人类面临的重要研究课题。显而易见，在这些工作中，海洋机电装备技术扮演着重要的角色。党的十九大报告提出加快建设海洋强国，从某种角度来说，海洋机电装备技术，既代表着一个国家在海洋研究与开发方面的实力与水平，也代表着一个国家的综合实力。关于发展海洋机电装备技术的重要性，本节从科技发展、经济效益和国家安全三个方面进行阐述。

1.2.1 科技发展

人类需要深入地了解海洋、认识海洋，需要对海洋进行深入的探索与研究，海洋机电装备技术是这一切的重要基础。我国的海洋科学研究，一直受制于落后的海洋机电装备技术。工欲善其事，必先利其器，因此发展海洋机电装备技术，是我国海洋科学发展的迫切需要。同时，海洋科学的突破，将极大地推动人类科学的全面发展。海洋机电装备技术本身也有许多待突破的地方，如潜入深海、海洋的透明化、海底海洋的探测、全海域水下导航、深海资源开采等，都期待着科技工作者去攻克一个个难关。

1.2.2 经济效益

海洋机电装备技术的发展，使得海洋资源的开发内容与应用方式越来越多。海洋资源开发的成果，推动了社会经济发展，支撑人类可持续发展。世界许多国家在海洋资源特别是海底油气开发方面取得了丰硕的成果，我国也在南海开展了海底油气资源的开发。海洋机电装备支持的海洋资源开发产生的经济效益，使人民群众看到了海洋事业的经济价值，同时又能反哺到海洋科学研究与海洋机电装备技术研发工作中去，推动海洋科技事业的更进一步发展，形成经济可持续发展的良性循环。

1.2.3 国家安全

1）军事安全

两千多年前，古罗马哲学家西塞罗说：“谁控制了海洋，谁就控制了世界。”19 世纪末，美国海军上校马汉在其《海权对历史的影响（1660—1783 年）附〈亚洲问题〉》中也表达了类似的观点。纵观近代史，欧美国家的崛起都是以海权为标志和基础的。我国拥有 3.2×10^4 km 海岸线以及 3×10^6 km^2 主张管辖海域，海洋国土面积居世界前列。同时，海洋也是世界各国在军事领域的竞争重点。因此，发展海洋机电装备技术对我国也有重大的战略意义。

2）海洋灾害监测

海洋灾害是指海洋自然环境发生异常或激烈变化，导致在海上或海岸发生的灾害。我国海洋灾害种类很多，主要有风暴潮、赤潮、海浪、海岸侵蚀、海雾、海冰、海底地质灾害、海水入侵、沿海地面下沉、河口及海湾淤积、外来物种入侵、海上溢油等。

海洋灾害防治是一项系统工程，需要海洋、水利、交通、地震、农业、旅游、通信等多部门协作，通过卫星、船舶、基站、浮标等监测设备，建立灾害预报、预警网络，及时发布灾害信息，准确跟踪灾害发生、发展、移动、消亡的轨迹，全面估计灾害损失。海洋机电装备技术也在其中扮演重要角色。

1.3 海洋机电装备的发展现状与趋势

1.3.1 海洋机电装备发展现状

近年来，各国越来越重视对海洋的探测与开发，都希望在这一领域占有先机。目前，全球主要海洋机电装备建造商集中在新加坡、韩国、美国及欧洲等国家和地区，其中新加坡和韩国以建造技术较为成熟的中、浅水域平台为主，目前也在向深水高技术平台的研发建造发展，而美国、欧洲等国家和地区则以研发和建造深水及超深水高技术平台装备为核心。

我国海洋机电装备制造业起步于20世纪七八十年代，实现快速发展是在进入21世纪以后。21世纪以来，我国海洋机电装备制造业发展取得了长足进步，在环渤海地区、长三角地区、珠三角地区初步形成了具有一定集聚度的产业区，涌现出一批具有竞争力的企业(集团)。

本书通过海底观测网络和水下机器人两种典型海洋机电装备介绍海洋机电装备的发展现状。

1)海底观测网络

海底观测网络是把各种观测器件放置到观测点上，用网络方式联接这些观测器件，同时获得观测数据并实时传回岸基基站，以供科学家进行现场分析。海底观测网络是海底观测体系中功能最为齐全、观测时间最长、技术含量最高的一种观测手段，通常由岸基站、接驳盒(分主、次接驳盒两种)、观测设备插座模块和观测设备四个层次组成，其构成示意图如图1-2所示。

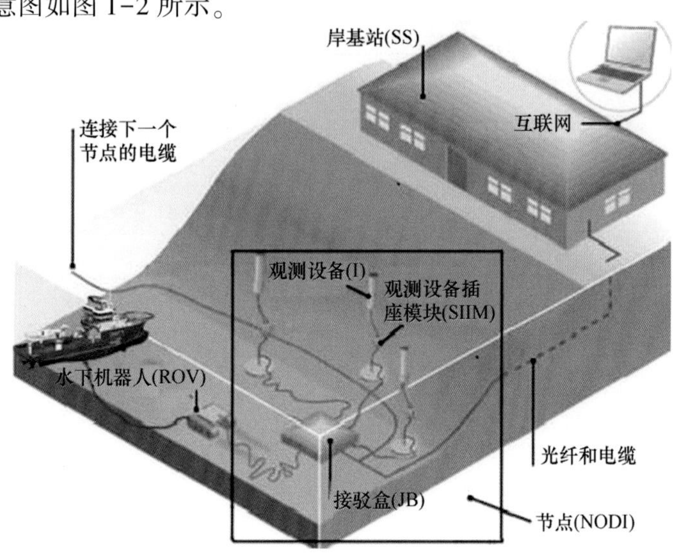

图1-2 海底观测网络构成示意图

由于技术、经济和地理位置上的原因，在海底观测系统研究和实践方面，美国、日本、加拿大等国家走在前面。这些国家针对深海热液、海底地震、海啸、全球气候变化等科学目标观测需要，开展了相关的研究工作，分别建立了实际的海底观测示范系统与实际应用系统，有些已投入使用，著名的如加拿大与美国合作的“海王星”海底观测网络计划(The North-East Pacific Time-Integrated Undersea Networked Experiment, NEPTUNE)等(Delaney et al., 2000；Barnes, 2009；李建如等，2011；姬再良等，2012)。美国海洋界经过长时间的酝酿，形成了两大海洋观测计划：一是由美国国家自然科学基金会(National Science Foundation, NSF)牵头，形成了以海底联网为基础的“大洋观测计划”(Ocean Observation Initiative, OOI)；另外一个是由美国国家海洋与大气管理局(National Oceanic and Atmospheric Administration, NOAA)牵头，形成了面向海面观测为主的业务性观测计划“集成海洋观测系统”(Integrated Ocean Observing System, IOOS)(Isern et al., 2003；Lindstrom, 2003；同济大学海洋科技中心海底观测组，2011)。

我国在这方面的工作起步很晚，目前还处于初期研究阶段。“九五”期间，科学技术部、国家海洋局和上海市人民政府共同实施了国家863计划重大项目——建设海洋环境立体监测和信息服务系统上海示范区。该示范区采用海洋监测技术的最新成果，将近海环境监测技术、高频地波雷达、海洋卫星遥感应用技术等集成为一个从天空、海面到水下的立体监测和信息服务网络，这是我国第一个实现海洋立体监测的实验型示范系统。“十五”期间，在国家863计划支撑下，厦门大学等单位在福建台湾海峡建立了一个以环境监测为主的海洋观测示范网。浙江大学自2005年就开始了海底观测网络的研究工作，由2 kV直流电输送、光缆信息通道、主次接驳盒及若干观测设备组成的ZERO(Zhejiang Experimental University Research Observatory)系统，于2007年8月在实验室联调成功，这标志着我国第一个海底观测网络实验室系统研制成功。“十一五”期间，国家863计划在海洋领域立项开展了“海底长期观测网络试验节点关键技术”研究，由同济大学、浙江大学等单位研制的中国节点，于2011年4月下旬成功布放到美国蒙特利海湾生物研究所(Monterey Bay Aquarium Research Institute, MBARI)的MARS海底观测网络，成功运行达半年之久，标志着我国海底观测网络技术进入了一个新的高度(张伙带等，2015；彭晓彤等，2011；卢汉良等，2010)。

2)水下机器人

水下机器人又称潜水器、潜航器或水下运载器，大体可分为以下两类：载人水下机器人(Human Occupied Vehicle, HOV)和无人水下机器人(Unmanned Underwater Vehicle, UUV)。其中，后者又可分为无人遥控水下机器人(Remotely Operated Vehicle, ROV)、自主式水下机器人(Autonomous Underwater Vehicle, AUV)、拖曳式水下机器人

（Towed Underwater Vehicle，TUV）和水下滑翔机（Autonomous Underwater Glider，AUG），具体分类如图 1-3 所示（陈鹰等，2018；连琏等，2018）。

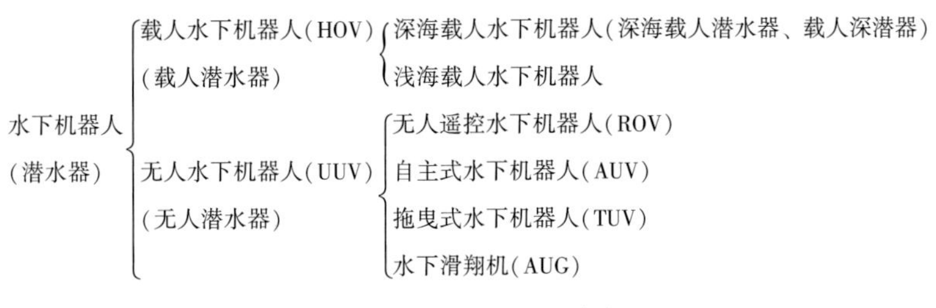

图 1-3　水下机器人分类

（1）载人水下机器人

载人水下机器人（HOV）又称为载人潜水器，具备复杂的救生、布放和运载系统，由设备内的驾驶员操作机器的运行和作业，通过人工输入信号操控各种机动动作，潜水员和科学家通过观察窗直接观察外部环境。载人潜水器的优点是由人来亲自作出各种核心决策，便于处理各种复杂问题，但是人生命安全的危险性也增大。由于载人需要足够的耐压空间、可靠的生命安全保障和生命维持系统，为潜水器带来诸多不利因素，如体积庞大、系统复杂、造价高昂、工作环境受限等。

深海载人潜水器也称载人深潜器，可搭载科研人员进行深海实地考察和实地操作，其作业精度和所起作用优于无人潜水器。因此载人潜水器深受各个临海国家的重视，被称为"海洋学研究领域的重要基石"。

载人深潜器在国际上得到了快速发展。美国伍兹霍尔海洋研究所（Woods Hole Oceanographic Institution，WHOI）运营的 6 500 米级"阿尔文"（Alvin）号载人深潜器，建造于 1964 年，截至 2017 年年底，已搭载 14 787 人进行了 4 932 次的下潜作业，取得了丰硕的海底样品和海底资源环境资料。2011 年，"阿尔文"号进行了大修和改造升级，改善了潜水器的操纵性和视像系统能力。"深海 6500"（SHINKAI 6500）是日本海洋科学技术中心（Japan Agency for Marine-Earth Science and Technology Center，JAMSTEC）研制的 6 500 米级载人深潜器，截至 2012 年，"深海 6500"累计下潜次数为 1 300 次；同年 3 月，"深海 6500"完成了大修与技术升级，扩展了潜水器的整体框架，并改进了推进系统（Momma et al.，1999；Nanba et al.，1990）。"鹦鹉螺"（Nautile）号是法国在 1985 年研制成功的 6 000 米级载人深潜器，至今已下潜过 1 500 余次。该潜水器配备多种作业工具，并能携带一个小型无人潜水器完成辅助拍摄或作业任务（Leveque et al.，2006）。"和平Ⅰ"（MIRI）号和"和平Ⅱ"（MIRII）号是俄罗斯建造于 1985 年的系列潜水器，它们曾对"泰坦尼克"号进行过海底观察，并辅助完成了相关电影的拍摄，其在 1994 年和 2004 年进行过两次大修与技术升级（Ross，2006；Hawkes et al.，2009）。

“蛟龙”号载人深潜器(图 1-4)是我国首台自主设计、自主集成研制的深海载人潜水器，于 2012 年成功下潜至水下 7 062 m 的深度。截至 2017 年年底，已成功完成 152 次下潜作业。先后在南海、太平洋多金属结核区与印度洋多金属硫化物区等 7 大海区进行下潜作业，覆盖海山、冷泉、热液、洋中脊、海沟、海盆等典型海底区域，获取了大量的视像资料、地质与生物样品，全面验证了“蛟龙”号载人深潜器技术设计的安全性与可靠性(刘峰等，2010；崔维成等，2012；崔维成等，2011)。“蛟龙”号载人深潜器突破了多项深海关键技术，如高速水声通信技术、高分辨率测深侧扫声呐技术、大型复杂系统的安全可靠技术等。“蛟龙”号载人深潜器主要技术指标见表 1-4。

图 1-4 “蛟龙”号载人深潜器

表 1-4 “蛟龙”号载人深潜器主要技术指标

参数	技术指标
设计水深/m	7 000
尺寸/m	8. 3×3. 0×3. 2
载人球内径/m	ϕ2. 1
材料	钛合金
空气中重量/kg	22 000
吊放回收方式	单点起吊
搭载人数/人	3
生命支持系统/h	12(正常)，74(应急)
有效载荷/kg	220
电池及供电	充油银锌电池，110 kW · h
水下时间/h	12

续表

参数	技术指标
速度/kn	2.5
导航系统	超短基线，激光陀螺
控制模式	手动，自动
动力定位	定点悬停定位
通信系统	水下电话，2套水声通信
机械手	七功能伺服机械手1只，七功能开关机械手1只
灯光系统	2只HMI灯，2只HID灯
声学观测系统	成像声呐，测深侧扫声呐
避碰声呐	7只

“深海勇士”号是我国第二台载人深潜器，于2017年顺利完成海试，其设计下潜深度为4 500 m，基本覆盖中国主要海域和国际海域资源可开发的深度。“深海勇士”号的研制实现了浮力材料、深海锂电池、机械手等关键部件的全部国产化，国产化率达到95%，表明我国深海通用配套技术取得了较快的发展，为将来的万米全海深载人深潜器研制奠定了坚实基础。“深海勇士”号是继“蛟龙”号后我国深海装备的又一里程碑，实现了我国深海装备由集成创新向自主创新的跨越。

为进一步探索海洋，充分发现海洋中存在的奥秘，发展海洋科学与技术，世界各个国家都致力于研发集成度更高、可靠度更高、更小型化且具有自主航行能力和作业能力的万米级载人深潜器，国外主要代表产品有“Deep Search”号载人深潜器、“Deep-sea Challenger”号载人深潜器、“Deep Flight Challenger”号载人深潜器等(赵羿羽，2018)。图1-5和表1-5分别是这三种型号万米级载人深潜器的示意图和主要技术指标。

(a) “Deep Search”号

(b) “Deep-sea Challenger”号

(c) “Deep Flight Challenger”号

图1-5 三种型号万米级载人深潜器

表 1-5　三种型号万米级载人深潜器主要技术指标

名称	“Deep Search”号	“Deep-sea Challenger”号	“Deep Flight Challenger”号
外形/m	11.6×2.4×2.4	2.3×1.7×8.1	5.4×3.9×1.7
设计水深/m	11 000	11 000	11 000
下潜至 11 km 所需时间/min	90	120	140
质量/kg	20 000	11 800	21 500
搭载人数/人	3	1	1
前进速度/kn	2	3	2.2
下潜速度/kn	6	4.5	3.5
上浮下潜方式	推进器	无动力浮潜	水下滑翔
导航系统	超短基线	超短基线	超短基线
声学观测系统	成像声呐，测深侧扫声呐	成像声呐，测深侧扫声呐	成像声呐，测深侧扫声呐

除此之外，上海海洋大学的相关研究人员也进行了万米级载人潜水器的相关研究，目标是研制出三台万米级的“着陆器”、一台万米级的“无人潜水器”和一台万米级载人深渊器。万米级载人深渊器——“彩虹鱼”号三人潜水器的概念图如图 1-6 所示(赵羿羽，2018)。另外，我国国家重点研发计划也在加紧研制万米级载人潜水器。

图 1-6　“彩虹鱼”号万米级三人潜水器概念图

(2)无人遥控水下机器人

无人遥控水下机器人(ROV)需要由电缆从母船接受动力，并且它不是完全自主的，需要人为干预，人们通过电缆对 ROV 进行遥控操作，电缆对 ROV 像脐带对于胎儿一样至关重要，但是过于细长的电缆悬在海中成为 ROV 最脆弱的部分，大大限制了它的活动范围和工作效率。ROV 是由地面工作人员操控，具有经济、灵敏、高效、安全和作业深度大等突出特点。ROV 在民用领域应用广泛，如海底打捞与观察、海上天然气和石油勘探与开发等。ROV 在军事领域也有不俗的表现，如早期打捞了丢失在海洋中的实验武器，后期在消灭水雷方面起到了很大的作用。在马岛之战(即英国和阿根廷两国为争夺马尔维纳斯群岛的主权于1982年爆发的一场战争)中，由于英国使用水下机器人清除了水雷、消灭了隐患，从而决定了战争的走向。

美国最早开启了ROV的相关研究，并于1960年成功研制出了第一个ROV——“CURV1”(Christ et al.，2013)，如图1-7所示。“CURV1”型ROV于1966年在西班牙外海，从854 m水深的海底打捞出一颗失落在海底的氢弹，引起了全世界的轰动，自此以后，ROV技术逐渐引起了人们的关注和重视。

图1-7 “CURV1”型ROV

1975年，世界上首个商业化的水下机器人“眼球”——“RCV-225”诞生，如图1-8所示。美国Hydro Products公司在此基础上进行改进，于1978—1980年设计出“RCV-150”型ROV，如图1-9所示。这种ROV具有4个独立推进器，最大下潜深度为914 m，可应用于水下钻井和水下管道连接。

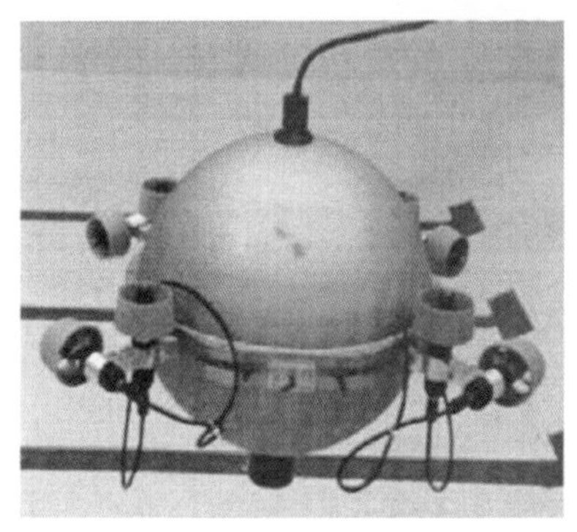

图1-8 “RCV-225”型ROV

图1-9 “RCV-150”型ROV

1988 年，美国伍兹霍尔海洋研究所(WHOI)研制的第一代“Jason”号 ROV 投入使用，可下潜至 6 000 m，续航时间最大可达 100 h。2002 年，第二代“Jason”号 ROV 诞生，如图 1-10 所示。“Jason-Ⅱ”号 ROV 各项性能指标更加突出，已取得丰硕的科研成果。2009 年，WHOI 成功研制出混合遥控水下机器人——“海神”(Nereus)号 ROV (Bowen et al., 2009)，如图 1-11 所示。

图 1-10 美国“Jason-Ⅱ”号 ROV

图 1-11 美国“海神”号 ROV(朱大奇等，2018)

国外较著名的 ROV 公司及其主要产品技术参数见表 1-6。

表 1-6 国外较著名的 ROV 公司及其主要产品技术参数

公司名称	ROV 型号	技术参数			
		质量/kg	尺寸/mm	下潜深度/m	航速/kn
Sea Botix (美国)	LBV300-5	19.5	346×468×367	300	3
	LBV600-6	19.5	346×468×367	600	3
	V1BV950	12	346×468×367	900	3
	VLBV300	13	346×468×367	350	3
	LBV300-6	18	346×468×367	300	4.2
Fishers (美国)	SeaLion-2	24	624×390×390	305	3
	SeaOtter-2	12	624×390×390	305	3
Videoray (美国)	Video Ray Explorer	33	346×468×367	300	31.9
	Video Ray Pro3 XE	12	624×390×390	305	3
	Video Ray Pro3 XE GTO	12	624×390×390	310	3
	Video Ray Pro4 CD	41	346×468×367	390	3
	300BASE	25	346×468×367	300	3
	Video Ray Pro4 PS 300XL	63	624×390×390	600	4

续表

公司名称	ROV 型号	技术参数			
		质量/kg	尺寸/mm	下潜深度/m	航速/kn
Indel-Pa（俄罗斯）	Super GNOM PRO	46	346×468×367	600	4. 2
	GNOM micro(baby)	52	346×468×367	350	3
	Super GNOM	25	346×468×367	305	3
	GNOM Standard	35	346×468×367	390	4. 2
Seamor marine（加拿大）	Seamor 600F	356	899×500×580	600	3
	Seamor 300F2/4	25	346×468×367	900	3
	Seamor 300F	255	899×500×580	450	4. 2
Seaeye（瑞典）	Falcon	325	899×500×580	300	2. 6
	Falcon DR	253	899×500×580	300	3
Nautec（意大利）	Perseo	253	899×500×580	600	3
	Sirio	133	899×500×580	560	2. 6
	Pegaso	111	899×500×580	350	3

另外，日本海洋科学技术中心(JAMSTEC)研发的7 000米级“海沟Ⅱ”(KAIKOⅡ)号ROV作业深度为7 000 m，它的主要任务是辅助“深海6500”进行作业并进行水下救援，自研制以来取得了丰硕的科研成果。其前身“海沟”(KAIKO)号曾在马里亚纳海沟创造下潜10 911 m的世界纪录，但后来在作业中丢失(徐伟哲等，2016)。法国的“胜利6000”(VICTOR6000)号ROV工作水深为6 000 m，可进行高品质的海底光学成像，并能携带和操作不同的作业工具及科学负载，并搭载有先进的科学检测模块。

我国的“海龙”系列ROV包括“海龙Ⅱ”号和“海龙Ⅲ”号，均由上海交通大学水下工程研究所研制。其中，“海龙Ⅱ”号ROV设计深度3 500 m，曾应用于中国大洋21航次的深海热液科考任务，并在东太平洋海隆“鸟巢”黑烟囱区观察到罕见的巨大“黑烟囱”。“海龙Ⅱ”号可利用机械手准确抓获黑烟囱喷口的硫化物样品，使我国成为国际上极少数能使用水下机器人开展洋中脊热液调查和取样的国家之一。“海龙Ⅲ”号为6 000米级勘察取样型ROV，在“海龙Ⅱ”号的基础上，充分考虑了矿区勘察取样需求。“海龙Ⅲ”号具备海底自主巡线能力以及更强的推力、高清高速和重型设备搭载能力，能够支持搭载多种调查设备和重型取样工具。在作业工具包方面，“海龙Ⅲ”号新添了岩石切割取样器、沉积物保压取样器、沉积物取样器等工具，同时预留的各路液压电气接口能够支持搭载多种类型的调查取样设备。

(3)自主式水下机器人

自主式水下机器人(AUV)又称智能水下机器人，是一种自带能源、自主推进、自主控制，具有水下操控及感知作业能力的新型海洋监测设备。AUV 是先进制造技术、信息技术、声学及传感器技术相融合的高技术仪器，其观测范围大、效率高、成本低，运动可控、机动性能好、续航力强，可脱离母船自主作业。随着近几年观测技术的发展，AUV 平台越来越智能化、小型化、功能多样化，续航能力也越来越高，航程越来越远。AUV 能够依靠本身的自主决策和控制能力高效率地完成预定任务，拥有广阔的应用前景，在一定程度上代表了水下机器人的发展趋势，许多国家已经把自主式水下机器人的研发提上日程。

目前，世界范围内涉及 AUV 研发及制造的国家主要包括美国、挪威、法国、英国、俄罗斯、日本、丹麦及中国等多个国家(李硕等，2018；李一平等，2016；曹少华等，2019)。

美国是研究和开发 AUV 最早、产品类型和研究单位最多、技术水平最高的国家，主要研制单位有美国海军空间和海战系统中心、美国海军研究所、美国伍兹霍尔海洋研究所、美国金枪鱼机器人公司、美国麻省理工学院及宾夕法尼亚大学等。美国金枪鱼机器人公司研制了业界久负盛名的“蓝鳍金枪鱼”系列 AUV(Bondaryk，2001)，其参与了马来西亚航空公司飞机 MH370 失事后的海上搜寻工作。

英国主要开发了“Autosub”和“Tailsman”两种 AUV，“Autosub”系列为民用 AUV，可携带各种物理、生物、化学等传感器进行海洋监测，该水下机器人类型不仅有大型 AUV，同时还有长航程 AUV，可在水体中航行数千千米，研发单位是英国南安普敦海洋研究中心(SOC)(McPhail et al.，1997；McPhail et al.，2009)。“Tailsman”系列为军用 AUV，主要用于反水雷、海底测量和战术策划等任务，研发单位是英国 BEA 系统公司水下系统部。

法国 ECA 公司研发了“Alister”系列 AUV，主要型号有“Alister 300”及“Alister 3000”。“Alister 300”下潜深度为 300 m，主要用于军事和民事方面的水下管线监视、失事沉船定位等。“Alister 3000”下潜深度 3 000 m，用于水下结构检查、辅助海底管线铺设等。

德国研发了“海獭”(Sea Otter)系列 AUV，并已进行了型号系列化，军事上用于反水雷、反潜战及情报侦察等，民事上用于海上石油和天然气调查、海底矿物勘探及海底电缆检查等，研发单位是德国 Atlas Maridan 公司。

挪威国防研究机构和 Konsberg 公司开发了“Hugin”系列 AUV，主要有“Hugin 3000”和“Hugin 1000”两种型号(Marthiniussen et al.，2004；Hagen et al.，2011)，这两种型号的 AUV 均用于深海观测，额定下潜深度分别为 3 000 m 及 1 000 m。“Hugin 3000”主要用于海底管线调查、环境监视、海洋渔业开发和反水雷研究；“Hugin 1000”在军事方面的应用主要是反水雷、反潜艇及快速的环境评估，民事应用主要是执行港口及海上石油设施、海底电缆管线的监测和检查。

日本海洋科学技术中心和日本东京大学研制了主要用于民用领域的 R-one、R2D4 (Ura et al. , 2004)及 URASHIMA 等系列 AUV。URASHIMA AUV 由日本海洋科学技术中心研制，由三菱重工于 2000 年 3 月建造完成，2005 年创下水深 800 m 连续 56 h 航行 317 km 的世界纪录。

国外近年来研制的部分 AUV 如图 1-12 所示。

(a) 德国Sea Otter AUV (b) 英国Tailsman AUV

(c) 法国Alister AUV

(d) 加拿大Explorer AUV

(e) 日本URASHIMA AUV

图 1-12 国外近年来研制的部分 AUV

国外近年来研制的部分 AUV 产品参数见表 1-7。

表 1-7　国外近年来研制的部分 AUV 产品参数

名称	质量/kg	深度/m	尺寸/m	航速/kn	续航	国家
Alive	3 500		4×2. 2×1. 61		10 h	法国
Autosub	1 500	1 600	7×0. 9×0. 53	3	800 km，144 h	英国
Bluefin-21	750	1 500	3. 94×ϕ0. 53	4. 5	25 h	美国
BPAUV	220	270	3. 05×ϕ0. 53	3		美国
Caribou	400	4 500	2. 6×ϕ0. 58	3~4	20 h	美国
Cetus	150	4 000	1. 8×0. 8×0. 5	1. 5~2. 5	20~40 km	美国
Remus100	36. 5	100	1. 32×ϕ0. 19	3~5	22 h	美国
SAUVIM	6 500	6 000	5. 2×2. 1×1. 8	3	5 km	美国
ANTHOS	200	3 000	2. 8×ϕ0. 58	1~3	22 km，4 h	美国
Odyssey	115	6 000	0. 22×ϕ0. 58	3	24 h	美国
Ecomapper	20. 4	55	0. 15×ϕ0. 15	4	10 h	美国
Gvia	49	1 000	0. 18×ϕ0. 02	5. 5	6 h	冰岛
R2D4	1 506~1 603	4 000	4. 4×1. 08×0. 81	3	60 km	日本
Hugin 3000	1 400	3 000	5. 35×ϕ1. 0	4	440 km，60 h	挪威
Hugin 1000	600~800	600	(3. 85~5)×ϕ0. 75	3~4	24 h	挪威

我国自主研制的“潜龙”系列 AUV，目前包括“潜龙一号”“潜龙二号”和“潜龙三号”3 台 AUV。其中，“潜龙一号”是我国研制的首个 6 000 米级 AUV，其采用回转体形式，可完成海底微地形地貌精细探测、底质判断、海底水文参数测量和海底多金属结核丰度测定等任务。截至 2018 年，“潜龙一号”已经完成 40 次海上作业，取得了丰富的海洋地形地貌数据。“潜龙二号”是我国自主研制的 4 500 米级 AUV，其采用鱼形仿生形状，具有更好的运动灵活性和水中状态，并集成了热液异常探测、微地形地貌测量、海底照相和磁力探测等技术，形成了一套实用化的深海探测系统，可用于我国多金属硫化物等深海矿产资源勘探作业。2018 年，“潜龙二号” 在西南印度洋上参加了中国大洋 49 科考航次，顺利完成海上试验任务，性能状态稳定。“潜龙三号”是以完成大洋申请矿区的多金属硫化物资源调查任务为主要目标，在 “潜龙二号”的基础上，研制的一套 4 500 米级 AUV，旨在为大洋申请矿区的资源调查评估提供服务。“潜龙三号”与“潜龙二号”相比，在最大速度、推进效率、全系统声噪声、最大续航能力上均有较大突破，于 2018 年 4 月在南海海域进行了海上试验，达到了研制目标。

(4)拖曳式水下机器人

拖曳式水下机器人(TUV)的前身是水下拖体，水下拖体也称拖曳体，它是在船只航行时，拖在船后，直接去测量各种海洋要素的一种调查设备的载体。通常根据需要，可以在拖曳载体中安装不同类型的测量探头和传感器。由于水下拖体可以在航行中连续、快速、大面积地测量各种海洋要素，并能立即把数据传送到船只用计算机进行实时处理，同时仪器又能在计算机控制下按规定的要求保持运动状态，选择最佳的观测方式和条件，所以它是一种非常有效的测量设备，受到了各国海洋学家的重视。当前，水下拖体正朝着智能化、功能多样化的方向发展，借助该系统可实现对深水领域的探索，因而产生了 TUV。当前世界上比较有名的 TUV 有英国 Chelsea 公司的 Sea Soar MK 系列和 Nu-Shuttle 系列(图 1-13)、加拿大 Guideline 公司的 Batfish 系列以及美国 Green Eyes 公司的 U-Tow 系列(图 1-14)。

图 1-13 英国 Chelsea 公司的 Nu-Shuttle 系列 TUV

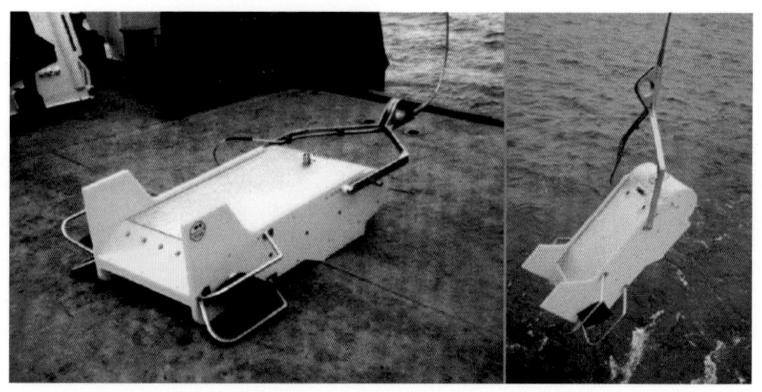

图 1-14 美国 Green Eyes 公司的 U-Tow 系列 TUV

(5)水下滑翔机

水下滑翔机(AUG)是一种新型的水下机器人。由于其利用净浮力和姿态角调整获得推进力，能源消耗极小，只在调整净浮力和姿态角时消耗少量能源，并且具有效率高、续航力大(可达上千千米)的特点。虽然AUG的航行速度较慢，但其具有制造成本和维护费用低、可重复使用并可大量投放等特点，满足了长时间、大范围海洋探索的需要(沈新蕊等，2018)。

国外三种最典型的水下滑翔机分别是Seaglider、Slocum以及Spray。Seaglider AUG长1.8 m，直径30 cm，干重52 kg，其设计目标是能在广阔的海洋中连续航行数千千米，持续航行时间6个月以上。Seaglider最大下潜深度为1 000 m，设计航程6 000 km，曾在蒙特利海湾水域持续航行5个月，航程超过2 700 km(Eriksen et al.，2001)，如图1-15所示。

图1-15　Seaglider水下滑翔机

Slocum水下滑翔机主要分为两大类，即海洋温差能驱动和电力驱动两种形式(Schofield et al.，2007)，如图1-16所示。电动型Slocum水下滑翔机的特点在于机动性高，适合在浅海水域进行作业。此外，用于通信的GPS天线多布置于滑翔机尾部的垂直舵上，用于即时通信。温差型Slocum水下滑翔机的突出特点在于利用不同深度的海水温度差别将其温差能转为可利用的机械能，该种滑翔机可大大提高滑翔航程和续航能力。

图1-16　Slocum水下滑翔机

与Slocum水下滑翔机相比，Spray水下滑翔机采用细长体流线型外壳以提高其水动力学性能。此外，用于通信的天线被安置在垂直尾舵内以减小滑翔阻力，从而降低能耗(Sherman et al., 2001；Rudnick et al., 2016)(图 1-17)。

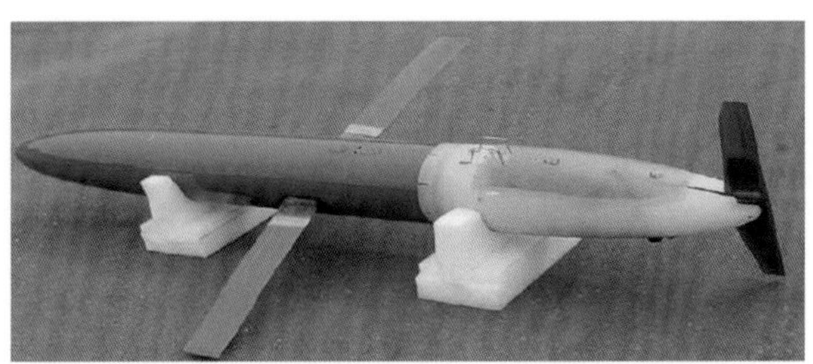

图 1-17 Spray 水下滑翔机

Spray 水下滑翔机是一种浮力推动型水下机器人，主要技术参数见表 1-8。

表 1-8 Spray 水下滑翔机主要技术参数

尺寸	长 213 cm，直径 20 cm
质量	52 kg
最大下潜深度	1 500 m
航速	可变，19~35 cm/s
续航/航程	6 个月/4 800 km
推进系统	水动力浮力泵
天线	Iridium SBD/GPS 综合天线
传感器	温盐深传感器(CTD)，高度计，荧光计，溶解氧传感器，浑浊度传感器

Spray 水下滑翔机利用水力泵移动内部电池组的位置，以调整自身浮力和姿态，使得能向上向下呈锯齿形航线航行。Spray 水下滑翔机一次能航行 6 个月，航程可达 4 800 km，下潜水深 1 500 m，滑翔机上面可以布置有各种传感器，很适合海洋应用开发。

随着小型水下滑翔机技术发展的逐渐成熟以及对监测功能需求、航程的扩展，水下滑翔机有逐渐向大型化发展的趋势，如 Ant littoral 水下滑翔机、X-ray 水下滑翔机等都属于大型水下滑翔机。

2003 年，美国研制的 Ant littoral 水下滑翔机，搭载了 CTD 传感器、高度计以及声学传感器，航行速度为 1.03 m/s，可持续工作 30 d。研发至今，研制方已向美国海军交付了 18 台。2009 年 12 月，Tethys(图 1-18)在莫斯兰丁近海岸进行了首次实验。

斯克里普斯海洋研究所(Scripps Institution of Oceanograph，SIO)研发了 X-ray 大型

水下滑翔机(D′Spain et al., 2005),其尺寸为1.68 m×6.1 m×0.69 m,重850 kg,最大下潜深度365 m,在额定负载下可以连续作业200 h。X-ray是目前世界上最大的水下滑翔机,如图1-19所示。

图1-18 Tethys水下滑翔机

图1-19 X-ray水下滑翔机

我国AUG技术的研究始于21世纪初,虽然起步较晚,但在AUG单机相关技术方面发展迅速。天津大学2002年开始第一代AUG的研制,于2005年研制完成温差能驱动AUG原理样机,并成功进行水域试验。同年,中国科学院沈阳自动化研究所开发出了AUG原理样机,并完成湖上试验。天津大学于2007年研制出“海燕”混合推进AUG试验样机,并在抚仙湖成功完成水域试验。此外,国家海洋技术中心、中国海洋大学、中国船舶重工集团公司第七一〇研究所及第七〇二研究所、华中科技大学、上海交通大学、浙江大学、西北工业大学、大连海事大学等也对AUG技术进行了相关研究。2017年3月,中国科学院沈阳自动化研究所的“海翼-7000”深海滑翔机在马里亚纳海沟完成了6 329 m大深度下潜观测任务,打破了当时AUG工作深度的国际纪录。2018年4月,青岛海洋科学与技术国家实验室海洋观测与探测联合实验室(天津大学部分)的“海燕-10000”深海 AUG 在马里亚纳海沟首次下潜至 8 213 m，刷新了深海 AUG 工作深度的世界纪录。

1.3.2 海洋机电装备发展趋势

纵观国内外的海洋科技研究情况，海洋机电装备发展趋势主要体现在以下几个方面。

1)向更深的深海发展

向深海发展是海洋装备一直以来的方向。把观测设备送入深海、把无人的或载人的装备送入深海，这在技术上提出了更高的要求，具有相当大的挑战性。技术设备的耐压能力要更强，电池的供电能力要更持久，水下声学通信的距离要更远，浮力材料的弹性模量要更大，装备的控制能力要更高等。

2)装备之间实现互联，构成海洋装备物联网

未来所有的海洋机电装备、生产制造装备之间通过物联网技术实现互联，可随时了解到任何装备的运行状态，并进行有效的信息通信，形成集智能化识别、定位、跟踪、监控和管理于一体的海洋机电装备物联网系统。在海洋机电装备制造方面，基于物联网技术，船厂构建出物联网系统，实现制造信息的有效采集和有效传输，完成对制造设备的实时感知和对能源管理的实时管控。而海洋机电装备营运物联网系统的意义更加深远，以船舶为例，通过营运物联网，人—船舶—环境—货物实现更为广泛的互联，可更安全、高效、经济地完成船舶运输、港口货物装卸等作业。同时，通过物联网对海洋机电装备运行状态进行实时监控，可实现对装备的故障预测、风险预警等，并通过人工智能系统辅助人类或自主进行操作决策，从而降低装备的运行风险，提高装备的使用效率。

3)海洋机电装备与信息技术的有机融合

海洋机电装备与信息技术的有机融合主要体现在以下方面：①先进的卫星技术支持了对海面的遥感观测，使得大范围海洋的可信观测变为现实。大面积的海色、海表温度、海流甚至赤潮监测，为海洋预报和海洋科学研究提供了先进的手段；②现代通信技术对海洋机电装备的发展具有深远的影响，通过海面的各类无线通信或卫星通信手段，实现了大范围海域的信息分布式获取与全海域融合；③数据解释和三维反演等技术，帮助海洋学家在对大量海洋数据的分析与显示中获得新的知识；④越来越强的微处理器技术，使得海洋机电装备具有越来越强的“自主”能力，水下机器人等系统的控制、导航等性能得到大幅度提高。

4) 海洋机电装备运行动力向新能源化发展

未来新能源在能源领域所占的比重越来越大。相较于传统能源，新能源具有污染少、储量大的特点，是解决世界环境污染问题和资源枯竭问题的重要途径。储能技术和清洁能源技术、可再生能源技术等相辅相成，共同推动海洋机电装备运行的新能源化发展。新能源目前已经在海洋机电装备领域得到初步应用发展，例如风帆助航技术在实船上得到一定的应用，未来依然是风能利用的主要方向。目前，美国 SolarCity 公司研发的太阳能电池板，太阳能转化率高达 22%，对于推广船舶绿色航行具有巨大推动作用。对于深潜器而言，蓄电池容量、放电能力等是制约深潜器航行作业时间的瓶颈，而新能源电池(如燃料电池)具有较高的能量密度比和安全性，将大幅改善深潜器的航行作业性能。

5) 新型材料使海洋机电装备拥有更优的性能

未来海洋机电装备自身将采用新型材料建造，使其性能大幅提升，强度、韧性、耐久性得到改善，并具备自我修复等能力。例如，石墨烯是优良的热导体，石墨烯的特定应用会增强热传递性，将来可用在舱体的某些部件上，包括热交换管、过滤器、海水箱、冷凝器和锅炉等，同时它可减轻装备的整体重量。陶瓷具有较高的强度与重量比，适合用于深海环境，是一种可应用于水下耐压罐的新型耐压材料。未来越来越多的新材料将会应用于深潜器的制造，如碳纤维增强材料、陶瓷耐压材料及低密度玻璃微珠可加工浮力材料等。

未来，在机器人技术、物联网技术、人工智能技术、智能制造技术、新能源技术和新材料技术的驱动下，海洋机电装备将是智能的、互联的、易修复的、清洁的、高性能的。经略海洋，装备先行，在世界技术创新影响下，海洋机电装备将面临新的发展形势，并将更好地服务于世界蓝色经济的可持续发展。

Chapter 2 第2章

海洋机电装备技术基础

2.1 引言

海洋是地球上广阔连通的水域。人们把海洋远离大陆、面积广阔的中间部分称为洋，洋的深度一般在 2 000 m 以上，约占海洋总面积的 90.3%(冯士筰等，1999)。海洋的边缘部分称为海，海没有独立的潮汐和洋流系统，其盐度、温度及颜色都会受到大陆的影响。

海洋是一座资源的宝库，海洋中蕴藏着大量的石油和天然气资源，海洋中天然气水合物(可燃冰)资源所含有机碳总量相当于全球已知煤、石油和天然气的两倍。除了锰结核、富钴结壳等矿物资源，海洋还蕴藏着无数的海产品资源和可以抵御病毒细菌、治愈顽症的活性物质以及在独特环境下孕育出的特殊基因。在陆地资源日益枯竭的今天，海洋是人类走出困境的希望。海洋也是一座信息的宝库，海洋中的大洋中脊、“黑烟囱”、热液生物群、冷泉生物群等奇观蕴藏着地球构造、生命起源以及其他许多问题的答案。海洋也面临着危险和挑战，海洋污染、过度捕捞以及气候变化正使得海洋生物种群不断减少甚至消失。人类一直对海洋进行着探索和研究，探测的工具也由木质帆船、测深重锤发展到了载人深潜器、遥感卫星和声呐系统。透过茫茫的海水，人类对于自然将会了解更深、更细、更远。然而，还有一句话值得人们深思，“人类对外太空的了解，已经远远胜过对自己所居住的地球的了解”，其中原因之一，就是这茫茫的海水隐藏了太多的还未被人类所认知的奥秘，人类对海洋的了解还非常有限。

2.2 海洋的形成

关于海洋的形成科学界目前还没有定论，在众多假说中支持者较多的有两类：原生说和外来说。

原生说认为，在大约 46 亿年前，围绕太阳旋转的星云团块发生碰撞、彼此结合，逐渐形成原始的地球。在引力和放射性元素衰变作用下，地球温度不断升高，导致较重的物质向地心凝聚形成地核，较轻的物质上浮形成地壳和地幔。此过程中，内部水合物在高温作用下分解、汽化，水逃逸到地表与大气混合，形成气水合一的圈层。地球在经历内部剧烈的运动后逐渐稳定，地表温度逐渐降低，水分凝结成水珠形成降雨到达地表，最终汇聚成海洋。

外来说主要分为两派：一派认为形成海洋的外来因素主要是太阳辐射，地球形成初期，强烈的太阳辐射带来大量的质子，带正电的质子与大气中带负电的电子结合形成氢原子，氢原子又与大气中的氧原子结合形成水分子，最终凝结成雨水落入地表，汇聚形成海洋；另一派认为形成海洋的外来因素主要是彗星和小行星，彗星和小行星的主要成分有水、氨、甲烷、二氧化碳等，当彗星撞击地球后，就将水分留在了地球表面，形成海洋。

原始的海洋，海水不是咸的，而是带酸性、又是缺氧的。水分不断蒸发，反复地成云致雨，重新落回地面，把陆地和海底岩石中的盐分溶解，不断地汇集于海水中。经过亿万年的积累融合，才变成了大体均匀的咸水。总之，经过水量和盐分的逐渐增加及地质历史上的沧桑巨变，原始海洋逐渐演变成今天的海洋。

2.3　海水性质

2.3.1　海水组成

海水是一种非常复杂的多组分水溶液。海水中各种元素都以一定的物理化学形态存在。在海水中，铜的存在形式较为复杂，大部分是以有机化合物形式存在的。在自由离子中仅有一小部分以二价正离子形式存在，大部分都是以负离子络合物出现。所以自由铜离子仅占全部溶解铜的一小部分。海水中有含量极为丰富的钠，但其化学行为非常简单，它几乎全部以 Na^+形式存在。

海水中的溶解有机物十分复杂，主要是一种叫作“海洋腐殖质”的物质，它的性质与土壤中植被分解生成的腐殖酸和富敏酸类似。海洋腐殖质的分子结构还没有完全确定，但是它与金属能形成强化合物。

海水的元素组成主要分为 6 个部分。

(1)常量元素：指海水中浓度大于 0.05 mmol/kg 的成分。属于此类的有阳离子 Na^+、K^+、Ca^{2+}、Mg^{2+}和 Sr^{2+}5 种，阴离子 Cl^-、SO_4^{2-}、Br^-、HCO_3^-(CO_3^{2-})、F^-5 种，还有以分子形式存在的 H_3BO_3，其总和占海水盐分的 99.9%。

(2)微量元素：指海水中浓度在 0.05~50 μmol/kg 的成分。

(3)痕量元素：指海水中浓度在 0.05~50 nmol/kg 和小于 50 pmol/kg 的成分。

(4)营养盐：主要是与海洋植物生长有关的要素，通常是指 N、P、Si 等主要营养盐和 Mn、Fe、Cu、Zn 等微量营养盐。这些要素在海水中的含量经常受到植物活动的影响，其含量很低时，会限制植物的正常生长，所以这些要素对生物有重要意义。

(5) 溶解气体：溶于海水的气体成分，如氧气、二氧化碳、氮气及惰性气体等。

(6)有机物质：如氨基酸、腐殖质、叶绿素等。

2.3.2　海水盐度

海水盐度(salinity)是描述海水含盐量的一个标度，海水盐度对海洋中的许多现象都有影响。1978 年，国际“海洋学常用表和标准联合专家小组”(JPOTS)提出了实用盐度标度，建立了计算公式，编制了查算表，自 1982 年起在国际上推行。实用盐度标度仍采用氯度为 19.374‰的国际标准海水为实用盐度 35.000‰的参考点。在温度为 15℃，一个标准大气压下，浓度为 32.435 6‰的高纯度 KCl 溶液与国际标准海水(氯度为 19.374‰，盐度为 35.000‰)的电导率相同，即电导比 $K_{15}=1$，也就是说，标准 KCl 溶液的电导率对应盐度为 35.000‰，此点即为实用盐度的固定参考点。实用盐度的计算公式为(Lewis，1980)：

$$S=\sum_{i=0}^{5} a_i K_{15}^{i/2} \tag{2-1}$$

式中，K_{15}为温度 15℃时，一个标准大气压条件下，海水样品的电导率与标准 KCl 溶液的电导率之比；$a_0=0.008\ 0$，$a_1=-0.169\ 2$，$a_2=25.385\ 1$，$a_3=14.094\ 1$，$a_4=7.026\ 1$，$a_5=2.708\ 1$；适用范围为 $2\leqslant S\leqslant 42$。实用盐度标度不再使用符号“‰”，因此其值为从前盐度定义值的 1 000 倍。需要说明的是，表征海水中溶质质量与海水质量之比的绝对盐度值是无法直接测量的，用上述方法测定的实用盐度 S 与海水的绝对盐度 S_A 是有显著差异的，不能将两者混淆(Pickard et al.，1990)。

对于海洋生物而言，适宜的盐度对它们的生长发育十分重要。例如，在盐度低于自然海水的环境中真鲷卵的孵化率将会显著降低，畸形率提高，盐度越低，越明显。有研究做过将中国对虾仔虾从盐度为 32.7 的环境中移入盐度为 13 的海水中养殖的试验，48 h 后，存活率仅有 30%。大幅度的盐度变化将影响对虾的发育，甚至导致其死亡(庄雪峰，1992)。

海水盐度对于金属的腐蚀特性也有较大影响。随着海水盐度的增加，海水电导率提高，溶解氧含量降低，碳钢、铜合金等金属的腐蚀速率降低。通常情况下，碳钢、铜合金等在海水中的腐蚀速率在盐度为 35 左右时出现最大值(叶安乐等，1992)。

2.3.3 海水密度

纯水的密度约等于 1 g/cm^3，在 4℃左右取得最大值，并随着温度的增高或者降低而减少。而海水密度的变化要比纯水复杂得多。海水密度是海水盐度、温度和压力的函数，在海洋学中常用 $\rho(S,t,p)$ 来表示，其中 S 为海水的实用盐度，t 为海水的摄氏温度，p 为海水的压力(MPa)。

海水密度是许多海洋过程的重要参数，它影响声波在海水中的传播，这对于现在广泛运用的声学探测技术以及某些地球物理方法都有着重大意义。海水密度对于海面高度、洋流也有着巨大影响。

2.3.4　海水热性质

海水的热性质通常指海水的热容、比热容、绝热温度梯度、位温、热膨胀、压缩性、热导率和蒸发潜热等。这些参数都是海水的固有性质，是海水温度、盐度和压力的函数。由于海水中含有大量的溶质，使得海水的热性质与纯水有很大的差异。

海水温度升高 1K(或 1℃)时所吸收的热量称为海水的热容(heat capacity)，单位为 J/K 或者 J/℃。单位质量海水的热容称为比热容(specific heat capacity)，单位为 J/(kg·℃)。在恒定体积下测定的比热容称为定容比热容，记为 c_v；在恒定压力下测定的比热容称为定压比热容，记为 c_p，定压比热容是海洋学中最常使用的量。

海水的比热容很大，约为 3.89×10^3J/(kg·℃)，1 m^3 海水温度降低 1℃ 放出的热量可以使约 3 100 m^3 的空气温度升高 1℃。正是由于海水的比热容很大，所以海水温度变化非常缓慢，这为海洋生物的生存和繁殖提供了一个相对稳定的环境。

海水是可以压缩的，所以当海水微团在海洋中作铅直运动时，微团的体积会随着所受压力的变化而改变。在绝热变化过程中，海水微团下沉时，深度增加压力增大，微团体积被压缩，外力对微团做正功，使微团的内能增加，温度升高；海水微团上升时，深度减少压力减小，微团体积膨胀，外力对微团做负功，微团的内能减少，温度下降。海水温度在绝热变化过程中随压力的变化率称为绝热温度梯度(adiabatic temperature gradient)，或绝热递减率(adiabatic lapse rate)。海洋的绝热温度梯度平均约为 0.11℃/km。

海水微团从海洋中的某个深度(压力为 p)，绝热上升到海面(压力为标准大气压 p_0)时所具有的温度称为该深度海水的位温(potential temperature)，记为 Θ。海水微团此时相应的密度，称为位密(potential density)，记为 ρ_Θ(Fofonoff，1977)。

单位时间内通过某一截面的热量，称为热流率，单位为 W。单位面积的热流率称为热流率密度，单位为 W/m^2。热流率密度的大小与海水本身的热传导性质以及传热面法线方向的温度梯度有关，即

$$q = -\lambda \partial t \partial n \tag{2-2}$$

式中，n 为热传导面法线方向；λ 为热传导系数，单位为 W/(m·℃)。仅有分子热运动引起的热传导称为分子热传导，其热传导系数 λ_t 为 10^{-1} 量级；由海水块体的随机运动引起的热传导称为涡动热传导，其热传导系数 λ_A 的量级为 10^2 ~ 10^3。涡动热传导在海水的热量传输过程中起主要作用。

2.3.5 海水的其他物理性质

1)表面张力

液体表面由于分子之间的吸引力形成的使液体表面积趋向于最小的合力称为表面张力。在常温下的液体中，水的表面张力仅次于水银，纯水的表面张力在 0℃ 时为 7.564×10^{-2} N/m，并随温度的升高而降低。海水的表面张力与温度、杂质含量成反相关，与盐度成正相关。

2)渗透压

用半透膜把海水和淡水隔开，当渗透达到平衡时，膜两侧的压力差称为渗透压(penetration pressure)。海水的渗透压随盐度的增加而增大。海水的渗透压在低盐度时对温度变化不敏感，高盐度时随温度升高有较大增幅。

3)电导率

长度为 1 m，截面积为 1 m^2的海水柱电导称为海水的电导率(conductivity)，记为 γ 或 κ，单位为 S/m(S 即西门子，电导单位，$S=\Omega^{-1}$)。海水的电导率与海水中离子的种类、浓度以及海水温度、压力等因素相关。

2.3.6 海冰

狭义的海冰是指由海水冻结而成的冰；广义的海冰是指所有在海洋上出现的冰，包括狭义海冰以及冰山、从湖泊河流流入海洋的淡水冰等。海洋中有 3%~4%的面积被海冰覆盖，随着全球温度的不断升高，海冰的面积呈减小趋势。

海冰的盐度是指海冰融化后海水的盐度，其值一般为 3~7。海水结冰时会排出盐分，部分来不及排出的盐分以卤汁的形式保留在海冰冰晶的空隙中形成“盐泡”；另外，还有来不及排出的空气保留在冰晶的空隙中形成“气泡”。海冰实际上是由淡水冰、卤汁和气泡组成的。海冰的盐度与冻结前海水的盐度、冻结的速度及冰龄有关。冻结前海水的盐度越高，海冰的盐度越高；冻结速度越快，海水中的盐来不及排出，海冰的盐度较高；夏季海冰表面融化，卤汁从海冰中排出，海冰的盐度降低，故冰龄越长，海冰的盐度越低。

0℃纯水冰的密度为 917 kg/m^3，由于海水冰中有气泡，故海水冰密度一般低于纯水冰。海冰冰龄越长，卤汁流失越多，密度越低，夏末可降至 860 kg/m^3。

由于海冰对太阳辐射的反射率高达 0.5~0.7，而且覆盖面积很大，故海冰对气候有不可忽视的影响。海冰对海上活动也有直接影响，著名的“泰坦尼克”号邮轮撞击冰山后沉没，导致超过 1 500 人遇难。大规模的海冰会封锁港口，毁坏海上设施，阻断海上运输。2010 年初的渤海冰封使渤海交通受阻、渔船被困，一些灯塔和航标灯被毁，电力线路反复跳闸停电，给临海经济造成了巨大的损失。

2.4 海洋物理

2.4.1 海洋的深度

世界海洋的平均深度约为 3 729 m，其中最深的地方是马里亚纳海沟的斐查兹海渊，其深度为 11 524 m。1957 年，俄罗斯航具“维塔兹”(Vityaz)号测得其深度为 11 034 m；1995 年，日本“海沟”(KAIKO)号 ROV 测得其深度为 10 911 m。世界各大洋中最深的是太平洋，平均深度为 4 200 m；其次是印度洋，平均深度为 4 000 m；再次为大西洋，平均深度为 3 600 m；最浅的是北冰洋，平均深度只有 1 205 m。世界海洋的深度具体见表 2-1。

表 2-1 世界洋及海的平均深度、最大深度和面积

海域	平均深度/m	最大深度/m	面积/$\times 10^6$ km^2
太平洋(Pacific Ocean)	4 200	11 524	165.38
大西洋(Atlantic Ocean)	3 600	9 560	82.22
印度洋(Indian Ocean)	4 000	9 000	73.48
北冰洋(Arctic Ocean)	1 205	5 450	14.06
南海(South China Sea)	1 212	5 559	3.50
加勒比海(Caribbean Sea)	2 575	7 100	2.52
地中海(Mediterranean Sea)	1 501	4 846	2.51
白令海(Bering Sea)	1 491	5 121	2.26
墨西哥湾(Gulf of Mexico)	1 615	4 377	1.51
鄂霍次克海(Sea of Okhotsk)	973	3 475	1.39
日本海(Sea of Japan)	1 667	3 743	1.01
东海(East China Sea)	370	3 719	0.77
哈得孙湾(Hudson Bay)	93	259	0.73
北海(North Sea)	94	661	0.575
安达曼海(Andaman Sea)	1 118	4 267	0.565
黑海(Black Sea)	1 191	2 245	0.508
红海(Red Sea)	538	2 246	0.453
波罗的海(Baltic Sea)	55	460	0.422

续表

海域	平均深度/m	最大深度/m	面积/$\times 10^6$ km^2
黄海(Yellow Sea)	44	140	0.38
波斯湾(Persian Gulf)	25	84	0.239
圣劳伦斯湾(Gulf of St. Lawrence)	127	397	0.238
加利福尼亚湾(Gulf of California)	813	3 127	0.162
爱尔兰海(Irish Sea)	60	272	0.103
所有大洋(Global Oceans)	3 729	11 524	361.637

注：表中洋的面积不包括周边的海。

2.4.2 海洋盐度分布

世界大洋盐度平均值约为 35，不同海域、海区，或者同一海区不同深度的盐度都是不同的，其空间分布极不均匀。图 2-1 所示是世界海洋表层海水年平均盐度分布(WOA，2005)。

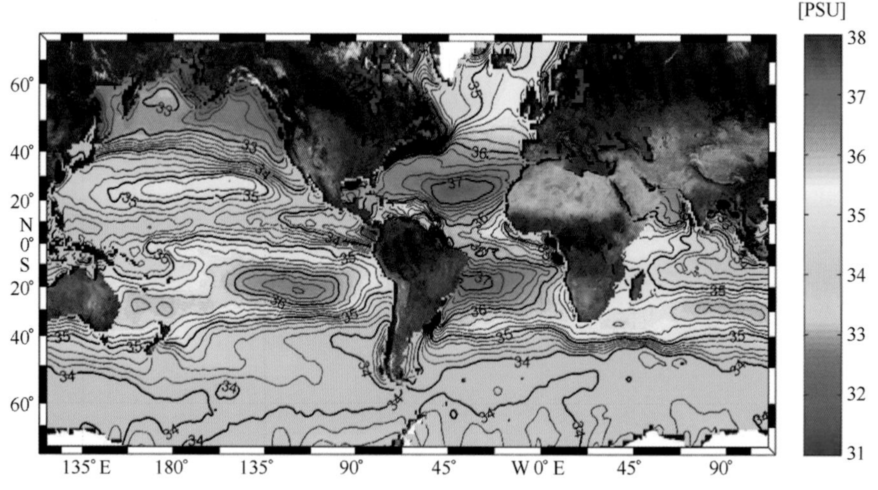

图 2-1 世界海洋表层海水年平均盐度分布图

总体来讲，世界大洋的盐度沿着纬线呈带状分布，从赤道到两极呈马鞍形的双峰分布。图 2-2 所示是大西洋和印度洋不同地点采得的表层海水盐度值，由图 2-2 可知赤道海域盐度较低，在副热带海域盐度达到最大值，而后随着纬度的升高海水盐度逐渐降低，在两极海域，海水盐度降至 34 以下。同一海域表层海水盐度随着季节的变化情况较为复杂，与海水蒸发、降雨、洋流和海水混合有关；近岸的海水盐度则主要受陆地流入海洋的淡水影响。波罗的海是盐度最低的海域，因为这里降水多而蒸发少，陆地河流有大量的淡水输入并且与大西洋海水交换不多(CES-OS，2010)。

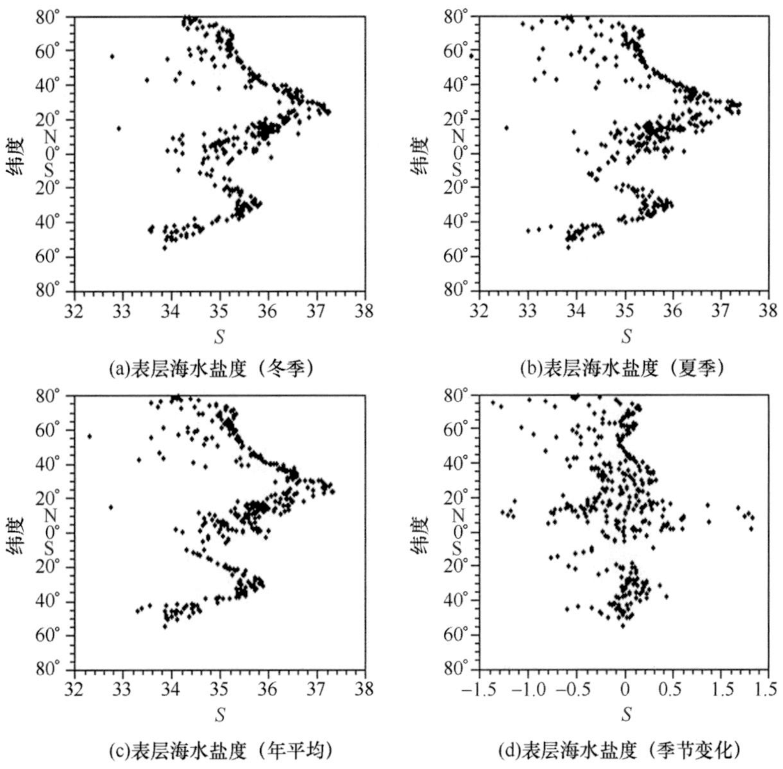

图 2-2　大西洋及印度洋表层海水盐度随纬度和季节变化图(Hilbrecht，1996)

2.4.3　海洋温度分布

世界大洋平均水温为 3.8℃，大西洋的平均温度最高，为 4.0℃；其次是印度洋，为 3.8℃；最低的是太平洋，为 3.7℃。大洋表层水温主要受太阳辐射分布和洋流的影响，季节变化仅在海水表层发生。在 200 m 水深处，海水温度被认为是不随季节变化的。

如图 2-3 所示，世界海洋表层水年平均水温的等温线大致呈带状分布，这与太阳辐射的纬度变化密切相关。从赤道到两极，海水温度逐渐降低，两极附近海域的水温可能接近当地盐度对应的冰点温度。在纬度为 20°～30°的地方，温度梯度较之赤道地区平缓。表层海水温度的季节性变化在中纬度地区最大而在赤道地区最小。

海水的垂直温度梯度从两极到赤道地区逐渐增大。在冬季，表层海水温度与 200 m 处海水温度差从极地到纬度 40°的地区小于 2℃，从纬度 40°到赤道的地区逐渐增加。较之冬季，夏季主要在中纬度地区温度差有较大变化，导致这些海区有很强的季节性变化。温度差在 20°N 到赤道以南地区变化最为剧烈。

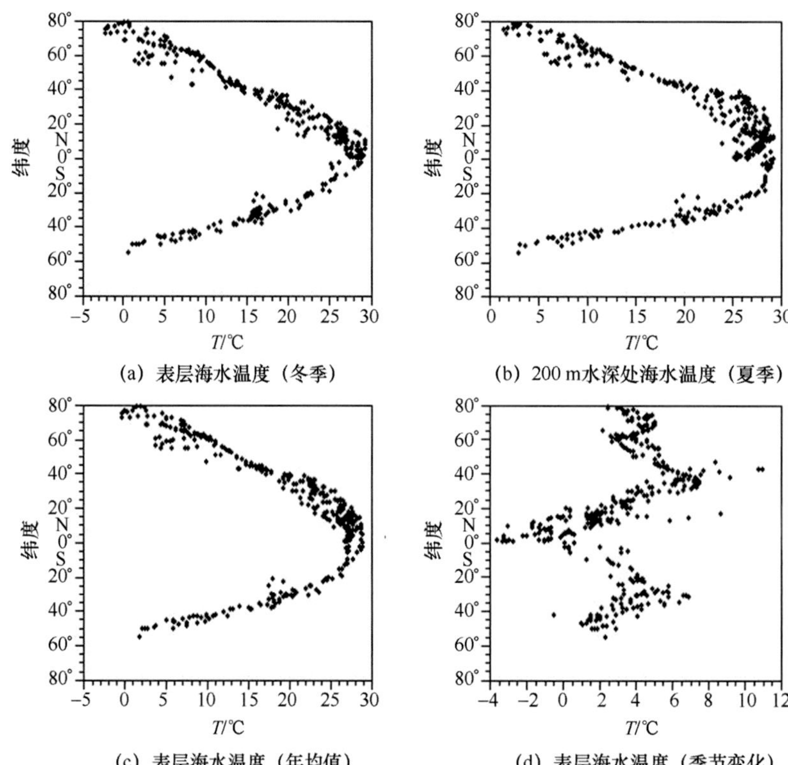

图 2-3　大西洋及印度洋表层海水温度随纬度和季节变化图(Hilbrecht，1996)

2.4.4　海水密度分布

海水的密度梯度驱动全球洋流循环系统，海水密度是决定海流运动最主要的因素之一。海水密度受到海水盐度、温度的直接影响，其计算公式如下：

$$
\begin{cases}
\rho = 1 + \dfrac{[S - (T - 17.5) \times 0.3]}{1\ 305} & (T > 17.5℃) \\
\rho = 1 + \dfrac{[S + (17.5 - T) \times 0.2]}{1\ 305} & (T < 17.5℃)
\end{cases}
\tag{2-3}
$$

所以，大洋盐度、温度和密度的变化将会直接影响全球的洋流。在 12800 年前的“新仙女木”事件中(刘嘉麒等，2001)，由于大量的淡水进入北大西洋，导致北大西洋的海水盐度降低，使得北大西洋暖流减弱甚至中断(Rahmstorf et al.，2002；Nunes et al.，2006)。

如图 2-4 所示，两极地区表层海水有着最高的密度，并随着纬度的降低而降低。图 2-4(b)表示了表层海水和 200 m 水深处海水之间的密度差，由图中可以看出，在冬季表层海水与 200 m 处海水的密度差随着纬度变化而变化。较之北大西洋，南半球海洋各区域密度差随纬度的变化更加一致。冬季中高纬度地区密度差较小，从纬度 30°到赤道地区，密度差线性增加。

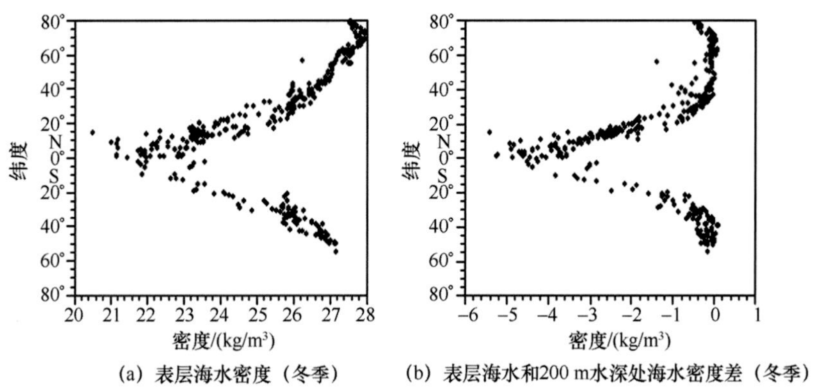

图 2-4　大西洋及印度洋海水密度随纬度和季节变化图(Hilbrecht，1996)

在海洋垂直剖面上，表层海水的平均密度约为 1.022×10^3 kg/m^3，海水密度随着深度的增加而不断增大，海底的密度最终会趋于稳定，约为 1.030×10^3 kg/m^3。图 2-5 所示为大西洋某海域海水密度随深度变化图。

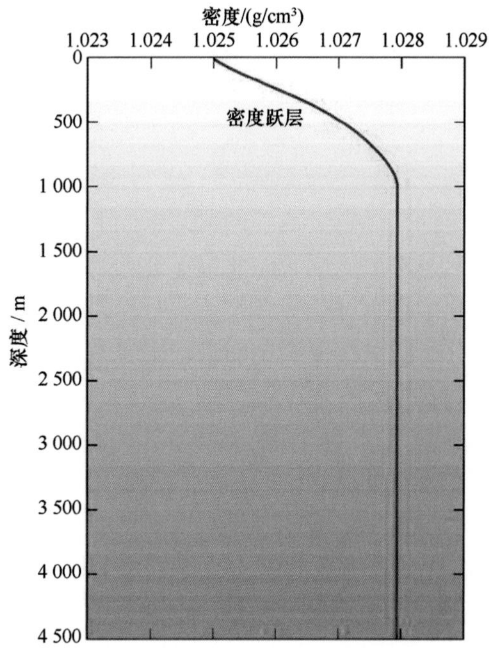

图 2-5　大西洋某海域海水密度随深度变化图

（图片摘自 https：//www. windows2 universe. org/earth/Water/density. html）

2.5 海洋化学

海水中含碳总量是大气含碳总量的 60 倍，约为 3.87×10^{13} t。海水中的碳主要以无机碳的形式存在，如 HCO_3^-、CO_3^{2-}、H_2CO_3和 CO_2，约占海水中总碳量的 88.99%；其余的以有机碳的形式存在。海水二氧化碳系统各成分之间的化学反应和平衡关系、海-气界面的二氧化碳交换、海洋生物与二氧化碳循环、海水二氧化碳系统与海水中悬浮的碳酸盐之间的化学平衡等都是海水二氧化碳系统研究的重点。海水中的二氧化碳系统参与海洋中气-液、固-液相化学反应过程，控制着海水的 pH 值，直接影响海洋中的许多化学平衡。海水中的二氧化碳系统在地球大气圈、水圈、岩石圈及生物圈的演变史中占有重要地位，对于控制温室效应也发挥着重要作用(Thurman et al.，1997)。

海水呈弱碱性，pH 值一般在 7.5~8.2 之间，平均值约为 8.1 且比较稳定，这对于海洋生物的生长很有利。海水的 pH 值主要取决于二氧化碳的平衡。海水中 H_2CO_3各种解离形式的含量变化将会影响海水中 H^+的活度，进而影响海水的 pH 值。

pH 值变化直接或间接地影响海洋生物的消化、呼吸、生长、发育和繁殖。例如，当海水 pH 值在 4.8~6.2 之间时，海胆的卵不发生受精作用，当 pH 值降至 4.6 时，海胆的卵就会死亡。卤虫对碱性环境的耐受力很差，当海水 pH 值在 7.8~8.2 之间时，卤虫就不能正常生长。

海水中溶解氧(dissolved oxygen，DO)的含量范围为 0~8.5 mg/L。表层海水由于与空气接触且光合作用旺盛，其含氧量很高，通常处于饱和状态。在浮游植物大量繁殖的海区，水中溶解氧甚至会出现短暂过饱和状态。透光层下方缺乏光合作用，含氧量逐渐下降。在 400~800 m 深处，下沉颗粒有机物较集中，细菌分解作用旺盛，加之动物呼吸消耗较多，于是出现垂直分布的最小含氧层。超过 1 000 m 深的水层含氧量自最小值开始缓慢上升(沈国英等，2010)。图 2-6 所示为海水中含氧量垂直分布图。

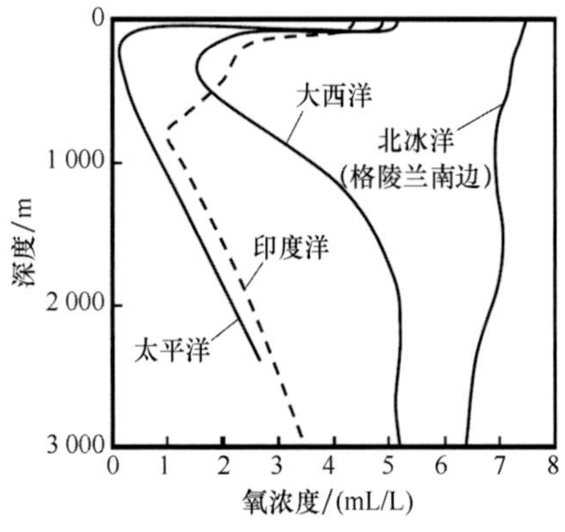

图 2-6 海水中含氧量的垂直分布(沈国英等，2010)

2.6　海洋地质

2.6.1　海底地质构造

1) 大陆漂移假说

1912 年，魏格纳提出了大陆漂移学说，并在 1915 年出版的《海陆的起源》中系统地阐述了自己的见解(王春雨等，2018)。他认为在中生代之前，地球上只存在一个大陆——联合古陆(或称泛大陆)，只存在一个海洋——泛大洋，泛大洋将泛大陆包围着。自中生代以来，泛大陆逐渐分裂、漂移，产生的多个碎块即为现在各个大陆。在这个过程中形成了印度洋、大西洋，泛大洋则收缩为太平洋。

魏格纳的主要依据有海岸线的形态、古生物和古气候地理分布以及地质构造等。但魏格纳未能很好地解释大陆漂移的机制，这主要是受限于当时的认知水平以及相关资料的缺乏。大陆漂移学说遭到了许多地球科学家的反对，有人甚至将其视为奇谈怪论。1930 年，魏格纳在格陵兰冰原遇难之后，盛行一时的大陆漂移学说也随之逐渐衰落(杨子赓，2004)。

2) 大洋中脊及海底扩张说

20 世纪 50 年代，在大量海底观测资料的基础上，科学家首先在大西洋发现了大洋中脊(mid-ocean ridge)，继而在太平洋、印度洋也发现了大洋中脊。大洋中脊又被称作中隆或中央海岭，是一个全球性的大洋裂谷，总长约 6×10^4 km。大洋中脊在全球呈 W 形，在大西洋中的大洋中脊呈 S 形，向北延伸至北冰洋，向南与印度洋中脊相连。印度洋中脊呈“人”字形，左边一支在非洲南端与大西洋中脊相接，然后一直延伸到非洲北部；右边一支从澳大利亚南面与太平洋中脊南端相接。太平洋中脊则偏向于东部，向北一直延伸到北极海域。大洋中脊脊部通常高出两侧海原 1~3 km，脊部水深 2~3 km。大西洋和印度洋大洋中脊的轴部有宽 20~30 km、深 1~2 km 的中央裂谷，它把大洋中脊的峰顶分为两列平行的脊峰。在中央裂谷地带，熔融岩浆不断上升，凝固成新的洋壳，并向两侧扩张。

在大洋中脊中具有海洋中极具开发价值的矿藏——海底热液矿(薛发玉等，2006)。能形成“热液硫化物”的深海热液，是在海水渗入海底地壳的裂缝中，受到地下炽热的熔岩加热后，溶解了地壳中的金、银、铜、锌等多种金属化合物之后，再从海底喷发出来冷凝而成的。冷凝的固体不断堆积，最后形成“黑烟囱”。这些“黑烟囱”已经在海底生长了亿万年，喷出的物质堆积形成富含铜、锌、铅、金、银的海底热液硫化物。不仅如此，深海热液喷口附近还生活着许多耐高温、高压，不需要氧气的生物群落。

这些生物群落在深海极端的环境中，依靠地热能而非太阳能支持，在海底形成了一条与地表生物完全不同的食物链。这给许多问题的解答都提供了新线索。比如对于生命的起源，在早期地球还原性的大气中，靠光合作用的生物群落难以生存，依靠地热的生命也许是地球上的第一批居民，这正如达尔文说的生命可能起源于“一个热的小池子里”。对于外星生命的探索，深海热液生物群说明外星生命也可能依靠地热形成食物链。一个可能出现这种生命的星球是木卫二，依靠引力摩擦力，木卫二厚厚的冰层下面可能存在液态水，并且存在类似地球深海的热液喷发，从而有可能孕育生命。

美国科学家 Dietz(1961)和 Hess(1960；1962)提出海底扩张说。根据该理论，海底的扩张模式可概括如下：“大洋中脊轴部裂谷带是地幔物质涌升的出口，涌出的地幔物质冷凝形成新洋底，新洋底同时推动先期形成的较老洋底逐渐向两侧扩展推移，这就是海底扩张。”

海底扩张说解释了海洋地质学和地球物理学领域的许多问题，而且随后的观察研究结果也很好地支持了该理论。

3)板块构造说

在吸收了大陆漂移说和海底扩张说的理论观点之后，Morgan，McKenzie，Parker，Le Pichon 等于 1968 年提出板块构造学说。板块构造学说认为固体地球的上层可分为刚性岩石圈和塑性软流圈，岩石圈漂浮在软流圈上，可做侧向运动。地表岩石圈可划分为七个板块，板块内部相对稳定，边界则是地球最活跃的构造带。板块运动是由地幔物质对流驱动的。板块构造学说能够解释几乎所有的地质现象。

2.6.2 海洋沉积学

海洋沉积学是研究现代海底沉积物和沉积岩特征及其形成环境和沉积作用的学科。海洋沉积物中包含着大量的信息，这些信息对于海洋环境、海底地质构造、海洋矿藏、古海洋学和古气候学的研究都有重要意义。

海洋沉积学自 19 世纪发端，20 世纪 50 年代浊流学说的提出以及 K. O. Emry 用气候型的海平面变动形成的“残留沉积”来解释陆架沉积外粗内细的“异常”学说的提出，标志着海洋沉积学成为一门独立的学科。而后随着技术的进步，海洋沉积学蓬勃发展。深海钻探计划的实施，给海洋沉积学研究提供了大量的珍贵资料。20 世纪 70 年代以来，各个学科相互渗透综合，新方法、新技术的运用极大地拓展了海洋沉积学研究的深度和广度。随着世界矿藏资源的日益紧张，海洋沉积学在海洋资源勘探和开发中都将发挥更加重要的作用。

按沉积发生的海域，海洋沉积可分为滨海沉积、大陆架沉积、大陆坡-陆隆沉积和大洋沉积。滨海沉积指发生在近岸带的沉积，主要受河流、波浪、潮汐和洋流的影响。

大陆架沉积发生在浅海大陆架，主要受地质构造环境、海面变化、物质来源及生物活动影响，沉积物以陆源碎屑为主。大陆架-陆隆沉积也以陆源成分为主，但沉积还受到块体运动、大洋深层温盐环流及水柱中的沉降等过程的影响，沉积厚度可达2 000~5 000 m。大洋沉积主要分布在水深 2 000 m 以上的深海中，沉积物有生物组分和非生物的陆源物质、火山及宇宙尘埃等(于兴河等，2004)。

2.7　海洋生态

海洋是 99%的地球生命的栖息地(邵广昭，2011)。海洋生态包括海洋生物之间及海洋生物与其海洋环境之间的相互关系，是海洋生物生存和发展的基本条件。

海洋是一个开放的、具有多样性的复杂系统，其中有各种不同时空尺度、不同层次的物质存在运动形态。对于海洋生态系统来说，包括海洋生物和非生物两大部分，生物如相互联系的动物、植物、微生物等是其中的生物成分，而非生物成分则是海洋环境，包括阳光、空气、海水、无机盐等。海洋生态系统结构也由生产者、消费者与分解者组成(蒋高明，2018)。

(1)生产者主要由能够进行光合作用的浮游生物组成，包括浮游植物、底栖植物，如单细胞底相藻类、海藻和维管植物等，它们数量多、分布广，是海洋生产力的基础，也是海洋生态系统能量流动和物质循环的主体。

(2)消费者包括各类海洋鱼类、哺乳类(鲸、海豚、海豹、海牛等)、爬行类(海蛇、海龟等)、海鸟、某些软体动物(乌贼等)和一些虾类以及底栖动物等。

(3)分解者主要由各种海洋微生物组成。海洋中分解有机物质的代表性菌群有分解有机含氮化合物的微生物、利用碳水化合物类微生物、降解烃类化合物以及利用芳香化合物如酚等的微生物。

海洋生态系统是由海洋中生物群落及其环境相互作用所构成的自然系统。广义而言，全球海洋是一个大生态系统，其中包含许多不同等级的次级生态系。每个次级生态系占据一定的空间，由相互作用的生物和非生物，通过能量流和物质流，形成具有一定结构和功能的生态系统。海洋生态系统分类，目前尚无定论。若按海区划分，一般分为海岸带生态系统、大洋生态系统、上升流生态系统等；按生物群落划分，一般分为红树林生态系统、珊瑚礁生态系统、海洋藻类生态系统等。

2.8 海底资源

2.8.1 传统资源

传统的海底资源包括石油、天然气，近海的金刚石砂矿、金属矿砂如金、铂、锡等砂矿以及稀有、稀土矿物等10余种矿产。经探查，海底的石油储量大约为$1\ 350\times10^8$ t，天然气储量约为140×10^{12} m^3，占世界油气储量的45%。截至1995年，海洋石油年产量为9.65×10^8 t，占世界石油产量的30.1%；海洋天然气年产量为$4\ 421\times10^8$ m^3，占全球天然气总产量的20%以上(张鸿翔等，2003)。我国南海中也有丰富的石油资源。据估计，南海石油地质储量有$230\times10^8\sim456.26\times10^8$ t油当量，被称为全球“第二个波斯湾”(陈洁等，2007)。

2.8.2 非传统资源

1)天然气水合物

天然气水合物，也称作“可燃冰”，是天然气和水在高压低温的环境下组成的冰状固态物质。在海洋中主要分布在深海海盆、近海大陆架，其储量大约为全世界煤、石油、天然气总碳量的2倍，以目前世界能源的年消耗量计算，世界大洋中的天然气水合物可以使用200年。天然气水合物资源在我国南海也相当丰富。据测算，我国南海天然气水合物储量为700×10^8 t油当量，相当于我国陆地上石油、天然气资源量的1/2(张鸿翔等，2003)。2011年，作为重要的新型能源，天然气水合物已经被纳入我国的能源发展规划中，国家将会投入更多的力量进行天然气水合物的勘探和科研，为以后的开发利用奠定基础。

2)海底热液矿床

海底热液矿床是由海底热液作用形成的硫化物和氧化物矿床。按其形态分为海底多金属软泥和海底硫化矿床两种。海底热液矿床中富含铜、锌、铁、锰、金、钴等金属和稀有金属，仅在红海的“阿特兰蒂斯-Ⅱ”号深渊中的矿床，估计锌储量可达320×10^4 t，铜80×10^4 t，银4 500 t，金45 t。1993年，圈定出的世界海底热液“矿点”和“矿化点”达139处，广泛分布于大洋中脊、弧后盆地和板内热点。我国自20世纪80年代初开始对海底热液矿床进行研究，在“九五”期间完成的“世界海底热液硫化物矿点资源评价和编图”课题和“海底资源的前瞻性研究”项目中，海底热液硫化物矿点资源勘查都占据了重要位置。

3）锰结核

锰结核也称为多金属结核，它表面呈黑色或棕褐色（图 2-7），呈球状或块状，含有 30 多种金属元素，尤其富含锰、铁、镍、铜和钴。锰结核广泛地分布于水深 2 000～6 000 m 的大洋中，尤以 4 000～6 000 m 水深最多（陈洁等，2007）。锰结核总储存量估计超过 3×10^{12} t，其中太平洋约有 1.7×10^{12} t。太平洋锰结核矿藏中含锰 $4\,000\times10^{8}$ t、镍 164×10^{8} t、铜 88×10^{8} t、钴 98×10^{8} t，如果按目前世界金属的年消耗量计算，铜可供使用 600 年，镍可供使用 15 000 年，锰可供使用 24 000 年，钴则可供使用 130 000 年。鉴于其巨大的潜在价值，各国都在集中力量进行锰结核矿的开发研究工作。我国自 1991 年以来，在锰结核矿的勘探和开采技术上都取得了长足进步。2001 年 5 月，我国取得了太平洋上面积达 7.5×10^{4} km^2的大洋矿区的专属开发权。2011 年 7 月 30 日，在这片锰结核勘探合同区，“蛟龙”号载人深潜器对海底锰结核进行了采集试验。尽管还有许多不确定因素，但随着研究的进一步深入，我国的锰结核商业开发可能只是时间问题。

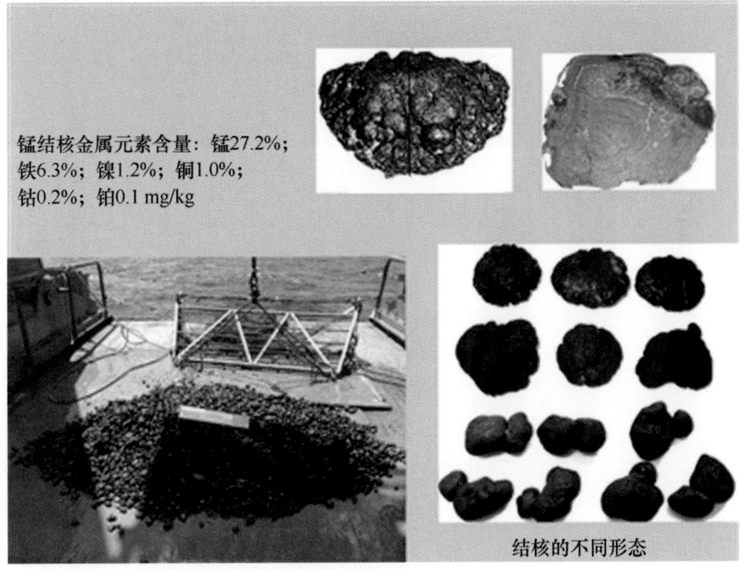

图 2-7　锰结核

Chapter 3 第3章

海洋机电装备设计技术

3.1 引言

海洋机电装备设计技术决定了海洋机电装备的整体性能是否能满足海洋探索与开发任务的要求，是海洋机电装备的核心所在。在现代海洋机电装备设计过程中，需要遵照一定的设计准则和流程，满足设计指标，可以充分利用计算机软件辅助设计手段加快设计进度、提高设计质量。

海洋机电装备设计流程如图 3-1 所示，主要有以下几个步骤：①编制设计任务书。根据市场需求、用户委托或主管部门下达的要求提出设计任务，对设计任务进行可行性分析，编制完成设计任务书。②确定总体设计方案。通过调查研究和必要的分析以及必要的原理性试验，提出装备的工作原理，进行初步的设计计算，经过分析、对比和评价，确定最佳总体方案。③完成设计说明书。对设计方案进行必要的运动学分析与设计、动力学分析与设计及工作能力分析与设计，对设计结构进行详细的设计计算，得到各结构的详细尺寸，并进行必要的计算校核，确定零部件尺寸，完成装备的装配图和零件图的绘制。④试制装备样机。依据装备图和零件图试制装备样机并进行必要的试验检测，对发现的问题加以改进，优化部分设计结果。⑤投入使用。将设计完成的装备投入使用，及时收集产品的使用反馈意见，研究使用中发现的问题，进行改进。

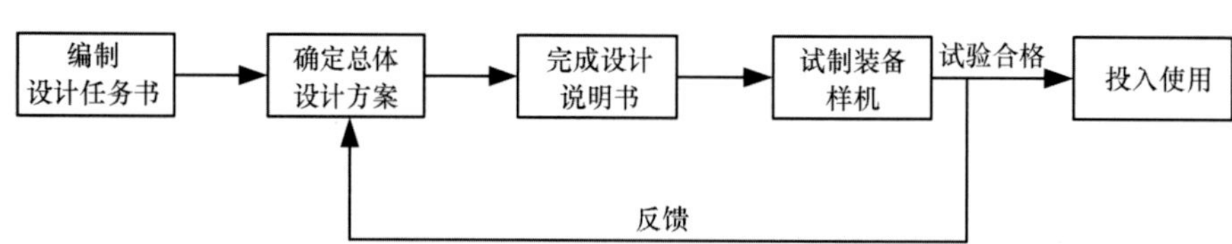

图 3-1　海洋机电装备设计流程

海洋机电装备长期在海水环境中运行，与一般的陆地机电装备相比，工作环境更为恶劣，因此在设计上需要遵从更严格的考核标准。例如，在海水中，机电装备的外壳体所承受的海水压强随着其工作深度的增加而增加，因此需要保证其设计结构强度足够承受高压环境；同时由于海水具有导电性，需要防止其渗入机电装备内部而破坏其电路，这就凸显了密封技术在海洋机电装备领域中的重要作用。在海洋机电装备设计过程中，需要检验关键指标是否达标的设计模块主要有耐压设计、结构强度、疲劳设计、密封设计、防腐蚀设计、轻量化设计和零浮力设计等。

传统的海洋机电装备设计十分依赖工程师的经验和技巧，设计效率非常低，无法适应日新月异的现代化生产方式，而随着信息技术的不断发展，作为现代海洋机电装备设计的辅助手段，计算机辅助设计在越来越多的工作场合发挥了很大作用，革新了生产方式，提高了生产效率，在整个海洋机电装备设计技术中占据越来越大的比重。计算机辅助机电装备设计主要包括计算机辅助结构设计与仿真、计算机辅助电子线路设计和计算机辅助控制系统设计等。

3.2　优化设计方法

优化设计是将工程设计问题转化为最优化问题，即利用计算机技术，应用高精确度的力学数值分析法来分析与计算，从满足设计要求的一切可行方案中，按照预定的目标自动寻找最优设计的一种设计方法。

机械优化设计是一种现代科学设计方法，它集设计、绘图、计算、实验于一体，其结果不仅“可行”，而且“最优”。该“最优”是相对的，随着科技的发展以及设计条件的改变，最优标准也将发生变化。优化设计反映了人们对客观世界认识的深化，要求人们根据事物的客观规律，在一定的物质基础和技术条件下充分发挥人的主观能动性，得出最优的设计方案。

优化设计的思想是最优设计，利用数学手段建立满足设计要求的优化模型；方法是优化方法，使方案参数沿着方案更好的方向自动调整，以从众多可行设计方案中选出最优方案；手段是计算机，计算机运算速度极快，能够从大量方案中选出“最优方案”。尽管优化设计建模时需作适当简化，可能使结果不一定完全可行或实际最优，但其基于客观规律和数据，又不需要太多费用，因此具有经验类比或试验手段无可比拟的优点，如果再辅之以适当经验和试验，就能得到一个较圆满的优化设计结果。

3.2.1　优化设计一般步骤

优化设计一般步骤如图 3-2 所示，具体包括：①根据设计要求和目的定义优化设计问题；②建立优化设计问题的数学模型；③选用合适的优化计算方法；④确定必要的数据和设计初始点；⑤编写包括数学模型和优化算法的计算机程序，通过计算机求解计算获取最优结构参数；⑥对结果数据和设计方案进行合理性和适用性分析。

其中，最关键的是两个方面的工作：首先将优化设计问题抽象和表述为计算机可以接受与处理的优化设计数学模型，通常简称为优化建模；然后选用优化计算方法及其程序在计算机上求出这个模型的最优解，通常简称为优化计算。

优化设计数学模型是用数学的形式表示所设计问题的特征和追求的目的，它反映了设计指标与各个主要影响因素(设计参数)间的一种依赖关系，是获得正确优化结果的前提。由于优化计算方法很多，选用是一个比较棘手的问题，在选用时一般遵循三个原则：①选用适合于模型的优化计算方法；②尽量选用已有的、比较成熟的计算软件的优化计算方法；③选用计算简单、算法稳定、收敛速度快的优化计算方法。

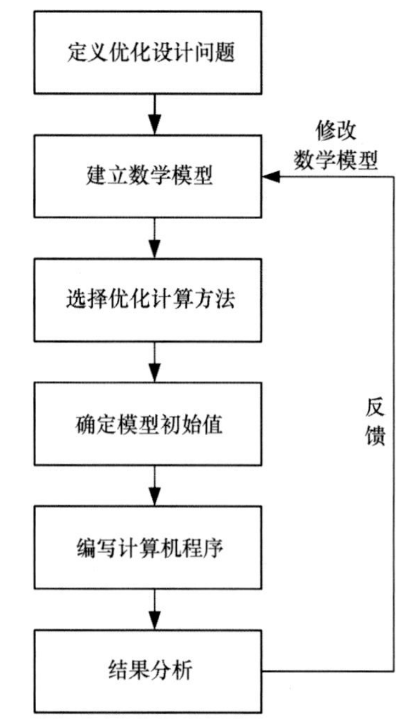

图 3-2　优化设计一般步骤

3.2.2　传统优化设计方法

3.2.2.1　准则优化法

准则优化法是不应用数学极值原理，而根据力学、物理或其他原则构造评优准则，然后依据此准则进行寻优。该方法的优点是概念直观、计算简单，少约束时优化效率较高，特别适合工程应用；缺点是只能考虑一个或很少方面，多约束时优化效率大大降低，甚至不收敛。如满应力准则法直接从结构力学的原理出发，实质是在结构几何形状固定和构件材料确定的情况下选择截面，使结构中每一构件至少在一种工况下达到满应力，从而使杆件材料得以充分利用。迭代法是满应力设计最简单的方法。

3.2.2.2　线性规划法

线性规划法是根据数学极值原理求解目标函数和约束条件同为设计变量的线性优化问题，是机械优化设计的重要方法之一。主要方法有单纯形法和序列线性规划法。

1）单纯形法

单纯形法由美国斯坦福大学 Dantzig 教授于 1947 年提出，是求解线性优化问题简便、直接、有效的方法。缺点是难以得到全局最优解，单纯形的构成、压缩因子、扩散因子、收敛条件、收敛系数都会影响优化结果。因此，初始单纯形的各顶点应线性独立，新单纯形构成后应验算是否收敛，并检查是否满足精度要求。单纯形法以成熟而强健的算法理论统治线性规划达 30 余年。

2）序列线性规划法

序列线性规划法是在初始点处将目标函数及约束条件展开为泰勒级数，只取线性项，将非线性规划转化为近似的线性规划进行近似求解，如果所得解不满足设计精度要求，则将原优化问题在该近似解处再次按泰勒级数展开，重新求解，如此反复，直至所求解满足设计精度要求为止。序列线性规划法的缺点是线性约束条件数目随迭代次数增加而增加，计算工作量将急剧加大。

3.2.2.3　非线性规划法

实际工程的机械优化设计大都属于非线性规划，且非线性程度越来越高，完全简化成线性问题是不妥当的。非线性规划从数学极值原理出发求解优化问题，可分为无约束直接法、无约束间接法、有约束直接法和有约束间接法(王宜举，2019)。

1)无约束直接法

无约束直接法利用迭代过程已有信息和再生信息进行试探和求优，不需要分析函数的导数和性质。无约束直接法与无约束间接法的区别是迭代过程产生搜索方向的方法不同，具体有坐标轮换法和鲍威尔法。

（1）坐标轮换法。坐标轮换法是最简单的直接优化方法之一，方法易懂，程序简单，无需求导，计算费用低，但可靠性差，效率低，当目标函数等值线具有脊线形态时可能失败。该方法适用于目标函数导数不存在或不易求得、维数较低(一般 $n \leqslant 5$)的情况。

（2）鲍威尔法。鲍威尔法由 Powell 于 1964 年提出，并由他本人改进，属于共轭方向法。该方法直接利用函数值逐次构造共轭方向，并在改进的算法中增加了判断原方向组是否需要替换和哪个方向需要替换，保证了共轭方向的生成，具有二次收敛性，收敛速度快，可靠性高，但编程较复杂，适用于维数较高的优化问题。鲍威尔法是直接搜索法中最为有效的算法之一。

2)无约束间接法

无约束间接法是利用函数性态，通过微分或变分进行求优，主要有梯度法、牛顿法、共轭梯度法和变尺度法等。

（1）梯度法。梯度法的优点是概念清楚、方法简单、可靠性较高、计算量小，函数值稳定下降，且对初始点要求不严格；缺点是要求目标函数必须具有一阶偏导数，并需计算，迭代点离最优点远时函数值下降快，越接近最优点收敛速度越慢，且迭代次数与目标函数的性态关系较大，等值线所形成的椭圆族越扁迭代次数就越多。梯度法是导出其他更为实用、有效的优化方法的理论基础，适用于复杂函数的初始搜索，多用于精度要求不高的场合。

（2）牛顿法。牛顿法对初始点要求不严格，具有二次收敛性，最优点附近的收敛速度极快，对于正定二次函数的寻优，迭代一次即可达到极小点；缺点是要求目标函数必须有一阶、二阶偏导数及海森矩阵非奇异且正定或负定，需要计算一阶、二阶偏导数及海森矩阵的逆阵，程序复杂、计算量大。该方法适用于目标函数具有一阶、二阶偏导数，海森矩阵非奇异，维数不太高的场合。

（3）共轭梯度法。共轭梯度法最早由 Hestenes 和 Stiefle 提出，在此基础上，Fletcher 和 Reeves 于 1964 年提出了解非线性最优化问题的共轭梯度法。该方法仅需计算函数的一阶偏导数，编程容易，准备工作量比牛顿法小，收敛速度远超过梯度法，但有效性比变尺度（DFP）法差。共轭梯度法在第一个搜索方向取负梯度方向，而其余各步的搜索方向将负梯度偏转一个角度，即对负梯度进行修正。实质上是对最速下降法的改进，适用于维数较高（$n>50$）、一阶偏导数易求的优化问题。

（4）变尺度法。变尺度法由 Davidon 于 1959 年提出，Fletcher 和 Powell 于 1963 年对其进行了改进，又称 DFP 法。DFP 法综合了梯度法和牛顿法的优点，对初始点要求不高，不必计算二阶偏导数矩阵及其逆阵，收敛速度快、效果好；缺点是需计算一阶偏导数，且由于舍入误差和一维搜索的不精确等原因，数值稳定性仍不够理想，有时因计算误差引起变尺度矩阵奇异而导致计算失败。Broyden、Fletcher、Goldstein、Shanno 等于 1970 年提出了更具数值稳定性的 BFGS 变尺度法，适用于求解维数较高（10～50 维）、具有一阶偏导数的无约束优化问题，被认为是目前最成功的变尺度法（汪萍，2013）。

3）有约束直接法

有约束直接法的新迭代点必须在可行域内，且保证目标函数值的稳定下降，适用于仅含不等式约束的优化问题，具体有网络法、随机方向搜索法以及复合形法等。

（1）网络法。网络法算法简单，对目标函数性态要求不高，可求得全域最优解，特别适用于变量维数不高（$n<10$）、约束个数不太多（10～15）、离散变量的优化，但对连续变量应给出各变量的区间，计算量较大，也可求解无约束优化问题。

（2）随机方向搜索法。随机方向搜索法简单、方便，对目标函数性态无特殊要求，收敛较快，但计算精度不高，对严重非线性问题一般只能提供较近似的最优解，适用于中小型无约束或有约束优化问题。

（3）复合形法。复合形法最早由 Box 于 1966 年提出，是单纯形法的发展和改进。复合形法避免了迭代过程中的退化现象，对目标函数和约束函数无特殊要求，不必计算目标函数的梯度和二阶导数矩阵，方法简单、实用可靠、应用较广，有一定的收敛精度，但收敛速度一般，不适于变量较多($n>15$)和有等式约束的优化，复合形法是求解非线性优化的有效方法之一，在优化设计中得到广泛应用。

4)有约束间接法

有约束间接法先将复杂的约束优化转化为一系列容易解决的子优化问题，然后进行优化求解。主要有罚函数法、增广乘子法和序列二次规划法。

(1) 罚函数法。罚函数法是对约束条件进行加权处理，将约束优化转化为一系列无约束优化，逐渐逼近原约束优化的一个最优解，适用于中、小型非线性的约束优化。罚函数法又可分为内点法、外点法和混合法。内点法能给出一系列逐步改进的可行设计方案，但其初始点为严格的可行内点，初始惩罚因子、递减系数往往需试算才能确定，对收敛速度和迭代成败影响较大。外点法克服了内点法的一些缺点，且其初始点可任选。混合法在一定程度上综合了内点法和外点法的优点，其初始点可任选，可处理多个变量和多个函数，能解决具有等式和不等式约束的优化问题。应用罚函数法时，首先应取适当小的初始惩罚因子，再根据运算结果进行调整，此外，其递增系数也不宜选得过大。

(2) 增广乘子法。增广乘子法是将约束优化转化为一系列无约束优化，基本搜索策略同外点罚函数法，迭代中要用到函数值和函数一阶偏导数的信息，但其惩罚因子不必趋于无穷，故效果比罚函数法好，数值稳定性也更好，适用于中小型、大型约束优化问题。

(3) 序列二次规划法。序列二次规划法是将一般非线性约束优化转化为二次规划子优化求解，迭代中不仅用到函数值和函数一阶偏导数的信息，而且用到二阶偏导数的信息，因而收敛快、精度高，且计算稳定性更好，是目前公认的最优秀的约束优化方法之一，对于中小型、大型约束优化问题均适用(卢其进，2013)。

3.2.3　现代优化设计方法

3.2.3.1　遗传算法

遗传算法起源于 20 世纪 60 年代对自然和人工自适应系统的研究，最早由美国密歇根大学 Holland 教授提出。遗传算法是模拟生物进化过程、高度并行、随机、自适应的全局优化概率搜索算法，它按照获得最大效益的原则进行随机搜索，不需要梯度信息，也不需要函数的凸性和连续性，能够收敛到全局最优解，具有很强的通用性、灵活性和全局性；缺点是不能保证下一代比上一代更好，只是在总趋势上不断优化，运行效率较低，局部寻优能力较差。作为一种实用、鲁棒性强的优化技术，遗传算法发展极为迅速，20 世纪 80 年代在人工搜索、函数优化等方面得到了广泛应用，近些年越来越多地应用于工程优化设计，适合设计变量较少的非连续性结构优化问题。

3.2.3.2 神经网络法

神经网络是一个大规模自适应的非线性动力系统，具有联想、概括、类比、并行处理以及很强的鲁棒性，且局部损伤不影响整体结果。美国物理学家 Hopfield 最早发现神经网络具有优化能力，并根据系统动力学和统计学原理，将系统稳态与最优状态相对应，系统能量函数与优化目标函数相对应，神经网络参数与优化设计变量相对应，系统演化过程与优化寻优过程相对应，与 Tank 在 1986 年提出了第一个求解线性优化问题的 TH 选型优化神经网络。该方法利用神经网络的稳定平衡点总是对应网络能量函数的极小点进行优化设计，并利用神经网络强大的并行计算、近似分析和非线性建模能力，提高优化计算的效率，其关键是神经网络的构造，多用于求解组合优化、约束优化和复杂优化。近些年，神经网络法有较大发展，Berke 等将神经网络用于航空工程结构件的优化设计；Adeli 和 Park 将结构优化设计与罚函数法、Lyapunov 稳定性定理、K-T 条件等神经动力学概念相结合，提出了具有极高稳定性和鲁棒性的神经动力学模型，特别适用于大型结构的自动设计与优化设计(董立立等，2010)。

3.2.3.3 模拟退火法

模拟退火法是一种能够跳离局部最优、随机的、全局优化算法，由加拿大多伦多大学教授 Hinton 和 Boltzmann 等于 1985 年基于统计物理学提出，其基本思想源于研究多自由度系统在某温度下达到热平衡时的行为特性的统计力学。金属在高温熔化时，所有原子都处于高能自由运动状态，随着温度的降低，原子的自由运动减弱，物体能量降低。只要在凝结温度附近使温度下降足够慢，原子排列就非常规整，从而形成结晶结构，这一过程称为退火过程。物理系统和优化问题之间具有明显的类似点，物体的结晶过程可对应于多变量函数的优化过程，因此可通过模拟退火过程来研究多变量的优化。

3.2.3.4 粒子群算法

Kennedy 和 Ebehart 于 1995 年提出了模拟鸟群觅食过程的粒子群法，从一个优化解集开始搜索，通过个体间协作与竞争，实现复杂空间中最优解的全局搜索。粒子群法与遗传算法相比，原理简单，容易实现，有记忆性，无须交叉和变异操作，需调整的参数不多，收敛速度快，算法的并行搜索特性不但减小了陷入局部极小的可能性，而且提高了算法性能和效率，是近年被广为关注和研究的一种随机起始、平行搜索、有记忆的智能优化算法。目前，粒子群算法已应用于目标函数优化、动态环境优化、神经网络训练等诸多领域，但用于机械优化设计领域的研究还很少。

3.2.3.5　多目标优化法

功能、强度和经济性等的优化始终是机械设计的追求目标，实际工程机械优化设计都属于多目标优化设计。多目标优化广泛的存在性与求解的困难性使其一直富有吸引力和挑战性，理论方法还不够完善，主要可分为两大类：①把多目标优化转化成一个或一系列单目标优化，将其优化结果作为多目标优化的一个解；②直接求非劣解，然后从中选择较好的解作为最优解。具体有主要目标法、统一目标法、目标分层法和功效系数法。

主要目标法是抓住主要目标、兼顾其他要求，从多目标中选择一个最重要的目标作为主要目标，将其他目标转化成约束条件，用约束条件的形式来保证其他目标不致太差，这样就将其转化为单目标问题进行优化求解。统一目标法是用统一目标函数作为评价函数，然后用单目标优化设计方法进行求解，根据构成统一目标函数方法的不同，又可分为加权组合法、目标规划法、满意度法、费用效果法等。目标分层法是将各目标函数按其重要程度排列，求出第一重要目标的最优解集合，然后依次在前一目标的最优解集合中求后一目标的最优解，则满足最终目标的最优解就是该多目标优化的优化解，但求解过程可能出现中断，为此可引入一定的“宽容量”，使在前一目标最优值附近的某一“较大范围”内求后一目标的最优值，以使求解过程顺利进行。功效系数法是用功效系数表示各目标满足程度的参数，进而根据各目标的功效系数构成评价函数，适用于部分目标越大越好（如劳动生产率指标）、部分目标越小越好(如成本指标)、部分目标适中为佳(如可靠性指标)且各目标特性可用特性曲线表示并已知的多目标优化设计(许国根，2018)。

3.2.4　海洋机电装备结构优化研究现状

3.2.4.1　导管架平台

目前，导管架平台是应用最为广泛的海上固定平台，其主要以桩腿为基础且固定于海底，并通过打入海底的桩腿支撑整个平台，可经受风、浪、流等外力作用。下面主要从选型、结构以及可靠性优化设计这三个层次来论述基于导管架平台的结构优化设计。

1) 选型优化设计

近几年，随着优化方法研究的持续发展和工程结构优化研究的不断深入，研究人员逐渐开始关注海洋平台选型优化研究。如上所述，海洋平台结构选型决策综合性很强，必须考虑多种因素，其中包括研究人员的经验、当前工业水平以及经济情况等，需要经过综合判定才能确定。因此，结构选型优劣在极大程度上会影响整个工程项目的功能实现及经济性能的高低。

目前，通过优化技术来实现导管架平台选型优化研究才刚起步，距离工程实用还有一定差距。

2）结构优化设计

结构优化一般分为尺寸优化、形状优化和拓扑优化三个层次，该三个层次的级别、收益和难度依次增大。与尺寸优化相比，结构拓扑和形状优化更为困难，研究工作相对较少。目前，海洋平台结构优化设计研究重点集中在结构尺寸优化方面，并利用多种优化技术和先进分析软件完成平台结构优化设计，其目的是通过调整构件尺寸来实现结构重量和成本的最优化。

3）基于可靠度的平台结构优化设计

目前，现有海洋平台的结构优化设计均为基于确定性角度而出发，然而，确定性优化设计通常不能保证海洋平台结构体系的安全概率。在海洋平台结构设计中，由于海洋环境、结构材料及其尺寸、分析方法等方面均存在不确定性，所以在海洋平台结构设计中，需要充分考虑上述不确定性因素。采用基于可靠度的非确定性优化设计可以避免确定性优化设计的缺陷，即在确定性设计变量的基础上引入随机性设计变量，从而将可靠性设计与优化设计相结合，可以综合考虑平台设计的安全性和经济性。

反映海洋平台整体安全性能的重要指标是海洋平台结构体系的可靠性，因此，寻找结构失效模式是确定海洋平台结构系统可靠度的关键。对于导管架平台结构系统而言，只有上部结构、导管架和桩基三个子系统处于正常工作状态，海洋平台才能可靠地进行作业。若导管架平台结构的主要构件（如导管腿和桩）失效则会导致导管架和桩基失效，进而引发整个平台失效。因此，导管架平台既可将导管腿和桩的失效作为主失效模式，也可以将相邻层结构变形作为主失效模式（王辉辉等，2006）。

确定性优化设计虽然可以极大程度地降低海洋平台结构的初始成本，但不能控制海洋平台结构构件的风险水平，且在此种情况下，还会增大海洋平台结构体系的失效风险，而基于构件可靠度的优化设计可以控制平台结构构件的风险水平，并提高结构体系的可靠性，但其可靠性指标分配的合理性需要改进，且未能有效地控制海洋平台结构体系的风险水平。

综上所述，基于平台结构体系可靠性的海洋平台优化设计可以实现平台结构的构件可靠性指标分配合理性，大幅提高其体系可靠度，兼顾海洋平台结构的安全性与经济性的综合平衡，从而实现平台设计风险透明化，可以最低投资风险实现平台所具有的功能，从而获得最大经济效益。

3.2.4.2　自升式海洋平台

自升式海洋平台作为一种应用广泛的移动平台，由平台主体、桩腿及升降系统等组成，平台主体可以由支撑于海底的桩腿升至海面以上预定高度进行作业。自升式海洋平台由于其定位能力强、作业稳定性好，可在较深海域和恶劣环境条件下工作，因此在大陆架海域的海洋资源开发中占据重要地位。下面主要从选型优化设计、结构优化设计、结构可靠性优化设计三个层次论述自升式平台结构优化设计研究现状。

1）选型优化设计

桩腿作为自升式平台的重要构件，支撑平台主体在海上进行作业，并将平台所受荷载传递到海底地基，因此，桩腿结构是平台结构的关键，其安全性直接影响到整个平台的安全性。基于此，在确保桩腿结构安全可靠的前提下，对桩腿结构形式进行优化能够实现使其受力更加合理（杨炎华等，2013；蒙占彬，2011；王瑜，2010）。

2）结构优化设计

众所周知，自升式平台的工作水深变化较大，桩腿结构柔性较大，因此，其在风、浪、流、冰、温度等环境载荷作用下会发生较大位移和应力响应。研究表明，自升式平台桩腿结构的拓扑形式、结构形状和构件尺寸设计对平台结构的强度和刚度等特性具有重要影响（唐文献等，2013；樊敦秋等，2010）。

3）结构可靠性优化设计

概率可靠性理论是进行结构安全评估的重要方法，目前已经在多个领域得到广泛应用。随着固定式平台可靠性评估应用研究的不断发展，以自升式平台为对象的结构可靠性优化研究也取得了一定的进展。

3.3　密封设计

3.3.1　密封设计概述

海洋机电装备长期在海水中运行，与一般的机电装备相比，工作环境有所不同，因此在设计上也增加了许多需要额外考虑的因素。在海水中，当机电装备工作深度增加时，机电装备所承受的外压力也会增加，因此需要其能承受高压的冲击，在高压下保持工作的稳定性。同时由于海水会破坏机电装备内部结构以及电路，因此需要防止海水渗入机电装备内部，这就凸显了密封技术在海洋机电装备领域中的重要作用。

密封技术是一门综合性技术，广泛地应用于工业、农业、国防和人们的日常生活中。密封问题不仅与密封材料有关，也与密封介质、使用工作条件等多学科技术应用有关。在机械设备中密封的功能是防止泄漏，起密封作用的零部件称为密封件，简称密封，密封件是机械产品中应用最广的零部件之一。

根据密封副两侧材料的硬度不同可分为软密封和硬密封。密封副的两侧均是金属材料或较硬的其他材料的被称为“硬密封”，这种密封的密封性能较差，但耐高温，抗磨损，机械性能好；密封副的两侧一侧是金属材料，另一侧是有弹性的非金属材料的被称为“软密封”，这种密封的密封性能较好，但不耐高温，易磨损，机械性能较差（李新华，2018；李壮云，2011）。

根据密封副的工作原理可分为相对静止接合面间的静密封和相对运动接合面间的动密封两大类。静密封是防止流体在经过机械连接件时泄漏的一种方法；动密封是机器（或设备）中相对运动件之间的密封，详细的分类如图 3-3 所示。

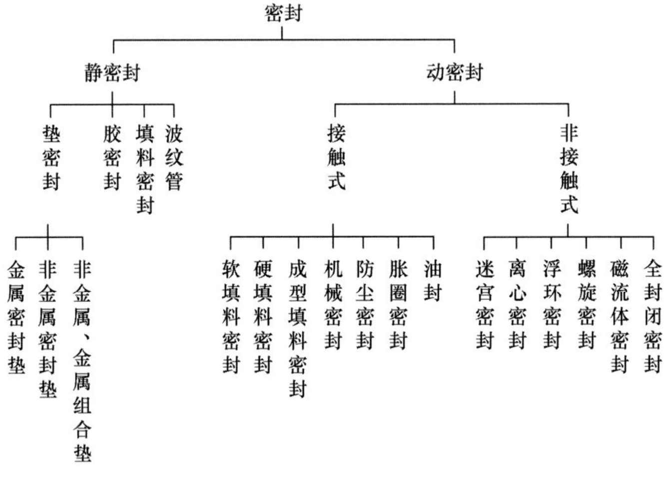

图 3-3　密封的分类

静密封是一种高压环境中常用的密封方式，其机理是密封面上的压力造成封闭环，并使封闭环上产生大于介质压力的反力，从而阻止介质分子的介入，形成密封。从微观方面来看，静密封的基本机理是密封材料的塑性（或弹性）流入匹配表面的不规则处，形成密封环，从而使接头在所有工作条件下的泄漏限制在允许的范围内。因此，密封环处的比压大小和密封环的宽度是实现密封的关键。密封环处的比压一般称作密封比压。

密封比压的定义有多种，一般将密封比压定义为密封端面上单位面积所受的力，或作用在密封环带上单位面积上净剩的闭合力。对于接触式机械密封，密封面比压选用原则应该是：①密封面比压必须大于 0，即 $p_c>0$，使密封面封闭，保持最低的密封性；②密封面比压还应该小于或等于许用比压（$p_c \leq [p_c]$），即保证使用寿命和必要的耐磨性；③为了在高压下保持密封，密封面比压 p_c 还应该大于高压介质的压力。因此，只有当密封面的比压大于密封介质压力，且密封面具备足够的长度时，才能有效地实现密封。

密封作用的有效性用“密封度”来衡量。密封度可以用单位时间内介质的体积或质量的泄漏量来表示。一般来讲，静密封可能达到零泄漏，但对于动密封由于接触密封面的任何相对位移都会给接合表面上的粗糙处泄漏介质创造条件，要达到零泄漏是特别困难的。

海洋机电装备密封设计中常用的密封有硬密封、成型填料密封中的 O 形圈密封和组合式密封。

3.3.2　O 形圈密封

O 形圈是安装在沟槽中，适量压缩的 O 形截面的密封环。O 形圈密封是最常用、最简单的密封方式，它并不需要多大的负载力即可实现零泄漏密封。O 形橡胶密封圈有如下优点：①密封部位结构简单，安装部位紧凑，质量较小；②有自密封作用，往往只用一个密封件便能完成密封；③密封性能较好，用作静密封时几乎可以做到没有泄漏。用于往复运动时，在往复行程中密封性能不变，泄漏很小，只在速度较高时才有些泄漏；④运动摩擦阻力很小，对于压力交变的场合也能适应；⑤尺寸和沟槽都已经标准化，成本低，便于使用和外购(李壮云，2011；龚步才，2005)。

由于 O 形圈有上述优点，它广泛用于各类机械设备中，其材料及使用范围见表 3-1。

表 3-1　O 形圈材料及使用范围

材料	适用介质	使用温度/℃		备注
		运动用	静止用	
丁腈橡胶	矿物油、汽油、苯	80	-30~120	
氯丁橡胶	空气、水、氧	80	-40~120	运动用应注意
丁基橡胶	动植物油、弱酸、碱	80	-30~110	永久变形大，不适用矿物油
丁苯橡胶	动植物油、空气、水、碱	80	-30~100	不适用矿物油
天然橡胶	水、弱酸、弱碱	60	-30~90	不适用矿物油
硅橡胶	高低温油、矿物油、动植物油、氧、弱酸、弱碱	-60~260	-60~260	不适用于蒸汽和运动部位
氯磺化聚乙烯	高温油、氧、臭氧	100	-10~150	运动部位避免使用
聚氨酯橡胶	水、油	60	-30~80	耐磨，但避免高速使用
氟橡胶	热油、蒸汽、空气、无机酸、卤素类溶剂	150	-20~200	
聚四氟乙烯	酸、碱、各类溶剂		-100~260	不适用运动部位

O 形橡胶密封圈可以被想象成为不可压缩的，具有很高表面张力的“高黏度流体”，

不论是受到周围机械结构的机械压力作用，还是受到液压流体传递的压力作用，这种“高黏度流体”在沟槽中“流动”，形成零间隙，阻止被其密封的流体的流动。橡胶的弹性补偿了制造和配合公差，其材料内部的弹性记忆是维持密封的重要条件。

O 形密封圈的密封机理如图 3-4 所示。O 形圈的初始接触压力是不均匀的，工作时在压力作用下 O 形圈沿作用力方向移动，并改变其截面形状，密封面上的接触压力也相应变化，其最大值 P 将大于外部压力，所以不发生泄漏。这是 O 形圈用作静密封的密封机理。这种压力来改变 O 形圈接触状态使之实现密封的过程，称为自封作用。实践证明，这种自封作用对防止泄漏是很有效的。目前，一个 O 形圈可以封住高达 400 MPa 的静压而不发生泄漏。

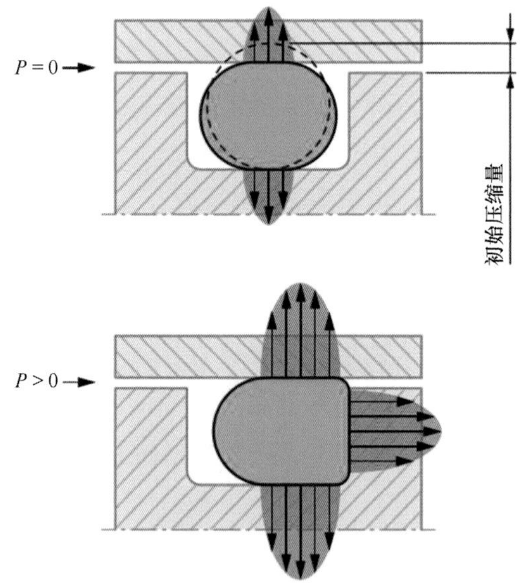

图 3-4　O 形密封圈的密封机理

为了实现自封作用，在安装 O 形圈时应使它有一定的压缩变形量，压缩变形量用压缩率表示。O 形圈的压缩率公式如下式：

$$\varepsilon = \frac{d_0 - h}{d_0} \times 100\% \tag{3-1}$$

式中，ε 为压缩率；d_0 为 O 形圈的截面直径（mm）；h 为 O 形圈压缩后的截面高度（mm）。对于静密封、往复运动密封和回转运动密封，压缩率应分别达到 15%～20%、10%～20%和 5%～10%，才可获得较长的使用寿命和满意的密封效果。

O 形圈的安装沟槽，除矩形外，也有 V 形、燕尾形、半圆形和三角形等，实际应用中可查阅有关手册及国家标准。在静密封场合中，首先要根据工作介质和工作温度选择合适的 O 形圈材料，再根据 O 形圈的基本尺寸(内径或外径)和断面尺寸设计出 O 形圈安装沟槽。

3.3.3 硬密封

硬密封一般用于温度较高以及介质冲刷性比较大的地方。典型的硬密封结构是硬密封球阀。

球阀的结构原理如图 3-5 所示，球体可以相对阀座转动，当球体上的通孔与阀体上的通孔方向一致时处于打开位置，当球体转动 90°后处于关闭位置。与截止阀相比，球阀具有通径大、开闭迅速的优点。球阀在深海采样设备上有较多的应用，如 Malahoff 等(2002)研制的用于热液采集和微生物培养的系统采用两个球阀来实现热液采集和样品密封。

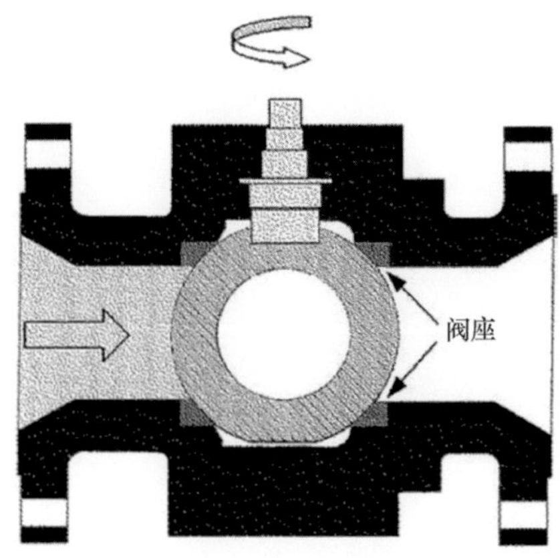

图 3-5　球阀的结构原理(Tsai et al.，2004)

3.3.4 组合式密封

随着海洋机电装备技术不断发展，系统对密封的要求越来越高，普通的密封圈单独使用不能很好地满足所有密封性能，特别是使用寿命和可靠性方面的要求，因此使用包括密封圈在内的两个以上元件组成的组合式密封。

如图 3-6 所示为 O 形密封圈与截面为矩形的聚四氟乙烯塑料组成的组合密封装置。其中滑环紧贴密封面，O 形密封圈为滑环提供弹性预压力，在介质压力为零时构成密封。由于密封间隙靠近滑环，而不是 O 形密封圈，因此摩擦阻力小而稳定，可用于 40 MPa的高压；往复运动密封时，速度可达 15 m/s；往复摆动与螺旋运动密封时，速度可达 5 m/s。

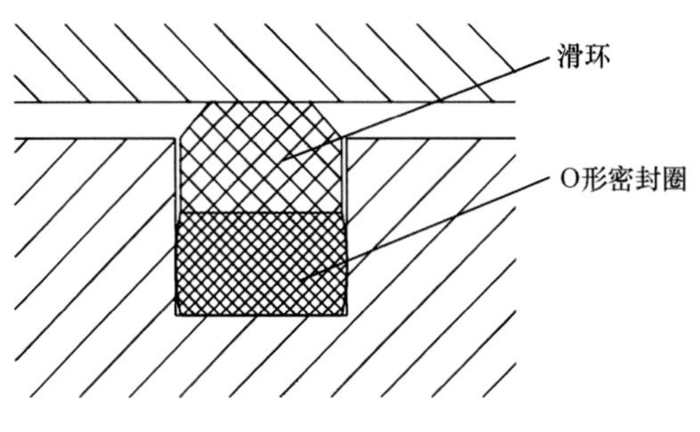

图 3-6 组合式密封装置

3.4 耐压壳体设计

3.4.1 耐压壳体设计原则

在耐压壳体结构设计中，有很多因素能够影响耐压壳的结构设计工作，如果这些因素选择不合理将会导致整个耐压结构质量的增加，甚至会引发水下结构发生破坏。其中，耐压壳体的结构设计主要需要考虑以下几个方面的影响因素：①耐压壳体材料的选择；②耐压壳体质量排水量比；③耐压壳体内部总布置与加工制造(焊接、制造误差等)的要求；④耐压壳结构可能受到的破坏形式；⑤耐压壳在工作水深和设计水深下的应力强度与稳定性情况；⑥强度安全系数的确定；⑦耐压壳体上大开孔对结构强度与稳定性的影响。

以上因素都是耐压壳体设计中需要考虑的因素，其中最重要的因素是要保证耐压壳体在考虑一定安全系数的计算水深压力下不至于因为外载荷而发生结构破坏。此前国内外很多学者也都在耐压壳体的强度与稳定性分析等方面做过很多研究。

3.4.2 耐压壳体材料选择

耐压壳体使用的材料通常有金属和非金属两种。在选择材料时，需要对其物理、化学性能做到充分的考虑。耐压壳体设计时，材料选择通常考虑以下因素：①作业环境的影响。海水中富含大量钠、钾离子等，会发生化学或电化学作业，对耐压舱具有强烈的腐蚀作用，因此需考虑材料具有良好的耐腐蚀性；②强度、刚度及稳定性。在工作水深中，水压对耐压舱的影响远远超出其他外力，所选材料需要具有较大的抗拉和抗压强度。适当的情况下可增加水密封耐压舱的壁厚，来增加强度；③加工工艺性及成本。在现有的设备和加工条件下，选择可满足设计要求的易加工且成本较低的材料，可大大提高经济性。

常用的耐压壳体材料有钢、钛合金、铝合金、玻璃钢、塑料(有机玻璃)，甚至木材、水泥、玻璃等。但是目前大多数耐压壳体(约 90%)材料选择都是钢，这主要因为钢材的抗冲能力较强。常用的钢材有淬火回火钢与马氏体时效钢，淬火回火钢具有适当的转折温度与足够的却贝冲击值，韧性也比较好，但是在焊接中要求严格控制焊接的程序与焊条的质量；马氏体时效钢具有很高的韧性和良好的可成型性，并且易于焊接，其缺点是对应力腐蚀较敏感。铝合金具有密度小、强度高、塑性好以及良好的可铸性等优点，并且现在铝合金的焊接问题也已基本解决，其缺点是一旦发生裂纹，在很小的能量下将迅速发生破坏，对应力腐蚀敏感。钛合金的最大优点是强度高，具有很好的防腐特性，韧性及机械性能较好，缺点是价格较昂贵，不易加工，焊接要求比较高。玻璃钢具有强度高、质量轻、耐腐蚀、建造与成型方便的优点，但是抗拉与抗冲击弱是其致命弱点，并且易老化，制造中容易产生气泡，对内界剪切产生影响，玻璃钢的强度与纤维的方向有很大关系。玻璃也具有很高的强度，但是它像玻璃钢一样太脆，并且穿孔困难，不宜选用作为耐压壳体的材料。按照强度/密度、可设计性、可装配性、可生产性和经济性五方面的评价指标，图 3-7 对钢、铝合金、钛合金、玻璃钢、玻璃 5 种耐压壳体材料的优缺点进行了比较。

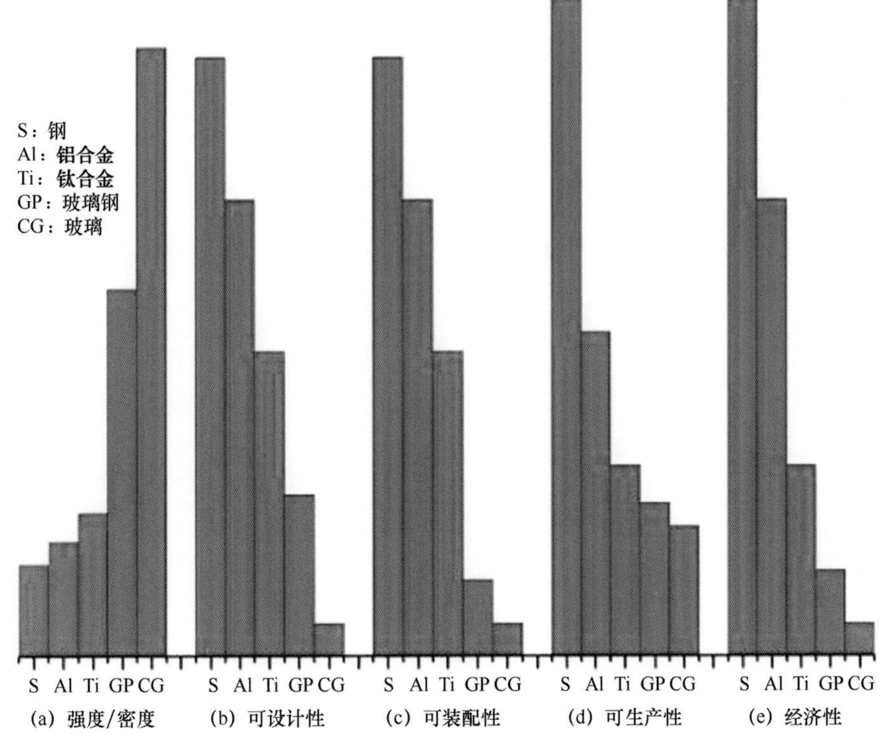

图 3-7　5 种耐压壳体材料性能对比

从图 3-7 中可以看出，钢材除了强度/密度弱于其他 4 种材料以外，设计、装配、生产以及经济性能都优于其他 4 种材料，所以这也是目前为止，大多数耐压壳体材料都选用钢材的原因。

3.4.3 耐压壳体形状选择

耐压壳体主要装载控制器、传感器、摄像头、蓄电池等电子器件，载人耐压壳体主要起到装载生命体、生命支持系统以及相关航行控制设备等，保护其不承受海水压力，防止被海水腐蚀等作用。同时，由于浮体材料价格昂贵，成本较低的耐压壳体通常可为耐压系统提供主要的浮力。因此，设计中需重点考虑耐压壳体的耐压强度、可靠性及密封性。

耐压壳体形状的选择主要根据极限深度和有效载荷。耐压壳体形状主要有球形、半球形、椭球形及圆柱形等。

球形壳体的显著优点是稳定性高、密度小。另外，在大于 800 m 水深的工作环境下，球形的薄膜应力仅为圆柱形的一半，且它的质量/排水量比值(W/V)也更佳，因此，在深水领域球形耐压舱具有广泛应用。然而，在小于 800 m 水深的区域，需要增加球壳厚度才能兼顾其稳定性和强度指标，使得球形耐压舱原有的优点几乎消失。另外，球形壳体内部空间利用率较低，也不利于电子器件的布置。此外，球形壳体流体运动阻力性能差。

而对于半球形封头的圆柱壳体而言，由于其直径和长度尺寸均不大，在压力较小的浅水区域，可以直接通过加厚圆柱壳体厚度来保证其强度和稳定性。虽然圆柱形耐压壳体质量/排水量(W/V)比值略高于球形，但在小于 800 m 的水域差别不大。同时，圆柱形内部空间利用率较高，易于仪器和设备的布置。

目前，国际上对于在 800 m 以深的潜水器耐压壳体一般都采用球形或其组合形式，这样可以获得最小的质量/排水量比，并且球形的抗压能力最强，同样压力下其稳定性最高，但是这种规律并不是一定的，可根据需要进行选择(Petzrick et al.，2014；Reste et al.，2016；Zilberman et al.，2015)。表 3-2 给出了球形、椭球形和圆柱形 3 种最基本结构型式的优缺点。

表 3-2 各种形状耐压壳体结构型式优缺点比较

耐压壳体形状	优点	缺点
球形	①具有最佳的质量/排水量比 ②容易制造 ③容易进行应力分析而且较准确 ④稳定性高，体积密度小 ⑤材料利用率高	①不便于内部舱室布置 ②流体运动阻力大 ③不易加工制造 ④空间利用率低

续表

耐压壳体形状	优点	缺点
椭球形	①具有良好的质量/排水量比 ②能较有效利用内部空间 ③容易安装壳体贯穿件	①制造费用高 ②结构的应力分析较困难
圆柱形	①最易加工制造 ②容易进行内部舱室布置 ③内部空间利用率最高 ④流体运动阻力小	①质量/排水量比最大 ②内部需要用肋骨加强 ③稳定性相对低 ④材料利用率较低

3.4.4　耐压壳体壁厚计算

海洋机电装备中的壳体常用圆柱形腔体，不仅起到支撑作用，还承受着海水压力，因此圆柱形腔体的主要失效形式有强度失效和稳定性失效。在耐压壳体壁厚设计时要综合考虑海水压力和壳体材料力学性能，设计思路是采用强度理论设计壁厚，再通过稳定性校核验证计算壁厚是否满足稳定性要求，如果不能满足要求则需要增加壁厚再校核(王心明，2011)。

根据强度理论，耐压壳体壁厚计算公式如下：

$$\delta \geqslant \frac{P_{\max} D_{\mathrm{i}}}{2[\sigma] - P_{\max}} \tag{3-2}$$

式中，许用应力$[\sigma]$由强度极限σ_{b}或者屈服极限σ_{s}除以安全系数n得到，安全系数至少取1.25。

进行稳定性校核时，需要根据临界长度判断耐压圆柱壳体是长圆柱还是短圆柱，再通过不同计算公式计算壳体临界失稳压力。

临界长度计算公式如下：

$$L_{\mathrm{cr}} = \frac{B}{A} D \sqrt{\frac{D}{\delta}} \tag{3-3}$$

其中，

$$A = \frac{2}{1-\mu^2} \tag{3-4}$$

$$B = \frac{2.42}{\sqrt[4]{(1-\mu^2)^3}} \tag{3-5}$$

当耐压壳体长度$L \geqslant L_{\mathrm{cr}}$时为长圆柱壳体，临界失稳压力计算公式如下：

$$P_{\mathrm{cr}} = A \cdot E \left(\frac{\delta}{D}\right)^3 \tag{3-6}$$

当耐压壳体长度 $L<L_{cr}$时为短圆柱壳体，临界失稳压力计算公式如下：

$$P_{cr} = \frac{B \cdot E\delta^2}{LD\sqrt{\frac{D}{\delta}}} \tag{3-7}$$

在工程应用中，采用许用临界失稳压力，许用临界失稳压力$[P_{cr}]$由临界失稳压力P_{cr}除以安全系数 m 得到。若 $P_{max}<[P_{cr}]$，则壁厚满足要求。

腔体两端需要在设计端盖进行密封，使腔体形成密闭空间，防止海水进入损坏内部构件。端盖总厚度计算公式如下(其中，$K=0.31$)。端盖与海水接触部分厚度通过剪切应力计算。

$$\delta_p = D_i\sqrt{\frac{KP_{max}}{[\sigma]}} \tag{3-8}$$

以上公式中的符号说明见表 3-3。

表 3-3　壁厚计算公式符号说明

符号	说明	符号	说明
A	$\frac{2}{1-\mu^2}$	P_{max}	最大工作压力，MPa
B	$\frac{2.42}{\sqrt[4]{(1-\mu^2)^3}}$	P_{cr}	临界失稳压力，MPa
D	平均直径，mm	δ	壳体厚度，mm
D_i	内径，mm	δ_p	端盖厚度，mm
K	计算系数	σ	许用应力，MPa
L	壳体长度，mm	E	弹性模量，MPa
L_{cr}	临界长度，mm	μ	泊松比

3.5　电子电路设计

3.5.1　电路设计说明

常见的海洋机电装备数据采集电路原理框图如图 3-8 所示。

系统主要分中央处理器(CPU)、信号调理、数据存储、实时时钟和上位机通信五部分。

CPU 是整个系统的核心，控制整个系统的工作流程，监控各部分的工作状态，必要时关闭一些暂时不工作的模块。首先将传感器测得的电压值通过滤波、放大等信号调理转换为与 A/D 转换通道参考电压相匹配的直流电压输入模拟信号，该输入模拟信号通过 A/D 转换通道转换为数字信号，每次采样获得的传感器上的数据自动保存到 CPU 的 RAM 中，通过软件的控制，在一定量数据采集完毕后，将这些数据及时存储到 Flash 存储器中。单片机每隔一段时间采一次样，在不需采样时可以通过软件控制使单片机处于低功耗模式，此时 CPU 被禁止，主时钟 MCLK、子时钟 SMCLK 和 CPU 自带的数控 RC 振荡器 DCO 被禁止，仅辅助时钟 ACLK 保持活动，从而可以大大地降低功耗。定时采样功能由实时时钟的定时器完成，当预设的定时采样时间到来时，在定时器的中断子程序中将 CPU 激活，整个系统又处于活动状态，所有 I/O 口恢复使用以实现 CPU 同外围芯片间的通信。

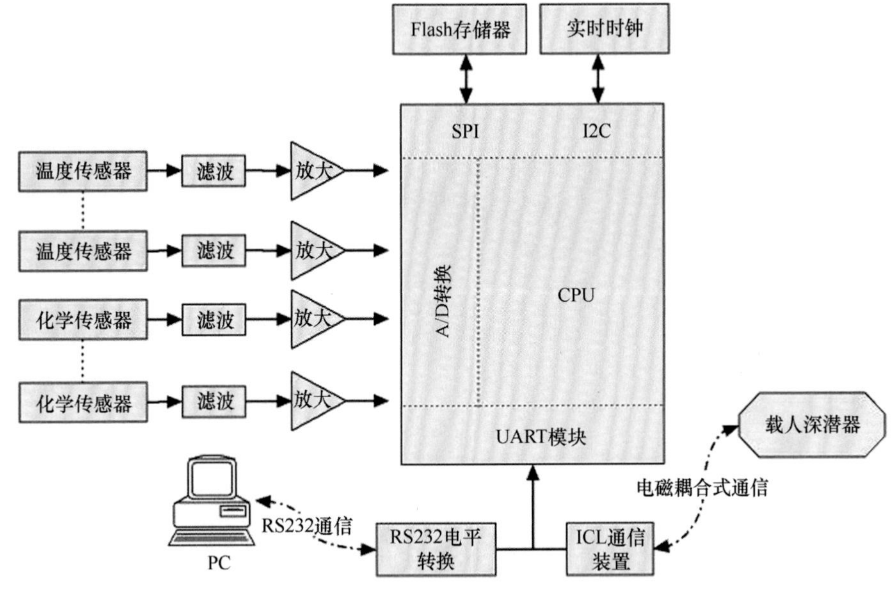

图 3-8　常见的海洋机电装备数据采集电路原理框图

数据存储负责储存大量观测数据。存储器一般通过 SPI 接口与 CPU 通信，在一定量数据采集完毕后，将这些存储在 CPU 的 RAM 中的数据连同实时时钟提供的时间信息以 SPI 总线的通信方式及时存储到 Flash 存储器中。由于 Flash 存储器即使在掉电的情况下，也不会丢失数据，因此数据的存储比较可靠。

每次采样的数据都应有对应的时间信息，系统的时间信息由实时时钟提供。实时时钟通过 I2C 接口与 CPU 通信，通过它的定时器输出作为 CPU 的中断源，实现定时采样，并为每次采集的数据记录提供年、月、日、时、分、秒信息。MCU 也可通过 I2C 通信设置定时器或实时时钟的初始时间。

海洋机电装备系统设计有两种上位机通信方式：ICL 通信方式和 RS232 通信方式。在某些特殊条件下(如由载人深潜器携带下海)，出于安全考虑，系统与上位机的通信只能通过非接触式的通信方式。通过 ICL 通信可以在深海环境下对系统发送开始、暂停等命令或在线接收传感器数据。当机电装备在海底的工作完成后取上岸时，存放在 Flash 存储器中的数据可通过 RS232 串行通信输出到上位机，以便进行下一步的分析研究工作。RS232 是串行通信的标准接口，目前应用非常广泛，在小于等于 2 m 的距离内，传输速率可以达到 115 200 bit/s。机电装备可采用三线连接法实现与上位机 RS232 通信。通过 TTL/RS232 电平转换芯片，将 CPU 的 TX、RX 信号转换成 RS232 协议所要求的电平信号，再通过专用的音频/RS232 转接缆，将传感器系统上的 TXD、RXD、GND 信号与上位机上的 9 芯 RS232C 接口上的对应线连接在一起，如图 3-9 所示。通过 RS232 通信，除了可以读取 Flash 存储器中的数据外，还可以向传感器系统发送设置时钟、设置采样间隔时间等高级命令。

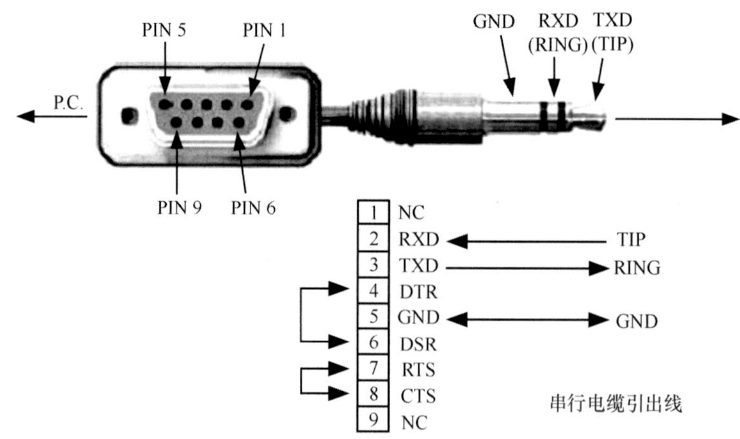

图 3-9　一种接口电路原理图

3.5.2　下位机软件

主程序框图如图 3-10 所示。程序开始后，对程序进行初始化工作，如堆栈、看门狗、系统时钟设置、外围模块初始化、设置中断、关闭不工作模块等。接下来设置 CPU 的工作模式为 LPM3 低功耗模式，CPU 停止工作，程序指令不再执行，CPU 只有在中断产生才会重新回到活动模式，程序指令继续执行。

如果采样时间已到，则在中断服务子程序中设置 CPU 进入活动模式，然后返回。此时 CPU 被激活，程序继续往下执行。启动 A/D 转换，并将转换结果存放在各个 A/D 通道的转换结果寄存器中。在转换完毕后，触发 A/D 转换完成中断请求，并进入 A/D

转换完成的中断服务子程序中。CPU 及时地将存放在 A/D 转换结果寄存器中的数据转移到 RAM 中的数据缓存区中缓存，并判断 RAM 中的数据缓存区是否已满，若已满则将数据存储到 Flash 存储器中。子程序执行完毕后再进入低功耗模式。

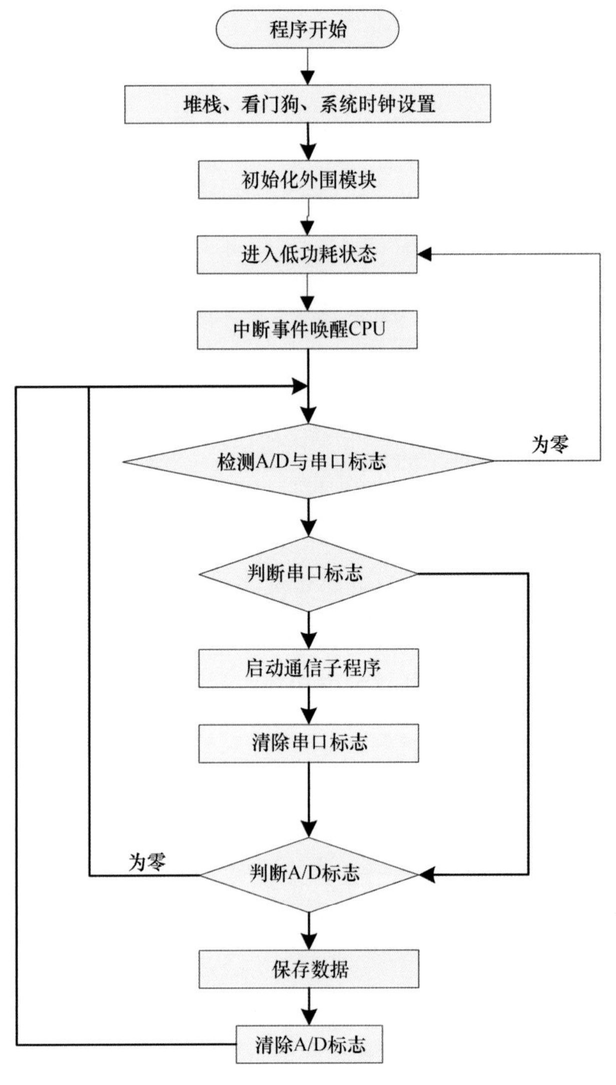

图 3-10　主程序框图

与上位机的通信由上位机发送命令开始，CPU 的 UART 模块产生接收缓冲区数据中断，在中断服务子程序中设置 CPU 进入活动模式，然后返回。此时 CPU 被激活，程序继续往下执行并进入通信子程序。在接收到命令结束符后，判断命令内容，并执行相应命令，向上位机发送对应响应和数据。子程序执行完毕后再进入低功耗模式。

3.6 数据采集系统设计举例

在对海底热液区各种环境参数的科学考察过程中，需要对诸如温度、盐度、深度、磁场、溶解氧等参数进行测量，相应传感器输出的信号需要通过数据采集器记录并处理。下面以 Data Logger 数据采集器设计为例，介绍数据采集器的设计。Data Logger 数据采集器是基于 MSP430 系列单片机的数据采集系统，集中实现了海洋机电装备集成中的轻量化技术、功率设计技术、结构设计技术、防腐密封技术、机电集成技术等关键技术的设计与应用，其实物如图 3-11 所示。

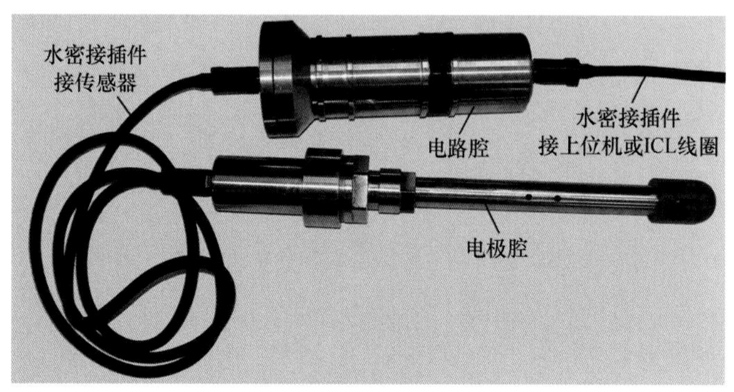

图 3-11　数据采集器结构

3.6.1 密封设计

传感器封装设计中对密封性要求最高的是电路腔，这部分不能有泄漏，否则电路将不能正常工作，采集不了有效数据，所以对电路腔的密封设计是整个封装技术的重要部分。

1) 要求

电路腔两端都要有能让电线穿过的孔，以实现通信联系，前端连接油腔，通过油腔再连接到传感器，实现下位机(单片机)与传感器通信；后端通过水密连接线连接到上位机(计算机)上，实现下位机与上位机数据通信。油腔允许部分泄漏，以平衡外部压力，可减小油腔设计壁厚。

2) 密封设计

电路腔端盖的端面及凸台外周分别用 O 形密封圈进行端面和径向密封，通过长螺丝将端盖固定在电路腔桶体上，经过设计计算，是可行的。中间的通孔用以走线并安装带 O 形密封圈端面密封的水密连接器。通过以上设计，实现可靠密封。

3.6.2 结构设计

外压 $P_{max}=60$ MPa，里面要放的电路板尺寸为 90 mm×40 mm×10 mm，密封壳体上安装水密接头，初定长度 $L=220$ mm，内直径 $D_i=54$ mm，材料用 $1Cr_{17}Ni_2$。

1) 耐压腔体壁厚计算

屈服强度 $\sigma_s=635$ MPa，$n_s=2$，则

$$[\sigma_s]=\frac{\sigma_s}{n_s}=317.5\ \text{MPa} \tag{3-9}$$

抗拉强度 $\sigma_b=1\,080$ MPa，$n_b=3$，则

$$[\sigma_b]=\frac{\sigma_b}{n_b}\approx 360\ \text{MPa} \tag{3-10}$$

取许用应力 $[\sigma]=317.5$ MPa

$$\delta \geqslant \frac{P_{max}D_i}{2[\sigma]-P_{max}}=6\ \text{mm} \tag{3-11}$$

圆整为 $\delta=8$ mm，其中，取腐蚀余量为 1.5 mm，加工余量为 0.5 mm。

长、短圆筒可以用临界长度 L_{cr} 作为区别的界限：

若圆筒的长度 $L\geqslant L_{cr}$，则属长圆筒，失稳时波数 $n=2$；若 $L\leqslant L_{cr}$，则属短圆筒，失稳时波数 $n>2$。

本设计中，取平均直径 $D=54+2\times8=70$ mm，$\delta=8$ mm，$L=220$ mm。

$$L_{cr}=\frac{B}{A}D\sqrt{\frac{D}{\delta}}\approx 1.17D\sqrt{\frac{D}{\delta}}=242.26\ \text{mm}>L \tag{3-12}$$

按短圆筒校核稳定性：

$$[P_{cr}]=\frac{P_{cr}}{m}=\frac{B\cdot E\delta^2}{mLD\sqrt{\dfrac{D}{\delta}}}=136.45\ \text{MPa}>60\ \text{MPa} \tag{3-13}$$

其中，m 为稳定安全系数，此处取为 3。因此，本设计的壁厚是安全的。

2) 耐压腔设计

在高压容器中，由于容器直径较小，厚壁成形封头制作难度较大，成本较高，常采用平盖。平盖的壁厚计算公式为

$$\delta_p=D_i\sqrt{\frac{KP_{max}}{[\sigma]}}=16.9\ \text{mm} \tag{3-14}$$

圆整为 $\delta_p=18$ mm，外径 $D_e=100$ mm，用 4 个 M6 螺钉紧固。其中端盖布有两个水密接插件，以实现电路腔与外界信号的连通。

Data Logger 数据采集器的耐压腔体设计图纸如图 3-12 所示。

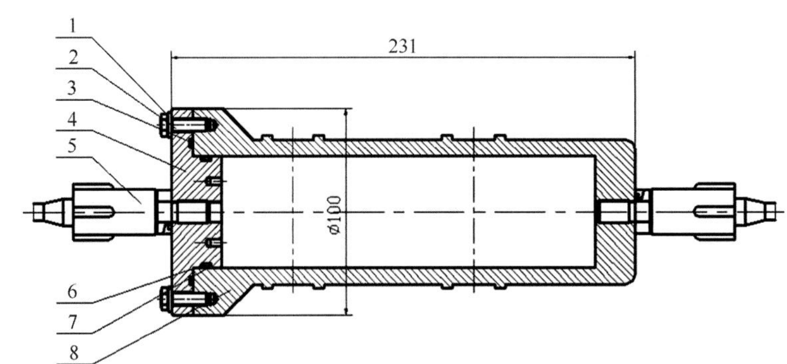

图 3-12　Data Logger 数据采集器的耐压腔体设计图纸

1—平垫圈；2—螺栓；3，6—O 形密封圈；4—上盖；5—水密件；7—切口式挡圈；8—电路腔

3.6.3　电子控制设计

受水下环境使用局限，电源供给不能使用体积过大的电池。但设计上要求采集系统能够连续工作 20 天，因此数据采集系统必须进行低功耗设计。

要实现低功耗设计，从硬件结构设计角度可以从两方面入手：①选用低功耗器件；②在电路结构上采用低功耗设计，即应用开关芯片，对分时工作的芯片采用分时供电，在不采集数据的时间间隔里，通过开关芯片切换模拟部分的电源供给，对于带有关闭引脚的芯片，在其不工作时，通过该引脚的配置关闭该数字芯片。从软件设计角度而言，MSP430F169 的数据采集和通信均采用中断方式进行，并充分利用芯片的休眠和低功耗功能。当采集时间点到达时，中断将 MSP430F169 从低功耗模式唤醒开始工作；而后发出控制电平将电源芯片打开，开始对系统供电。完成数据采集工作后，关闭开关芯片和带开关功能的数字芯片，MSP430F169 进入 LPM3 低功耗模式，在 LPM3 模式下，CPU 的 CPU、MCLK、SMCLK、DCO 都处于休眠状态，ACLK 信号仍然处于活动状态。

3.6.4　接口设计

数据采集器的系统组成如前文图 3-8 所示。数据采集系统由模拟信号的检测、滤波与放大，数字信号的存储与处理，数据信号的通信传输等部分组成。

系统工作时，将采集到的热液口附近的多种物理、化学传感器信号经过滤波、放大后，输入到主处理器 CPU 自带的 12 位 A/D 转换模块中，以实现模拟信号的数字化转换。同时，主处理器从外围实时时钟芯片读取采样时间，并将上述数据处理编码通过 SPI 串行通信模式储存到 Flash 存储芯片中。系统还可以通过控制 LTC1385 芯片实现与系统外计算机的 RS232 通信，以实现采集数据的读取。

当数据采集器作为从机与主计算机进行 RS232 通信时，由主机发起，从机的 USART 模块接受来自主机的信号产生直接调用异步通信中断子程序，这样既降低了功耗，又简化了软件系统流程。

3.6.5　应用介绍

在海试前，所有数据采集器的调节电路已校准，ICL 接口在这些电路分别放入电路室前完成测试。

2005 年 8 月 10 日至 9 月 3 日，在由中国大洋矿产资源研究开发协会、美国伍兹霍尔海洋研究所和美国自然科学基金会联合发起的第一次中美合作深海下潜项目中，几个数据采集器由“阿尔文”号载人深潜器带入海底作业，如图 3-13 所示。

图 3-13　放置在热液口的数据采集器

所有数据采集器在海底运行良好，并与“阿尔文”号保持可靠通信。数据采集器采集到了大量的重要数据。如图 3-14 所示，A 栏为每组数据的时间标识，B 栏到 E 栏为化学传感器采集的数据，F 栏与 G 栏表明了热电偶各自的环境温度与补偿温度。数据产生了两条温度曲线。图 3-15 表示温度传感器对热液口环境温度变化的响应，热电偶的环境温度与补偿温度分别由 T 曲线和 T_c 曲线表示。

通过在热液口放置传感器壳体，测出热液口附近的温度接近 350℃。由图 3-15 可以看出，8 月 27 日 5：20：17（GMT）时“阿尔文”号机械手造成了一个突然的温度扰动，这一现象反映了热液口附近温度的急剧下降。所有的化学电极工作良好，同时据船上的地质学家分析，来自数据采集器的数据与深海的自然规律是一致的。

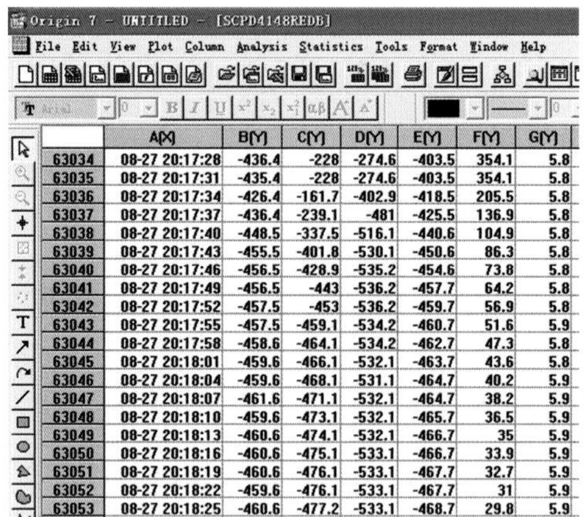

	A(X)	B(Y)	C(Y)	D(Y)	E(Y)	F(Y)	G(Y)
63034	08-27 20:17:28	-436.4	-228	-274.6	-403.5	354.1	5.8
63035	08-27 20:17:31	-435.4	-228	-274.6	-403.5	354.1	5.8
63036	08-27 20:17:34	-426.4	-161.7	-402.9	-418.5	205.5	5.8
63037	08-27 20:17:37	-436.4	-239.1	-481	-425.5	136.9	5.8
63038	08-27 20:17:40	-448.5	-337.5	-516.1	-440.6	104.9	5.8
63039	08-27 20:17:43	-455.5	-401.8	-530.1	-450.6	86.3	5.8
63040	08-27 20:17:46	-456.5	-428.9	-535.2	-454.6	73.8	5.8
63041	08-27 20:17:49	-456.5	-443	-536.2	-457.7	64.2	5.8
63042	08-27 20:17:52	-457.5	-453	-536.2	-459.7	56.9	5.8
63043	08-27 20:17:55	-457.5	-459.1	-534.2	-460.7	51.6	5.9
63044	08-27 20:17:58	-458.6	-464.1	-534.2	-462.7	47.3	5.8
63045	08-27 20:18:01	-459.6	-466.1	-532.1	-463.7	43.6	5.8
63046	08-27 20:18:04	-459.6	-468.1	-531.1	-464.7	40.2	5.9
63047	08-27 20:18:07	-461.6	-471.1	-532.1	-464.7	38.2	5.9
63048	08-27 20:18:10	-459.6	-473.1	-532.1	-465.7	36.5	5.9
63049	08-27 20:18:13	-460.6	-474.1	-532.1	-466.7	35	5.9
63050	08-27 20:18:16	-460.6	-475.1	-533.1	-466.7	33.9	5.9
63051	08-27 20:18:19	-460.6	-476.1	-533.1	-467.7	32.7	5.9
63052	08-27 20:18:22	-459.6	-476.1	-533.1	-467.7	31	5.9
63053	08-27 20:18:25	-460.6	-477.2	-533.1	-468.7	29.8	5.9

图 3-14　数据采集器获得的数据

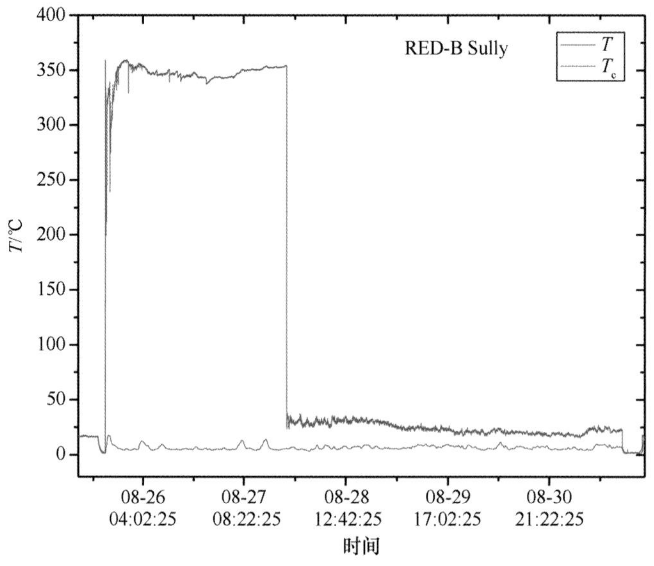

图 3-15　数据采集器记录获得的温度曲线

3.7　载人潜水器设计举例

3.7.1　设计流程

载人潜水器设计时首先要根据任务书要求确定主尺度，给出艇型方案和总布置方案，绘制型线图、总布置图，对现有方案进行推进设计、能源需求分析和水动力分析，使其结果达到性能要求，如果不满足条件则要对艇型方案等进行调整直至满足性能指标(张铁栋，2011)。接下来进行结构设计，确定耐压结构和非耐压框架的材料、型式、几何尺寸等内容，并对设计方案进行强度稳定性校核，及时修改优化设计方案，使得设计的结构满足规范要求。之后便是潜水器的设备与系统设计，确定各系统工作方案，绘制工作原理图，选择装置设备，包括液压系统、压载与浮力调节系统、通信导航系统、水下作业系统、生命支持系统等。载人潜水器设计流程如图 3-16 所示。

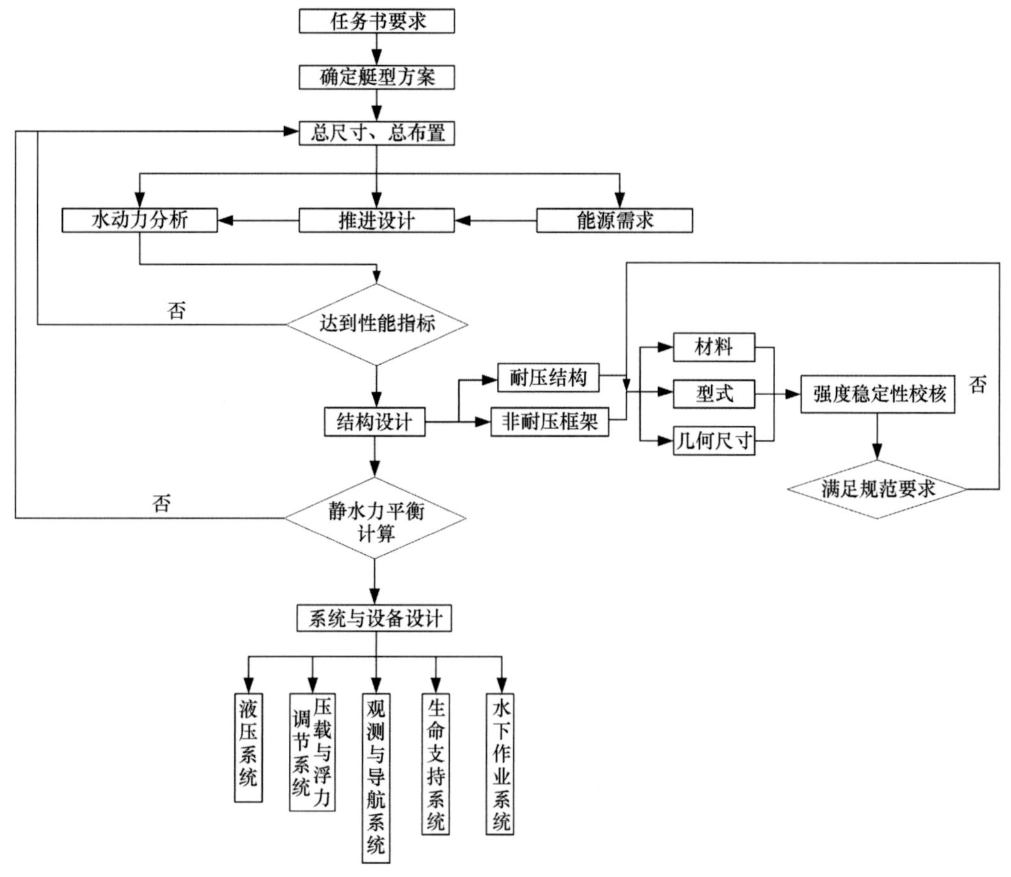

图 3-16　载人潜水器设计流程图

3.7.2　载人潜水器外形选择及总布置设计

载人潜水器艇型主要是指轻质外壳的形状，通常有开架式和流线型两种。流线型结构具有良好的动力学特性，航行速度较快，且可以降低能耗。潜水器的耐压舱主要起到装载控制器、传感器、摄像头、蓄电池等电子器件，保护其不承受海水压力，防止被海水腐蚀等作用。下潜时海水进入潜水器外壳，故轻质外壳不必具有较高的强度，仅为潜水器提供流线型的外形以减小潜水器在水中的阻力，提高续航能力。潜水器外壳设计需考虑以下因素：①阻力小，续航能力强。潜水器艇型应呈流线型，型线要光顺，这样能有效地减少水中摩擦阻力，使用有限的推进效率即可满足运动要求，提高续航能力。②具备一定的强度。在工作水深中，水压对外壳的影响远远超出其他外力，在潜水器布放回收过程中还要承受外部设备的作用力，还有同海底、母船发生碰撞时的作用力等载荷，因此所选材料需要具有较大的抗拉和抗压强度。适当的情况下可增加外壳壁厚，以增加强度。③方便总体布置。潜水器的外壳形状要具有足够的空间来安装电池、浮力材料等外部设备，还要保证拆卸方便。④拥有良好的工艺性。在现有设备和加工条件下，选择可满足设计要求的易加工且成本较低的材料，可大大提高经济性。同时，潜水器的艇型设计要充分考虑加工工艺，选择的型式要容易制造和安装。

由于载人潜水器的下潜、上浮、巡航速度均不高，因此阻力性能对于外形的要求不高，潜水器外形设计更多的是考虑方便使用、维修和合理布置。对于具有球形耐压舱的潜水器，其艇长一般为耐压壳直径的 3~4 倍，艇整体呈回转体形式，底部中段应为平面以方便安装滑道，艏部上方为了提供足够的空间来安装导航、推进设备，要比下方耐压壳向外延伸一段，艉部回转半径逐渐减小，使整个艇型呈现流线型外形。

总布置设计的优劣直接影响着潜水器的总体性能，因此是潜水器设计中十分重要的环节。总布置无法解析求解，只能通过制图的方式获得方案，潜水器的主尺度、型线、结构型式等相互牵制约束的因素影响着总布置，因此绘制总布置图是一个循环交替、逐渐近似的过程。总布置设计需注意以下事项：①总布置设计要保证潜水器设计任务书中各项指标，使各种仪器装置的技术性能得到充分发挥，同时要便于潜水器的使用和保养维修；②布置时要考虑潜水器的安全可靠性能，合理布置应急装置，使潜水器能及时采取应急措施，具备生命自救能力；③布置时要充分利用潜水器各部分的容积，保证各设备装置在互不干扰的情况下，布置紧凑的同时便于操作；④总布置设计要尽可能地改善潜水器上的工作和生活条件；⑤使潜水器具有一定的备用空间，为以后的装载和改装提供便利。

载人潜水器上各种设备的布置位置直接影响着潜水器的重心位置，因此在进行总布置时，要格外注意潜水器的质量分布。由于潜水器是左右对称的，为了使潜水器不产生横倾，设备装置的布置也要基本对称，布置在中线面上或均匀分布在中轴线的两侧；压载水舱和浮力调节舱布置在中部重心附近，防止产生纵倾；纵倾调节水银球尽可能地布置到潜水器的艏艉两端，以获得较大的力臂，减少调节水银的质量；耐压舱内的操控手柄、按钮等要布置在工作人员方便触及的范围之内，显示屏、监视仪等最好布置在正前方，一般人员右手比左手操纵灵活，布置时要注意主要操控仪器的分布。

3.7.3 设计方法

由于不同的任务需求，目前多数潜水器均是单件设计，无法批量生产，因此并没有完善的设计准则。下面几种方法为设计潜水器时的常用方法。

1) *母型设计法*

这种方法是选择能够基本满足设计要求的现有潜水艇作为母型，参考母型艇的设计文件、总布置图、计算载荷、主要性能等资料，采用经验公式和换算系数等方法使目标潜水器的设计得到简化。如果需要设计的潜水器只是某些方面的性能与母型潜水器不同，比如只是航速和潜深不同，那么就可以保留母型的设备组成，只需要重新计算推进动力装置的功率、耐压结构的强度、局部补充和改进构件设备等，这样就大大减少了设计的工作量。

2) *逐步近似法*

逐步近似法是常用的潜水器设计方法，通常在缺少母型和参考设计资料时使用。由于具体资料的缺失，设计人员在设计初始阶段不能确定潜水器浮体体积、质量等性能，另外，潜水器与使用环境之间以及潜水器各项性能参数之间，虽存在具体的数学表达形式，但是诸如使用操作、经济效益、释放回收、机动性等性能指标无法用数学关系表示，这时采用逐渐近似法求解是很有必要的。可以在设计初期对于同时含有已知参数和未知参数公式、方程引用暂定的参数，例如在利用经验公式计算推进功率时，要暂定潜水器运动阻力系数和排水量，这些数值要在潜水器设计完成时才能确定，甚至还要通过模型试验才能确定，而求出的推进功率暂定值也只是用于估算动力装置质量和潜水器质量。

3) *方案法*

潜水器设计过程中，在满足设计任务书提出的潜水器型式、用途和主要性能的前提下，其结构型式、耐压壳与轻外壳的材料、推进器系统、造价等都会有不同的设计方案。方案法是在满足任务书中的性能要求的情况下，依据诸如质量、造价、速度、载荷等最佳的标准，进行计算分析，选择最佳的方案。方案法常要进行大量的绘图、计算工作，设计人员需采用计算机辅助设计来提高设计质量进而缩短设计周期，使设计工作更加科学合理。

3.8　设计流程中的软件应用

3.8.1　计算机辅助机械设计

海洋机电装备设计一般是从结构设计开始的。海洋机电装备结构设计与一般的机电装备设计相同，也包括机体整体结构设计和机电装备配件设计等。

对于二维图纸设计，可以使用 AutoCAD 软件。AutoCAD 是由美国 Autodesk 公司为在计算机上进行辅助设计而开发的绘图软件，现已成为国际上广为流行的绘图工具。

AutoCAD 主要用于绘制二维工程图纸，该软件的主要特点有：①具有完善的图形绘制功能；②有强大的图形编辑功能；③可以采用多种方式进行二次开发或用户定制；④可以进行多种图形格式的转换，具有较强的数据交换能力；⑤支持多种硬件设备；⑥支持多种操作平台；⑦具有通用性、易用性，适用于各类用户。

对于三维机电装备模型的设计，可以使用 SolidWorks 软件。SolidWorks 是世界上第一个基于 Windows 开发的三维 CAD 系统，市场占有率居世界前列，主要用于绘制三维工程图纸。该软件的主要特点有：①具有功能强大、易学易用和技术创新三大特点；②提供了一整套完整的动态界面和鼠标拖动控制；③使用属性管理员来高效管理整个设计过程和步骤，含所有的设计数据和参数，操作方便、界面直观；④提供生成完整的、车间认可的详细工程图的工具。

在通过二维和三维方式初步设计好机电装备的机械结构之后，还需要通过各种力学分析软件来辅助校核结构是否满足工作要求。对机电装备的有限元分析一般可以通过 ANSYS 软件来实现。ANSYS 软件是美国 ANSYS 公司研制的大型通用有限元分析(FEA)软件，是世界范围内用户增长最快的计算机辅助工程软件，可以用来求解结构、流体、电力、电磁场及碰撞等问题，如图 3-17 所示。ANSYS 软件具有多种有限元分析的能力，包括从简单线性静态分析到复杂的非线性瞬态动力学分析。一个典型的 ANSYS 分析过程可分为三个步骤：建立模型、加载并求解、查看分析结果。

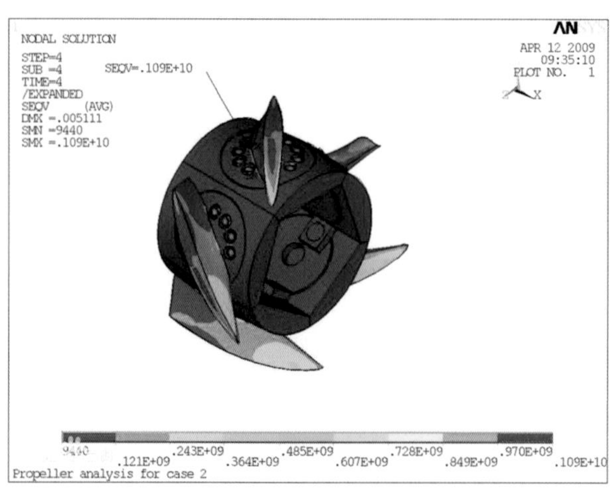

图 3-17 ANSYS 仿真分析示例

下面以一个简单的悬臂梁建模为例，来介绍 ANSYS 仿真的一般流程。

在打开 ANSYS 软件后，首先必须指定作业名和分析标题，然后使用 PREP7 前处理器定义作业名、单位、单元类型、单元实常数、材料特性和几何模型等。

然后需要设置悬臂梁的单元类型。在 ANSYS 单元库中有超过 150 种的不同单元类型，每个单元类型有一个特定的编号和一个标识单元类别的前缀，如 BEAM4、PLANE77、SOLID96 等。单元类型决定了单元的自由度数（又代表了分析领域，如结构、热、磁场、电场、四边形、六面体等）及单元位于二维空间还是三维空间。必须在通用前处理器 PREP7 内定义单元类型。在本例中，悬臂梁是一个三维的固态实体，因此将单元类型设置为 SOLID185（图 3-18）。

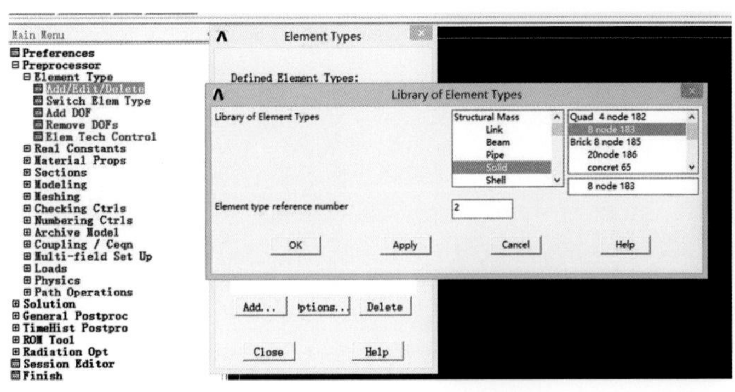

图 3-18　设置悬臂梁单元类型

接下来对这个单元的一些常数进行定义。一个材料需要提前定义的常数包括单元实常数和材料特性两类。单元实常数是依赖单元类型的特性，如梁单元的横截面特性。例如，2D 梁单元 BEAM3 的实常数是面积（AREA）、惯性矩（IZZ）、高度（HEIGHT）、剪切变形常数（SHEARZ）、初始应变（ISTRN）和附加的单位长度质量（ADDMAS）。并不是所有的单元类型都需要实常数，同类型的不同单元可以有不同的实常数值。另一类常数是材料特性，根据应用的不同，材料特性可以是线性或非线性的，主要有弹性模量、密度、热膨胀系数、泊松比、热传导系数等。

如图 3-19 所示，给悬臂梁输入相关的材料力学属性。

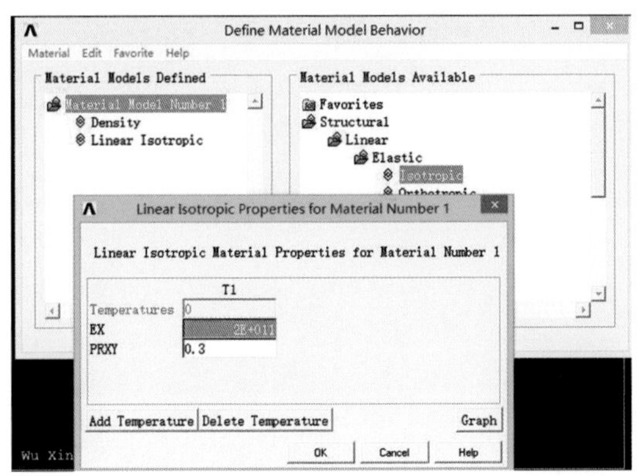

图 3-19　设置悬臂梁材料力学属性

定义好材料常数之后即可对实例进行几何建模。创建有限元模型有实体建模和直接生成两种方法。实体建模属于自上而下的建模方法，描述模型的几何形状，然后指示 ANSYS 程序自动对几何实体进行单元划分产生节点和单元。实体建模可以控制程序生成的单元的大小和形状。直接生成的方法则是手工定义每个节点的位置和每个单元的连接，可以实现一些简便的操作，如节点和单元的复制阵列、对称投影等。此处以自上而下的方式直接创建一个棱柱，作为悬臂梁的模型(图 3-20)。

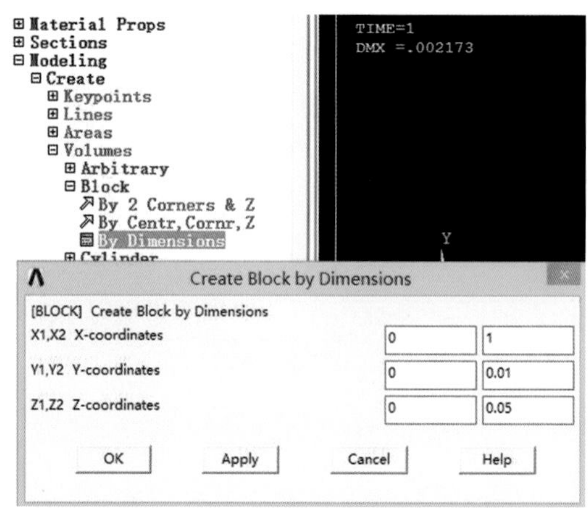

图 3-20　定义顶点创建模型：棱柱

创建好几何模型后需要对该模型进行网格划分(图 3-21)。网格划分的质量决定了仿真质量的好坏。需要注意在划分网格的时候单元边界的长度既不能太大，也不能太小，太大会导致仿真误差较大，太小则会占用过多的计算资源，容易导致宕机。

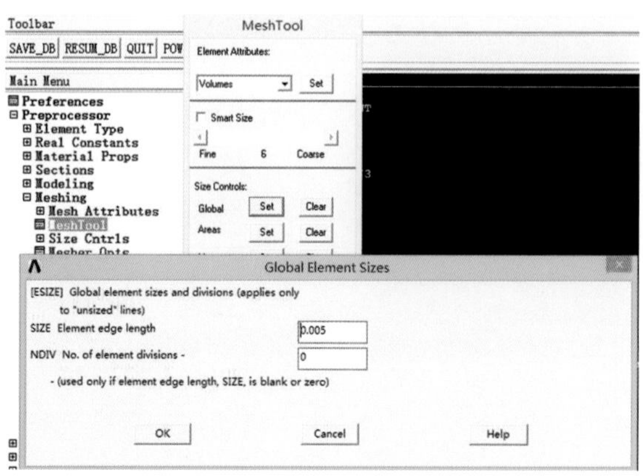

图 3-21　生成网格，设置单元边界长度为 0.005

最后对模型施加所定义的约束(图 3-22)。约束包括了自由度的限制和受力。根据所施加的约束，软件会计算模型最后的状态。本例将悬臂梁一端的 6 个自由度全部限制，然后对其施加一个方向向下的力来模拟重力。

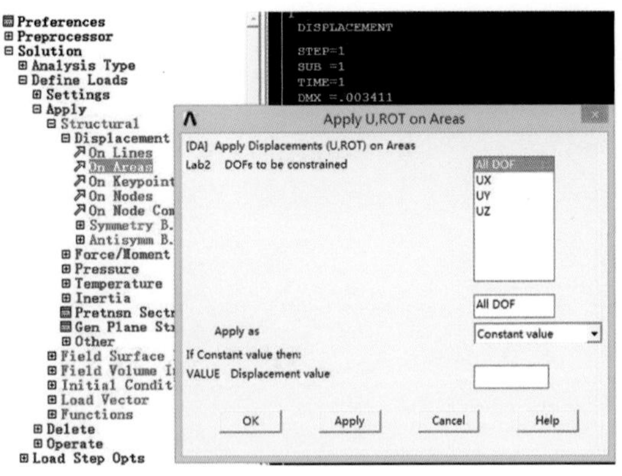

图 3-22　对悬臂梁施加约束

预处理完成后需要进行加载和求解。在这一步，运用 SOLUTION 处理器定义分析类型和分析选项，加荷，指定载荷步长选项，并对有限元求解进行初始化。也可使用 PREP7 前处理器加载。可以根据载荷条件和要计算的响应选择分析类型。例如，要计算固有频率和模态振型，就必须选择模态分析。在 ANSYS 程序中，载荷分成 6 类：DOF 约束、力、表面分布载荷、体积载荷、惯性载荷、耦合场载荷。

等待软件计算完成，就可以通过后处理器来观察计算结果。通用后处理器在 ANSYS 里面的代号是 POST1，可以用来查看整个模型或选定的部分模型在某一步的结果；时间历程后处理器在 ANSYS 里面的代号是 POST26，用于查看模型的特定点在所有时间步内的结果。在本例中，计算完成后的悬臂梁状态最终结果可以在后处理器重调出查看，如图 3-23 所示。

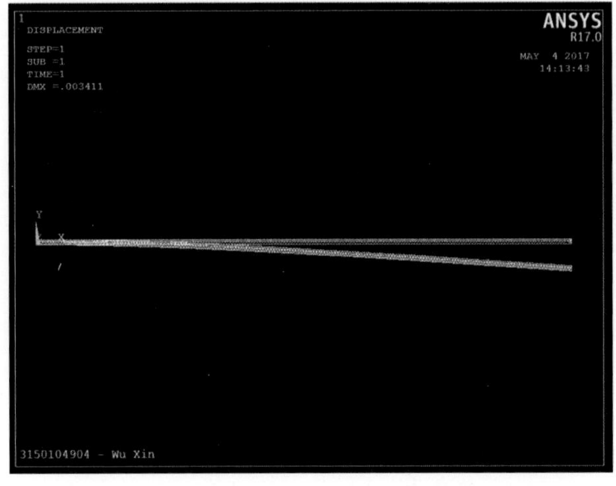

图 3-23　悬臂梁在重力作用下弯曲的仿真结果

对于海洋机电装备来说，由于工作环境处于流动状态，为了确保机电装备在海洋环境下依然可以正常工作，还需要额外进行流体力学的分析校核。流体力学分析一般可以借助 Fluent 软件。Fluent 是目前国际上比较流行的商用计算流体动力学（computational fluid dynamics，CFD）软件包，它具有丰富的物理模型、先进的数值方法和强大的前后处理功能，凡是与流体、热传递和化学反应等有关的工业均可使用，如图 3-24 所示。

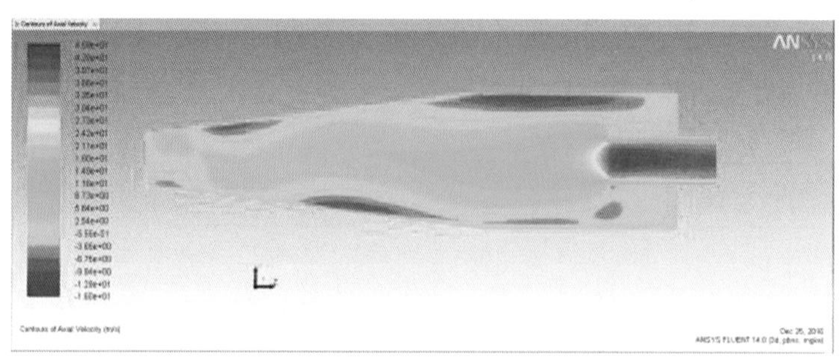

图 3-24　Fluent 仿真分析示例

Fluent 软件设计基于 CFD 软件群的思想，针对各种复杂流动和物理现象，采用不同的离散格式和数值方法，以在特定的领域内使计算速度、稳定性和精度等方面达到最佳组合，从而可以高效率地解决各个领域的复杂流动计算问题。Fluent 软件包由以下三个部分组成：①前处理器，包括建立模型和网格生成，可以先使用其他三维建模软件(如 SolidWorks)建模并保存为可接受的格式，然后将导入的模型划分网格，导入网格后除了最常用的缩放，还可以进行平移和旋转，也可以追加导入更多网格，通过这些特性可以实现一份模板生成多份模型的组合；②求解器，根据前处理阶段设定的参数对当前模型进行计算求解，一般的计算耗时根据计算机性能的不同各有差异，越复杂的模型和网格，所需要的计算时长也越久；③后处理器，用于结果数据保存、仿真图像显示等，还可以将特定节点处在仿真过程中的参数变化情况记录下来输出为坐标曲线。

3. 8. 2　计算机辅助电子线路设计

海洋机电装备内部含有大量电子元器件，控制着装备机体的运动，这些元器件的设计也可以通过计算机辅助设计来进行。电子元器件的逻辑设计可以通过 Proteus 软件。Proteus 软件是英国 Lab Center Electronics 公司开发的电子设计自动化（electronics design automation，EDA）工具软件，可以仿真单片机芯片及各种外围器件，如图 3-25 所示。Proteus 建立了完备的电子设计开发环境，可以仿真 51 系列、AVR、PIC、ARM 等常用主流单片机，还可以直接在基于原理图的虚拟原型上编程，再配合显示及输出，能看到运行后输入输出的效果，配合系统配置的虚拟逻辑分析仪、示波器等。通过在 Proteus 中搭建虚拟电路，可以由计算机自动地完成逻辑编译、化简、分割、综合、优化、布局、布线和仿真等任务，最终实现对特定目标芯片的适配编译、逻辑映射和编程下载等工作，提高了电路设计的效率和可操作性，减轻了设计者的劳动强度。该软件的主要特点有：①原理布图；②PCB 自动或人工布线；③SPICE 电路仿真；④互动的电路仿真；⑤仿真处理器及其外围电路等。

电子元器件的 PCB 空间设计可以通过 Altium Designer 软件来进行。Altium Designer 是 Altium 公司开发的一款电子设计自动化软件，侧重于 PCB 布线设计，如图 3-26 所示。仿真通过的电子芯片与外围元器件电路经由 Altium Designer 设计其 PCB 线路，设计灵活性高，功能强大。完成设计的电子线路图可导出为工业界可以接受的格式，由代工厂生产实物线路板。

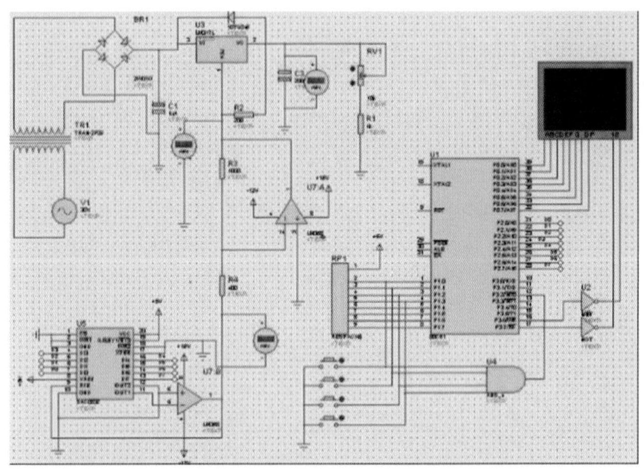

图 3-25　Proteus 电路设计界面示例

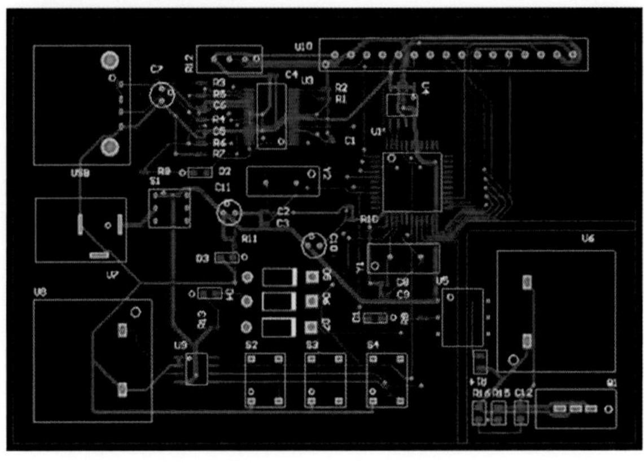

图 3-26　Altium Designer PCB 设计界面示例

3.8.3 计算机辅助控制系统设计

机电装备的电子电路是依赖对应的控制系统来实现运动控制逻辑的。控制系统的设计可以借助编程语言来完成，操作者以编程语言为接口，实现逻辑编写，然后机器将编程语言转换为自身能够“读懂”的数字编码信息，从而实现依照操作者的指定逻辑工作。目前已经有许多功能强大的编程语言可供人们使用，这里选取三种较为流行的编程语言做简单的介绍。

1）MATLAB

MATLAB 是美国 MathWorks 公司出品的商业数学软件，主要用于科学计算、可视化以及交互式程序设计，如图 3-27 所示。在实际生产工程项目中，常用 MATLAB 进行控制设计，其包含的时域和频域分析工具以及控制可视化工具都为控制模型的设计带来了方便。

2）C++

C++是一种强大的计算机程序语言，不仅拥有计算机高效运行的实用性特征，同时还致力于提高大规模程序的编程质量与程序设计语言的问题描述能力。由于其硬件操纵能力出众，综合性能稳定，被广泛应用于机电装备控制中。机电装备控制系统的硬件底层和核心部分由于对系统响应速度和稳定性有较高要求，一般使用 C++语言进行逻辑编写。

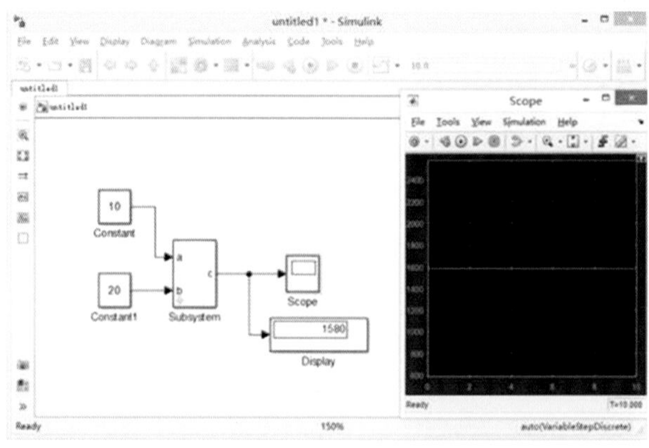

图 3-27　MATLAB 控制设计界面示例

3）Python

Python 是一种动态的、面向对象的脚本语言，最初被设计用于编写自动化脚本，随着语言在用户群体中的流行普及和功能的不断完善，它越来越多地被用于独立的、大型项目的开发。Python 在工程项目中最突出的优势就是语法简单，编写方便，适合项目思路的快速实现和迭代优化。另外，Python 语言灵活的特性使其适合用来编写机电装备控制系统的上层功能，并很方便地将底层内核与具体硬件设备连接起来。

Chapter 4 第4章

海洋机电装备材料技术

4.1 引言

海洋工程材料技术是海洋机电装备技术的重要支撑，海洋环境相对陆地环境压力大，对材料的腐蚀性强，要求材料具有耐腐蚀、耐压力、防生物附着等性能。本章内容主要介绍结构材料、浮力调节材料、表面涂料及材料的腐蚀与防护等。

结构材料是用于制作壳体、支架等承压件的材料，随着人类探索海洋深度的增加，对结构材料提出的要求也越来越高。目前，海洋机电装备结构材料以高性能钢、钛合金和铝合金材料为主，我国自主研发的“蛟龙”号载人深潜器载人耐压球壳采用的就是钛合金材料。

浮力调节材料包括浮力材料和相变材料等。浮力材料是海洋机电装备的重要配重材料，它可为装备提供尽可能大的浮力，要求具备耐水、耐压、耐腐蚀、密度小和抗冲击等性能。相变材料用于对海洋温差能的收集利用方面，相变材料结合液控系统，能够将海洋温差能转变为液压能，从而调节海洋装备的浮力，要求具有相变温度合适、体积变化率大、导热系数高等特性。

表面涂料主要包括防污涂料、防火涂料、隐身涂料、阻尼涂料、防结冰涂料、太阳能反射涂料等，能够起到防止海洋生物附着、防火阻燃、防止被探测、隔音减振、消除结冰、防止太阳热辐射等功能。

海水中溶解有多种无机盐类，使得海水成为天然的强电解质。海洋中的材料(多指金属及其合金，非金属性质相对稳定)极易与环境介质间发生化学或电化学相互作用引起材料的破坏或变质。尤其是随着深度增加，海水压力增大，使得离子活性增强，更容易渗入钝化膜，加快腐蚀速度。腐蚀会导致结构材料强度下降，功能性失效，引发严重的后果。故海洋工程材料的防腐蚀是目前一个重要的研究方向。

4.2 海洋工程结构材料

4.2.1 力学性能

此处以低碳钢拉伸的应力-应变曲线为例来说明各主要力学性能指标的定义，如图4-1所示(顾晓勤，2019；单辉祖，2004)。

1)抗拉强度 σ_b

抗拉强度 σ_b(MPa)又称强度极限，是指材料在拉伸断裂前所承受的最大拉应力，用来表征金属在静拉伸条件下的最大承载能力。

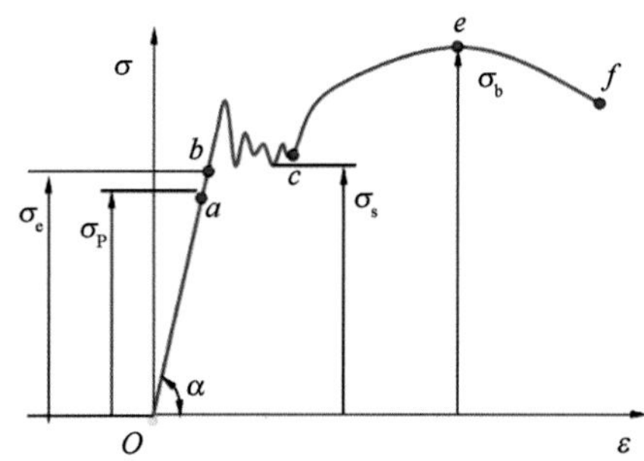

图 4-1　低碳钢应力-应变曲线

2) 屈服强度 σ_s

屈服强度 σ_s(MPa) 又称屈服极限，是指材料开始产生宏观塑性变形时的应力。对于屈服现象不明显的材料，是与应力-应变线性关系的极限偏差达到规定值(通常为0.2%的原始标距)时的应力。

3) 延伸率 δ

延伸率 δ 是指试件断裂时试验段的残余变形 Δl_0 与试验段原长 l 之比的百分数，即 $\delta = \frac{\Delta l_0}{l} \times 100\%$ 。

4) 断面收缩率 ψ

设试验段横截面的原面积为 A，断裂后断口的横截面面积为 A_l，则断面收缩率为 $\psi = \frac{A - A_l}{A} \times 100\%$ 。延伸率 δ 和断面收缩率 ψ 用来表征材料的塑性。

5) 弹性模量 E

弹性模量 E(GPa) 是指材料在弹性变形阶段内，正应力和对应的正应变的比值。

6) 泊松比 μ

泊松比 μ 是指材料在单向受拉或受压时，横向正应变与轴向正应变的绝对值的比值。

4.2.2　强度理论

当构件承受的载荷达到一定的大小时，其材料就会在应力状态最危险的一点处首先发生破坏。为了保证构件能够正常工作，必须找到材料进入危险状态的原因，并根据一定的强度理论进行设计和校核。

尽管材料失效形式比较复杂，但因为强度不足引起的失效形式主要还是塑性屈服和脆性断裂两种类型。相应地，强度理论也分成两类：一类是解释断裂失效，其中有最大拉应力理论和最大拉应变理论；另一类是解释屈服失效，其中有最大剪应力理论和最大形变能理论(顾晓勤，2019)。

1)最大拉应力理论

最大拉应力理论又称第一强度理论，该理论认为无论材料处于什么应力状态，当3个主应力 σ_1 、σ_2 、σ_3 中有一个应力达到了在简单拉伸或压缩中产生破坏的应力值时，该结构材料便认为失效。因此，在强度校核时，只需考虑3个主应力中最大拉应力或者最大压应力。

将材料强度极限 σ_b 除以安全系数 n 得到许用应力[σ]，σ_r 为相当应力，如果 $\sigma_1 > \sigma_2 > \sigma_3 > 0$，则最大拉应力理论不破坏条件为

$$\sigma_r = \sigma_1 \leqslant \frac{\sigma_b}{n} = [\sigma] \tag{4-1}$$

这一理论与铸铁、陶瓷、玻璃、岩石和混凝土等脆性材料的拉断试验结果相符，例如由铸铁制成的构件，不论它是在简单拉伸、扭转、二向或三向拉伸的复杂应力状态下，其脆性断裂破坏总是发生在最大拉应力所在的截面上。

2)最大拉应变理论

最大拉应变理论又称第二强度理论，该理论认为无论材料处于什么应力状态，只要最大伸长线应变达到极限值，材料就会发生脆性断裂。

根据广义胡克定律，μ 为材料的泊松比，则最大拉应变理论不破坏条件为

$$\sigma_r = \sigma_1 - \mu(\sigma_2 + \sigma_3) \leqslant \frac{\sigma_b}{n} = [\sigma] \tag{4-2}$$

石料或混凝土等脆性材料受轴向压缩时，如在试验机与试块的接触面上加添润滑剂，以减小摩擦力的影响，试块将沿垂直于压力的方向裂开。裂开的方向也就是最大拉应变的方向。铸铁在拉-压二向应力且压应力较大的情况下，试验结果也与这一理论接近。

3)最大剪应力理论

最大剪应力理论又称第三强度理论，该理论认为材料在不同应力状态下被破坏的共同原因是其内最大剪应力达到单向拉伸剪切破坏应力，造成屈服失效。

将材料强度极限 σ_s 除以安全系数 n 得到许用应力[σ]，则最大剪应力理论不破坏条件为

$$\sigma_r = \sigma_1 - \sigma_3 \leqslant \frac{\sigma_s}{n} = [\sigma] \tag{4-3}$$

最大剪应力理论较为满意地解释了屈服现象。例如，低碳钢拉伸时沿与轴线呈45°的方向出现滑移线，这是材料内部沿这一方向滑移的痕迹。根据这一理论得到的屈服

准则和强度条件，形式简单，概念明确，目前广泛应用于机械工业中。但该理论忽略了中间主应力 σ_2 的影响，使得在二向应力状态下，按这一理论所得的结果与试验值相比偏于安全。

4）最大形变能理论

最大形变能理论又称为第四强度理论，该理论认为无论材料处于什么应力状态，只要形状改变比能达到极限值，材料就发生屈服破坏。

最大形变能理论不破坏条件为

$$\sigma_r = \sqrt{\frac{1}{2}[(\sigma_1 - \sigma_2)^2 + (\sigma_2 - \sigma_3)^2 + (\sigma_3 - \sigma_1)^2]} \leqslant \frac{\sigma_s}{n} = [\sigma] \tag{4-4}$$

钢、铜、铝等塑性材料的薄管试验表明，这一理论与试验结果相当接近，它比第三强度理论更符合试验结果。

以上介绍了四种常用的强度理论。铸铁、石料、混凝土、玻璃等脆性材料，通常以断裂的形式失效，宜采用第一强度理论和第二强度理论。碳素结构钢、铜、铝等塑性材料，通常以屈服的形式失效，宜采用第三强度理论和第四强度理论。

应用强度理论解决实际问题的步骤是：①分析计算构件危险点上的应力；②确定危险点的主应力 σ_1 、σ_2 和 σ_3 ；③选用适当的强度理论计算其相当应力 σ_r，然后运用强度条件 $\sigma_r \leqslant [\sigma]$ 进行强度计算。

4.2.3　金属材料

4.2.3.1　钢材料

在海洋工程中，钢主要运用在钻井平台（潜入式钻井平台、自升式钻井平台、半潜式钻井平台）、工程船舶（拖船、供应船、起重船、打捞船、海洋地质勘查船）、采油平台等海洋装备中（Jie et al.，2006；Ito et al.，1988；Melchers，2003）。船舶与海洋工程用钢一般都具备良好的综合性能，需要经过一系列的冷、热加工以及各种各样的特殊处理，来应对海浪冲击以及海水、泥沙、海洋大气、微生物的腐蚀。船舶与海洋工程用钢主要特点是拥有高强度和高韧性、耐海洋环境腐蚀、高服役安全性（疲劳、抗变形、环境断裂）、良好的焊接性能以及低温韧性。钢材料根据性能指标和规格尺寸可以分为普通低合金钢、高强度易焊接结构钢、超高强度结构钢。

船舶与海洋工程用结构钢材按其化学成分一般可分为碳素结构钢和合金结构钢。我国《钢质海船入级与建造规范（1996）》中规定：一般船体结构钢分为 A 级、B 级、C 级、D 级和 E 级，各级钢材的化学成分和机械性能可参见国家相关标准或规定。我国船体用 A 级碳素结构钢的化学成分及机械性能见表 4-1，其他钢种可查阅相关资料。

表 4-1　船体用 A 级碳素结构钢的化学成分(GB 712—2011)

化学成分(%)	C	Mn	Si	P	S	Cu
	≤0.22	≥2.5C	0.10~0.35	≤0.040	≤0.040	≤0.35
机械性能	屈服强度 σ_s /(N/mm^2)	抗拉强度 σ_b /(N/mm^2)	δ_5 (%)(不小于)	窄冷弯 $b=5\alpha$ 180°	宽冷弯 $b=5\alpha$ 120°	型钢冷弯试验 $b=5\alpha$ 180°
	240	410~500	22	$d=2\alpha$	—	$d=2\alpha$

海洋级不锈钢是指能够在海洋区域内运用的不锈钢，具有特别强的抗腐蚀性能。通用的海洋级不锈钢有两种：304 级(UNS S30400/S30403)和 316 级(UNS S31600/S31603)，其性能对比见表 4-2 和表 4-3。

表 4-2　304 级和 316 级不锈钢化学成分对比

(%)

类型	C(最大)	Mn(最大)	P(最大)	Si(最大)	Cr	Ni	Mo
304 级	0.08	2.0	0.045	1.0	18~20	8~12	—
316 级	0.08	2.0	0.045	1.0	16~18	10~14	2~3

表 4-3　304 级和 316 级不锈钢机械性能比较

类型	抗拉强度 σ_b /(N/mm^2)	屈服强度 σ_s /(N/mm^2)	延伸率 δ (%)	硬度(HRB)
304 级	600	210	60	80
316 级	560	210	60	78

304 级和 316 级不锈钢都是奥氏体不锈钢，有优越的延展性，强度高，非磁性，焊接性能好及十分出色的抗腐蚀性。这类不锈钢的抗腐蚀性能主要靠其表面所形成的具有高度抗腐蚀的铬氧化膜。在制造 304 级和 316 级不锈钢时，向铁内加入约 18%的铬，以形成铬氧化膜。在 316 级不锈钢中还加入 2%钼，以进一步改善抗腐蚀性能，它能满足 90%的海洋应用，比如泵、管道、平台支架等，如图 4-2 所示。

在海洋区域内使用 304 级和 316 级两种不锈钢，也有失败的记录，如出现点腐蚀、裂缝和应力腐蚀、断裂和疲劳等。因此，出现了进一步改进的双相海洋不锈钢，它们由 50%奥氏体和 50%铁素体晶粒的微结构组成，共有三种类型：UNS S32304、UNS S31803 和 UNS S32750，其中以 UNS S31803 更为常用。这类改进型的海洋不锈钢的主要性能有：①强度为304级和316级不锈钢的两倍；②比316级不锈钢抗点腐蚀和裂缝腐蚀能力强；③抗疲劳和抗疲劳腐蚀强度比316级不锈钢强两倍。

图4-2　不锈钢的应用

4.2.3.2　钛及钛合金

钛被誉为“海洋金属”，是一种物理性能优良、化学性能稳定、耐蚀性能优异的材料，可以很好地满足人们在海洋工程领域应用的要求，是不可替代的海洋工程材料（Li et al.，2001；于宇等，2018）。目前，钛及其合金材料已用于海洋工程的各个领域，受到世界各国的普遍重视。实践证明，钛及钛合金材料在海洋工程中是极有发展前景的材料，在海洋舰艇、潜艇、深潜器、推进器、海底管道等方面皆有应用，其中我国“蛟龙”号载人深潜器的耐压壳体材料就是TC4钛合金，如图4-3所示。

图4-3　钛合金的应用

钛是同素异构体，熔点为 1 720℃，在 882. 5℃时发生同素异形转变，在低于 882. 5℃时呈密排六方晶格结构，称为 α 相；在 882. 5℃以上呈体心立方晶格结构，称为 β 相或 $\alpha+\beta$ 相混合组织。利用两种结构的不同特点，添加适当的合金元素，使其相变温度及相分含量逐渐改变而得到不同组织的钛合金。

按合金屈服强度，可大致分成三个等级：①低强度钛合金(500 MPa 以下)；②中强度钛合金(500~800 MPa)；③高强度钛合金(800 MPa 以上)。我国海洋用钛及钛合金及其性能见表 4-4。

表 4-4　各牌号钛合金性能及应用(吕利强等，2015)

分类	钛合金牌号	$R_{p0.2}$/MPa	材料特性	应用
低强度钛合金	TA1	220	成型、焊接性好，耐海水腐蚀	板式换热器
	TA2	320	成型、焊接性好，耐海水腐蚀	管式换热器、贯穿管接头、海水入口/出口、海水排出口管接头、灭火用水系统、支撑系统管线、泵、阀、氯化处理系统等
	TA9	250	成型、焊接性好，耐海水腐蚀	管式换热器
	TA10	300	塑性、焊接性好，耐海水腐蚀	管式换热器、临时管道与电缆、横梁、立管、输送管线
	TA16	375	塑性高，焊接性和耐海水腐蚀性好	管路与热交换器、管板和传热管
	TA22	490	成型、焊接性好，耐海水腐蚀(350℃海水)，耐缝隙腐蚀	热交换器、冷凝器、管路、阀门、泵体余热排出冷却器
中强度钛合金	TA5	590	耐海水腐蚀，可焊性好	板材、锻件可用于船舶机械各类部件，喷水推进装置
	ZTA5	490	铸造性能优良	船舶推进、电子及辅助系统的泵、阀等
	TA17	520	良好的焊接性能和抗海水腐蚀性能	潜艇壳体，也用作声呐导流罩骨架、热交换器管板、管板和传热管
	TA18	515	优异的焊接性能和冷成型性能，耐海水腐蚀	横梁、临时管道与电缆、立管、输送管线、增压装置管道
	TA23	600	冷成型、焊接、耐蚀性、声学性能好	透声窗、声呐导流罩
	TA24	630	焊接、可焊、成型性能好，断裂韧性、冲击韧性及应力腐蚀韧性高	通海、低压吹除系统，耐高压管路、压力容器、船舶结构
	Ti-91	600	冷成型、焊接、耐蚀性、声学性能好	透声窗、声呐导流罩
	ZTi60	590	铸造性能好，耐海水腐蚀，可焊	各种耐压系统

续表

分类	钛合金牌号	$R_{p0.2}$/MPa	材料特性	应用
高强度钛合金	TC4	825	优异的室温、高温性能，优良的抗疲劳及抗裂纹扩展能力，耐腐蚀，焊接性能好	预应力采油管接头、油气平台支柱、绳索支架、海水循环加压系统的高压泵、提升管及连接器、海底电缆夹紧锁、勘探装置中的零件等
	ZTC4	800	抗疲劳，抗裂纹扩展，铸造性能好	螺旋桨等高强铸件
	TC4ELI	795	优异的室温、高温性能，优良的抗疲劳及抗裂纹扩展能力，耐腐蚀，焊接性能好	钻井立管、生产和输出立管、锥形应力接头、紧固件、海底管道
	Ti80	785~885	耐腐蚀，可焊	高温容器、深潜器耐压壳体、结构件
	TC10	930	抗腐蚀，高强度	通海管路、阀及附件
	TC11	900	优异的高温性能	高压压气机转子、低压压气机轮盘及叶片
	TB9	1050	塑性好，强度和弹性高，淬透性好	紧固件、带管的生产装置、各种工具
	Ti-B19	1150	高强度，良好的塑性，较高的韧性，应力腐蚀断裂韧性，可焊	船舶机械部件、高压容器、弹射装置

4.2.3.3　铝及铝合金

铝及铝合金具有较低的密度、良好的力学性能、加工性能、导热性、导电性以及耐蚀性，因此在船舶及船用设备领域中应用日趋广泛，对减轻船体结构质量、提高航行速度和耐海水腐蚀能力、减少能耗等方面有着重要作用。铝及铝合金在造船工业应用越来越广，小到舢板、汽艇，大到万吨巨轮，从民用到军用，从高速气垫船到深水潜艇，从渔船到海洋采矿船，都在采用性能良好的铝合金材料作为船壳体、上层结构、各种设施、管路以及用具等(姜锡瑞，2000；Dong et al.，2009；Shibli et al.，2008；Leimkuhler et al.，1987)。

铝合金的密度为2.5~2.88 g/cm^3，具有良好的导电性和延展性，抗拉强度为50 N/mm^2左右，因其质量轻而被广泛应用于海洋设备以及海上短途交通中。船舶与海洋工程用铝合金选用范围见表4-5(姜锡瑞，2000)。

表 4-5　船舶与海洋工程用铝合金的选用范围

结构部位及名称	连接方式	选用铝合金牌号
快艇壳体	焊接或铆接	LF6 或特殊要求的牌号
	铆接	LY10
救生艇壳体、上层建筑外围壁及其结构	焊接或铆接	LF6、LF11
	铆接	LY10、LY12
船体主要受力构件，如肋骨、框架、支柱、主隔壁等	焊接或铆接	LF6、LF11
	铆接	LC4、LF10
一般受力构件，如围壁、吊艇杆、桅杆、舷梯、舱面属具等	焊接或铆接	LF11、LF5、LF2
	铆接	LY12
不计强度的结构，如轻型围壁、烟囱壳体、通风管等	焊接或铆接	LF3、LF21
	铆接	LF3、LY1、LY9
铆钉	焊接或铆接	LF10、LF2、LF21、LY3
	铆接	LF8、LF9、LY10、LC3

4.2.3.4　铜及铜合金

铜及铜合金具有优良的导热和导电性、高延展性和可塑性、良好的化学稳定性、抗拉强度大、易焊接性和再生性等特点(Murakami et al.，2003)。尤其铜具有高的正电位，不能置换氢，因此在空气、水溶液、非氧化性酸、有机酸和非氧化性有机化合物介质中均有良好的耐蚀性，特别是在流动的淡水和海水中具有优良的耐蚀性能；同时，铜还具有抑菌等作用，在铜制品表面各种微生物和细菌不易存活，在海水环境下，海洋生物不能附着，如采用铜合金作海洋热交换管，长期使用很少结垢，用 CuNi90-10 白铜包覆的船只由于防止海洋生物生长，船速可以提高，而且还可以省去涂层，减少维修工作量。因此各类铜及合金半成品广泛用于舰船和海洋工程之中，有些用途是不可替代的。

为解决海洋生物附着问题，可以将铜合金用于海洋机电装备外壳中，美国曾试验包覆铜合金的船壳，试验表明这些“铜船”投入运行之后，彻底解决了海洋生物附着问题，提高了船速，降低了燃料消耗。

铜合金材料的另一个重要用途为海水运输管道，应用广泛且性能良好，适于高流速(可使管径最小化，成本最小化)，易于与标准管道设备配套等。

由于铜及其铜合金具有众多优异的特性和奇妙的功能，因而被广泛地应用于各工业领域中，尤其在海洋工程中作为工程材料具有更突出的优点(表 4-6)。铜已成为当今仅次于钢和铝消费量的第三大金属。

表 4-6　船舶重要用铜部位举例

部位名称	使用铜材特征
电力供应 (电机、变压器、输配电、照明)	使用铜导线、电缆 铜及铜合金牌号：TU1、TU2、T2
信息传递 (视频电缆、导线、计算机)	接插元件、开关、波导管
海水管路 (管路、法兰、阀门、波纹管)	铜合金牌号：TP2、BFe10-1-1、HNi_5B-3、QSn_8 典型规格：ϕ 308 mm×4 mm、ϕ 285 mm×5 mm、ϕ 57 mm×3 mm、ϕ 22 mm×2 mm
螺旋桨 (桨叶、桨帽)	铜合金：QMn14-8-3-2(Mn14%，Al8%，Fe3%，Ni2%)
热交换装置 (主冷凝器、辅冷凝器、加热器、冷却器、空调、管板、冷凝管、水室)	铜及铜合金牌号：TP2、HAl77-2、BFe30-1-1、BFe10-1-1、HSn62-1 冷凝管代表规格：ϕ 10 mm×1 mm~ ϕ 25 mm×1 mm

4.2.4　非金属材料

4.2.4.1　有机合成材料

有机合成材料也称为高分子材料，高分子材料又称聚合物或高聚物，是由许许多多分子量特别大的链状大分子所组成的。每个大分子中大量结构相同的单元(称作链节)实质上是一种或几种简单的低分子化合物，它们在共价键的作用下，连接成链状结构，其分子量一般在 10^3 ~ 10^6之间。大量分子在范德瓦尔斯力作用下聚集在一起，就形成了高分子材料。因此，高分子材料又称作聚合材料。有机合成材料品种很多，如合成塑料、合成纤维、合成橡胶就是通常所说的三大合成材料。表 4-7 为常用工程塑料性能(姜锡瑞，2000)。

表 4-7　常用工程塑料性能

性能	有机合成材料名称											
	ABS	聚甲醛	聚四氟乙烯	聚三氯乙烯	聚酰胺	聚苯醚	聚碳酸酯	聚酰亚胺	聚苯撑氧	聚乙烯（高密度）	聚丙烯	聚砜
价格	0	0	–	–	–	–	0	–	–	+	+	–
可加工性	0	+	–	+	+	0	0	–	0	+	+	+
抗张强度	0		–	0	0	0	0	+	+	–	0	+
刚性	0		–	0	0	0	0	+	0	–	0	0
冲击韧性	0	–	0	0	–	+	+	–	–	+	–	0
硬度	0	+	–	0	0	+	+	+	+	–	0	+
使用温度范围	–	0	–	0	0	–	0	+	0	0	0	0
抗化学性	0	0	+	+	0	0	0	–	0	+	+	+
耐候性	0	0	+	+	–	0	0	+	0	–	–	0
耐水性	0	0	+	+	–	0	0	0	+	–	+	0
可燃性	–	–	+	+	0	0	0	+	0	+	+	0

注：“+”表示性能优越；“0” 表示性能良好；“– ”表示性能不良。

高分子材料拥有强度高、耐腐蚀、耐辐射、密度小、消音吸振、加工方便和价格低廉等一系列优点(Atta et al. , 2008；Sorathia et al. , 1991；Zhang，2009)，推广高分子材料在海洋工程上具有重要意义。

(1)减轻船体质量，从而提高船舶装载量，并改进船舶的技术性能。

(2)降低建造成本，主要体现在高分子材料加工简便，可大大提高生产率，原材料成本低，可替代很多贵重的材料。

(3)延长使用寿命，高分子材料具有很好的耐腐蚀性能，对延长使用年限和降低维修次数均有好处。

(4)提高安全性和舒适性，经过特殊处理的高分子材料能够防止火灾的发生和蔓延。此外，它还具有消声和吸振作用，为船员的生活和工作提供舒适的环境。

因此，高分子材料在海洋机电装备和工程中应用广泛：①制造轴承和机器零件，以节约铜、铝、铅等材料；②制造船舶和海洋工程用电器和航海仪器的零件和元件，具有无磁性、吸振、透明、经济性好等特点；③制造管系、海水泵、淡水泵以及其他部件，发挥其质量轻、耐腐蚀、成本低的优点。此外，由于塑料的焊接或黏结工艺简单，易于安装，可大大减少工作量；④用于船舶和海洋工程的舾装，以降低成本，缩短建造周期；⑤用胶接取代传统的安装方法，可大大简化安装工艺；⑥用作螺旋桨、舵叶、水舱等易腐蚀部位的塑料涂层，以提高船舶与海洋工程结构的防腐蚀性能。

4.2.4.2　无机非金属材料

1) 多孔陶瓷材料

多孔陶瓷材料是 20 世纪 70 年代开始发展起来的，由于其优异的物理性能，多孔陶瓷材料被广泛应用于石油、化工、制药、机械等行业。多孔陶瓷的材质主要有：高硅质硅酸盐材料(耐水、耐酸、耐热 700℃)、铝硅酸盐材料(耐酸、耐碱、耐热1 000℃)、精细陶瓷材料、硅藻土质材料(精滤水和酸性介质)、纯碳质材料(耐水、冷热强酸、冷热强碱介质以及空气消毒、过滤)、刚玉和金刚砂材料(耐强酸、耐高温1 600℃)。利用多孔陶瓷材料制成的微孔陶瓷过滤管具有耐腐蚀、耐高温、机械强度高、无有害物溶出等特性，不会产生二次污染，在流体压力作用下，微孔不变形，易清洗再生，使用寿命长(图 4-4)。

图 4-4　微孔陶瓷过滤管

2) 硅酸盐材料

(1) 绝缘材料。绝缘材料主要包括隔热材料、隔音材料和防火材料。①隔热材料。为防止热量散失或隔绝外界热量的传入，通常在需要加热或冷却的部位加装隔热材料。隔热材料的特点是导热系数小、质量轻、耐热性能好、耐腐蚀性能强、吸水吸湿率低以及容易加工。②隔音材料。隔音材料用于防护主副机、推进器等工作时和船舶与海洋工程结构振动时产生的噪声。根据隔音原理把反射声音的材料称作隔音材料，吸收声能的材料称作吸音材料，降低结构振动振幅的材料称作吸振材料。③防火材料。防火材料用于预防和阻止火灾蔓延，以保证船舶正常航行、海洋工程结构正常工作及人员的生命安全。防火材料的特点是耐高温性能好、耐腐蚀能力好、较低的导热系数和相对密度以及一定的机械性能等。

(2)玻璃。玻璃是一种各向同性的非晶态固体材料，由石英、长石、石灰石、纯碱以及其他填料等经高温熔化制成，其化学成分以二氧化硅为主。玻璃具有良好的物理和机械性能。在船舶与海洋工程中经常使用的是舷窗用的钢化玻璃、风窗用的中空玻璃、驾驶室用的夹层玻璃、舱室内部用的平面安全玻璃、灯具等用的有色透光玻璃、锅炉用的水位指示玻璃、玻璃钢材料用的玻璃纤维以及一些其他用途的玻璃制品。

3)复合材料

复合材料是由两种或两种以上不同性质的材料，通过物理或化学的方法在宏观上组成具有新性能的材料。各种材料在性能上互相取长补短，产生协同效应，使复合材料的综合性能优于原组成材料而满足各种不同的要求。复合材料作为新型功能结构材料，在海洋环境中表现出优异的性能。因此，海洋工程中使用的复合材料，如在海军军舰、潜水器、海底油田、海缆、管道系统、浮岛建设、潮汐发电等方面具有独特优势(Shenio，2018)。

(1)纤维复合材料。各种形状的长纤维比块状的同一材料更为刚强。更准确地说，纤维有与块状形式不同的特性是由于纤维是一种更加完整的结构，晶体在纤维中是沿着纤维轴定位的。此外，纤维内部缺陷比块状材料少。晶须是一种更能表明结晶与块状材料性能不同的明显例子，晶须是在很小的尺度上结晶获得，且有近于完整的晶体线状排列。纤维和晶须一般是黏结在一起成为能够承载的结构元件。黏结材料通常称为基体。基体的作用是多方面的，有支持作用、保护作用及应力传递作用等。一般说来，与纤维或晶须相比，基体比重、刚度和强度很低。然而，当纤维或晶须与基体相结合时，就能有很高的强度与刚度以及仍然低的比重(图 4-5)。

图 4-5　海底碳纤维管道

(2)层合复合材料。层合复合材料是至少由两层不同材料胶合而成，使用层合是为了将组分层的最好方面组合起来以得到更为有用的材料。层合复合材料能够增强强度、刚度、轻质、耐腐蚀、耐磨损、美观或吸引性、绝热性与隔音性等性能。层合复合材料主要有以下几种：①涂覆金属。将一种金属涂覆到另一种金属上，就能得到两种金属的最好性能；②夹层玻璃。用一层材料来保护另一层材料的概念，可以将同样方法扩展到安全玻璃上；③塑料基层合物。许多材料可用各种塑料来浸渍，随后按照多种用途进行处理；④层合纤维复合物。层合纤维复合物是包含纤维复合与层合工艺的混合型复合物，更通俗的名称叫作层合纤维增强复合材料，纤维增强材料层一般是由不同方向的纤维层组成的，以在不同方向上得到不同的强度和刚度，于是层合纤维增强复合材料的强度与刚度就能按照结构元件特定的设计要求来布置。

(3)玻璃钢。玻璃钢是玻璃纤维增强塑料的简称。玻璃钢拥有多种良好的性能：①相对密度小，比强度高，是建造快速船舶的理想材料，可以制作耐压壳体；②是非磁性材料，具有良好的电绝缘和隔热性能。因此，用玻璃钢造船能够提高电子设备的精确性，并可避免磁性水雷的攻击且不被雷达发现；③耐腐蚀性强且便于维修保养，因而可延长使用寿命；④可根据产品的使用特点进行设计和施工，而且成型工艺和设备简单，因此可缩短建造周期；⑤冲击韧性好，吸收冲击能量大，因此具有很好的防弹性能，即使子弹或者炮弹击穿时也不会产生严重的破坏，而且修补方便；⑥具有良好的透声性、抗振性和化学稳定性。

当然，玻璃钢也具有一些缺点，比如弹性模量低、长期耐高温性能较差、有老化现象、生产工艺落后、原料成本和造价过高及耐磨性差等。玻璃钢用于建造大型舰船目前尚受到一些限制(图 4-6)。

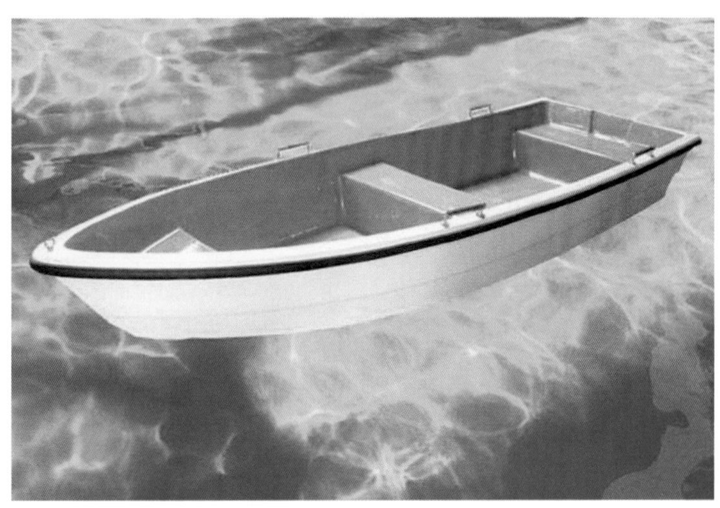

图 4-6　玻璃钢船

4.3 浮力调节材料

4.3.1 浮力材料

目前，人类对深海的一系列作业工作主要依赖于水下探测作业装备的研究和制造，而新型浮力材料的开发则为水下作业装备的开发和应用提供重要支撑(王平等，2016；杨彬，2009；周媛等，2006；Castro et al.，2010；D′souza et al.，1993)。

4.3.1.1 浮力材料性能

浮力材料需长期工作在海洋高压、高腐蚀、变幻莫测的恶劣环境下，根据其不同工作场合，在设计和使用时一定注意以下性能指标要求。

(1)浮力系数。浮力系数一般可以用浮力材料的排水量与其质量之比表征，也可用海水密度与其自身密度之比表征。浮力系数越大，材料单位体积可提供的浮力越大，从而提高材料的有效载荷能力。

(2)抗压强度。抗压强度是指在单向受压力作用破坏时，单向面积上所承受的荷载。抗压强度越高，材料的工作深度越深。

(3)吸水率。吸水率一般可采用材料浸入水中所吸收水的质量，对其浸水前实测质量的百分率来表征。材料吸水率越低，浮力系数越稳定，从而保证深海工作设备的安全性和可靠性。

(4)体积弹性模量。体积模量一般是指材料在三向应力作用下，平均正应力与相应的体积应变之比，如果在材料弹性范围内则称为体积弹性模量。可见，体积弹性模量越大，则浮力材料性能越稳定。

(5)耐磨性。耐磨性一般是指材料在一定摩擦条件下抵抗磨损的能力，以磨损率的倒数来评定。深海环境是一个动态的环境，要求浮力材料具有较高的耐磨性。

(6)耐候性。耐候性一般是指浮力材料抵御大气和海水腐蚀的性能。固体浮力材料一般要求具有较高的耐候性。

(7)刚度。刚度一般是指结构或构件抵抗弹性变形的能力，用产生单位应变所需的力或力矩来量度。深海要求浮力材料具有较高的刚度。

(8)机加工性。浮力材料要求具有良好的机加工性能，以满足不同零部件设计加工要求。

4.3.1.2　浮力材料分类

1）传统浮力材料

传统的浮力材料一般包括浮力球、浮筒、泡沫塑料、泡沫玻璃、泡沫铝、金属锂、木材和聚烯烃材料等，其在人类探测开发海洋的历史过程中起着不可或缺的重要作用，即使是在材料科学技术高速发展的今天，依然有着广泛的应用。

浮力球经常应用于海面或是海面以下较浅水域，如海上锚定系统（图 4-7）或拖曳系统中，为水下装备提供浮力，直径一般从数十厘米到数米（李思忍等，2008）。浮力球要求具有良好的密封性、耐磨性和耐腐蚀性，一般可采用不锈钢、塑料（图 4-8）等材料制成。

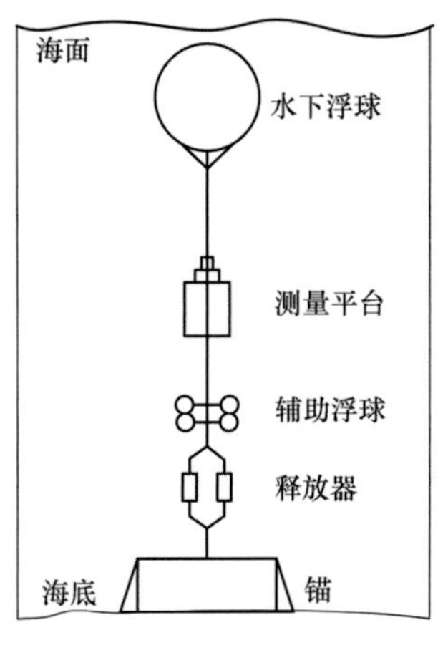

图 4-7　海上锚定系统示意图

图 4-8　海上浮球（PE 材料制成）

在海洋石油及天然气开采系统中，浮筒通常安装在刚性立管的外部，为立管减轻质量的同时，还起到绝热及保护作用（周媛等，2008）。浮筒材料主要有三种：聚氨酯泡沫材料、共聚物泡沫材料、复合泡沫材料（图 4-9）。大部分浮筒的两端面设计成套筒式，每组套筒一端设计成凸端，一端设计成凹端，这样安装时有利于形成一个浮筒串（图 4-10）。

2）固体浮力材料

传统浮力材料存在各种各样的缺陷，如工作深度浅、容易造成环境污染、吸水率高、价格昂贵以及提供的静浮力小等，已经远远不能满足深海工作的需要。为了解决水下作业装备的耐压性和结构稳定性，提供足够的净浮力，人们采用研制的高强度固体浮力材料以替代传统的浮力材料。固体浮力材料（solid buoyancy material，SBM）实质上是一种低密度、高强度的多孔结构材料，属复合材料范畴。它是海洋机电装备重要的配重材料，为海洋机电装备提供尽可能大的浮力。高强度固体浮力材料已经广泛应用于民用、商业以及军事中，如漂浮在水面或悬浮在水中的浮球、浮子、浮标、浮缆，水下拖体，海上油气田开采装置，各种水下机器人（AUV、ROV、HOV）等，具有良好的开发应用前景。

图 4-9　浮筒材料

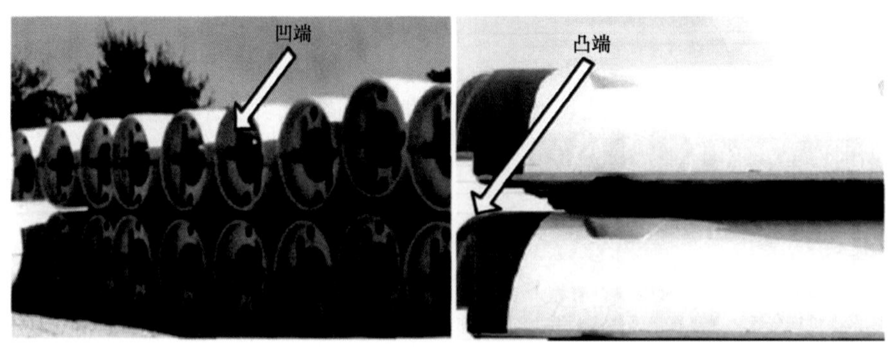

图 4-10　浮筒的凸凹端设计

美国、日本、俄罗斯等国家从 20 世纪 60 年代末就开始研制固体浮力材料，已解决了水下 6 000 m 用低比重浮力材料的技术难题，形成了系列化、标准化产品，广泛地应用于深海海底的开发事业中。美国洛克希德导弹空间公司早期研究开发的固体浮力材料可用于 2 430 m 水深。我国 7 000 m 载人深潜器采用的轻质复合材料，密度达到了 0.52~0.56 g/cm^3 的水平，破坏压力超过 90 MPa。日本海洋科学技术中心 20 世纪 80 年代初研制开发出“深海 6500”，90 年代初研制出万米级无人遥控水下机器人“海沟”号。俄罗斯海洋技术研究所也研制出用于 6 000 m 水深的自主式水下机器人用固体浮力材料。目前，美国伍兹霍尔海洋研究所研制的“海神”号无人遥控水下机器人已能够潜入太平洋 11 000 m 深海探秘。

国际上固体浮力材料的主要制造商和研究机构有美国的 Emerson & Cuming 公司、Flotec 公司，欧洲的 Trelleborg Offshore 公司、Flotation Technologies 公司、Marine Subsea Group 公司、英国 CRP 集团、乌克兰国立海洋技术大学、日本海洋科学技术中心和俄罗斯海洋技术研究所等。

我国对固体浮力材料的研究起步较晚，技术明显落后于国外。20 世纪 80 年代初，哈尔滨船舶工程学院(现哈尔滨工程大学)采用环氧树脂黏结直径 3～5 mm 的空心玻璃小球，制成了密度为 0. 58 g/cm^3、耐压 5. 5 MPa 的固体浮力材料。1995 年，青岛海洋化工研究院成功研制了密度为 0. 33 g/cm^3、可耐压 5 MPa 的化学发泡法浮力材料。20 世纪 90 年代中期，青岛海洋化工研究院开始研究非发泡可加工浮力材料。浙江大学于 2005 年在实验室制备的空心玻璃微珠填充环氧树脂材料密度为 0. 68 g/cm^3，压缩强度为 75. 9 MPa。青岛海洋化工研究院的吴则华、陈先等 2008 年制备的固体浮力材料密度为 0. 506 g/cm^3，耐压强度 66. 4 MPa，可耐静水压 70 MPa，在国内处于领先水平。

固体浮力材料通常分为中空微珠复合材料、轻质合成材料复合塑料和化学泡沫塑料复合材料三类。深海高强度固体浮力材料一般采用浮力调节介质(中空微球)与高强度树脂复合而成，国际上可达到的材料密度为 0. 4～0. 6 g/cm^3，耐压强度则在 40～100 MPa，已经在各种深海装备中得到广泛的应用(潘顺龙等，2009)。中空微球是一种内部充满气体的特殊结构材料，根据其材料不同，主要分为有机质复合微球和无机质复合微球两类(赵军，2009)。有机质复合微球研究比较活跃，相关的报道有聚苯乙烯空心微球、聚甲基丙烯酸甲酯空心微球等。无机质复合微球的制备材料主要有玻璃、陶瓷、硼酸盐、碳、飞灰漂珠、三氧化二铝($A1_2O_3$)、二氧化硅(SiO_2)等。这里重点就应用最广泛的空心玻璃微珠复合材料进行介绍。

空心玻璃微珠是一种无机非金属球形微粉新材料，具有粒度小、球形外形、质轻、隔音、隔热、耐磨、耐高温等多种优良特性，已广泛应用于航空航天材料(Geleil et al. ,2006)、储氢材料、固体浮力材料、保温材料、建筑材料、油漆涂料等行业。

空心玻璃微珠一般分两类。一是漂珠，主要成分为 SiO_2 和金属氧化物，可从火电厂发电过程中产生的粉煤灰中分选得到。漂珠虽然成本较低，但是纯度差、粒度分布宽，特别是粒子密度一般大于 0. 6 g/cm^3，不适于制备深潜用浮力材料。二是人工合成的玻璃微珠，可通过采用调整工艺参数、原料配方等方法，控制微珠的强度、密度及其他物理化学性能，人工合成的玻璃微珠价格虽然较高，但应用范围更为广阔。

在固体浮力材料中，空心玻璃微珠得到广泛应用，是与其自身具备的优异特性分不开的。空心玻璃微珠内部为空心结构，质量轻、密度小、导热率低，不但可以大幅度降低复合材料的密度，也可赋予其优异的隔热、隔音、电绝缘和光学等方面的性能。空心玻璃微珠外形为球形，具有理想填料的低孔隙率、珠体吸收聚合物基材少等优点，对基体流动性和黏度影响小，这些特性使得复合材料的应力分布合理，从而改善其硬度、刚度以及尺寸稳定性。空心玻璃微珠实质上是一种薄壁密封壳球体，壳壁主要成分为玻璃，具有很高的强度，在保证复合材料具有较低密度的前提下增大其强度。

空心玻璃微珠的制备方法主要有三种。一是粉末法。先将玻璃基体粉碎，加入发泡剂，然后将这些小颗粒通过高温炉，当颗粒软化或熔化时在玻璃中产生气体，随着气体体积的膨胀颗粒变成空心球体，最后经旋风分离器或袋式收集器收集而得。二是液滴法。在一定温度下，将含低熔点物质的溶液于喷雾干燥或通过高温立式炉加热，比如高碱性微珠的制备。三是干燥凝胶法(图 4-11)，即以有机醇盐为原料，经过制备干凝胶—粉碎—高温下发泡三个流程而得(Schmitt et al.，2006)。这三种方法都有一定的缺点，如粉末法成珠率低，液滴法制备的微珠强度差，干燥凝胶法原料成本太高等。除这三种方法之外，还有其他一些制备方法，如中国科学院理化技术研究所以软化学法为基础，制备出性能较好的空心玻璃微珠，如图 4-12 所示(潘顺龙等，2009)。

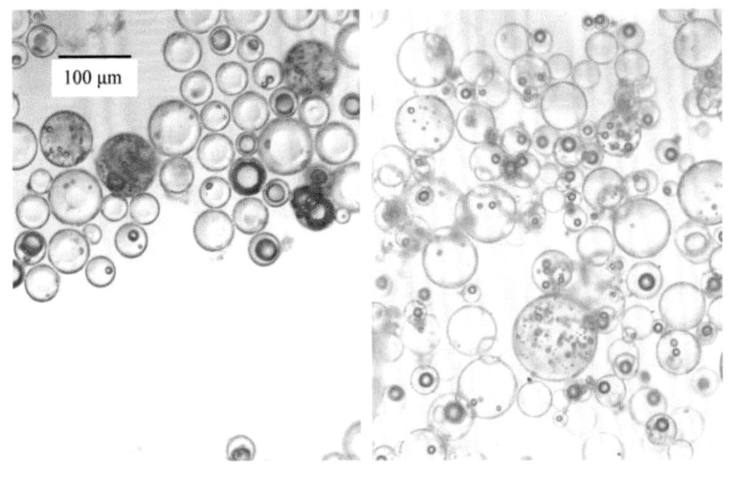

图 4-11　干燥凝胶法制备玻璃微珠

要与空心玻璃微珠复合形成高强度固体浮力材料，基体材料必须具备良好的性能，如密度小、强度高、黏度小以及与微珠之间具有良好的润滑性等。目前，应用的基体材料包括环氧树脂、聚酯树脂、酚醛树脂、有机硅树脂等，其中环氧树脂以其强度高、密度小、吸水性小、固化收缩小等优点，在实际生产中得到最广泛的应用。玻璃微珠与基体材料可通过浇注法、真空浸渍法、液体传递模塑法、颗粒堆积法和压塑法等成型工艺进行复合。需要强调的是，为了提高玻璃微珠与基体间的界面状况，还需要对微珠表面进行改性，从而提高复合材料的整体性能。国内某公司生产的固体浮力材料产品性能指标见表 4-8。

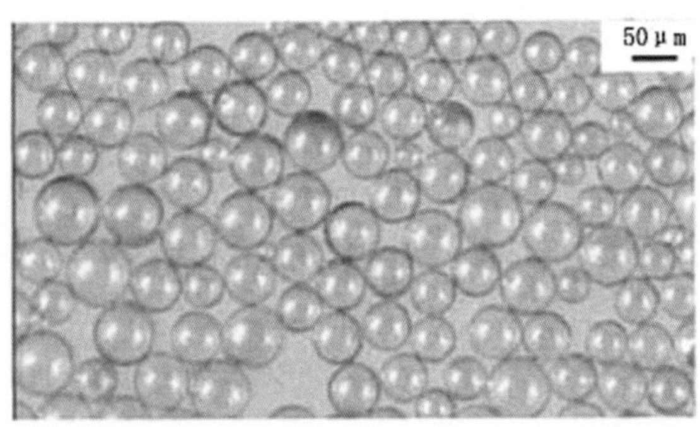

图 4-12　软化学法制备的空心玻璃微珠光学显微照片

表 4-8　国内某公司生产的固体浮力材料产品性能指标

	型号	水深/m	密度/(g/cm^3)	吸水率/(%/24h)	单轴压缩强度/MPa
标准性能	SBM-035	100	0.35±0.02	≤3	≥8
	SBM-042	600	0.42±0.02	≤3	≥15
	SBM-045	1 000	0.45±0.02	≤3	≥20
	SBM-048	2 000	0.48±0.02	≤3	≥25
	SBM-053	4 500	0.53±0.02	≤3	≥45
高性能	SBM-H038	1 000	0.38±0.02	≤3	≥15
	SBM-H042	2 000	0.42±0.02	≤3	≥20
	SBM-H046	3 500	0.46±0.02	≤3	≥33
	SBM-H050	4 500	0.50±0.02	≤3	≥45
	SBM-H055	6 000	0.55±0.02	≤3	≥55
	SBM-H056	7 000	0.56±0.02	≤3	≥65
	SBM-H070	11 000	0.70±0.02	≤3	≥90

此外，轻质合成材料复合塑料是由复合泡沫与低密度填料如中空塑料或大直径玻璃球组合改性而成；化学泡沫塑料复合材料是利用化学发泡法制成的泡沫复合材料。这两类材料在深海固体浮力材料中也有着重要应用。

美国伍兹霍尔海洋研究所(WHOI)还研制了一种新型陶瓷材料为“海神”号 ROV 提供浮力(Nevala et al.，2009)。该材料的制备过程大致如下：用水把氧化铝陶瓷粉末均匀混合，将其倒入具有球形容腔的模子里，把模子放到机器上沿各个方向旋转，在离心力的作用下产生一个壁厚完全一致且无缝隙的球体。最后待球体足够坚硬后从模子中取出，再放入高温炉中经过一系列干燥、烧制以及其他后续工艺流程，每个球体直径约为88.9 mm，壁厚大致1.27 mm，它们可以承受水下11.265 km处的压力(图4-13)。

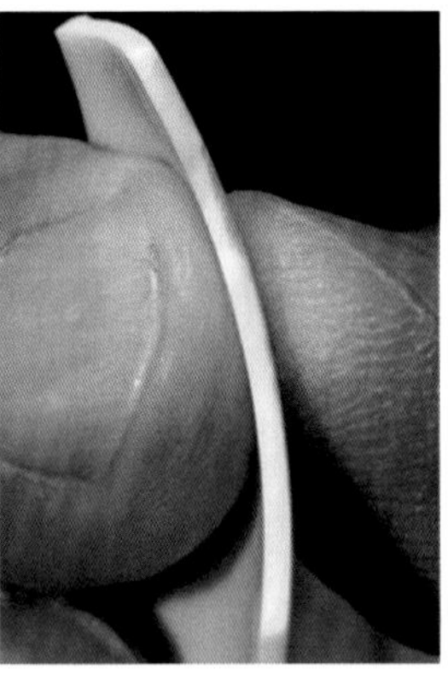

图4-13 美国WHOI研发的高强度陶瓷浮球及其碎片

4.3.2 相变材料

相变材料因其具有通过自身相态变化进行吸收和释放大量能量的特性而成为国内外能源材料研究的热点。相变材料具有体积小、造价低廉、储能密度大、节能效果明显、相变温度范围宽等优点，在海洋温差能利用方面相变材料得到广泛应用(王鑫等，2019)。

相变材料具有固-液、固-气、固-固、液-气四种相变类型，虽然固-气与液-气材料的相变潜热大，但由于材料相变前后体积差别很大，使得系统不稳定，所以在实际中很少应用。而固-固相变材料的体积变化不大，无法通过液压系统将液压能转换为机械能为海洋装备提供进一步利用，因此也不常用。固-液相变材料拥有足够的相变潜热和合适的体积变化，因此它是海洋机电装备在温差能利用上的主要材料。

相变材料可分为无机相变材料和有机相变材料。

4.3.2.1 无机相变材料

无机相变材料主要包括熔融盐、金属合金、结晶水合盐，其中应用最广泛的是结晶水合盐类无机相变材料。结晶水合盐主要有相变潜热大、密度大体积小、化学性质稳定、价格低廉、导热系数高等优点。但这类材料也有着无机相变材料的共同缺点，即在使用过程中会出现过冷、相分离情况。

过冷即当物质由液态降温至“凝固点”时并不结晶，而是要继续降温至凝固点以下(几摄氏度到几十摄氏度不等)才开始出现结晶的现象。在实际应用中，过冷现象会导致相变材料极大地降低其应用性，所以必须采取措施解决。目前，降低结晶水合盐相变过冷的方法主要有两种：一是添加成核剂辅助相变材料成核，并添加增稠剂减少脱水盐的沉降来协助水合盐结晶；二是冷手指法，对降低过冷度同样有效，该法是维持一部分材料始终为固态，以此作为形核，辅助水合盐结晶。另外，超声波成核法、弹性势能法、搅拌法、微胶囊封装法等技术也为防止材料过冷提供了不同的解决途径。

结晶水合盐相变材料应用过程中第二个要解决的问题就是相分离。当材料加热转为液态时，无机盐会溶解在释放出来的结晶水中。若无机盐的溶解度不高，即使加热到熔点以上，部分盐仍未能溶解而沉降到容器底部，形成了固-液两相分离现象，随着相变材料冷热循环次数增多，底层的脱水无机盐沉积物会越来越多，导致相变材料的蓄热性能越来越差，甚至到最后失去蓄热能力。解决材料相变过程中相分离的问题，是保证材料储热能力和提升循环使用性的关键。目前，最有效的方法是添加特定的增稠剂，增大溶液的黏度，使液体中的颗粒均匀分散而不沉降，以克服固-液相分离的现象。表 4-9 列出了常用无机水合盐相变材料的热物理性质(王鑫等，2019)。

表 4-9　常用无机水合盐相变材料的热物理性质

分子式	熔点/℃	溶解热/(kJ/kg)	热导率/[(W/(m·K)]
$LiClO_3 \cdot 3H_2O$	8.1	253	0.54(38.7℃)
$CaCl_2 \cdot 6H_2O$	29.6	171/190.8	1.088(23℃)
$Na_2SO_4 \cdot 10H_2O$	33	254/251.1	0.544
$Na_2HPO_4 \cdot 10H_2O$	35.2	265/280	
$Na_2S_2O_3 \cdot 5H_2O$	48	188/201	
$Na(CH_3COO) \cdot 3H_2O$	58	226/264	
$Ba(OH)_2 \cdot 8H_2O$	78	267/280	0.678(98.2℃) 1.255(23℃)
$Mg(NO_3)_2 \cdot 6H_2O$	89/90	149.5/162.8	0.502(110℃) 0.611(37℃)
$MgCl_2 \cdot 6H_2O$	116	165/168.6	0.570(120℃) 0.694(90℃)

4.3.2.2　有机相变材料

有机相变材料的种类繁多，相变温度与相变潜热范围很广，大部分有机相变材料主要利用固-液相变过程来进行储能，即通过分子的有序-无序排列交变在进行蓄放热。有机相变材料具有储能密度大、价格低廉、过冷度较低、熔化后蒸汽压低、无相分离现象等优点，是一类储能性能稳定的环境友好型相变材料。目前，有机相变材料主要可分为石蜡类和非石蜡类，非石蜡类的有机相变材料主要为脂肪酸类、脂肪醇类、聚乙二醇类、芳香烃类、芳香酮类、酰胺类以及聚烯烃、聚多元醇、聚酰胺等高分子类有机物。表 4-10 列出了常用有机相变材料的熔点、相变潜热(王鑫等，2019)。

表 4-10　常用有机相变材料的热物理性质

名称	熔点/℃	相变潜热/(J/g)	名称	熔点/℃	相变潜热/(J/g)
十四烷	5.5	228	十二酸	44~45	225
十五烷	10	205	十四酸	54~55	220
十六烷	18.2	237	十六酸	63~64	215
十七烷	21.7	213	十八酸	69~71	243
十八烷	28.0	244	PEG-500	20~25	145
二十烷	36.7	246	PEG-1000	38~40	150
二十二烷	44.0	249	PEG-2000	51~53	164
二十四烷	50.6	255	PEG-6000	60~62	188
三十烷	65.4	251	PEG-10000	62~64	190

1)石蜡类

石蜡是石油炼制中的产物，主要成分为直链烷烃，原料来源丰富，是目前最热门的有机相变材料。这类材料价格低廉，相变潜热高(170~2 700 J/g)，相变温度范围广(0~80 ℃)，种类繁多，可以满足不同工况要求。在相变过程中，石蜡具有化学稳定性强、热膨胀系数小、对基体材料无腐蚀性等优点，但作为相变材料也存在热导率低、相容性差、易燃等缺点。石蜡的碳链长度越长，其相变潜热与相变温度就越高。为了提高石蜡的热导率，常在材料中添加高热导性的物质，如金属粉末与石墨烯粉末，或者将石蜡封装成纳米级的胶囊。

2)非石蜡类

(1)脂肪酸类。脂肪酸类是为数不多的可再生的相变材料，是实行可持续发展与环境保护理念的新研究方向。常用的脂肪酸类相变材料有十八酸(硬脂酸)、十六酸(棕榈酸)、十四酸(豆蔻酸)、十二酸(月桂酸)4 种。它们具有相变潜热高、化学和热稳定性强、无毒害、对基体材料无腐蚀性等优点，并且经历上千次熔融—冷凝循环后，几乎不会发生过冷现象，具有很好的耐久使用价值。但同时，此类相变材料也存在热导率较低和材料价格昂贵的缺点。

(2)脂肪醇类。脂肪醇类相变材料主要有十二醇、十四醇、十六醇、季戊四醇、新戊二醇等。这类储能材料具有储能密度大、材料成本较低、对环境无污染、相变温度适宜、不易发生过冷现象、化学性能和热性质稳定等诸多优点，同时可以根据不同相变体系需求进行两两结合，复配出二元甚至多元体系的材料。

(3)聚乙二醇类。聚乙二醇又称为聚乙二醇醚，是一种水溶性高分子相变材料。这种材料具有储能密度大、化学性质稳定、价格低廉、对环境无污染等优点。聚乙二醇分子的聚合度越高则其分子量越大，相变潜热也越大，物理形态也从白色黏稠液逐渐转变为坚硬的蜡状固体。

4.3.2.3　相变材料应用举例

海洋垂直剖面的温度变化范围一般为4~26℃，因此采集海洋温差能的相变材料的相变温度应该在这一范围之间，且相变的温度不能太高或者太低，要保证相变材料能够完全地融化或者凝固。

常用正十五烷或者正十六烷作为相变材料，也可采用正十四烷、正十五烷和正十六烷三种材料按照一定比例混合的混合物作为相变材料。下面介绍海洋中比较常见的相变材料正十六烷。

正十六烷化学式为 $C_{16}H_{32}$，白色固体或者无色液体，不溶于水，分子结构呈直链状，无支链，熔点18.2℃，其固相密度为835 kg/m^3，液相密度为770.1 kg/m^3，固-液相变时体积变化8%。正十六烷应密封包装，储存于阴凉、干燥、通风良好的库房中，并且远离火种、热源，防止阳光直射。

4.4　表面涂料

4.4.1　防污涂料

海洋中生长着众多生物，其中至少有上千种会附着在海洋设备上，对其造成不利影响。防污涂料的作用从本质上讲就是提供一个在规定的有效期内无生物附着的涂层表面。目前存在着多种防污原理，但是最实用的还是使用防污剂有效控制浓度来抑制生物附着。防污涂料技术指标并无统一严格标准，归纳起来见表4-11。

表 4-11 防污涂料的技术指标

项目	要求
外观	平整，有规定的颜色
细度	< 80 μm
黏度	符合专用产品技术要求
相对密度	符合专用产品技术要求
干燥时间	表干(表面干燥)< 8 h，实干(实际干燥)< 21 h
耐划水试验	符合特定要求
减阻试验	符合特定要求
耐干湿交替	5 次循环
耐污性能	海港挂板有效期 12~36 个月，实船试验南北海域至少 3 条船

防污涂料的开发重点是开发适当的防污剂或防污剂组合，通过一定的配方设计达到有效控制、缓慢释放防污剂的目的。为了做到这点，人们采用的技术途径一般可分为以下几种。

1)基料不溶型

基料不溶型防污涂料的成膜物质主要是不溶于水的合成树脂，由于防污剂填充量、助渗出剂以及改性树脂的不同又分为接触型和扩散型两类。

(1)接触型防污涂料。接触型防污涂料的主要防污剂为氧化亚铜(Cu_2O)，其代表为美国海军用的 Copper Anfifouling 70 号。它的基础配方见表 4-12，主要用于出航率不高但巡航速度较高的大型军舰。

表 4-12 美国海军 Copper Anfifouling 70 号防污剂配方

原料名称	组成(%)	原料名称	组成(%)
Cu_2O	70	增塑剂(磷酸三甲酚酯)	2.4
乙烯树脂(聚异丁二烯)	2.7	防尘剂	0.4
松香	10.5	溶剂	14.0

(2)扩散型防污涂料。扩散型防污涂料是介于接触型和基料可溶型之间的一类防污涂料，其特点是：①基料以乙烯树脂、氯化橡胶为主，辅以一定的松香等可溶型基料；②防污剂 Cu_2O 含量为 35%~40%，辅以一定的有机防污剂；③涂层具有良好的吸水性和防污剂扩散通道；④至涂层失效，仍有 30%~40%的防污剂不能发挥作用。

2) 基料可溶型

基料可溶型防污涂料主要特征在于树脂成膜物质在海水中是可溶的，一般又可分为传统型和自抛光型两类。

(1) 传统型基料可溶型防污涂料。传统型基料可溶型防污涂料主要成分为松香、干性植物油改性的聚乙烯醇树脂等，其典型配方见表 4-13。这种防污涂料主要用于防污期效小于两年的渔船及近海船上。

表 4-13　传统型基料可溶型防污涂料的典型配方

原料名称	用量(%)	原料名称	用量(%)
1 年期效的渔船防污漆		石脑油	20.9
氧化亚铜	16~18	芳烃	3.5
无水硫酸铜	5.5~6	松香锌钙	7.4
DDT	7.0	流变添加剂	1.4
松香	23~25	异丙醇	0.3
煤焦沥青	6.0	分散剂	0.3
氧化锌	5	氧化亚铜	10.6
氧化铁红	20	有机防污剂	1.3
重质苯	15	氧化锌	10.3
1.5 年期效防污漆		氧化铁红	7.8
松香	10.3	滑石粉	13.7
亚麻油	5.5	轻质碳酸钙	9.3
催干剂	0.3		

(2) 自抛光型基料可溶型防污涂料。有锡自抛光型基料可溶型防污涂料主要由 TBTO 与含 COOH 的丙烯酸或聚酯低聚物进行酶化反应而制得。其典型配方见表 4-14，主要用于船舶有较长航期且有一定速度的场合。目前，有锡自抛光型防污涂料正逐渐被更加环保的无锡自抛光型防污涂料所代替。

表 4-14　自抛光型基料可溶型防污涂料典型配方

原料名称	组成(%)	原料名称	组成(%)
SPC 树脂	25~30	助剂	5
氧化亚铜	20~30	溶剂	20~30
填料	15~20		

3)新型防污涂料

目前，发展的新型防污涂料包括以可溶性硅酸盐为基础的防污涂料、低表面能防污涂料和仿生防污涂料等，新型防污涂料的发展将推动防污涂料朝着高性能、低污染和低环境冲击的方向进步。

(1)以可溶性硅酸盐为基础的防污涂料。海洋生物适宜的海水环境 pH 值为 7.5~8.5，在更酸或更碱性的环境中附着生物难以生长。从 20 世纪 70 年代开始，有研究者探索碱性硅酸盐作为无毒防污剂的可能性，80 年代初有专利发布，但尚未有产品使用。

(2)低表面能防污涂料。低表面能防污涂料应满足三个条件：表面能足够低，具有不断更新其表面的能力，与防腐底漆有良好的附着力和配套性。该类涂料在 20 世纪 60—80 年代发展到高峰期。

(3)仿生防污涂料。主要涉及工作为：①生物防污剂的提取和分离，如从海洋生物中提取具有防污作用的物质，用于开发新型低毒和无毒的防污剂；②活性生物酶的分离鉴定，如海螃蟹等的贝壳长期不附着生物，经深入研究，这类贝壳表面至少存在 6 种以上的酶，它们能够破坏藤壶黏液质的固化附着。采用生物代谢物和生物酶尚处于实验室阶段；③生物可降解吸水膜防污，如大型海洋动物、鱼类的表面有一层十分光滑的黏膜，主要是可再生黏液蛋白，具有很好的吸水性，水阻力低，附着生物很难着床。受此启发，近年来开发出一种可生物降解的以乳酸为基础的高吸水树脂成膜物，然后与低毒、低污染的防污剂相结合制成防污涂料。

4.4.2 防腐涂料

防腐涂料是传统的海洋防腐技术中的一种，使用防腐涂料涂敷在金属基底表面，经高温或常温固化成膜，对其进行防护(尹衍升，2008)。防腐涂料的防腐机理包括屏蔽作用、钝化作用、防锈填料的保护作用及阴极保护作用等。涂料保护具有施工简便、防腐蚀效果明显、经济效益高等优点，在海洋防腐领域得到大规模应用。

防腐涂料性能决定涂层的防护效果，在海洋重防腐领域使用的防护涂层，应具备以下优点：①机械性能好，耐雨水、海水冲刷碰撞甚至摩擦；②稳定性好，耐酸碱盐、耐化学品、耐油、耐老化以及耐紫外线；③附着力强，与基底具有较强的附着力与黏结性能；④易施工，绿色环保。另外，对涂料的屏蔽性、疏水性、耐污性和使用寿命等也有一定的要求。

海洋工程中钢结构的腐蚀种类多样，应用较多的多重防腐涂料主要有环氧类防腐涂料、氟碳防腐涂料、聚氨酯类防腐涂料、橡胶防腐涂料、有机(无机)硅类树脂涂料、聚脲弹性体防腐涂料、玻璃鳞片类重防腐涂料和有机(无机)富锌涂料等。各类防腐涂料对比见表 4-15。

表 4-15 不同种类的防腐涂料对比

种类	优点	缺点	使用范围	使用寿命/a
环氧类防腐涂料	高黏附力，高强度，固化收缩率低，耐腐蚀性与耐磨性强等	耐冲击力和韧性较差，耐热性能不高等	桥梁、船舶及海上平台钢结构作为面漆、中间漆或底漆使用	10~15
氟碳防腐涂料	超强的耐腐蚀性和耐酸碱性，憎水憎油，免维护，自清洁等	价格高，涂装工艺较复杂，硬度不够等	桥梁和建筑领域作为面漆使用	20~25
聚氨酯类防腐涂料	涂膜坚硬、丰满，附着力强，耐水性能优异	耐候性不佳，户外易泛黄，施工工序复杂	海上平台和船舶桥梁等领域，可配套作为中间漆或面漆使用	10~15
橡胶防腐涂料	阻燃性好，耐热、耐低温性能优异，干燥快，硬度强	需多次涂刷才能达到厚度要求，生产过程中使用四氯化碳，环保性能差	桥梁等钢结构和船底、船舶水线等部位的防腐，与环氧富锌底漆等配套使用	10~15
有机(无机)硅类树脂涂料	耐热耐寒性强，防霉性能优异，优良的耐腐蚀和电绝缘性等	成膜性能较差，大面积施工不便，附着力不强，固化温度高等	化工管道和集装箱等领域的涂装，对其他涂料进行改性，用作面漆或底漆使用	10~20
聚脲弹性体防腐涂料	无溶剂，不含 VOC，固化速度快，耐高温，低温性能好，耐候性强等	力学性能一般，发泡，价格较高等	主要应用于桥梁、船闸、船舶及码头、贮罐内壁的防腐	15
玻璃鳞片类重防腐涂料	优异的封闭性、抗渗透性和防腐蚀性能，耐紫外线性能和耐老化性能好	力学性能和抗变形性能差	主要在船舶内舱和甲板、桥梁和海上平台等领域作为面漆或底漆使用	20
有机(无机)富锌涂料	有机富锌底漆具有低表面处理和附着力强的优点；无机富锌底漆防锈作用优异	有机富锌底漆耐热性、导电性和耐溶剂性能较差；无机富锌底漆成膜性能差，施工条件苛刻	用于桥梁、船舶等钢结构的防护，主要与其他涂料配套作为底漆或面漆使用	15~25

4.4.3 隐身涂料

随着侦查技术的飞速发展，从水下声呐系统到地面、高空侦察机乃至太空侦察卫星构筑的全方位立体侦察体系的建立，使得军用海洋机电装备隐身变得日益困难。隐身涂料是防止海洋机电装备被敌方侦测的一种方法，有以下技术要求：①具有对不同频率电磁信号的吸收率及辐射率；②降低涂层厚度；③减小涂层相对密度和涂装量；④实现可见光、近红外、热红外、8 μm、3 μm 五波段一体化隐身涂料——多功能隐身涂层；⑤可行的涂装技术及施工工艺；⑥满足使用环境对涂料的基本技术要求，即耐大气老化，耐盐雾及海水浸泡，耐湿热(雷达波隐身涂层对湿气相当敏感)，耐冷热交替(通常要求-40~50℃)，耐柴油、耐酸碱等腐蚀性介质等；⑦隐身涂料的性能对温度有很强的依赖性，尤其是热红外隐身材料、阻尼涂料等，它们在高温区的性能急剧下降，因此对于不同的温度域使用隐身涂料的技术指标也有差别。

1)雷达隐身涂料

雷达隐身涂料的作用首先在于将电磁波转变为其他形式的能量，当它们与雷达波相互作用时，可能发生电导损耗、高频介质损耗、磁滞损耗或转变为热能等方式导致电磁能量发生衰减，这是由吸波剂和黏合剂的性能决定的。其次，反射的电磁波与进入材料内部的反射波相互叠加后产生干涉而相互抵消，这与涂层厚度设计有关。

决定雷达隐身涂料性能的主要因素有：①吸波材料；②涂料成膜物；③涂层设计及涂层厚度控制；④涂层的施工工艺。

2)热红外隐身涂料

肉眼及近红外探测仪都是靠接受光照发射的光被目标吸收后反射回来的光成像后辨识目标颜色和形状的。热红外隐身涂料能改变目标热辐射特性或抑制目标的红外特征信号，使设备的红外辐射与背景一致，从而使敌方设备难以辨识，失去目标。

3)声呐波隐身涂料

国内外普遍利用橡胶型消声瓦作为声呐波隐身涂料，但仍存在以下亟待解决的问题。

(1)施工工艺及工装设备都比较复杂，黏结质量不易保证，特别是在艇体曲率变化较大的特殊部位。

(2)常因水流冲刷、振动、艇体变形等外界影响因素出现脱落、开腔等问题，消声瓦一旦脱落会造成表面凹凸不平，使其噪声增加，不仅降低本艇的探测能力，而且也增加了被敌方声呐探测的可能性。

(3)消声瓦太厚，对设备的稳定性和操纵性产生不利影响。

影响声呐波隐身涂料性能的因素有以下几点。

(1)空腔对吸声性能的影响，声波进入含有空腔结构的非均质材料中，由于产生了拉压和剪切形变，所以比均质材料有更高的声学衰减能力。

(2)密度对吸声性能的影响，空心填料的大量引入，势必造成材料整体密度下降，出现阻抗失配。为此，设法在材料中添加重质填料，但含量不能过高，否则会给设备稳定性带来负面影响。

(3)阻尼对吸声性能的影响。

(4)厚度对吸声性能的影响。一般来说，涂层厚度增加，吸声效果提高，但过高的厚度也会对总体性能造成负面影响，通常在满足整体设计的前提下，涂层越薄越好。

4.4.4　防结冰涂料

在寒冷海域，海洋机电装备容易结上不同厚度的冰层，增加了装备的载荷和不平衡性，严重威胁设备的运行安全。目前，材料防结冰主要有两种方法：构筑超疏水表面和添加特殊材料。通过在粗糙表面上涂覆低表面能材料获得超疏水表面，由于好的防水性能和低的表面能，可以有效去除水液滴，因此广泛用于防结冰领域。

防结冰涂料能够减少冰对基材表面的附着力和表面的覆冰量，再利用风和自然力的作用使冰容易脱离基材表面。从表面湿润性角度，防结冰涂料可分为以下三种。

(1)亲水型涂层。主要机理在于亲水表面可以使得滴落在基材表面的过冷水的凝固点降低，延长结冰时间，达到防结冰效果。

(2)疏水型涂层。疏水型涂层一直是防结冰涂层的主流，通常分为两类，一类是静态水接触角 θ 满足 $90° < \theta < 150°$ 的低表面能涂层；另一类则是 $\theta > 150°$ 的超疏水涂层。

(3)复合型涂层。由于超疏水涂层会随着温度降低失去其疏水性能，防结冰机理研究不断深入，亲水修饰超疏水多功能复合涂层是防结冰涂层发展的新方向。

4.5　材料腐蚀与防腐

海洋环境是非常苛刻的自然腐蚀环境，海洋机电装备极易发生各种灾害性腐蚀破坏，造成严重的经济损耗，甚至在安全运行方面留下巨大的隐患。因此，认识海洋机电装备在海水中的腐蚀机理，研究防治措施，将腐蚀所造成的损失、破坏降低到最小化是极为有意义的。

4.5.1　影响材料腐蚀的海洋环境因素

海水是一种多组分的水溶液，溶解有多种无机盐类，这使得海水成为天然的强电解质，具有导电特性。海洋中的材料(多指金属及其合金，非金属性质相对稳定)在与环境介质间发生化学或电化学相互作用中会引起材料的破坏或变质，这种现象称为腐蚀现象。

影响金属在海水中的腐蚀因素可分为化学因素、物理因素、生物因素，不同的因素对材料在海洋中的腐蚀产生的结果也各不相同(郭为民等，2006；杨晓明等，1999；Schueremans et al.，2007；Dai et al.，2010；李庆超，2016)。

1)化学因素

(1)溶解氧的含量。溶解在海水中的氧气在腐蚀过程中起到了去极化的作用，金属的腐蚀可以看作是一个微电池，溶解氧不断地在这个微电池的阴极区发生反应，对金属有很强的阴极去极化作用。在含有高溶解氧的海水中，材料的阴极去极化过程会被加速，促进腐蚀。而对于如不锈钢等容易发生钝化的金属，通过在金属表面形成钝化膜来提高材料耐腐蚀性，当这些钝化膜一旦被破坏，溶液中的高溶解氧可迅速地对钝化膜进行修补，促进钝化膜的形成，从而使金属材料的点蚀和缝隙腐蚀的速率降低，从这一方面来看，溶液中的高溶解氧抑制了腐蚀(图 4-14)。

图 4-14　合金腐蚀

(2)含盐量。海水中含有丰富的以 NaCl 为主的电解质，海水中含盐量的多少直接影响腐蚀，具体表现为随着海水中含盐量的增加，金属的腐蚀速率呈现先增加后减缓的趋势。这是因为盐浓度的增加说明海水中氯离子含量增加，促进了阳极反应，后期随海水中盐度的增加，溶解氧含量降低，因而腐蚀速率下降。

(3)pH 值和钙质沉积层。海水中除了氧和氮之外，还溶有二氧化碳，海洋生物的新陈代谢作用以及动植物死亡分解的碳酸盐，都与 pH 值有关。当海水 pH 值介于 7.5~8.3 时，对材料的腐蚀没有明显的直接影响，但当 pH 值更高时，它会对钙质层进行溶解，对金属的保护作用降低。

2)物理因素

(1)温度。海水温度因水深、位置不同而有所差别。海水表层温度一般随季节而呈周期性变化，从冬季到盛夏，海水温度可由 0℃增加到 35℃。随着深度的增加，海水温度下降，但是海底的温度一年四季变化很小。密闭体系中温度升高，氧含量不变，故腐蚀速率增加；开放体系中温度上升时含氧量下降，所以其腐蚀速率先增后减。海水温度的变化还会影响金属的电极电位，但对不同金属的腐蚀电位的影响程度不同(有上升和下降)。简单解释就是，一方面温度的升高会加速溶解氧的扩散，溶液的电解率得到提高，加速了金属的腐蚀；另一方面，温度的升高又使海水中氧的浓度降低，促进了具有保护作用的钙质层的形成，减慢了腐蚀速度。

(2)流速与波浪。当海水中流速与波浪增大，溶解氧扩散加速，阴极过程受氧的扩散控制，腐蚀速度增大；流速进一步增加，供氧充分，阴极过程受氧的还原控制，腐蚀速度相对稳定；当流速超过某一临界值时，金属表面的腐蚀产物膜被冲刷，腐蚀速度急剧增加。同时，当海水的流速过大时，金属容易发生空泡腐蚀。如铝、铜合金等材料在低流速时，表面膜有抑制腐蚀的作用，当流速增加到一定程度时，保护膜受冲刷而破坏，腐蚀速率就急剧增大。但对于如不锈钢、钛合金等钝化能力较强的材料，当流速增加，使氧供应充分，增加了钝化能力，腐蚀的速率将减小。

3)生物因素

由于海洋环境其特有的特点，栖息着种类繁多的动植物及微生物，据不完全统计，各类生物总量达到 2 500 余种，这些生物与金属在海水中形成体系，相互作用影响着海洋工程材料的腐蚀行为，其中影响最大的是海洋附着生物对材料的污损。海洋附着生物是指生长在船底、海水管道及海水中的一切人工设施表面的动植物及微生物。生物污损的影响很复杂，会根据不同的情况对金属起到抑制或促进腐蚀的作用，有些海洋生物形成较为完整的覆盖膜，有效地抑制了金属的腐蚀。以下几种情况会加速金属的腐蚀。

(1)贝类、藤壶、珊瑚虫等硬壳类生物附着在金属表面，使得金属表面暴露不均匀，此时会出现局部腐蚀，同时阻隔氧的扩散，在金属覆盖层内外形成氧浓度差电池，加速腐蚀。

(2)海藻、丝状苔藓虫、海绵体动物等无硬壳生物，通过生命活动改变海水成分影响腐蚀。例如，海藻覆盖在金属表面，由于海藻具有光合作用，使得金属表面氧浓度增加，加速了腐蚀。

(3)某些海洋生物具有极强的生长穿透性，其生长可以穿透或剥落油漆及其他金属表面保护措施，直接破坏保护涂层，降低金属的耐腐蚀强度。另外，一些海洋生物对金属的黏着力非常大，当在外力的冲击下脱落时，海洋生物会与保护涂层一起剥落，导致金属保护措施的破坏，加速腐蚀(图 4-15)。

4.5.2　海洋腐蚀分类

金属构件在海洋环境中发生腐蚀，腐蚀类型主要有均匀腐蚀、点蚀、缝隙腐蚀、湍流腐蚀、空泡腐蚀、电偶腐蚀和腐蚀疲劳等，这些腐蚀现象的发生往往与金属构件的结构和工艺相关(夏兰廷等，2003)。

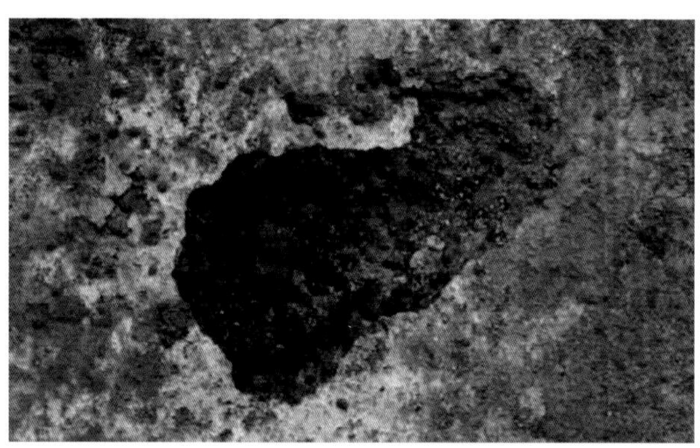

图 4-15　海洋生物腐蚀混凝土

1) 均匀腐蚀

均匀腐蚀是指在金属表面上几乎以相同的速度所进行的腐蚀。与在金属表面上产生的任意形态的全面腐蚀不同，均匀腐蚀一般发生在阴极区和阳极区难以区分的地方。

2) 点蚀

金属表面局部区域出现向深处发展的腐蚀小孔称为点蚀，而金属的其余区域则无明显腐蚀发生。点蚀具有“深挖”特性，即蚀孔一旦形成，往往自动向深处腐蚀，因此具有极大的破坏力和隐患性。点蚀不仅与环境中分散的盐粒或污染物相关，同时也与材料本身的表面状态和处理工艺相关。

3) 缝隙腐蚀

部件在介质中，由于金属与金属(或非金属)之间形成特别小的缝隙，使缝隙内的介质处于滞流状态而引起缝内金属的加速腐蚀，这种局部腐蚀称为缝隙腐蚀。该腐蚀在海洋飞溅区和海水全浸区最为严重，同时在海洋大气中也有发现。几乎所有金属和合金都会发生缝隙腐蚀。

4) 湍流腐蚀

在构件的某些特定部位，由介质流速急剧增大形成的湍流引起的磨蚀称为湍流腐蚀。许多金属如钢、铜、铸铁等对速度非常敏感，当速度高于某一临界值时会发生快速侵蚀。湍流腐蚀常常伴随有空泡腐蚀，有时两者甚至很难区分。冲击腐蚀也属于湍流腐蚀的范畴，是指高速流体的机械破坏和电化学腐蚀这两种作用对金属共同破坏的结果。

5) 空泡腐蚀

流体与金属构件发生高速相对运动时，在金属表面局部地区产生涡流，伴随有气泡在金属表面迅速生成和破灭，呈现与点蚀类似的破坏特征，这种条件下产生的磨蚀称为空泡腐蚀，又称空穴腐蚀或气蚀。该类腐蚀多呈蜂窝状，是电化学腐蚀与气泡破灭产生的机械损伤共同作用的结果。

6) 电偶腐蚀

电偶腐蚀是由于一种金属与另一种金属或电子导体构成的腐蚀电池的作用而造成的腐蚀。当两种不同的金属相连接并暴露在海洋环境中时，通常会发生严重的电偶腐蚀。电偶腐蚀的严重程度主要取决于两种金属在海水中电位序的相对差别和相抵比面积，但是也与金属的极化性相关。通常可采用在两金属连接处加绝缘层或是在电偶阴极上覆以绝缘保护涂层的方法来控制或抑制电偶腐蚀。

7) 腐蚀疲劳

金属材料在循环应力或脉动应力和腐蚀介质的联合作用下，所发生的腐蚀称为腐蚀疲劳。腐蚀疲劳除了与海洋工程结构本身所受腐蚀有关之外，还与外界海浪、风暴、地震等力学因素有关，是影响海洋工程结构安全性的重要因素之一。

4.5.3　防腐蚀方法

1) 合理选材

海洋工程中常用的金属材料有碳钢、铸铁、不锈钢、铜合金、铝合金、钛合金以及镍合金等，其中碳钢和铸铁耐腐蚀性能较差，但是价格低廉，可与涂层和阴极保护等联合使用；不锈钢耐均匀腐蚀，但是易产生点蚀，价格中等；铜合金、铝合金、钛合金和镍合金等合金金属耐腐蚀性能较好，但是价格昂贵。

合理选材是要求既能保证海洋工程结构的承载能力，又能保证使用期内金属不被腐蚀，同时还要兼顾经济性的问题。为达到此目的，可从以下两方面着手考虑。

(1) 根据具体的工作平台和使用环境合理选择和搭配材料。如工程中消耗性很大的材料，通常选用低碳钢和普通碳钢，同时采用涂层和阴极保护措施；对强度要求较高的地方，可选用低碳合金钢；对于设备腐蚀性和可靠性要求较高时，可根据实际需要，选用不锈钢、铜合金、铝合金、钛合金以及镍合金等金属。

(2) 多种材料一起使用时，应避免出现宏观原电池腐蚀问题。应尽量选择电位序中比较靠近的材料，当两种电位差较大的金属不得不接触时，一定要做好电化学腐蚀的防护措施。

2) 阴极保护

阴极保护是海水全浸条件下防止金属腐蚀行之有效的方法。通常阴极保护有牺牲阳极保护和外加电流保护两种方法。工业中常用的牺牲阳极有镁及镁合金、铝及铝合金、锌及锌合金三种，特殊情况下也有铁阳极和锰阳极，但是应用得不多。外加电流保护是将外设直流电源的负极接至被保护金属结构，正极与安装在金属结构外部并与其绝缘的辅助阳极相连接。电路接通后，电流从辅助阳极经电解质溶液至金属结构形成回路，金属结构阴极极化而得到保护。如图 4-16 所示为船舶外加电流阴极保护系统示意图(姜锡瑞，2000)。

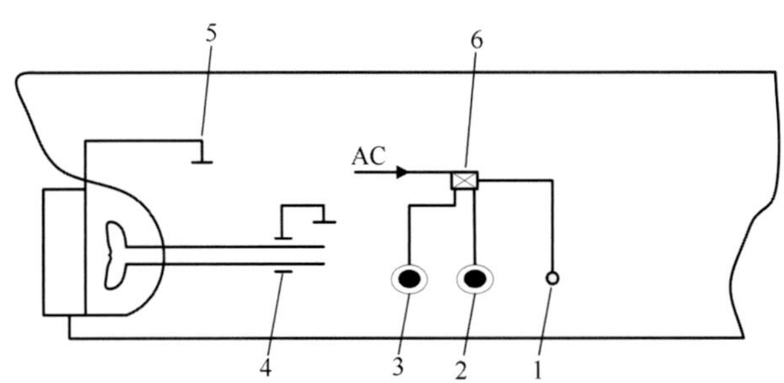

图 4-16　船舶外加电流阴极保护系统示意图

1—参比电极；2—阳极屏；3—阳极；4—轴接地装置；5—舵接地电缆；6—自动控制装置(电源)

3)隔离保护

隔离保护是在材料表面敷设耐腐保护层，将材料与腐蚀介质相隔离。常见的防腐层种类包括防腐涂料、橡胶、塑料等耐腐蚀性高的物质(尹衍升，2008)。

4.5.4　表面处理与改性

表面处理或称为表面改性，是采用化学物理的方法改变材料或工件表面的化学成分或组织结构以提高部件的耐腐蚀性。化学热处理(渗氮、渗碳、渗金属等)、激光重熔复合、离子注入、喷丸、纳米化、轧制复合金属等是比较常用的表面处理方法。前三种是改变表层的材料成分，中间两种是改变表面材料的组织结构，最后一种则是在材料表面复合一层更加耐腐蚀的材料。

虽然对于大面积的海上构筑物可以采用重防腐涂料等防护技术，但对于许多形状复杂的关键部件，如管件、阀门、带腔体、钢结构螺栓、接头等复杂结构的零部件，在其内部刷涂层比较困难，传统的防腐涂料无法进行有效保护并很难达到使用要求。因此，一方面通过提高材料等级来防腐，如使用黄铜、哈氏合金、蒙乃尔合金、钛等金属材料来制作复杂的零部件；另一方面，亟须发展先进的低成本表面处理等防腐技术，例如，随着超深、高温、高压、高硫、高氯和高二氧化碳油气田尤其是海上油气田的相继投产，传统单一的材料及其防腐技术已不能满足油气田深度开发的需要，双金属复合管的应用正在迅速扩大，即采用更耐腐蚀的材料作为管道的内层金属实现抗腐蚀。

钛合金密度小、比强度高、可加工性好及耐海水腐蚀性强，是一种优异的材料，常可用作复合材料的顶层(也可单独使用)以耐腐蚀。然而，钛合金较低的耐磨性能、耐高温氧化性能及其对异种金属的电偶腐蚀等制约了其实际应用。通过微弧氧化在钛合金表面原位生长氧化物陶瓷层，可显著改善钛合金的以上性能。对于复杂的结构部件，常采用化学镀镍进行表面处理。

近年来，银/钯贵金属纳米膜化学镀层是一种新的方法，它与基体形成化学电偶，银/钯将诱使基体金属阳极钝化或在钝化膜被破坏时在钯提供的阳极电流作用下有更好的自修复能力，从而起到较好的防护作用。

海洋机电装备技术中使用的关键运动部件，常服役于高温、高压、高湿、高磨损、高冲蚀等恶劣环境条件下，其腐蚀、磨损速率比陆地严重数倍以上。这些关键部件发生故障，除了要负担新替换部件的高额成本外，还要承担由此造成的重大停工、停产损失甚至包括人员伤亡损失。关键部件的安全运行与高可靠性往往标志着一个国家海洋机电装备技术的先进程度。这些部件通常都需要进行表面处理或改性。以先进热喷涂技术、先进薄膜技术、先进激光表面处理技术、冷喷涂为代表的现代表面处理技术，是提高海洋机电装备关键部件性能的重要技术手段。

超音速火焰喷涂(HVOF)是 20 世纪 80 年代出现的一种热喷涂方法，它克服了以前的热喷涂涂层孔隙多、结合强度不高的弱点。HVOF 制备耐磨涂层替代电镀硬铬层是其最典型的应用之一，已应用在球阀、舰船的各类传动轴、起落架、泵类等部件中。近年来，低温超音速火焰喷涂(LT-HVOF)以其焰流温度低、热量消耗少、沉积效率高而成为 HVOF 的发展趋势。应用 LT-HOVF 可获得致密更高、结合强度更好的金属陶瓷涂层、金属涂层，如在钢表面制备致密的钛涂层，提高钢的耐海水腐蚀性能；在螺旋桨表面制备 NiTi 涂层，提高螺旋桨的抗空蚀性能。

等离子喷涂是以高温等离子体为热源，将涂层材料熔化制备涂层的热喷涂方法。由于等离子喷涂具有火焰温度高的特点，非常适合制备陶瓷涂层，如 Al_2O_3、Cr_2O_3涂层，从而提高基体材料的耐磨、绝缘、耐蚀等性能。但是，等离子喷涂制备的涂层存在孔隙率高、结合强度低的缺点。近年来发展的超音速等离子喷涂技术克服了这些不足，成为制备高性能陶瓷涂层极具潜力的新方法。

气相沉积薄膜技术主要包括物理气相沉积和化学气相沉积。利用气相沉积薄膜技术可在材料表面制备各种功能薄膜，如起耐磨、耐冲刷作用的 TiN、TiC 薄膜，兼具耐磨与润滑功能的金刚石膜，耐海水腐蚀的铝膜等。

激光表面处理是用激光的高辐射亮度、高方向性、高单色性特点作用于金属材料特别是钢铁材料表面，可显著提高材料的硬度、强度、耐磨性、耐蚀性等一系列性能，从而延长产品的使用寿命并降低成本。激光技术的另一个重要应用则是对废旧关键部件进行再制造，即以明显低于制造新品的成本，获得质量和性能不低于新品的再制造产品。

冷喷涂是由俄罗斯技术人员发明的一种技术，由于喷涂温度低，在腐蚀防护中具有潜在的应用价值。

总之，现代表面工程技术是提高海洋机电装备关键部件表面的耐磨、耐腐蚀、抗冲刷等性能，满足材料在苛刻工况下的使用要求，延长关键部件使用寿命与可靠性、稳定性的有效方法。

4.5.5 腐蚀监测技术

在实际应用中，腐蚀无法完全避免，所以需要对腐蚀情况进行监测，以确保设施、设备处于正常使用状态，腐蚀监测技术因此而形成。腐蚀监测技术以腐蚀速度及与之相关的重要因素为监测对象，并以监测结果为依据，实现对腐蚀态势的控制。凭借腐蚀监测，技术人员可以及时掌握设备材质的腐蚀情况，据此采取有效措施，对于风险防控十分重要。

经过长时间的探索与实践，人们发现，用于腐蚀监测的技术方法必须满足以下几个方面的要求：①可靠性要高。腐蚀监测不是一朝一夕可以完成的工作，需要经年累月、长时间地对目标进行观测、检查，动态获取目标腐蚀因素数据，采集的数据要符合精度的要求，具有策略重现性，可以以其为依据对腐蚀情况进行判定；②无损检测。监测系统可以持续运行，而不产生间断；③灵敏度要求较高，能够迅速反映出监测对象腐蚀因素的变换，整个测量、取值的过程越短越好，以便于实现报警和控制的自动化；④便于维护和更换。

现代海洋腐蚀监测技术主要分为物理法和化学法，其中化学法又可分为以电化学为基础的方法和以检测反应产物为基础的方法(夏兰廷等，2003；吴荫顺，1996；王庆璋，2001；Revie et al.，2011)。

1)物理法

物理法是一种传统的检测方法，主要依靠材料的物理性质对其腐蚀程度进行判断，如表观检查、厚度测量等都是传统的方法。另外，还有很多运用声、光、电磁的物理方法。超声检测技术就是将声波转化为电信号，来检测材料腐蚀的程度。此外，还有热成像技术、射线照相技术、光纤传感技术、全息干涉法等光学方法。涡流技术和磁漏法是利用电磁场进行检测。

2)化学法

(1)电化学方法。由于金属腐蚀本身就是个电化学过程，因此电化学法是腐蚀检测中一种很重要的手段，常用的方法有电阻探针法、电位法、电流法、恒电量技术、电化学噪声技术、电偶探针法等。

(2)化学分析法。化学分析法是跟踪影响腐蚀的各个因素及腐蚀产物，借助各种数据处理方法间接检测腐蚀状况的方法，通过对大量数据的分析，可以从中找到统计规律，进而做出预测。

Chapter 5 第5章

海洋机电装备传感器技术

5.1 引言

海洋机电装备传感器主要是指对海洋环境进行感知的元件，通过对海洋环境信息感知，可以为海洋机电装备的控制和作业提供支撑，也可以为海底物探工作提供帮助。海洋机电装备传感器主要检测的海洋环境参数包括电导率、温度、盐度、压力、pH、溶解氧、海流、波浪、海洋生物等。

海洋机电装备传感器市场主要以欧美日产品为主。在温盐深(CTD)传感器方面，美国海鸟(Sea Bird、SBE)公司的产品一直居于全球市场主导地位，美国FSI、IO、YSI，加拿大RBR，日本亚力克(Alec)和意大利IDRONAUT等公司也有CTD传感器产品。美国洛克马丁斯皮坎公司和日本鹤见精机公司联合，垄断了抛弃式剖面测量设备市场。在潮位仪方面，美国Aquatrak公司的声学潮位传感器产品和WaterLOG公司的雷达潮位传感器产品世界知名，英国RS Aqua和日本、荷兰等国的公司也生产潮位传感器。在海流计方面，挪威安德拉(AADI)，美国RDI、Sontek/YSI、Nortek等公司的产品市场销量很大。在测波仪方面，荷兰Datawell公司、美国ENDECO/YSI公司、挪威FugroOceanor公司的测波浮标，德国OceanWaves GmbH公司和挪威MIROS公司的测波雷达占据了主要市场(李红志等，2015)。

本章主要从物理海洋观测传感器、化学海洋观测传感器、海洋生物观测传感器、海底物探观测传感器、海洋观测传感器发展方向等几个方面展开介绍。

物理海洋观测传感器指的是对海洋环境的物理性质进行感知的传感器，而不是运用物理手段进行感知的传感器，主要介绍电导率、温度、压力、盐度、光学图像、日光、波浪和海流等传感器的主要参数。

海洋化学观测传感器指的是对海洋环境中的化学物质进行感知的传感器，主要介绍溶解氧、pH、二氧化碳、负二价硫等传感器的主要参数。

海洋生物观测传感器指的是对海洋环境中的某些生物(多是浮游生物)进行感知的传感器，借助其含有的特殊物质如叶绿素或代谢物质，对其含量进行测定的传感器。

海底物探观测传感器指的是对海底环境进行探测的传感器，主要包括海底重力仪、磁力仪和地震仪等。

5.2　物理海洋观测传感器

5.2.1　电导率传感器

海水电导率(conductivity)定义为长 1 m，横截面积 1 m^2海水的电导，它代表着海水的导电性能，单位 S/m。海水的电导率与压力、温度和盐度有关。当海水的温度相同、所处环境的压力相同以及海水的离子组成相同的条件下，海水电导率仅与盐度有关。1969 年，国际组织利用电导率与盐度的关系重新定义了海水的盐度，为此提出了相对电导率 R_t 的概念。R_{15} 是在一个标准大气压下、温度 15℃，被测海水与盐度为 35.000 的标准海水电导率的比值，因此，海水盐度也可通过海水电导率间接计算获得(刘骏，2016)。

电导率传感器根据测量原理与方法的不同可以分为电极型电导率传感器、电感型电导率传感器以及超声波电导率传感器。超声波电导率传感器的测量原理是利用液体前后的超声波存在的速率差与电导率的对应关系进行测量，在物理海洋观测传感器中应用不多。下面将具体介绍使用较为广泛的电极型电导率传感器和电感型电导率传感器。

1)电极型电导率传感器

电极型电导率传感器的电极一般由激励电极和接收电极组成，激励电极产生激励信号在溶液里产生电场，再由接收电极将电场中的电信号接收并传导到信号放大电路，最后通过电路将信号转换为采集系统可识别的数字信号输出(兰卉，2014)。

根据电导池中的电极数不同，电极型电导率传感器通常又分为两电极、三电极、四电极和七电极，如图 5-1 所示为各类电极探头。两电极测量电导率时，在激励电压的作用下，电极会把溶液电解，形成与施加电压方向相反的电势，增加了被测溶液的等效电阻，发生极化现象；四电极测量电导率时利用两对同轴的电流电极和电压电极，在测量的过程中将两对电极放置在被测溶液中，向电流电极上施加一个交流信号，这时电流电极上有电流传递到被测溶液，被测溶液将会产生电场，两个电压电极产生电压，使电压电极两端的电压保持恒定，通过电流电极间的电流与液体电导率呈线性关系，计算被测溶液的电导率。由于激励电极与接收电极分开，从而有效地避免了两电极的极化效应(刘骏，2016)。

电极型电导率传感器具有信号灵敏度高、抗电磁干扰强、响应时间快、传感器尺寸小等优点，但同时存在长期使用电极会出现极化效应，且不易清洗等缺点。

图 5-1　电极型电导率传感器电极探头

2) 电感型电导率传感器

电感型电导率传感器的测量原理如图 5-2 所示。将定频率的激励交流电源加在初级线圈上，在初级线圈圆周截面上感应到一个定频率的交流感应电动势(王聪等，2004)。在此电动势的作用下周围的流体形成一个电流回路，其交流电流为 I，则次级线圈感应到的交流电流为 I/m(m 为次级线圈匝数)，通过整流放大电路可得到一个与流体电导率相关的交流电压信号，同时可消除次级线圈磁场特性影响(王一新等，1998)。电导率信号处理电路还设有全波整流电路，它将初级线圈输出的参考信号进行整理，与放大电路输出电导率信号经比较处理电路运算，输出给主控电路板的 ADC，以进行电导率数据采集与处理。

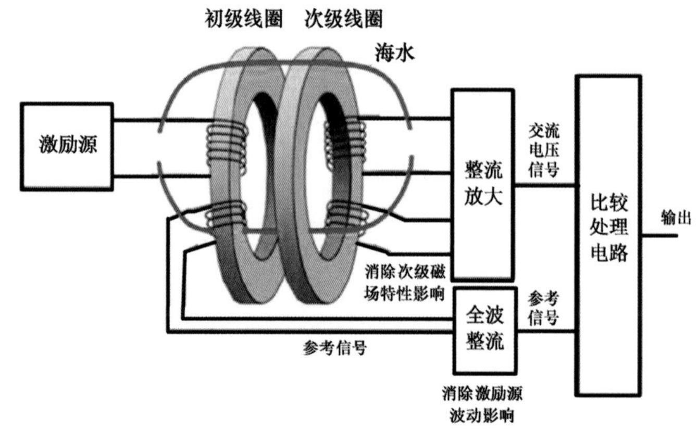

图 5-2　电感型电导率传感器测量原理(吕斌等，2019)

传统的电感型电导率传感器与电极型相比，信号灵敏度低，抗干扰能力弱，传感器尺寸大，在高精度测量和小空间尺度测量时通常逊于电极型传感器。但是，随着电磁感应技术的不断发展，特别是新型磁性敏感材料的不断涌现以及集成电路水平的不断提高，感应式电导率传感技术也有了长足的发展，目前国外最新型的感应式传感器的性能指标有的已经达到或超越了电极型传感器。其中，加拿大 RBR 感应式电导率传感器测量准确度达到了±0.003 mS/cm，美国 TRDI 感应式传感器测量准确度为±0.009 mS/cm，已经高于日本 ALEC 七电极±0.01 mS/cm，与美国 SeaBird 三电极±0.003 mS/cm的水平相当(兰卉等，2014)。

此外，感应式传感器在抗海洋生物污染方面相对电极式具有先天优势，由于感应式传感器无裸露金属电极、电导池的内壁光滑无凸起、不容易外挂异物，而且感应式电导池尺寸短，孔径大，可清洗，易维护，即使导流管内被生物附着，也可以通过简单清洗即可恢复传感器的测量性能。

5.2.2　温度传感器

测温方法可根据温度传感器和测量介质接触与否分为接触式测量和非接触式测量。接触式测量通过温度传感器和待测物体直接接触以实现热平衡从而达到测温目的；非接触式测量是传感器与被测物体不直接接触而是通过热辐射的方式感知温度(牛付震，2009)。表 5-1 为测温方法及典型测温传感器类型。

表 5-1　测温方法及典型测温传感器类型(吴明钰等，2001)

<table>
<tr><th>测温方法</th><th colspan="2">传感器</th><th>测温范围/℃</th><th>特点</th></tr>
<tr><td rowspan="13">接触式测温</td><td rowspan="4">热电阻</td><td>铂电阻</td><td>-200～650</td><td rowspan="3">精度高，量程大</td></tr>
<tr><td>铜电阻</td><td>-50～150</td></tr>
<tr><td>镍电阻</td><td>-60～180</td></tr>
<tr><td>半导体热敏电阻</td><td>-50～150</td><td>温度系数非线性大</td></tr>
<tr><td rowspan="5">热电偶</td><td>铂铑-铂热电偶(S)</td><td>0～1 300</td><td rowspan="2">用于氧化气体</td></tr>
<tr><td>铂铑-铂铑热电偶(B)</td><td>0～1 600</td></tr>
<tr><td>镍铬-镍硅热电偶(K)</td><td>0～1 000</td><td>用于氧化惰性气体</td></tr>
<tr><td>镍铬-康铜热电偶(E)</td><td>-200～750</td><td>热电势大，稳定性好</td></tr>
<tr><td>铁-康铜热电偶(J)</td><td>-40～600</td><td>用于氧化、还原气体</td></tr>
<tr><td colspan="2">二极管</td><td>-150～150</td><td>体积小，灵敏度高</td></tr>
<tr><td colspan="2">(IC)温度传感器</td><td>-50～150</td><td>体积小，灵敏度高</td></tr>
<tr><td colspan="2">光学高温计</td><td>900～2 000</td><td>灵敏度及精度高</td></tr>
<tr><td colspan="2">热辐射温度传感器</td><td>100～2 000</td><td>用于检测波长的能量</td></tr>
<tr><td>非接触式测温</td><td colspan="2">二色温度计</td><td>100～3 000</td><td></td></tr>
</table>

目前，传统的海洋温度传感器广泛采用的是半导体热敏电阻传感器和铂电阻传感器，图 5-3 所示为几种应用最为广泛的精度较高的铂电阻温度传感器。热敏电阻虽然阻值较大，灵敏度和稳定性较高，但阻值与温度是指数关系。而铂电阻的优点在于阻值与温度之间的线性度非常好，铂的性能也十分稳定，精度与热敏电阻相比差别不大，缺点是与热敏电阻同样尺寸的铂电阻电阻值较小(Crescentini et al.，2014)。虽然传统的海洋温度传感器稳定性和可靠性较好，精度较高，但在恶劣的海洋环境下对此类传感器的耐压性能、耐腐蚀性能及防水性能要求较高，且水下传输信号易受干扰，同时也存在研发投入成本高、寿命短、复用组网难等缺点。

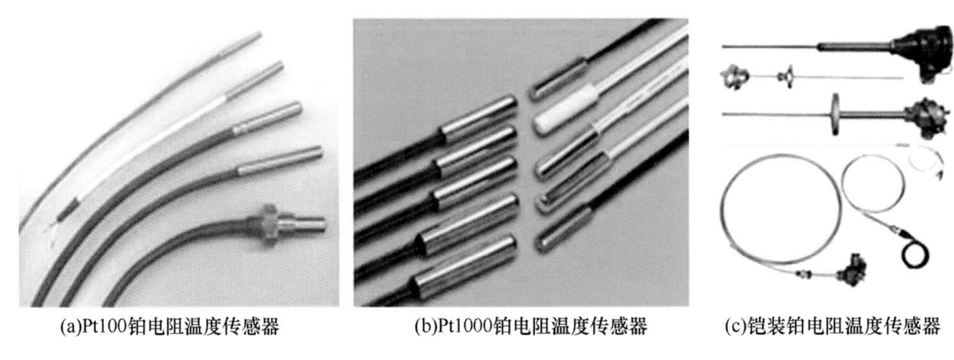
(a)Pt100铂电阻温度传感器　(b)Pt1000铂电阻温度传感器　(c)铠装铂电阻温度传感器

图 5-3　铂电阻温度传感器

近年来，随着光纤光栅传感技术的不断发展，一种基于光纤布拉格光栅原理的海洋温度传感器应运而生。光纤布拉格光栅温度传感器具有本征绝缘、成本低廉、易组网、原位实时测量、湿端无电且无功耗等优点，在海洋环境观测中具有极大的应用潜力(王瑨等，2019)。

光纤布拉格光栅(fiber bragg grating，FBG)又称短周期光纤光栅(周期<1 μm)或者反射光栅，是最常见且应用最为广泛的一种光纤光栅，具有较窄的反射带宽与较高的反射率，其反射带宽呈均匀分布，其结构如图 5-4 所示(李宁，2019；Othonos，1997)。

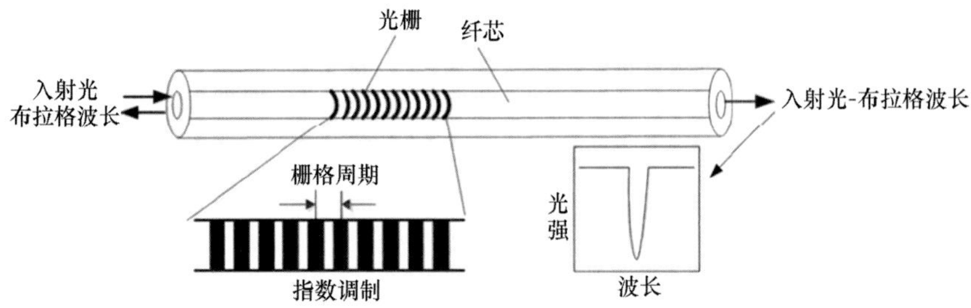

图 5-4　光纤布拉格光栅结构示意图

光纤布拉格光栅是一种光无源器件，其作用相当于在光纤纤芯内形成一种窄带滤波器，当入射光中的某一特定波长满足布拉格条件时发生反射，其余波长进行透射。图 5-4 中入射光为输入信号，以布拉格波长反射的光为反射信号，以入射光-布拉格波长透射的光为输出信号。其中反射信号即为光纤光栅光谱信号，通过测量反射信号可以得出光纤光栅中心波长值(王健刚等，2007；Jiang et al.，2010)。当外界温度发生变化时，光纤光栅会产生热光效应与热膨胀效应，热光效应导致光纤纤芯的有效折射率发生变化，热膨胀效应导致栅格周期发生变化(詹亚歌等，2005；Rao，1997)。当光纤光栅的有效折射率与栅格周期发生变化时，其中心波长也会发生相应变化，解调出光纤光栅中心波长的偏移量，就可以推测出外界温度的变化量(谢芳等，2003；Qiao et al.,2004；Lin et al.，2001)。由于光纤光栅的热光系数与热膨胀系数仅与制作光纤光栅的材料有关，且热光系数要比热膨胀系数大很多，因此可以忽略热膨胀系数对光纤光栅温度灵敏系数造成的影响，光纤光栅温度灵敏度可以确定为一个常数，其中心波长与温度之间可以视为一种良好的线性关系。

基于光纤布拉格光栅测温原理，山东科学院研究所的 Lv 等(2017)设计了一种适用于海洋抛弃式测量的 FBG 温度传感器，其结构如图 5-5 所示。该传感器金属管封装的 FBG 制作相对简单，不会对栅区造成影响，响应时间 38 ms；金属外层直接封装的 FBG 在受力不均匀时容易发生“啁啾”，对工艺要求较高，响应时间为 17 ms。武汉大学的 Qu 等(2017)设计了一种适用于海洋监测的高灵敏度光纤光栅温度传感器，其采用电镀铜的方法实现温度增敏，传感器外由类金刚石碳膜包裹以保护铜镀层不被海水腐蚀，其结构如图 5-6 所示。该传感器温度灵敏度可达 21.86 pm/℃，实验得出其在 38 天内具有较好的稳定性。

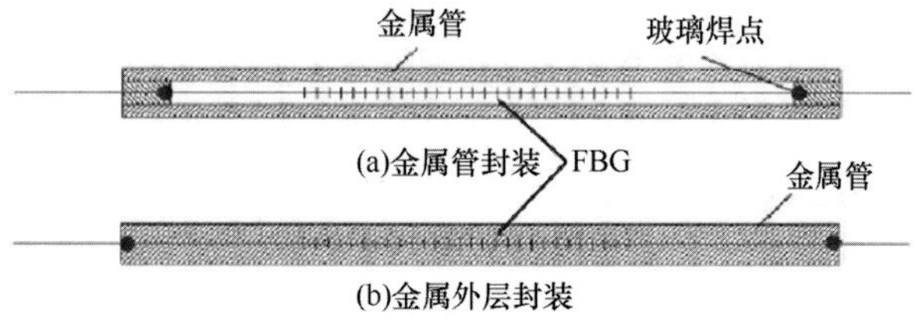

图 5-5　山东科学院研究所 FBG 温度传感器结构

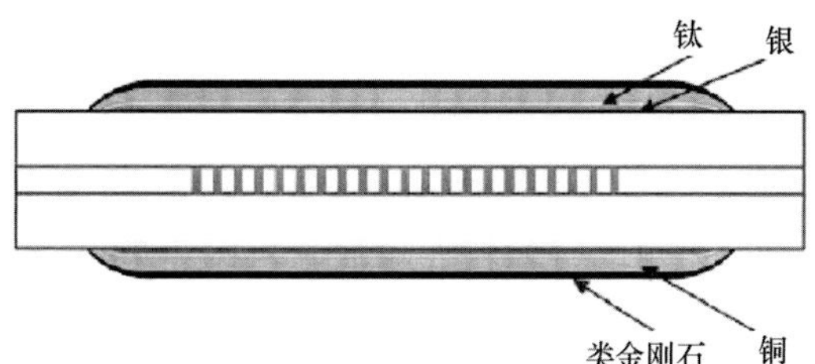

图 5-6　武汉大学 FBG 温度传感器外部涂层结构

光纤布拉格光栅以其独特的传感优势在海洋环境监测领域得到了广泛应用，但是实现面向海洋应用的光纤光栅传感器实用化还有很长的路要走。光纤光栅传感器的发展仍然面临许多技术方面的困难：例如，如何实现温度高灵敏度测量、快速响应与传感器铠装保护的平衡；如何解决 FBG 本身温度与压力交叉敏感的问题；如何实现大范围、高精度和快速原位实时测量；如何有效利用光源的有限带宽，进而实现更多光栅的复用；如何开发低成本、小型化、可靠且灵敏的探测系统等，这些都是保证 FBG 传感测量系统能够走向实用化的关键，同时也是科研工作者的重要研究方向。

5.2.3 压力传感器

海水深度的测量是通过压力传感器对海水压力值的获取进而通过公式换算得到的，因此海水压力的测量就是海水深度的测量(刘秀洁，2018)。目前常见的压力传感器主要分为压电式压力传感器、应变式压力传感器和压阻式压力传感器。

1)压电式压力传感器

压电式压力传感器原理为压电效应，主要由壳体、绝缘体、膜片和压电元件组成。压电元件采用的压电材料主要包括石英、酒石酸钾钠和磷酸二氢铵。其中石英晶体的压电系数较低，当应力变化时产生的电场变化微小，不易检测；酒石酸钾钠压电系数较大，具有很高的压电灵敏度，但环境适应性低，只适用于室温或较低温度环境下；磷酸二氢铵属于人造晶体，环境适应性好，可适用于高温与潮湿环境下，因此得到广泛应用(耿嘉，2018)。

虽然采用石英晶体正压电效应制造的传感器对压力测量不精确，但利用石英晶体逆压电效应制造的石英谐振式压力传感器却具有精度高、响应快和良好的长期稳定性，如图 5-7 所示。石英谐振式压力传感器主要由压力敏感元件和激振电路组成，压力敏感元件是传感器的核心，它包括弹性膜片和音叉式力敏谐振器。当压力作用于弹性膜片时，使膜片产生变形，导致膜片沿直径方向产生拉力或压力，并将该力作用到谐振梁上，谐振梁的频率随作用力变化而变化。外加交变电场时晶体会产生机械振动，当交变电场的频率和谐振梁固有频率相同则产生谐振，改变晶体的受力情况则谐振频率发生变化，因此可利用谐振梁的频率变化来检测被测压力的大小，精度约达 0.01%F.S(潘安宝等，2008)。

2)应变式压力传感器

应变式压力传感器中的感应元件为电阻应变片，主要分为金属应变片与半导体应变片，其中金属应变片又有金属箔状和丝状两种。电阻应变片通常由黏合剂黏合在应变基体上，当基体受到应力作用时，电阻应变片同时产生形变，使其阻值发生变化，从而导致电阻应变片两端的电压发生变化。电阻应变片在受力时由于电阻变化较小，使得电压变化不明显，在进行信号采集前通常需要进行后续放大(耿嘉，2018)。传统的应变式压力传感器如图5-8所示，其相较于其他原理形式的传感器精度较低，只有约1%F. S。

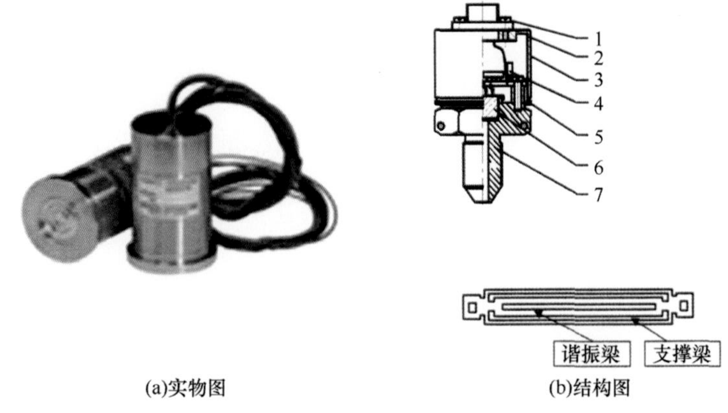

(a)实物图　　(b)结构图

图5-7　石英谐振式压力传感器及结构示意图

1—螺钉；2—电连接器；3—外壳；4—电路；5—支柱；6—压力敏感元件；7—接口

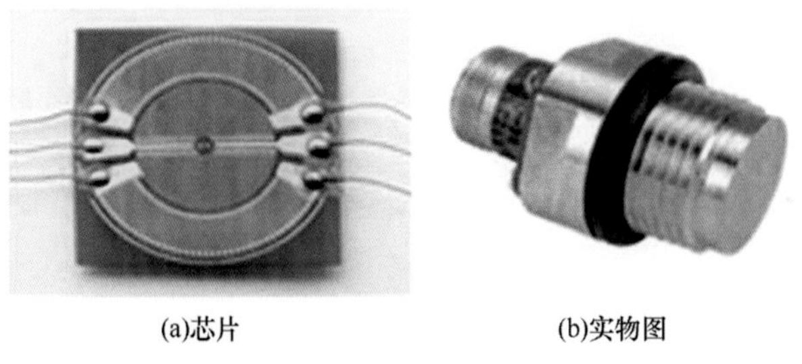

(a)芯片　　(b)实物图

图5-8　压阻式应变芯片和应变式压力传感器

蓝宝石压力传感器利用应变电阻式工作原理，采用硅-蓝宝石作为半导体敏感元件，与传统的应变式压力传感器相比，其精度可提高到0.2%F. S，具有无与伦比的计量特性，蓝宝石压力传感器如图5-9所示。

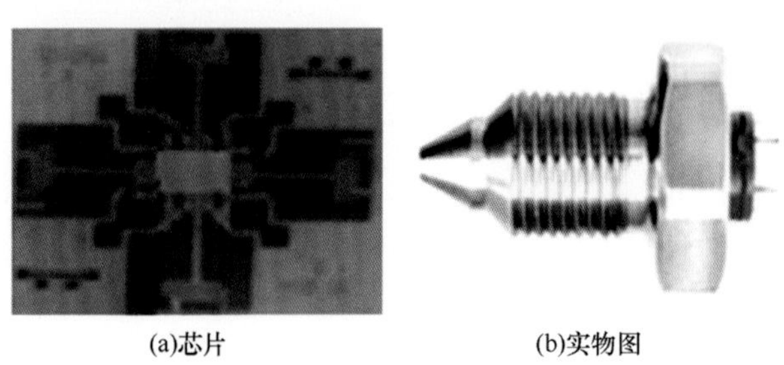

(a)芯片　　(b)实物图

图5-9　蓝宝石压力芯片和蓝宝石压力传感器

蓝宝石是由单晶体绝缘体元素组成，不会发生滞后、疲劳和蠕变现象；蓝宝石比硅要坚固，硬度更高，不怕形变；蓝宝石有着非常好的弹性和绝缘特性(1 000℃以内)，因此，利用硅-蓝宝石制造的半导体敏感元件，对温度变化不敏感，即使在高温条件下，也有着很好的工作特性；蓝宝石的抗辐射特性极强；另外，硅-蓝宝石半导体敏感元件，无 P-N 漂移，因此，从根本上简化了制造工艺，提高了重复性，确保了高成品率。蓝宝石压力传感器可在最恶劣的工作条件下正常工作，并且可靠性高，精度好，温度误差极小，性价比高。

在蓝宝石压力传感器结构中，表压压力传感器和变送器由双膜片构成：钛合金测量膜片和钛合金接收膜片。印刷有异质外延性应变灵敏电桥电路的蓝宝石薄片，被焊接在钛合金测量膜片上。被测压力传送到接收膜片上(接收膜片与测量膜片之间用拉杆坚固地连接在一起)。在压力作用下，钛合金接收膜片产生形变，该形变被硅-蓝宝石敏感元件感知后，其电桥输出会发生变化，变化的幅度与被测压力成正比。传感器的电路能够保证应变电桥电路的供电，并将应变电桥的失衡信号转换为统一的电信号输出(0-5，4~20 mA或 0~5 V)。蓝宝石薄片与陶瓷基极玻璃焊料连接在一起，起到了弹性元件的作用，将被测压力转换为应变片形变，从而达到压力测量的目的(佚名，2018)。

3)压阻式压力传感器

硅压阻式压力传感器是一种压阻式压力传感器，也是压力传感器中应用最为广泛的，其精度可达 0.5%F.S 左右。硅压阻式压力传感器，其制作是基于单晶硅的压阻效应，由硅膜片、硅杯和引线等部分组成，如图 5-10 所示。通过在硅膜片特定方向上放置四个完全相同的半导体电阻并连成惠斯通电桥，来作为压力敏感元件。硅膜片不仅是压敏电阻的衬底，同时承受外界压力，因此是压阻式压力传感器的核心。当受到外界压力时，硅膜片上各处所受应力不同，因此硅膜片上电桥的设计与制作决定了传感器的性能，应根据晶向与应力来决定四个桥臂电阻的摆放位置。工作时，将激励信号施加于压力传感器。在外力作用下，压力电桥会失去平衡，其输出电压与压力成正比。通过测量电桥的输出电压，进而得到所受压力。采用高精度的 A/D 转换电路，测量结果具有高精度、高灵敏度等特点(耿嘉，2018)。

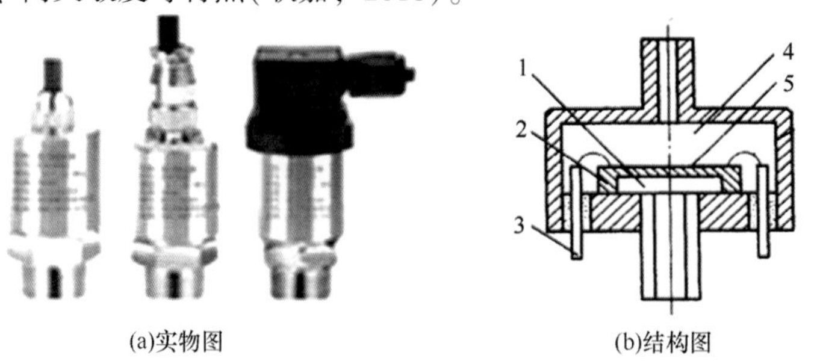

图 5-10　硅压阻式压力传感器及结构

1—低压腔；2—硅杯；3—引线；4—高压腔；5—硅膜片

陶瓷压阻式压力传感器是采用陶瓷材料经特殊工艺精制而成的干式陶瓷压阻压力传感器，如图 5-11 所示，其精度可达 0.5%F.S 左右。陶瓷是一种公认的高弹性、抗腐蚀、抗磨损、抗冲击和振动的材料。陶瓷的热稳定特性及其厚膜电阻可以使其工作温度范围高达 -40～135℃，而且具有测量的高精度、高稳定性。电气绝缘程度大于 2 kV，输出信号强，长期稳定性好。高特性、低价格的陶瓷传感器将是压力传感器的发展方向，在欧美国家有全面替代其他类型传感器的趋势，在我国也有越来越多的用户使用陶瓷传感器替代扩散硅压力传感器。

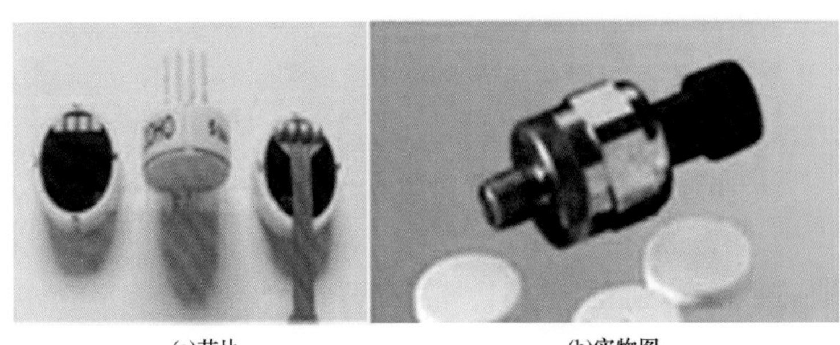

(a)芯片　　(b)实物图

图 5-11　压阻式陶瓷敏感芯片和陶瓷压阻式压力传感器

5.2.4　温盐深(CTD)剖面仪

海水的电导率（conductivity）、温度（temperature）、深度（depth），即 CTD 测量技术是研究、利用海洋的关键技术之一，其技术研究在海洋科学调查、资源开发利用、国际海洋合作研究以及军事海洋学应用等方面有着重大的意义。温盐深(CTD)剖面仪作为重要的水文调查工具，集成了前文所述的电导率传感器、温度传感器和压力传感器，可获取海洋物理学环境参数，为海洋物理学在环境、流场及水动力等方面的研究提供重要的温、盐、深等基础性数据(张兆英，2003)。

在数十年的研究过程中，不同的应用需求催生了多种类型的 CTD 剖面仪，其中包括船用绞车布放式、拖曳式、抛弃式以及搭载在各种海洋观测平台上的 CTD 传感器(张龙等，2017)。

1)船用绞车布放式温盐深剖面仪

船用绞车布放式温盐深剖面仪一般由长线缆、水下测量装置、绞车以及船上设备组成，广泛应用于海洋调查中，是目前应用最多的温盐深剖面测量设备。其缺点也较为明显，在深度较大时，需要布放大型回收装置，成本较为昂贵，并且在大风天气下无法进行正常的观测。最具代表性的船用绞车布放式温盐深剖面仪是 SeaBird 公司的 SBE 911plus CTD 剖面仪，如图 5-12 所示(Sophocleous et al.，2015)。

(a)实物图

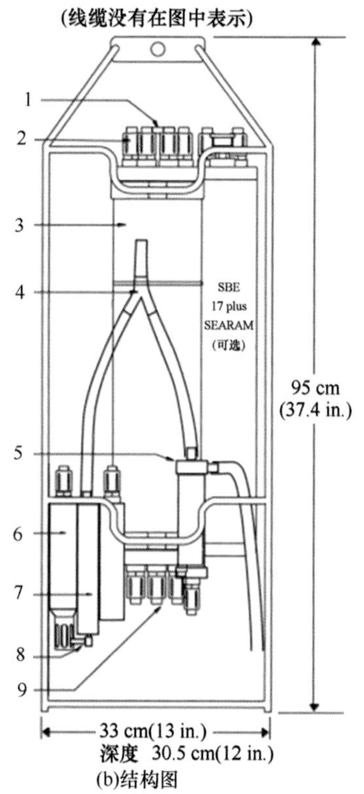

(b)结构图

图 5-12 SBE 911plus CTD 剖面仪及结构图

1—水下线缆水密连接器；2—备用传感器水密连接器；3—机体主外壳；4—泄压气阀；5—SBE 5T 型泵；6—SBE 3Plus 型温度传感器；7—SBE 4C 型电导率传感器；8—温度-电导率传感器间导管；9—温度传感器、电导率传感器、泵的底部水密连接器

SBE 911plus CTD 剖面仪搭载的传感器采用模块化设计，能够快速准确地获取海水的温度、电导率和深度参数。同时，还可以根据测量需要搭载溶解氧、pH 等其他类型的传感器，进行多要素海洋观测。SBE 911plus 观测系统主要包括 SBE 9plus CTD 单元、SBE 11plus 甲板单元 、SBE 17plus SEARAM 控制单元和 SBE 32 采水器。

SBE 9plus CTD 单元是温盐深要素测量的主要执行单元，其内部安装有电导率、温度和带温度补偿的高精度石英压力传感器。为减小船体升降引起的盐度尖峰效应，采用 TC 导管将温度和电导率传感器联接在一起，通过水泵迫使海水以恒定速率通过感温原件和电导池，从而可以准确获取同一水团的温度和电导率数据(郭斌斌等，2015)。

SBE 11plus 甲板单元包含 RS-232 及 IEEE-488 计算机通信接口、115/230 V A/C 转换开关、盒式磁带备份记录仪接口、原始数据 LED 显示器和触底声音报警设备。系统的标定系数存贮在 EPROM 中，微控制器可将原始 CTD 数据转换为温度、盐度和深度。

SBE 17plus SEARAM 是整个系统的控制单元，同时为 SBE 9plus CTD 单元和 SBE 32 采水器提供电源。通过系统程序，可以将数据采样间隔、采水器触发深度等参数预先输入 SEARAM 中，因此可实现数据采集、存储及采水器触发的自动化。SBE 32 采水器采用磁开关触发方式，提高了采水器的可靠性。

图 5-13 所示为 SBE 911plus CTD 剖面仪布放过程示意图(张龙等，2017)，其布放过程大致可概括为以下几个步骤：安装调试、参数设置、设备布放、下降过程中测量、上升过程中采水、设备回收、数据下载及处理。

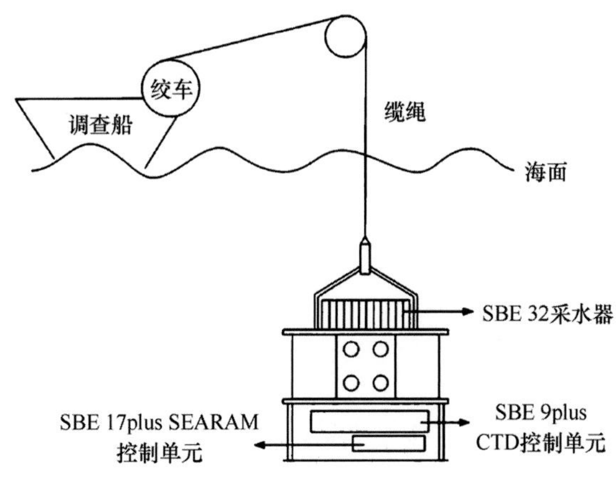

图 5-13　SBE 911plus CTD 剖面仪布放过程示意图

2)拖曳式温盐深剖面仪

拖曳式温盐深剖面仪(underway conductivity-temperature-depthprofiler，UCTD)可在船舶航行过程中实现大面积、连续、快速的温盐剖面测量，测量结果具有更强的实时性和代表性，且具有更高的测量效率(Rudnick et al.，2007)。

拖曳式 CTD 测量系统主要由搭载有 CTD 传感器的水下拖曳体、船用轻便绞车和缆绳等构成。拖曳体由船尾布放，通过程序控制拖曳体电机控制拖曳体的运行姿态，进行剖面温盐深数据的测量。拖曳体出水后可进行数据下载、数据处理和电池充电等工作。

根据拖曳体的结构差异，可将其分为嵌入式拖曳 CTD 和外挂式拖曳 CTD。嵌入式拖曳 CTD 采用固定结构，将 CTD 剖面仪及其驱动结构安装在一个封闭的拖曳体中。因拖曳体具有固定的结构，故其运行姿态和升降速度可精确控制，从而降低了设计制造的难度。缺点是采取拖曳体开孔的方式实现 CTD 传感器周边海水的交换，在拖曳行进过程中，交换过程不够充分，从而影响了 CTD 的测量精度。外挂式拖曳 CTD 采用开放式结构，即 CTD 传感器及其驱动结构直接悬挂于拖曳体外侧，虽然解决了 CTD 传感器与海水的交换问题，但是开放式结构使得拖曳体的运行姿态和升降速度难以精确控制。

根据拖曳体的运行姿态，可将其分为平行直线型、正弦曲线型和垂向直线型。平行直线型拖曳 CTD 拖曳体的运动轨迹为与舰船航线平行的直线，其特点是能够实现定深测量，但是测量结果不连续。正弦曲线型拖曳 CTD 是最早出现且使用最广的类型，在实际测量中的运行轨迹多为连续的多段直线。该类型拖曳 CTD 的特点是可实现连续测量，但是下潜深度较浅。垂向直线型拖曳 CTD 为加拿大 BROOKE 公司的专有类型。该类型拖曳 CTD 的特点是可进行近似垂直的深海温盐剖面测量，但测量结果不对称，且对拖曳体结构和绞车控制性能要求较高。

国外对拖曳式 CTD 观测系统的研究起步较早。加拿大贝德福海洋研究所研制的 Batfish 拖曳式 CTD 观测系统是较早引入我国的型号之一。加拿大 BOT(Brooke Ocean Technology)公司在拖曳深度的研究中处于领先地位，其研制的 MVP 型 UCTD 最大拖曳深度可达 3 400 m。另外，美国 YSI 公司生产的 V-FIN 和英国公司生产的 U-TOW 及 Sea Soar 也是较为流行的 UCTD 品牌。表 5-2 列举了几种国外流行的拖曳式 CTD 剖面测量设备。

表 5-2　国外流行的拖曳式 CTD 剖面测量设备

型号	公司	国家	最大拖曳深度/ m
U-TOW MK Ⅱ	W. S. Ocean System	英国	120
Batfish	贝德福海洋研究所	加拿大	200
Sea Soar MK Ⅱ	Chelsea 仪器公司	英国	500
Tow fish	伍兹霍尔海洋研究所	美国	800
MVP-300-3400	BOT 公司	加拿大	3 400

拖曳式 CTD 测量系统的快速运动特性对传感器的响应时间提出了更高要求，传统 CTD 剖面仪的传感器响应时间较长，难以达到拖曳式测量系统的要求，故将传统的 CTD 传感器简单地移植到拖曳体中是不合适的。其次，拖曳体的快速运动对传感器的测量特性也产生了较大影响。在快速运动过程中，海水的黏滞特性增强，导致了较大的温度测量误差；快速运动中的冲击动量使得电导率传感器的电极承受更大的冲击，容易引起极化阻抗的增加；升降过程中拖曳体的加速度和冲击动量影响了压力传感器的测量结果。因此，在数据处理过程中，应设法消除由于拖曳体的快速运动而产生的温盐深测量误差。

3)抛弃式温盐深剖面仪

抛弃式温盐深剖面仪(expendable conductivity-temperature-depth profiler，XCTD)是国外于 20 世纪 80 年代开始研制并快速发展的一种海水温盐剖面测量设备。它可以在下沉过程中测量海水的电导率和温度，并根据下沉时间和速度计算出深度，其最大测量深度可达 2 000 m(Kizu et al.，2008)。XCTD 使用方便，性能可靠，可以舰船、潜艇和飞机为载体进行大批量投放，快速获取大面积海域内的温度和电导率数据，并据此计算出海水密度、盐度、声速等至关重要的物理学参数(Crescentini et al.，2011)。

XCTD 测量系统主要由抛弃式探头、发射装置、数据接收装置和数据处理系统四部分组成。

抛弃式探头是测量系统的核心，其中搭载的温度和电导率传感器可在探头的下沉过程中测量海水的温盐度数据。微处理器用于完成传感器输出信号的采集、校正、转换，并将数据经通信接口电路实时传输至数据处理系统(Chen et al.，2015)。

发射装置不仅用于发射探头，还要作为水下探头和水上数据接收装置之间完成数据通信的辅助结构。传输导线线轴同时释放高强度细导线，用于实现传感器测量结果的数据传输。

数据接收装置和数据处理软件的主要功能是接收水下探头传回的温度和电导率数据，并计算盐度、密度、声速等相应参数；检测探头入水信号，并根据入水时间和下沉速度计算剖面深度；对温度和电导率测量结果进行数据平滑和修正，实时记录并显示温度和电导率剖面数据随深度变化的特性曲线(贾志成等，2010)。

XCTD 测量系统工作方式如图 5-14 所示，剖面探头由发射装置发射入水，入水后即开始测量海水的温度和电导率。在下沉过程中，测量数据经探头内的高强度细导线传输至水上数据接收装置，进行数据预处理。数据处理软件检测探头入水时间，计算其入水深度，并对对应深度上的温度和电导率数据进行平滑和修正处理，获得最终的温盐深剖面数据及温盐剖面曲线。

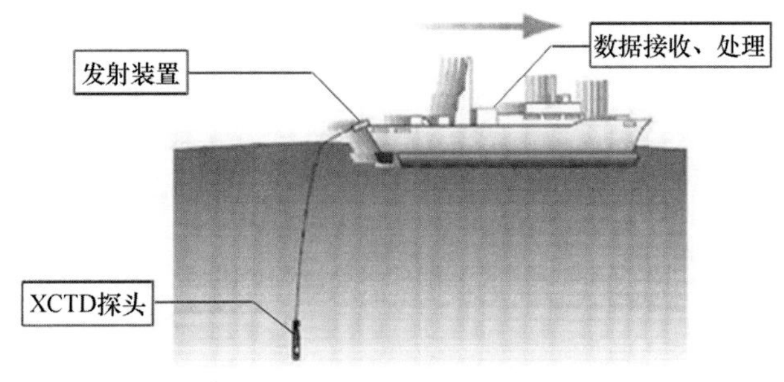

图 5-14　XCTD 工作方式示意

与 XCTD 类似，还有空投式温盐剖面测量仪(aerial expendable con－ductivity－temperature－depth profiler，AXCTD)和潜艇投弃式温盐深测量仪(submarine launched expendable conductivity－temperature－depth probes，SSXCTD)，两者的工作方式如图 5-15 所示(石新刚等，2015)。

空投式温盐剖面测量仪的探头由飞机投掷，可一次性投掷多枚。探头从水面浮动单元开始下沉，在下沉过程中测量温度和电导率数据，测量结果通过探头内的高强度细导线传输至水面浮动单元，再由水面浮动单元以无线通信方式传输至飞机。当探头下沉至最大深度时，细导线断裂，测量过程结束(Trampp，2012)。

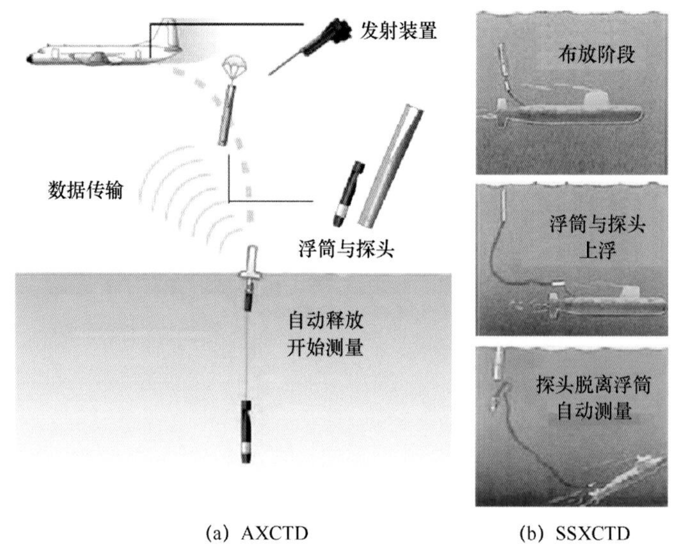

图 5-15　AXCTD 和 SSXCTD 工作方式示意

潜艇投弃式温盐深测量仪主要由发射装置、浮筒、探头、数据传输线和数据采集器等组成，其工作过程大致如下：浮筒由潜艇上的发射装置发射，并在浮力作用下浮出水面；当浮筒感应到空气时，释放其内部的温盐测量探头；探头在下沉过程中测量海水温盐数据，并将所测数据通过传输线实时传送至数据采集器；探头沉至海底时，数据传输线自动断开，测量过程结束(石新刚等，2015)。

4)海洋观测平台用 CTD 传感器

海洋观测平台种类繁多，布放数量大、范围广，搭载于其上的 CTD 传感器也是重要的海洋温盐数据来源。现有的海洋观测平台可分为定点观测平台和移动观测平台两大类。

海洋定点观测平台主要包括定点的浮标观测平台、潜标观测平台和海床基平台(李民等，2015)。海上定点观测平台融合了传感器技术、水下接驳技术、水声通信、数据传输、能源供应等多个技术领域，有效解决了能量供应和数据传输等问题。搭载于其上的 CTD 传感器可实现定点的海水温盐变化规律的观测。

搭载于移动观测平台上的 CTD 传感器具有更强的机动性和持续性，可以进行长时间、大范围的温盐深剖面测量。Argo 浮标、自主式水下机器人和水下滑翔机等移动观测平台为海水温盐剖面资料的获取提供了更加灵活高效的手段。

Argo 浮标搭载高精度 CTD 等传感器设备是目前获取海洋气候状态信息最通用的观测方式，ARGO 计划的目标是建立和维持一个全球尺度的、均匀分布、连续映射上层海洋海流和各项属性的浮标阵列(ARGO 全球海洋观测网)(Gould et al., 2004；车亚辰等, 2016)。浮标专用 CTD 是 Argo 浮标的唯一测量传感器，为 Argo 浮标生产商所接受的生产厂家主要有美国的 SeaBird 和 FSI 两家公司(Oka et al., 2004)。图 5-16 所示为一种 Argo 浮标及其搭载的 CTD 传感器。

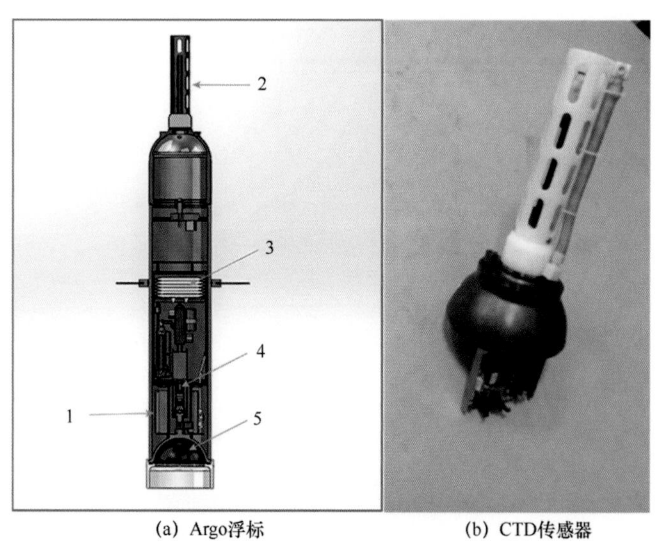

(a) Argo浮标　　(b) CTD传感器

图 5-16　一种 Argo 浮标及其搭载的 CTD 传感器

1—电池；2—温盐深传感器；3—内部储液罐；4—液压泵；5—外油囊

自主式水下机器人（AUV）具有活动范围大、机动性能好、智能化程度高等优点，是进行海洋水文要素观测的重要工具。AUV 搭载的 CTD 测量单元可以直接从 AUV 的电池中获取能量，可以携带更高等级的 CTD 传感器(Schmitt et al., 2006)，如 Bluefin Robotics 型 AUV 通常可搭载 SeaBird 公司的 SBE 49 Fast-CAT 型 CTD，其数据记录频率为 16 Hz，深度可达到 10 500 m(Wood et al., 2013)。

水下滑翔机(AUG)是一种将浮标、潜标技术与水下机器人技术相结合的新型水下观测系统，多搭载客户化定制传感器(Cecchi et al., 2015)，最具代表性的产品为美国 Slocum 型水下滑翔机。对于水下滑翔机而言，因其负载能力较低，故不能搭载高端的 CTD 产品。通常，水下滑翔机采用的 CTD 是由美国 SeaBird 公司提供的专用 CTD，其数据记录频率为 1 Hz，深度可达 1 500 m。图 5-17 所示为美国 SeaBird 公司针对水下滑翔机运动特点研发的 GPCTD(glider payload CTD, GPCTD)结构原理图。因为水下滑翔机不能为 CTD 提供电源，故搭载在水下滑翔机上的 CTD 需要有独立的电源，并且能持续 45 天以上的工作时间。

国内也有对海洋观测平台用 CTD 传感器进行研究的，如吕斌等(2019)研制出了一种适用于水下滑翔器搭载的微型化、低功耗、质量轻的新型 CTD 传感器 SZQ1-1，如图 5-18 所示。该种 CTD 传感器测温精度±0.1 ℃，电导率测量精度 0.03 mS/cm，深度测量精度±0.2%F.S，性能参数与 SBE 19plus 结果相近，但是稳定性能有待提高。

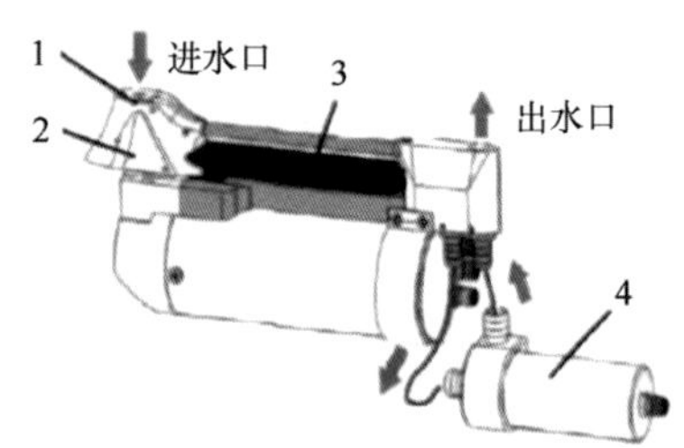

图 5-17　GPCTD 结构原理图

1—温度传感器；2—压力传感器；3—电导池；4—泵

图 5-18　SZQ1-1 传感器实物图

5.2.5　海流测量设备

海流作为海洋动力环境的重要参数，对全球气候变迁、海岸侵蚀、海洋工程破坏、海洋生物迁徙等起着重要作用。海流测量包括流速和流向测量。单位时间内海水水体流动的距离称为流速，水体移动的方向称为流向，正北为 0°，顺时针旋转，正东为 90°。常用的海流测量设备分为海流计和声学海流剖面仪两类，海流传感器分类如图 5-19 所示(单忠伟，2011)。

1)海流计

海流计可分为三类：机械螺旋桨式海流计、电磁海流计和声学海流计。

(1)机械螺旋桨式海流计。机械螺旋桨式海流计的测流原理是依据螺旋桨受水流推动的转速来确定流速。这类海流计的工作深度不受限制，但由于螺旋桨存在阻尼，需要一个最小启动流速，因此它对低流速测量时存在较大误差。此外，流向测量依赖艉舵设计和中间转轴的阻尼大小，因此在低流速时的流向测量精度也较差。图 5-20 所示为一种机械螺旋桨式海流计。

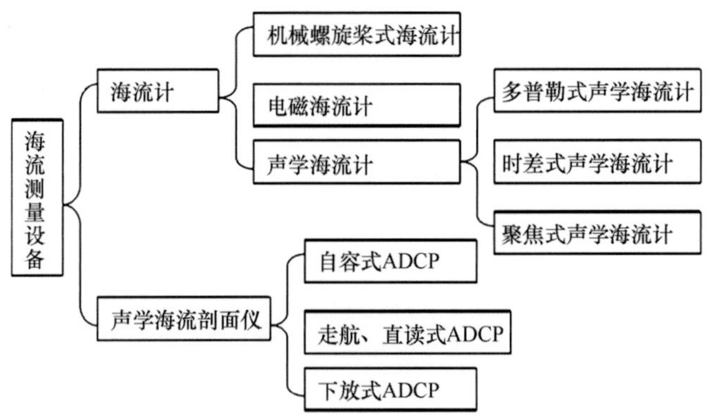

图 5-19　海流测量设备分类

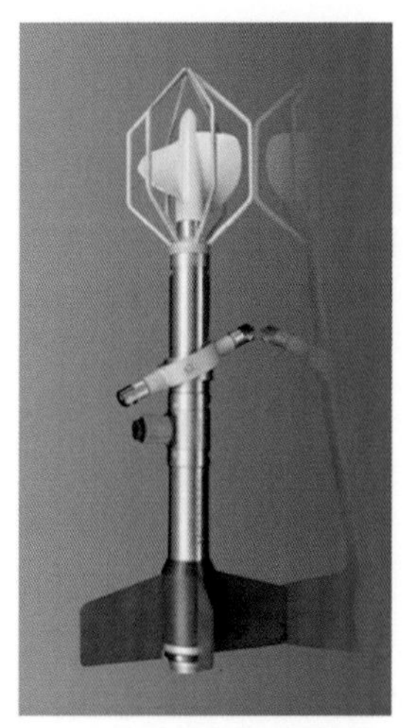

图 5-20　机械螺旋桨式海流计

(2)电磁海流计。电磁海流计应用法拉第电磁感应原理，通过测量海水流过磁场时的感应电动势来测定海水的流速，如图 5-21 所示。早期的电磁海流计直接利用地磁场作为电磁海流计中的磁场，因而它不能在低纬度海域使用，也容易受环境磁场干扰。之后的电磁海流计则通过仪器自身产生磁场来克服地磁场电磁海流计的缺陷。目前，世界上广泛使用的是美国 InterOcean 公司生产的 S 4 型电磁海流计。

(3)声学海流计。与前两种海流计相比，声学海流计的出现比较晚，但发展较快，目前已形成多种产品，按其工作原理来分主要有以下三种。

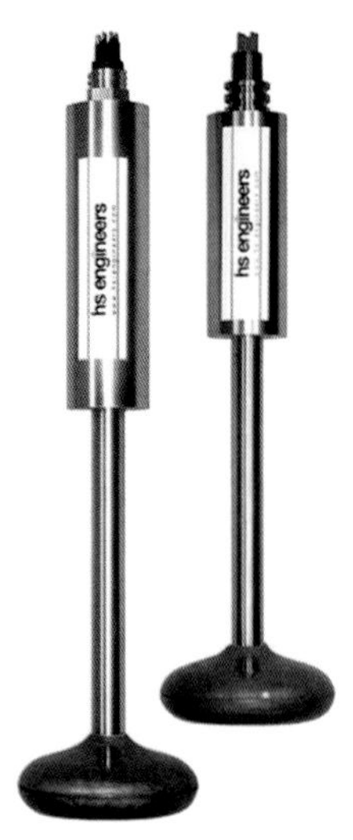

图 5-21　电磁海流计

i. 时差式声学海流计。时差式声学海流计的代表产品是美国 Falmouth Scientific 公司的 2-D 型产品。其原理为两对正交的换能器构成仪器坐标系，分别测量海流在仪器坐标系上的投影分量，然后通过矢量合成计算海流的流速和流向。仪器坐标系与大地坐标系的夹角通过电子罗盘测量，最后得到大地坐标系的海流流速和流向。图 5-22 所示为时差式声学海流计的实物和测流原理图，其中 A、B 换能器的间距为 d，海流速度为 V，流向与仪器坐标系的夹角为 θ，声速为 C。

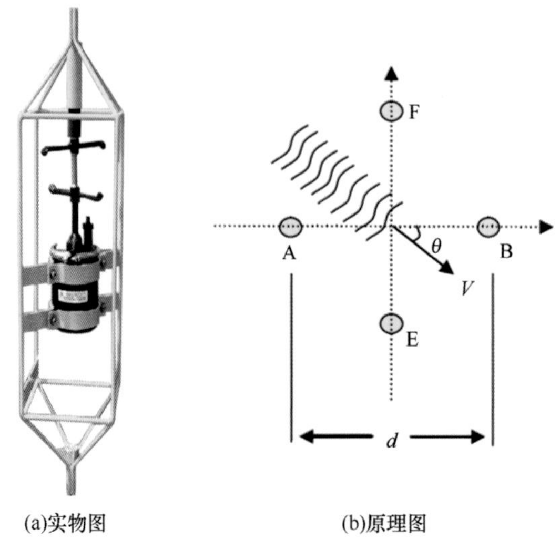

图 5-22　时差式声学海流计实物和测流原理图

A、B 换能器和 E、F 换能器同时发射相同声波脉冲，并接收对方的声脉冲信号，t_{AB}为声波从 A 换能器传播到 B 换能器的时间，t_{BA}为声波从 B 换能器传播到 A 换能器的时间，t_{EF}为声波从 E 换能器传播到 F 换能器的时间，t_{FE}为声波从 F 换能器传播到 E 换能器的时间，根据如下公式可计算海流的速度和方向：

$$\begin{cases} V\cos\theta \approx \dfrac{(t_{BA} - t_{AB})\,C^2}{2d} \\ V\sin\theta \approx \dfrac{(t_{EF} - t_{FE})\,C^2}{2d} \\ \theta \approx \tan^{-1}\dfrac{t_{EF} - t_{FE}}{t_{BA} - t_{AB}} \end{cases} \tag{5-1}$$

由此可见，这种声学海流计的关键是精确测量两对换能器之间声波传播的时间差，精度一般要求在 ns 级，通常采用锁相环频率计数法和相位差测量法来精确得到。

ii. 聚焦式声学海流计。聚焦式声学海流计俗称 ADV，是近年来发展起来的一种新型声学海流计，其最大特点是能测量近底层海流，是研究海洋近底层密度流的重要工具，其构成原理如图 5-23 所示。

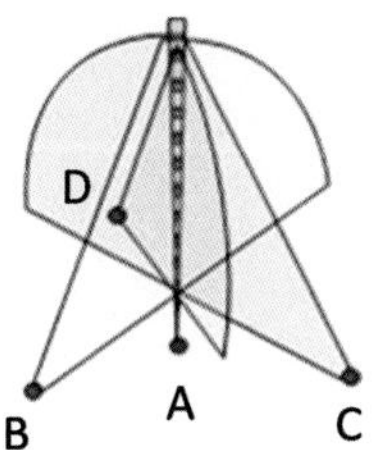

图 5-23　聚焦式声学海流计原理图

由换能器 A 垂直于仪器坐标系发射一个波束宽度很窄的高频短脉冲信号，该信号被水体散射后由 B、C、D 换能器接收，通过解算 3 个接收信号的多普勒频偏来计算海流的流速和流向。这种仪器由于发射的频率高、脉冲短，因而能对近底流作非常精细的剖面测量。此外，由于采用声波遥测，仪器本身不会影响海流场的改变。

iii. 多普勒式声学海流计。多普勒式声学海流计是目前最常用的海流计，其代表产品是挪威的安德拉海流计 RCM-9，如图 5-24 所示。4 个高频换能器布放在一个金属圆环上，其自然指向性构成仪器坐标系，工作频率为 2 MHz，脉冲宽度约 0.5 ms，波束宽度约 2°。通过测量距离 4 个换能器 0.5~2 m 处水层回波信号的多普勒频率来计算海流相对于仪器坐标系的流速和流向。

2) 声学海流剖面仪

声学多普勒流速剖面仪(ADCP)，利用声学多普勒原理，测量分层水介质散射信号

图 5-24　安德拉海流计 RCM-9

的频移信息，并利用矢量合成方法获取海流垂直剖面水流速度，即水流的垂直剖面分布。ADCP 对被测验流场不产生任何扰动，也不存在机械惯性和机械磨损，能一次测得一个剖面上若干层流速的三维分量和绝对方向，是一种新型的水声测流仪器（单忠伟，2011；刘彦祥，2016）。

ADCP 测流原理为：水体中的散射体（如浮游生物、气泡等）随水体而流动，与水体融为一体，其速度即代表水流速度。当 ADCP 向水体中发射声波脉冲信号时，这些声波脉冲信号碰到散射体后产生反射，ADCP 再对回波信号进行接收和处理。根据多普勒原理，发射声波与散射回波频率之间存在多普勒频率，这种频率的变化取决于反射体的运动速度。通过测量多普勒频移就能解算出 ADCP 和散射体的相对速度。ADCP 换能器既是发射器又是接收器，发射器一般发射呈 JANUS 结构的四个波束，它从根本上摆脱了机械式仪器的测验原理。图 5-25 所示为 ADCP 实物和 JANUS 结构波束。2016 年，Asbessalem 等在水深 40 m 以内的英国 Waves Hub 站点，通过改进的 5 波束 ADCP 测量了非定向波。表面波测量值由 ADCP 的专用垂直光束估算，然后与来自 4 个共处一处的定向波浮标的相应估算值进行比较。通过这项研究证明垂直 ADCP 光束测量值与现有的一些研究结果一致，准确性满足要求。由于测量垂直电流速度的垂直光束与垂直运动的方向对齐，因此提高了数据质量（低噪声，高分辨率），此外，使用垂直波束可以克服空间奈奎斯特限制，可以在更高的频率和更大的水深处提供定向波信息。

目前 ADCP 种类繁多，依其原理不同可分为机械式、压力式、电磁式和声学海流计等；按数据读取方式不同可分为直读式和自容式两种；按其工作方式不同，又可分为自容式、直读式及船用式（走航式）三种。按多普勒测流现有发射信号模糊函数的不同，多普勒流速测量可分为非相干（亦称窄带方式，用于层厚要求不高、作用距离远的测区）、相干（用于浅水高分辨的测流环境）和宽带（集合了前两者的优点，是二者的融合体）三种方式。

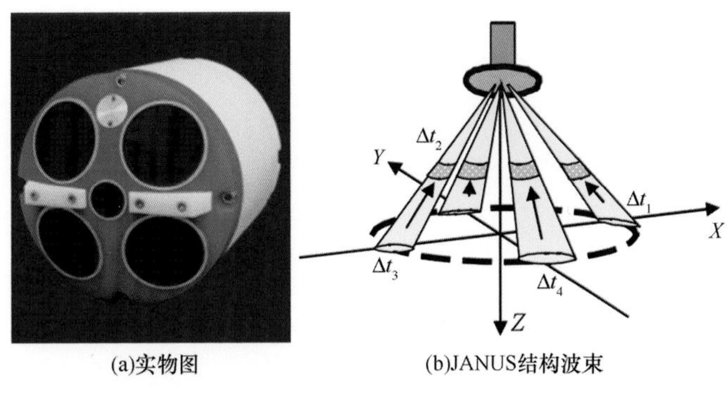

图 5-25　ADCP 实物和 JANUS 结构波束

ADCP 具有省时、高分辨率、高精度、信息海量完整、低能耗的特点，尤其适合于流态复杂条件下的测验。ADCP 可进行流速、流向的三维测量，能够自动消除环境因素影响，并自动剔除质量欠佳的数据；能获取悬移物的浓度剖面，为计算输沙率、研究泥沙运移规律提供可靠的数据来源；尤其能测得水底卵石间的过隙流量，这是传统测流根本无法做到的。ADCP 测流是一种动态测流法，与传统流速仪相比，ADCP 数据采集方法在自然环境复杂、宽断面、大流量的数据采集作业中尤能显示其优越性，减轻了传统工作的劳动强度，增加了数据的安全性。因此，ADCP 一出现就得到海洋学界的高度重视，认为它应用多普勒原理揭示了海流的时空分布特征，能描述流体质点运动状态。这就促进了研究者对海流和海浪的研究，也为海洋环境数值预报提供有效的海洋边界层资料。

ADCP 的使用也具有一定的局限性，主要表现在三个方面：①根据测流原理，要求 4 个波束所照射的水层流速和流向必须相同，因而对中小尺度涡流的测量存在较大误差；②ADCP 不能很好地测量近底海流，主要原因是 ADCP 的 4 个发射波束向海底垂直发射声波，而海底对声波的反射强度远高于海水对声波的反射强度，且直达海底的反射信号与近底海水的反射信号几乎同时到达 ADCP 的换能器阵；③观测前要针对不同的工作内容和要求进行方案设计与设备设置，对各参数要严格无误，由于多普勒海流剖面仪安装在海底，安装及安装后保持稳定则需必要的人工干预。

5.2.6　验潮仪

由于月球和太阳引潮力的影响，地球上的海洋水面会产生周期性的涨落现象，也被称作潮汐。由于潮汐资料在军事、海洋工程、水产养殖、港口疏浚等多方面的重要作用，潮汐观测作为一种重要的海洋观测要素越来越受到各沿海国家的重视（杨书凯等，2019）。

潮汐测量即所谓验潮，就是测量某固定点的水位随时间的变化，实际上就是测量该点的水深变化。传统的验潮方法主要有水尺验潮、浮子式与引压钟式验潮仪、压力式验潮仪、声学式验潮仪等，近年来，GPS 验潮、潮汐遥感测量和激光验潮仪也发展迅速(阮锐，2001)。

1)水尺验潮

水尺验潮是将特制的水尺安装于水中，在码头可直接安装在港池壁上，在野外一般要竖一木桩，再将水尺固定在桩上。此种方法最为原始，但简单而直观，便于水准联测，且不需要能源，一旦安装完毕，可长时间免维护，设备费用低。但需人工定时读数记录，人力投入较大，且数据无法直接进入自动化的流程。目前，国内外已很少使用，但国内一些单位在较偏远、条件差的地区的短期验潮仍在采用(彭力雄，2006)。

2)浮子式与引压钟式验潮仪

这两种验潮仪均属于有井验潮仪，浮子式验潮仪是利用一漂浮于海面的浮子随海面的上下浮动，浮子的随动机构将浮子的上下运动转换为记录纸滚轴的旋转，记录笔则在记录纸上留下潮汐变化的曲线。引压钟式验潮仪是将引压钟放置于水底，将海水压力通过管路引到海面以上，由自动记录器进行记录。为了消除波浪的影响，需在水中建立验潮井，即从海底竖一井至海面，其井底留有小孔与井外的海水相通，采用这种“小孔滤波”的方法滤除海水的波动，这样井外的海水在涌浪的作用下起伏变化，而由于小孔的“阻挡”作用，使井内的海面几乎不受影响，它只随着潮汐而变。井上一般要建屋以保证设备的工作环境。这两种验潮仪由于安装复杂，须打井建站，适用于岸边的长期定点验潮。其特点是精度较高，维护方便，但一次性投入费用较高，缺乏机动灵活，对环境要求高(如供电、防风防雨等)。国内的长期验潮站大多采用这两种设备(彭力雄，2006)。

3)压力式验潮仪

压力式验潮仪是一种较新型的验潮设备，目前已逐步成为常用的验潮设备，它是将验潮仪安置于水下固定位置，通过检测海水的压力变化而推算出海面的起伏变化，如图5-26所示。它的适用范围较前几种验潮仪要广，它不需要打井建站，无须海岸作依托，不但适用于沿岸和码头，而且对于远离岸边及较深海域的验潮，它同样能胜任。同时这种验潮仪轻便灵活，对于海测部队验潮作业机动、灵活且时间较短(一般为一两个月)的应用场合，这种验潮仪较为合适。现阶段研制开发的压力式验潮仪均朝着多功能化发展，如 2003 年推出的 SBE 26plus 就是一种拥有测量海浪与潮位双重功能的压力式验潮仪。

4)声学式验潮仪

声学式验潮仪属无井验潮仪，根据其声探头(换能器)的安装位置可分为探头安置在空气中的声学式验潮仪和探头安置在水中的声学式验潮仪。

探头安置在空气中的声学式验潮仪在海面以上固定位置安放一声学发射接收探头，探头定时垂直向下发射超声脉冲，声波通过空气到达海面并经海面反射返回到声学探头，通过检测声波发射与海面回波返回到声探头的历时来计算出探头至海面的距离，从而得到海面随时间的变化。这种验潮仪的安装一般需在海底打桩，将验潮仪安装在桩的顶部，并保证高潮时不被淹没，通过联测的方法找到大地基准面与验潮仪零点的关系。这种验潮仪的特点在于：由于其安装位置可距海面较近，声波在空气中的行程短，因此精度较高；由于设备安装在水上，因此可通过岸电，即使在无岸电而采用电池时，更换电池也较方便，且这种设备成本较低。但是由于其需打桩的安装要求，使它须以海岸作为依托，不能离岸较远，因此测量水深一般较浅。

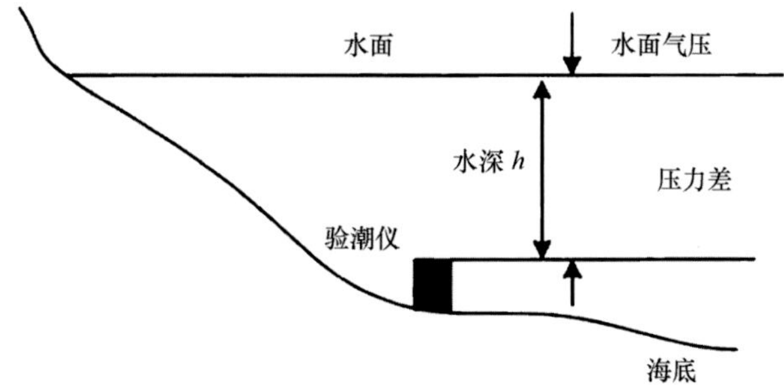

图 5-26　压力式验潮仪原理图

探头安置在水中的声学式验潮仪测量方法有两种：一种是将一声学探头安放在海底，定时垂直向上发射声波，并接收海面的回波以测量安放点的水深。此种方法由于声探头需有电缆连接，因此不能离岸较远；另一种是采用类似于测深仪的原理，选一块平坦的海区将声探头放置于海面固定载体上，一般为船或固定漂浮物，定时向海底发射声波，通过检测海底回波以检测载体所在位置的水深。

声学式验潮仪精度较低，首先仪器本身存在至少几厘米的固有误差，另外测量精度与声探头的姿态有关，同时一般的水声换能器有一定的盲区，因此根据换能器的不同，安放位置需要有一定的水深。而在此深度内，海水中的声速不是恒定的，它随海水温度及盐度的变化而改变，同时还受到海水中的悬浮物等因素的影响，水深越浅则影响越大。因此，声速误差将影响到测深精度。声学式验潮仪在离岸较远的验潮点不便使用，在冬季岸边海水结冰后，声学式验潮仪一般无法工作。

5）GPS 验潮

随着差分 GPS（differential GPS，DGPS）技术的不断成熟和发展，GPS 潮位测量法随之成为一种潮位测量新技术。GPS 验潮是应用了 GPS 实时动态（real time kinematic，RTK）测量技术，将 GPS 测量技术与数据传输技术相结合，形成测量与传输一体化的整体系统，其工作原理如图 5-27 所示。先在选定的基准站安置一台 GPS 接收机，这台接收机能够收集 GPS 卫星信号，然后通过 GPRS 网络发射出差分信号，此时用户就能通过接收到的差分信号对观测站测得的实时数据进行差分校正，然后根据相对定位的原理，实时地计算并显示用户站的三维坐标。

在差分方式下，通过测量 GPS 载波信号的相位值来确定浮标天线相对于陆地参考站天线的三维位置，其准确度达到厘米数量级。倾斜传感器的作用是把由于运动而倾斜的浮标天线的位置换算成准确的垂直位置。根据浮标和陆地参考站的测量数据计算得出瞬时海平面和平均海平面。全球定位系统提供了更好的时空范围，最终在实时连续跟踪，并且数据收集和分析可以实现自动化。这种测量方法精度高、机动性强，将有很大的发展前景，但是其也有定期和不定期的时空特别是在垂直分量的变化，这可能会限制分辨率(欧阳洵孜，2010)。

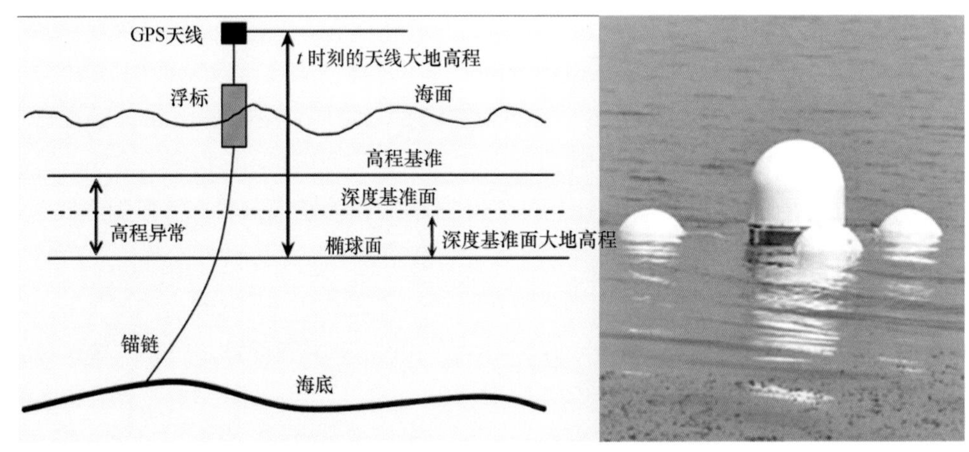

图 5-27　GPS 验潮仪工作原理及 GPS 浮标

6)潮汐遥感测量

潮汐遥感测量是指利用卫星雷达高度计来测量海面的起伏变化，它可监测全球的海洋潮汐，为建立全球海洋潮汐模型提供依据。其测高原理是雷达高度计向海面发射极短的雷达脉冲，测量该脉冲从高度计传输到海面的往返时间，通过必要的校正，便可求出卫星到海面的距离，如果卫星轨道为已知，那么即可得知海面的高度。潮汐遥感测量像 GPS 验潮一样，同样存在固体潮的影响。潮汐遥感测量方法具有监测范围广、监测频率高等特点，具有一定的经济优势，但其测量数据的精度还不够理想，通常用于对全球范围的潮汐潮位进行长期测量，为建立全球海洋潮汐预报模型提供资料依据。

7)激光验潮仪

激光发射频率高于雷达的发射频率，其传播基本没有散射，如若应用到海水潮位监测，所需的验潮井直径可以做到非常小，这对海水的涌浪干扰有极好的滤除作用。激光测距传感器原理是由一组激光发射头和接收头组成，由发射头发射一组已编码调制的激光束，投射到被测物反射后由接收头接收，译码处理后得到被测物的距离，从而完成整个测距过程。激光测距传感器具有设备小巧、安装方便、采集精度高、稳定性强和长期使用维护工作少等优点。

激光验潮仪是取激光测距传感器的优点而研制的一种新型验潮设备，它通过编辑数据算法对所采数据处理，得到准确的潮位数据。其结构是将所有的硬件电路安装在一密封的机箱内，通过密封的航空插头连接到验潮井上端的激光传感器上，这样既克服了盐雾腐蚀，又提高了设备的可靠性(杨习成，2016)。

5.2.7 波浪测量单元

波浪是海水运动的形式之一，是水质点周期振动引起的水面起伏现象。当水体受外力作用时水质点离开平衡位置往复运动，并向一定方向传播，此种运动被称为波动。海洋里的波动可根据其不同的性质以及特点进行分类：按水深与波长之比可分为短波和长波；按波形的传播分为行波和驻波；按波动发生的位置分为表面波、内波和边缘波；按波浪成因分为风浪、涌浪、地震波和潮波等。波浪是物理海洋学研究的重要内容之一，是海洋预报、防灾减灾、海洋工程和航海安全等领域重要的输入参数之一(周庆伟等，2016)。

波浪观测手段多种多样，按照测量方法分为人工观测法、仪器测量法和遥感反演法。人工观测法可分为人工目测法和光学测波仪观测法；仪器测量法可分为测波杆测波法、压力式测波法、声学式测波法、重力式测波法和激光式测波法；遥感反演法可分为雷达测波、卫星高度计测波和摄影照相测波，或是分为 X 波段雷达测波、高频地波雷达测波、合成孔径(SAR)雷达测波、卫星高度计测波和摄影照相测波等。

1)人工测波

人工观测波浪是最为传统的波浪观测技术，采用秒表、望远镜等辅助器材，几乎全人工观测波浪要素。光学测波是一种改进的人工目测法，增加了望远镜瞄准机构、俯仰微调机构、方位指示机构、调平机构和浮筒等辅助设备。由于光学测波系统里分设了刻度，尤其是望远镜内靠目镜的一端装有透视网格的分划板，其刻度值等于在海面上布设一个直角坐标系统，将望远镜瞄准海上布放的浮筒就能观测波浪的高度和周期，其观测精确度比纯目测法有了很大提高，但是仍然不可避免人为误差。但不管是纯人工目测波浪还是借助光学测波仪进行的波浪观测都受光照和恶劣天气影响，无法连续观测波浪，而且观测结果具有一定的主观性，存在一定的人为误差。随着海洋观测技术的发展，人工波浪测量将逐渐退出历史舞台，但人工观测资料仍可作为仪器测量资料的比对资料(陈泽鸿等，2014)。

2)仪器测波

(1)测波杆测波法。测波杆也是一种传统的波浪观测技术，主要有电阻式和电容式等不同类型。按其形式可分为测波杆式和垂线式，其基本原理是记录海平面变化时导线电阻或电容的变化量进行波浪测量。测波杆结构简单，分辨率高，响应快，能够连续观测波浪数据。但需要安装在岸壁或是水中固定构筑物上，无法应用于开阔水域的波浪观测，而且风浪产生的泡沫、海上漂浮的污物和传感器的腐蚀都会造成测量的误差，需要经常维护和标定。与人工测波一样，当前已极少用到。

(2)压力式测波法。压力测波仪通过置于水下或者海底的压力传感器测量海水压力的变化，然后转换成波高，从而记录海浪的起伏运动，主要是用来记录长周期波浪数据。压力测波主要应用于水下，安全性比较高，测量时受到恶劣天气的影响相对较小。然而，压力测波仪器测波方法受海水滤波作用的影响，不能准确地测量短周期内的波浪。在短时间内进行波浪测量时，它的测量误差相对比较大。该测量方法，仅仅可以用来进行浅海区域的波浪测量，不适合用来深海区域测波，有一定的局限性(马东洋等，2018)。国内应用较多的压力式测波仪是加拿大 RBR 公司生产的压力式波潮仪、美国 InterOcean 公司和 SeaBird 公司生产的浪潮仪以及国产压力式波潮仪等(龙小敏等，2005)。

(3)声学式测波法。目前，海浪观测中，应用更多的是声波测量仪，声波测量仪是一种倒置的回声测深仪，利用置于海底的声学换能器，从海底向海面上发射声脉冲，通过接收回波信号，测量出换能器到海面垂直距离的改变值，然后转换成波高。该方式测量涌浪的效果较好。声波测量仪的不足之处是受环境影响因素较大，测量信号复杂，测量空间多样，测量精度低，量值传递误差大。例如，声波也因为高度和气温的变化而改变声波的传播方向，进而造成波浪数据采集样本的质量较差，从而使计算的结果误差较大(马东洋等，2018)。

声学测波设备具体的测量和计算方法分为 PUV 法、SUV 法和阵列法。表 5-3 比较了几种典型的声学式测波仪(章家保等，2015)。

i. PUV 法。PUV 测量方法中，波浪仪除了用到传统的压力测量方法统计计算无向波浪要素外，还利用声学多普勒原理对水平和垂直两个方向的流速(u 和 v)进行计算，从而得出流向；用 PUV 方法计算波浪的波浪仪较多，主要代表仪器有 Aquadopp (1 M)、FSI 3D WAVE、MIDAS DWR 等。

ii. SUV 法。SUV 测量方法中，波浪仪除了用声学多普勒原理对水平、垂直两个方向的流速(u 和 v)进行计算得出流向外，还利用声学波面追踪的方法对波浪进行波高和波浪谱统计；SUV 法区别于 PUV 法的是，将对波面的测量改成了声学测量，而不是压力传感器测量。用 SUV 法计算波浪的主要代表产品有 AWAC。

iii. 阵列法。阵列法中，波浪仪将靠近水面的 3~4 个波束方向的三层单元的流速作为阵列，通过这些单元的轨道流速反演得出波浪的波高和波向等要素，阵列法在处理过程中一般用 MLM(最大似然统计方法)来对波向等进行统计。用阵列方法计算波浪的主要代表设备有 ADCP。

表 5-3　几种典型的声学式测波仪

测波仪型号	主要测算方法	波周期范围	波高精度	波向精度（校正后）	最大投放水深
ADCP (600 K)	阵列(MLM)、表面追踪	≥1.8 s	0.25%F.S	±1°	45 m
AWAC (600 K)	SUV、MLM	≥1.5 s	1%F.S	±2°	60 m
Aquadopp (1 M)	PUV	无	0.25%F.S	±2°	6 m
FSI 3D WAVE	PUV	≥0.4 s	0.01%F.S	±2°	23 m
MIDAS DWR	PUV	无	0.01%F.S	±1°	90 m

(4)重力式测波法。重力式测波法是重力测波仪测波方法，又被称为浮标测波技术，亦是目前应用比较广泛的测波方法之一。根据安装的传感器不同，重力测波仪可分为重力加速度测波浮标和 GPS 测波浮标。

重力加速度测波浮标是利用安装在浮标内部的加速度传感器或重力传感器随着海面变化采集运动参数，进而计算出波浪特征参数，图 5-28 所示是国内外几类重力加速度测波浮标(Jeans et al., 2003；左其华，2008；唐原广等，2014)。重力加速度测波浮标具有测量准确度高、操作简单、易于维护、通信方式灵活等优点，可长期连续观测，还可以通过加载卫星定位和报警系统提高其安全性。但其也存在一些不足之处：通过锚系固定的浮标在强流和大风的影响下容易造成走锚或浮标被压入水下，使用弹力锚系或是多段锚系与小浮球结合的方式也会影响浮标在海面的起伏运动，以影响测量准确度；恶劣海况发生时可能会导致锚系断裂，设备丢失；在特定波浪作用下浮标可能发生共振，降低波浪数据的质量；浮标容易被过往的船只干扰和碰撞；内部的罗盘等传感器容易受到金属壳体的干扰。

GPS 测波浮标测量原理是通过 GPS 接收机测量载波相位变化率而测定 GPS 信号的多普勒频偏，从而计算出 GPS 接收机的运动速度。国内很多研究者对 GPS 测波浮标进行了研究，取得了显著成果，图 5-29 所示为山东省科学院海洋仪器仪表研究所研制的

SBF 系列测波浮标(戴洪磊等，2014)。GPS 测波浮标除了具有波浪浮标本身的缺陷外，在海浪较高时还存在信号不稳定、无法接收足够多卫星信号的缺点，而且获取的数据容易被国外机构窃取。

另外，在船只左右两舷各安装一个加速度计和一个压力传感器进行波浪测量的方法也属于重力式波浪观测的一种，可称为船载重力测波法、船舷测波法或船载波浪测量法。船载重力测波法只需按要求对船只进行简单改装即可实现波浪观测，可以随时测量大洋的波浪，但须在停船或是航速不超过 2 kn 时使用。船载重力测波法长波测量效果较好，但是短波测量存在一定误差，而且需要在船上布置一些小孔进行波浪测量，这对船只安全有较大影响。

(a) 荷兰Datawell公司 DWR-G型号波浪浮标　(b) 加拿大Axys公司 TRIAXYS型号波浪浮标　(c) 中国海洋大学 SZF型号波浪浮标

图 5-28　国内外几类重力加速度测波浮标

图 5-29　SBF 系列测波浮标

(5)激光式测波法。激光测波的工作原理是将激光探测头固定在距离水面的一定位置处，竖直向下发射激光，激光遇到水体，发生反射，探测头获得该探测头到水面的距离，由于垂直水面入射，所以激光探头捕捉到的距离都是由海浪的波峰和波谷反射的，依靠投射距离，反算出波高和周期等波浪基本要素。激光测波技术主要包括机载式激光测波、船载式激光测波和固定式激光测波。激光测波技术成熟，具有测距准确度高、不受黑夜天气影响、可连续记录波浪变化信息的特点。但受台风、风暴潮、海冰等灾害性天气影响较大，长期观测时海上的高温、高湿和高盐环境对仪器光学传感器造成的影响也是必须考虑的因素(马腾飞，2017)。

3)遥感反演测波

(1)雷达测波。雷达测波技术原理是雷达发射电磁波，它与海浪中的短波发生共振，散射出的波被雷达接收，通过调制，可以将其显现在雷达图像上，最终对海浪方向谱进行反演，得到波浪的波高、周期等特征要素(章家保等，2015)。雷达测波技术已经非常成熟，英国 RS AQUA 公司研制的 WaveRadar Rex 雷达，用于海上恶劣环境的微波雷达，可自动高精度地监测海面波浪和水位，其测量范围达到 3~65 m，精度可达 6 mm。中国海洋大学研制出了一款基于 X 波段雷达提取均匀海浪场和海面流场信息的测量装置，该系统对海浪场的反演结果精度很高，反演平均误差已非常接近国际水准。雷达测波多固定安装在海洋综合监测平台、海边建筑物、栈桥以及船舶上，可以实时监测波浪波高、周期等特征要素。表 5-4 列出了几种雷达测波仪器。

表 5-4　几种雷达测波仪器

雷达测波仪型号	主要测算方法	波周期精度	波高精度	波向精度	测量距离
CODAR Sea-Sonde	基于高频电波的多普勒效应的二阶信息反演	±0.6 s	7%~15%	±(5°~12°)	3 km
WERA HF	基于高频电波的多普勒效应的二阶信息反演	±0.6 s	10%~15%	未公布	未公布
OS-MAR-S100 型国产雷达	基于高频电波的多普勒效应的二阶信息反演	未公布	7%~15%	未公布	未公布
RADAC WAVE GUIDE	雷达波近距离对波表面测量和水位测量	与安装高度有关	±5%	±5°	15~150 m

(2)卫星高度计测波。卫星高度计利用卫星遥感技术测量海面高度、有效波高和海面风速等基本参数(章家保等，2015)。我国发射的 HY-2 海洋卫星装有雷达高度计、微波辐射计和微波散射计，能够监测和探测海面高度、风速、浪场等环境参数，HY-2A 与 Jason-2 卫星的雷达高度计有效波高对比分析结果，有效波高的均方根误差为 19 cm。

(3)摄影照相测波。随着图像处理技术的不断进步，利用光学影像测量波高的方式受到越来越多的重视。摄影照相测波工作原理是在水中放置水位刻度尺(也可不放)，使用摄像机对波浪表面进行拍摄，得到波浪的运动画面，对图像进行处理得到波浪的波高、周期等特征要素。利用摄影照相测波精度大多取决于摄像机的分辨率，一般可达到毫米级；摄影照相测波操作较复杂，波浪之前需要对水中刻度尺进行标定，找出图像坐标系与现实物理坐标系之间的关系，为后续计算波浪真实水位提供条件；摄影照相测波对环境要求苛刻，只能获得波高，无真实水位值测量。目前这方面的应用较少，尚集中在实验室研究上，比如山东省科学院石磊等提出了一种将双目立体视觉技术和数字图像处理技术结合起来应用于目标海域海洋波浪参数测量的方法，依据该方法的测量系统可无接触式测量目标海域的波浪参数，系统布放与维护安全方便。施晓东等利用光学影像技术进行图像海陆分割；倪文军等采用单目视觉方式对波浪高度、周期等波浪要素进行测量。

5.2.8 浊度传感器

浊度是一种光学效应，是由于水样中的悬浮颗粒与光相互作用，水中物质对光线产生折射、散射与吸收，从而使入射光衰减，根据其衰减的多少表示浊度的大小。水体的浊度是表征这些光学现象的量。海水浊度主要来自水中悬浮的各种颗粒物，包括泥沙、有机物残骸和浮游生物等(张川等，2012)。

浊度测量原理为光束照射待测浊液时，除一部分直接透射过介质外，另一部分与溶液中悬浮微粒发生散射和吸收，造成消光作用，引起浑浊现象。已知入射光性质，通过测量透射光和散射光，即可衡量浊液对光的吸收和散射强度，即浊度大小。透射光与入射光的关系可由朗伯-比尔定律(Lambert-Beer Law)确定，散射光与入射光的关系可由散射定律表示(王志丹，2016)。

光电检测法则是目前最常用的浊度测量方法，其中典型的是透射法、散射法、比值法和表面散射法。

1)透射法

在透射法测量中，入射光穿过一定厚度的溶液后，其透射光强和浊度大小满足朗伯-比尔定律，透射法则利用浊度和透射光强的这种关系来检测浊度。透射光式浊度传感器的检测原理如图 5-30 所示。

采用透射法的浊度传感器一般都有较宽的量程。但是在测量较低浊度范围内的溶液时，因为样品颗粒物浓度较小，绝大部分的入射光都直接穿过溶液，被悬浮颗粒物吸收的部分很小，从而导致透射光强的衰减程度相当微弱，这样对电路的设计要求就非常高，无形增加了电路设计的难度和成本。所以透射光式测量法不适用于较低的浊度范围，更适合于高浊度样品的检测(Ebie et al.，2006)。

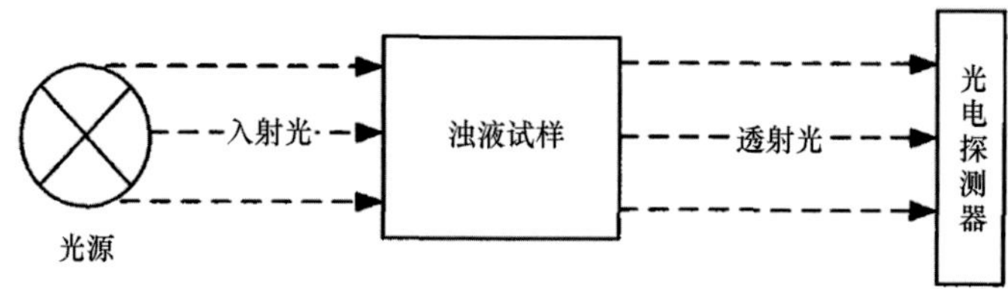

图 5-30　透射光式浊度传感器检测原理

2)散射法

由散射定理可知，由于样品内杂质直径各不相同，散射光强度的分布也不同。对于特定波长的入射光，总的散射光强度与待测样品浊度正相关。但在实际测量过程中，并不是测量总的散射光强，而只是测量某一特定角度的散射光强度，以此衡量被测样品的浊度(Postolache et al.，2007)。海洋浊度传感器通常采用测量散射光强度的方法测定浊度值。

根据测量的散射光和入射光的角度不同，散射法又可分为前向散射式、垂直散射式和后向散射式三种方式。

(1)前向散射式。前向散射式其实就是测量入射光被样品内颗粒物所散射的光线，一般是与透射光间夹角小于 90°处的散射光，其检测原理如图 5-31 所示。

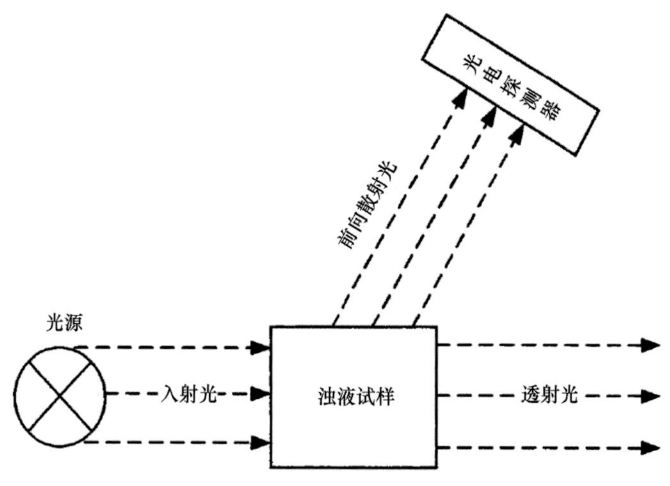

图 5-31　前向散射式浊度检测原理

(2)垂直散射式。根据大量的实验表明，90°方向上的散射光受颗粒物粒径大小变化的影响最小，同时这种方法接收到的杂散光也是最小的，因此选用 90°的测量角度

(Hong et al., 1998)，这也是国际上通用的测量角度，其具体检测原理如图 5-32 所示。但是垂直散射式测量法在测量浊度比较高的溶液时，由于散射光在溶液内发生多次散射现象会直接影响散射光强的测量，导致测量误差，所以垂直散射式测量法一般应用于较低浊度溶液的监测。

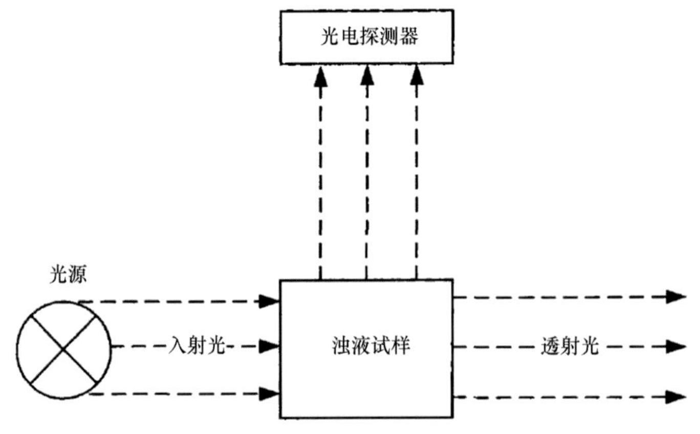

图 5-32　垂直散射式浊度检测原理

(3)后向散射式。后向散射式测量法与前向散射式测量法的测量角度是相反的，它检测的散射光角度与入射光之间的夹角小于 90°。后向散射式浊度检测原理如图 5-33 所示。当溶液中的颗粒物粒径较大时，此时的后向散射光分布较强，所以后向散射式一般应用于泥沙等颗粒物浓度的监测(Baiden et al., 2009)。

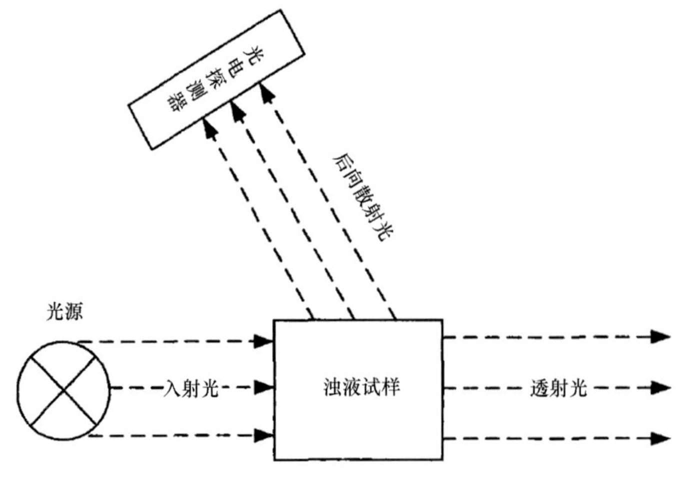

图 5-33　后向散射式浊度检测原理

3)比值法

比值法是建立在散射和透射的基础上的，入射光穿过待测溶液，既发生散射，也发生透射。利用散射和透射的比值，可以得到一定范围内浊度和比值的线性关系，其检测原理如图 5-34 所示。

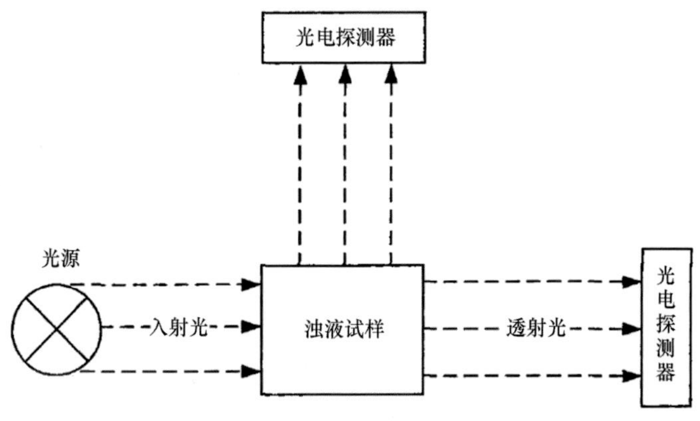

图 5-34　比值法浊度检测原理

在实际浊度测量时，如果将透射光程和散射光程设置为相同的距离，那么光源以及溶液本身对两种光强的影响也是相同的，两者相比之后可消除部分干扰，提高浊度传感器的测量精度。但是这两种测量方法所测得的光强和浊度并不是严格意义上的线性关系，只是在某一范围内有近似的线性关系，因此，浊度传感器的测量范围具有一定的局限性(Hongve et al.，1998)。

4)表面散射法

表面散射法是测量溶液表面的散射光强，与上面介绍的测量方式不同的是表面散射式测量是分离式测量法。传感器的光源与光电探测器被固定安装在溶液表面的上方，与待测样品是非接触的，这样做的优点是可以消除光学窗口的结垢现象，能够保证长期测量的精确性。这种测量方法由于量程较宽，线性度也比较好，因而常用于工业上浊度较高水样的监测。表面散射法浊度检测原理如图 5-35 所示(Suykens et al.，1999)。

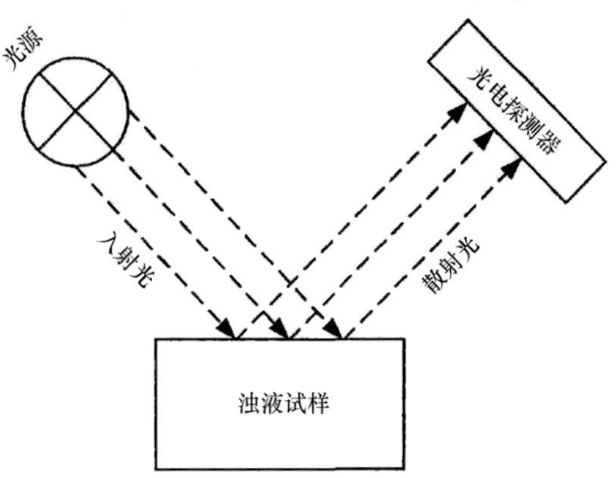

图 5-35　表面散射法浊度检测原理

随着先进光源的问世以及电子线路精度的提高，使得光电检测方法进一步得到改进。例如，采用双光束探测法来降低光源干扰，它将光源发出的光通过分光设备分成两束光，通过两束光的对比来降低光源的影响；光纤传感器替代光电传感器来提高测量精度和灵敏度；激光光源替代普通灯来提高光源效率和寿命。除了光电检测法，新的方法如图像处理浊度的检测技术也引起了人们的兴趣，此种方法采集的样本分布不均匀，覆盖范围也不完全，还有待进一步改进。

国外浊度传感器技术相对成熟，企业和传感器产品种类众多，如图 5-36 所示。美国 Campbell 公司开发了一款 OBS-3⁺浊度传感器，通过 OBS(optical burst switching)技术来测量水中的固体悬浮物和浊度，浊度可达 4 000 ntu(散射浊度单位)。OBS 技术是通过向水中发射一束近红外光，然后接收由悬浮颗粒反射回的光束来进行工作。设备可完全浸入水中，不锈钢材质外壳，可满足在 500 m 深的淡水环境中正常工作；钛合金材质外壳，可应用于 1 500 m 的淡水或海水中。可配备自动清洁刷设备，保证 OBS-3⁺浊度传感器的清洁，使其能正常、可靠地进行精确测量工作。德国 WTW 公司推出了 Visoturb 700 IQ 浊度传感器，采用 90°散射光测量原理，依据 EN 27027 和 ISO 7027 标准，用 860 nm 的红外光作为光源，不受样品色度的干扰。传感器探头内置超声波自清洗功能，避免污泥在测量窗口黏附，保证测量数据准确，几乎达到了免维护的使用效果。美国哈希公司推出了 SOLITAX™ sc 浊度分析仪，采用双光束红外和散射光光度计检测浊度/悬浮物浓度，880 nm 近红外光消除颜色干扰，多量程、响应快、自清洁。传感器探头内部，位于 45°处有一个内置的 LED 光源，可以向样品发射 880 nm 的近红外光，该光束经过样品中悬浮颗粒的散射后，形成与入射光呈 90°的散射光，由该方向的检测器检测，并经过计算，从而得到样品的浊度。当测量污泥浓度时，形成与入射光呈 140°的散射光，并由该方向的后检测器检测，然后悬浮物浓度计通过计算前后检测器检测到的信号强度，给出污泥浓度值。由于 LED 发出的是 880 nm 的近红外光，所以样品固有的颜色不会影响悬浮物浓度计的测量结果。

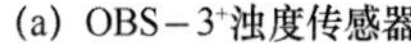
(a) OBS-3⁺浊度传感器

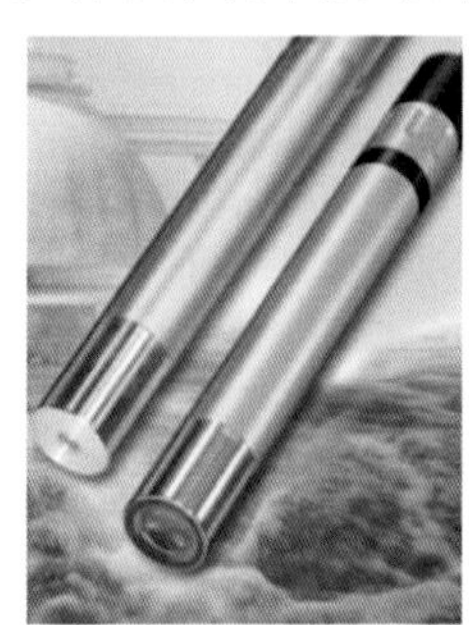
(b) Visoturb 700 IQ浊度传感器

(c) SOLITAX™ sc浊度分析仪

(d) Y510-B浊度传感器

图 5-36　国外浊度传感器产品示例

国内的浊度传感器技术起步较晚，如苏州禹山推出的 Y510-B 浊度传感器，采用 90°散射原理，光纤式结构，比常规浊度抗外界光干扰能力更强。其尺寸小巧，安装更灵活，可应用于野外、实验室、在线等场景。

5.2.9　浮游生物光学计数器

浮游生物光学计数器是利用光学原理测量和计算浮游生物数量的传感器，其原理如图 5-37 所示。浮游生物光学计数器由发光二极管发出波长为 640 nm 的光线，经一块凸透镜形成一束截面为 4 mm×20 mm 的平行光，通过一段空间距离，被对面的光敏二极管接收，最后转化为电信号。当有颗粒进入光道时，部分光线被阻挡，于是在接收端形成一个脉冲。脉冲经过逐步处理后，形成数字信息，最终通过计算机输出颗粒的大小和数量。颗粒大小用能遮挡相同数量光线的球的直径（equivalent spherical diameter, ESD）来表示。

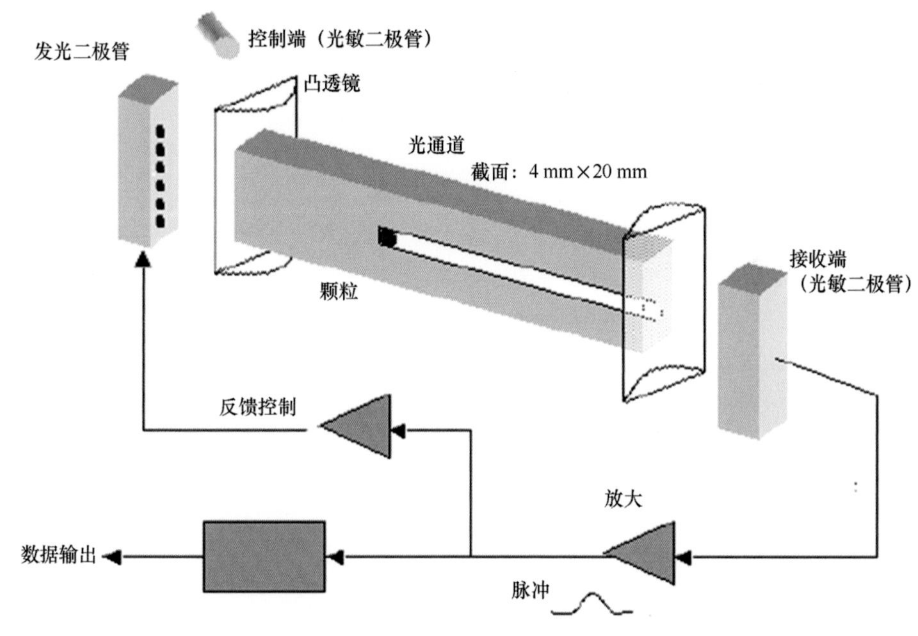

图 5-37　浮游生物光学计数器原理示意图

OPC 是由加拿大物理学家 Alex Herman 在 1988 年设计的一种根据光电数模转换的光学计数器，如图 5-38 所示。OPC 能够实时获取水体中微小生物个体的数量与个体大小等信息，能够在现场和实验室内对浮游动物、鱼卵和其他水生生物进行实时的数量统计和粒径划分，快速获得丰度和生物量（体积）谱数据。

OPC-1T 是拖体 OPC，适用于野外现场观测；OPC-2T 是小型 OPC，适用于小船拖行；OPC-1L 适合于在实验室中对采集样品进行分析。激光 OPC(LOPC)采用激光作为激发光源，光束调整为厚 1 mm、高 70 mm，进水口尺寸变为 7 cm×7 cm。LOPC 不仅增设了流速换算单元，可在最高流速达 8 m/s 的水体中正常工作，还可以更准确地判断连续个体分隔挡光(可处理 3 个以上单独光触发单元的响应情况)，可准确计数的颗粒浓度大大提高(可达 10^6 m^3)，而且计数个体的粒级范围扩大到了 100 μm 至 35 mm，以前 OPC 无法测量的很多个体也可以检测出来。传统 OPC 只能记录水体中颗粒的大小数量信息，却无法识别通过的颗粒是什么。LOPC 可以测量 ESD>1.5 mm 的颗粒的体型轮廓，可以进行一些简单的种类判定工作，通过针对具体浮游动物种类的专门试验，已经可以从粒径分布范围及特征上进行一定程度的分类鉴定。表 5-5 列出了不同型号 OPC 的参数对比。

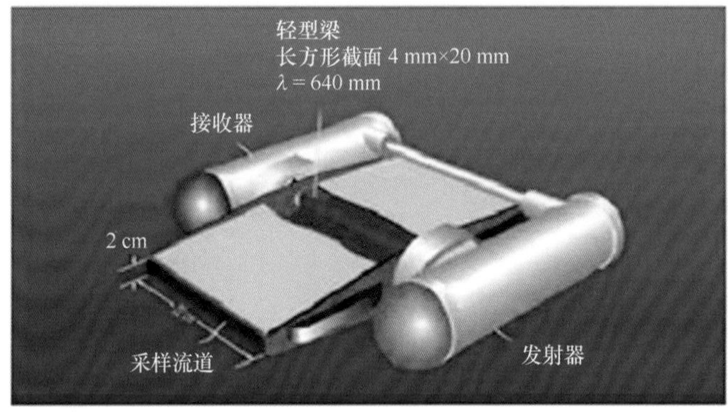

图 5-38　OPC 结构图

表 5-5　不同型号 OPC 的参数对比

型号	测量范围	进样口尺寸	光源	光束	流速范围
OPC-1T	250 μm 至 20 mm	25 cm×2 cm	640 nm LEDS	4 mm×20 mm	0.5~0.6 m/s
OPC-2T	250 μm 至 20 mm	6 cm×2 cm	640 nm LEDS	4 mm×20 mm	0.5~0.6 m/s
LOPC	100 μm 至 35 mm	7 cm×7 cm	激光光源	1 mm×70 mm	最高可达 8 m/s

5.2.10　光合有效辐射传感器

光合有效辐射(photosynthetically active radiation，PAR)指的是太阳辐射中对植物光合作用有效的光谱成分。光合有效辐射波段 400~700 nm 光谱分布相当稳定，且辐射强度处在大部分植物光合作用曲线的线性部分。光合有效辐射平均约占太阳总辐射的 50%。

光合有效辐射测量方式一般分为两种：辐射能量测量和光合有效通量密度（PPFD）。辐射能量测量是基于早期其他太阳辐射都是以能量为计量单位，用太阳辐射照度计和 400~700 nm 的带通滤光片，以光辐射功率密度单位（W/m^2）表示。光合有效通量密度(PPFD)是基于研究发现光合作用生成的分子数近似与光合有效辐射吸收的光子数相关，与光子能量无关。

现代光生物学研究中主要采用光合有效光量子通量密度评价光合有效辐射，因为光量子数据更能准确地反映光在光合作用中的作用。现在的主流商用光合有效辐射传感器都是采用光量子传感器，它能测量太阳光的光合有效辐射光量子通量密度，采用光电二极管和 400~700 nm 带通滤光片。经过光谱调制的光合有效辐射光量子传感器响应接近理想光合有效辐射传感器，国外这种传感器技术相对成熟，稳定性和准确度等方面都比较好，但价格昂贵。如图 5-39 所示为常见的光有效辐射传感器。

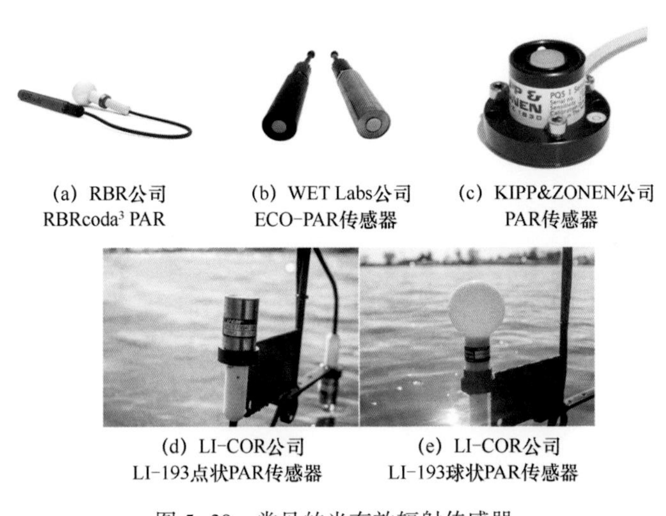

(a) RBR公司 RBRcoda³ PAR　(b) WET Labs公司 ECO-PAR传感器　(c) KIPP&ZONEN公司 PAR传感器

(d) LI-COR公司 LI-193点状PAR传感器　(e) LI-COR公司 LI-193球状PAR传感器

图 5-39　常见的光有效辐射传感器

5.2.11　光散射传感器

海水对光的散射比较复杂，比如海水中悬浮粒子的大小范围很广，海水对光的散射还与粒子的性质和数量有关，散射随着时间而变化并受制于水文要素等。因此，需要对各海区的光散射特性作详细研究和现场调查。

光散射传感器一般有海水散射仪和光散射颗粒物测量传感器。

(1)海水光散射仪是一种测量海水对光波散射特性的仪器，其采用的测量原理为从光源发出的光，经准直发射系统，变成准直光束，射入水中时受到散射。

(2)光散射颗粒物测量传感器，其原理如图 5-40 所示。当一束光线照射到通过检测位置的颗粒物(悬浮物)时，会产生微弱的光散射，在特定方向上的光散射波形与颗粒直径、颗粒的折射率与介质(水)的折射率之比及射线的波长有关。通过不同粒径的波形分类统计及换算公式可以得到不同粒径的颗粒物的数量浓度。

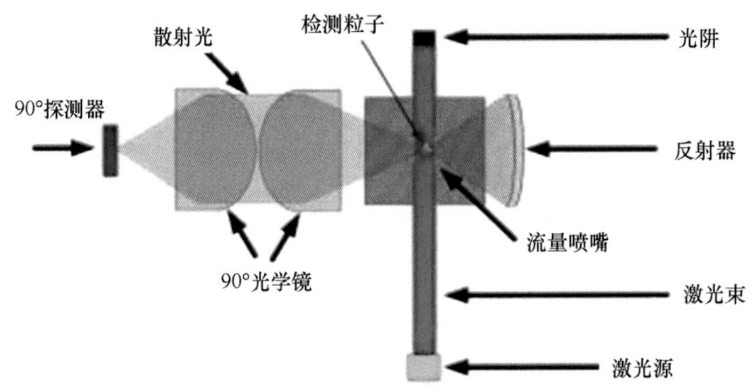

图 5-40　光散射颗粒物测量传感器原理图

Wet Labs 公司的 ECO BB9 后向散射仪是一套灵活的传感器系统，在 9 个波长测量后向散射，采用了 117°的质心角，大大减少了计算总散射系数的误差。Hobilabs 公司的多光谱后向散射仪 HS-6P 提供 6 个波长后向散射的仪器，最大工作深度 500 m，可同时测量水体的后向散射特性和放射的荧光。HS-6P 自带数据存储单元和电池包，可用于水下长期无人值守监测。两款光散射传感器如图 5-41 所示。

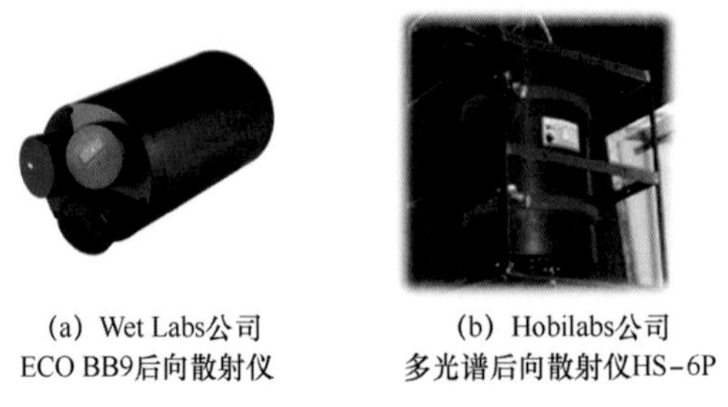

(a) Wet Labs公司 ECO BB9后向散射仪　(b) Hobilabs公司 多光谱后向散射仪HS-6P

图 5-41　两款光散射传感器

5.2.12　深海照相设备

深海照相机是用于海底和水中摄取地质、生物以及海水流动态的照相机。深海调查所用相机由摄像机、闪光灯、水声测位仪、罗盘、电源及金属支架构成，可在水深 6 000 m的海底摄取几十平方米宽的海底表面。

Oktopus Color Video Camera Ⅲ是一款小巧便利的高分辨率彩色摄像机解决方案。它与遥测系统 Oktopus VDT3 / VDT5 完美配合，为用户在甲板上提供实时图像。Camera Ⅲ可轻松安装在各种设备运输工具和机架上，相机可以部署到 6 000 m，并提供高品质的光敏度和分辨率。

DPI 浮游动物水下相机采用水下光学扫描技术，捕获高分辨率的浮游动物原位图像，如鱼卵及其他小型胶状生物。DPI 浮游动物水下相机可以布放于水下海洋观测平台、海洋观测码头、系缆式剖面仪或者水下移动平台等。

Lizard Shark 是一款 ROV 用带云台彩色摄像机，并且内置 LED 照明灯。设备直径仅为 90 mm，相比其他同类设备更适用于 1 000 m 水深以浅难以进入的狭窄区域。设备可安装于电动 / 液压机械臂。内置的 LED 照明灯亮度可调。配备高质量十倍光学变焦镜头，镜头可通过巧妙集成的云台沿水平方向摇动并沿纵向调整角度。SDS 1210 新一代水下静态相机结合了先进的相机科技——卓越的数码相片功能，并与精良的控制软件完美结合，内置 USB——以太网的集线器，确保其在海底 ROV 上使用时能更便捷、快速、正确地通过以太网连接下载图片。SDS 1210 新一代水下静态相机支持更高的分辨率、更直观的用户界面、更大的内部存储以及当其处于水下系统时，更方便从照相机下载图片等功能，SDS 1210 能满足绝大部分水下操作对高质量图片数据存档的需求。Tiger Shark 相机在 SDS 1210 静态照相机良好的水下成像质量基础上，对其品质及其操作人性化设计进行了进一步优化。设备完美适用于 ROV 的使用，或者作为一台高分辨率独立照相机应用于科学研究。内部配置有集成闪光灯和带下载功能的以太网控制，同时装配有定时器与定位红点激光仪。这三款摄像机均是挪威 Imenco 公司产品，如图 5-42 所示。

(a) Lizard Shark 水下摄像头

(b) SDS 1210新一代水下静态相机

(c) Tiger Shark水下静态照相机

图 5-42　挪威 Imenco 公司三款深海照相设备

5.3　化学海洋观测传感器

5.3.1　溶解氧传感器

溶解氧是溶解在水中的分子态氧，通常用 1 L 水中含有氧气的毫克数来表示，记作 DO(dissolved oxygen)。溶解氧主要有两个来源，一是水生的一些植物通过光合作用所产生的氧气溶于水中，二是空气中的氧气溶于水中。海水中的溶解氧含量能够反映海水的水质状况，是衡量海水自净能力的一个重要指标，也是评估海洋生态系统环境，进行科学实验和资源勘测的重要依据。虽然在海水中氧的溶解度不大，但却对整个海洋生态系统起到至关重要的作用。在温度为20℃、101.325 kPa(1个标准大气压)条件下，纯水的溶解氧大约为9 mg/L；海水中的溶解氧低于4 mg/L时，大多数种类的鱼就会缺氧导致窒息甚至死亡，这对它们的生存有非常大的影响，对海洋养殖将造成重要影响(赵子仪，2015)。

溶解氧传感器的检测方法可分为碘量法、分光光度法、电导检测法、气相色谱法、电化学法和荧光淬灭法。

1)碘量法

碘量法的测量原理是在被测溶液中加入硫酸锰($MnSO_4$)和碱性碘化钾(KI)，此时溶液中发生化学反应，生成氢氧化锰[$Mn(OH)_2$]沉淀，氢氧化锰又迅速与溶液中的溶解氧发生化合反应生成锰酸锰($MnMnO_3$)，接着加入浓硫酸(H_2SO_4)使溶液中所加入的碘化钾与已化合的溶解氧发生反应而析出碘，最后采用淀粉作指示剂，用硫代硫酸钠($Na_2S_2O_3$)滴定析出的碘，进而计算出溶解氧的浓度。碘量法测量的结果精度高，重现性好，测量的溶解氧浓度范围也比较大，可从0.2 mg/L到约20 mg/L，但是当水中含有亚硝酸盐、游离氯、铁离子时，则会对测定产生干扰。碘量法是一种纯化学的检测方法，耗时长、程序繁琐等，无法满足溶解氧在线测量的要求，而且碘量法必须对待测液体取样检测，不能直接在待测溶液中检测，否则会带来二次污染。

2)分光光度法

在碘量法溶解氧检测过程中，析出的碘单质将导致黄色溶液颜色深浅发生变化，因此可用分光光度法进行水中溶解氧浓度的测定(沙鸥等，2011)。该方法在硫酸滴入溶液的过程中即可知道剩余碘单质的变化情况，相比于碘量法在溶液蓝色消散的时刻才知道碘单质的变化，避免了滴定终点的误判，可以提高溶解氧浓度的检测精度。但该方法与碘量法类似，存在操作繁琐、用时较长、消耗试剂和需要专业人员等问题，无法进行海洋环境下的在线测量。

3)电导检测法

电导检测法是通过铊(Tl)和水中的溶解氧反应，能使得铊(Tl)氧化为氢氧化铊(TlOH)，随后用盐酸来滴定OH^-。氢氧化铊(TlOH)是强电解质，随着滴定盐酸的逐步添加，反应生成的沉淀TlCl越来越多，溶液中的电解质浓度降低，致溶液的电导减小，整个滴定过程结束后，TlOH就完全被消耗完，然后又随着溶液中盐酸的加入，溶液的电导会慢慢增大。根据电导的变化过程可以得到电导的变化曲线，电导先下降后上升，下降和上升的拐点就是滴定的终点。确定了滴定终点前的盐酸的用量就可以计算溶解氧的含量(于军晖等，2004)。

与碘量法一样，电导检测法需要滴定实验，需要专业人员的操作，操作繁琐且费时。优点是可以检测比较浑浊的水体，而且有很高的灵敏度。此方法不需要测量溶液的电导的具体值，只要找到电导的转折点后确定消耗的盐酸的量即可，所以温度变化对电导检测法的影响不大。

4)气相色谱法

气相色谱法技术常用来测量溶解性气体，在溶解氧检测中主要用来测定微量体积。测定原理是在密封容器中加入溶液和惰性气体使溶液和气体达到气-液平衡状态，然后用惰性气体使得溶解气体从溶液中脱离，这种方法中的样品受到大气中氧的影响程度降低(Achord et al.，1980；Swinnerton et al.，1962)。气相色谱法的测量仪器复杂，能测量的体积十分有限并且测量成本高，所以该方法不便于大规模推广。

5)电化学法

电化学法的检测原理是溶解氧电极在测量时会随着氧化还原反应而产生电流，一般用选择性的透氧膜把待检测水样和驱动电极的电化学电池隔开，氧气等一些气体以及一些亲水物质可以穿过透气膜，水和可溶性的离子不能穿过这层膜，所以通常是将电极直接放入水中来测量。电化学法包括原电池型和极谱型两大类。

原电池型一般以铅作为阳极，银或金作为阴极，电极表面要求平面光滑，其面积大小与还原电流成正比，直径一般采用 5～10 mm。放入水中测量时不需要外加电压，水中溶解的氧分子会透过透氧膜，进入膜与电极之间的电解液薄膜层中，当传感器两端接入电路时，在阴极表面会发生氧还原反应，在同一温度下，电极产生的电流和水中溶解氧的浓度成正比(姚素薇等，2004；朱建中，1996；Ramamoorthy et al.，2003；Bergman et al.，1985)。

极谱型一般采用 Clark 电极(Misra et al.，1976；Suzuki et al.，1991)，传感器的电极通常由阴极电极、阳极电极、氯化钾(KCl)或氢氧化钾(KOH)电解液和透氧膜组成。传感器采用的探头顶端是一个小腔室，小腔室内部有两个电极并且充满电解液，测量时将探头放入水中即可，其简单结构示意图如图 5-43 所示。一般阴极电极使用金(Au)等金属，阳极电极使用银(Ag)等金属。通过原电池或者在阴极和阳极上加上一定的电位差时，此电位差使金属离子从阳极电极进入溶液，在阴极电极处氧气透过透气膜被还原，在这个过程中所产生的电流的大小与透过透氧膜和电解液的氧气传递速度，即电流的大小与溶解氧的浓度是正比例关系，这样就可以通过测量电流的大小来计算溶解氧的含量。极谱型结构相对简单，氧分子对电解液的消耗较小，化学稳定性较好，设备使用寿命长。极谱型具有测量精度高、操作简单等优点，能够满足及时、连续监测的要求，使用较为广泛。但是，极谱型也有其不足之处：①电极表面受到污染比较严重时会使得输出的电流不够稳定，长期在此种恶劣环境下不利于溶解氧检测；②电解液在检测过程中随着氧化还原反应的进行会消耗，需要及时补充电解液并及时对电极进行标定；③透氧膜和电极在使用过程中易老化；④测量过程中会消耗水体中的溶解氧，测量的精度会受到影响。

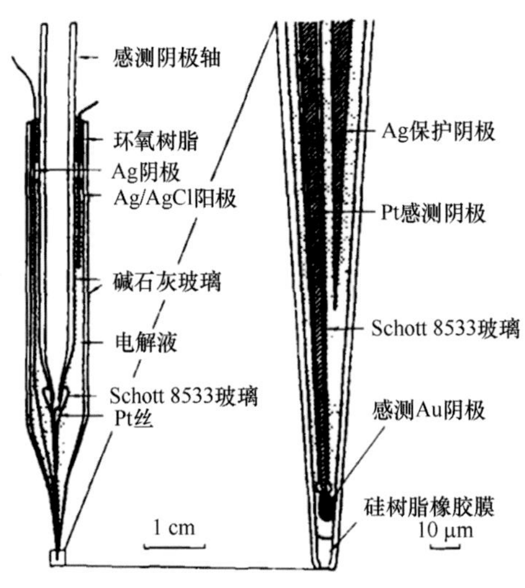

图 5-43　Clark 型微型电极传感器

6)荧光淬灭法

荧光淬灭法是基于氧分子对荧光物质的荧光淬灭效应原理(Demas et al., 1995)。荧光物质受到激发后，电子从基态跃迁到激发态，当电子从激发态回复到基态时，会释放能量发射出荧光，从而产生电信号，而氧分子的存在会阻止这一行为的进行，因此，通过测量荧光物质激发后所产生的电信号，可间接测量出氧分子浓度。荧光淬灭传感器结构通常在顶端覆盖一层感应膜，这层膜上含有像铑、钌等金属化合物这类的荧光物质，当传感器内的发光二极管发光照在感应膜上时，膜上的荧光物质被激发而发出荧光，目前大部分研究中都用光纤传输荧光信号，通过测量荧光物质发出的荧光强度或者荧光寿命就能分析计算出系统中氧气的含量。如图 5-44 所示为荧光淬灭法测量原理和传感器结构示意图(刘烨等，2019)。

荧光淬灭法是近些年研究比较活跃的领域，与传统的碘量法相比，荧光淬灭法克服了其不能在线连续监测的缺点；与电化学法相比，荧光淬灭法具有不消耗氧气、不消耗电极、不受电磁场干扰等优点，并且还有灵敏度高、检出限低、稳定性好、使用寿命长、响应快等优点，能够真正地实现实时在线连续的水质检测，所以利用荧光淬灭法检测水体中溶解氧的传感器已成为热门研究方向之一。

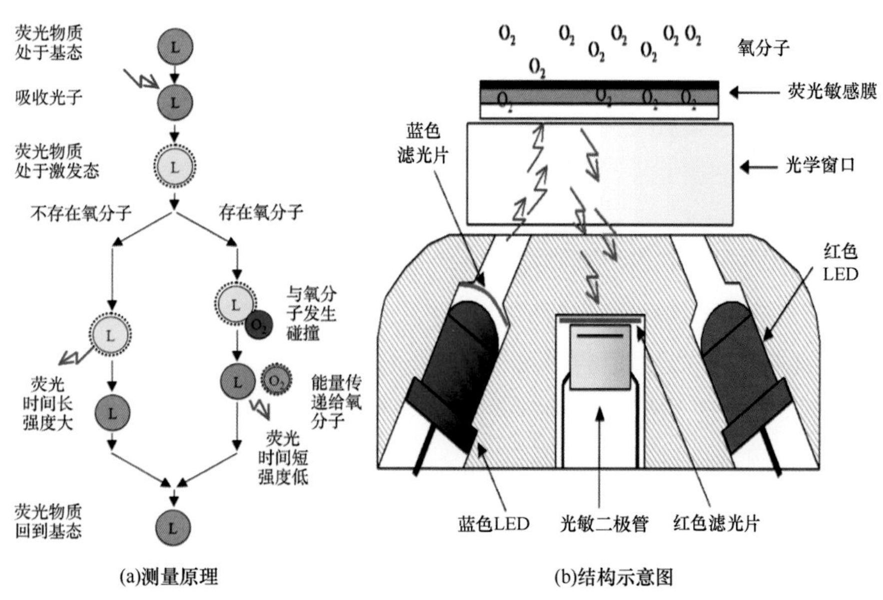

图 5-44　荧光淬灭法测量原理和传感器结构示意图

5.3.2　pH 值传感器

海水的 pH 值用来度量海水的酸碱性，是溶液酸碱度的量化单位，是海水水质检测的重要指标之一。海水的 pH 值通常大于 7，范围在 7.5~8.6，呈弱碱性。海水之所以呈弱碱性是由于海水中的强碱阳离子含量略大于强酸阳离子。海水的 pH 值较淡水变化不大，是由于海水中溶解有各种盐类，使海水具有很大的缓冲作用。海水的 pH 值受海水中各种碳酸盐的含量影响。通常，海水的 pH 值越大代表着游离的 CO_2越少；反之，游离的 CO_2含量增多，pH 值就减小。

pH 值的测量不论是在海域水文调查还是水环境污染治理等方面都是必不可少的环节，历史上 pH 值的测量方法很多，也经过了数次重大的技术革新，但最终以试纸法、酸碱电位滴定法和电位测量法的使用影响最为深远。

测量 pH 值最为方便、快捷的方法当属试纸法，但是它也存在严重的缺点。试纸法测量 pH 值是通过用标准比色卡比对，来确定溶液的 pH 值，由于每个人对颜色的判断各不相同，这样就造成在比对中人为误差较大，测量精度低。

酸碱滴定法是通过以碱滴定酸(或以酸滴定碱)，随着碱溶液的加入，被测溶液中的氢离子浓度不断减小，最终在其浓度范围发生 pH 的突跃，通过设法测量出滴定过程中溶液 pH 的变化情况，也就有可能确定滴定的终点，即被测溶液的 pH 值了。

电位测量法的原理是使用两根电极，包括测量电极和参比电极，通过测量它们之间的电位差，计算出溶液的 pH 值。pH 电极的内部相当于一个原电池，原电池的作用是将化学反应能量转成为电能。测量电极上的电位与特定的离子活度有关；参比电极与测量溶液相通，pH 电极的电能输出也是通过参比电极输出的，所以参比电极通常还与测量仪表相连。电位测量法原理是 pH 传感器应用最广泛的原理。

5.3.3 二氧化碳传感器

海洋中二氧化碳浓度的升高会导致海洋酸化。海洋酸化就是指海水吸收的二氧化碳与水结合形成碳酸，其中部分碳酸以原有的形式保留在水中，大量的碳酸则会分解成氢离子和碳酸氢根离子，从而导致海水变酸。虽然适当地增加二氧化碳浓度，对于海洋中的植物来说是有益的，但是总的来说，二氧化碳浓度的增加对于整个渔业环境和海洋生态是弊大于利的。实现现场快速检测海水二氧化碳对于海洋渔业生产具有极为重要的指导意义，也能为海洋二氧化碳的研究提供有力的支撑(梅博杰，2017)。

目前，海水中二氧化碳的测定方法有很多种，这些方法主要可分为以下几大类：①变色法；②重量法；③平衡压力法；④气相色谱法；⑤红外吸收法；⑥碱度计算法；⑦库伦滴定法；⑧电化学法。

传统的二氧化碳传感器的测量原理采用电化学法，利用二氧化碳气敏电极，检测的是海水中游离的二氧化碳气体。其原理是将溶液中的二氧化碳的浓度经过电化学反应转变成电信号的一种测定方法，这种测定方法容易受到海水以及大气中其他气体的干扰而影响检测精度。

随着光纤测量技术的发展，又进一步发展了光纤二氧化碳传感器。光纤二氧化碳传感器的原理是样品中离子态或自由态的二氧化碳通过选择性透过膜进入光纤探头，引起探头内部溶液 pH 值的变化而使其中原有的敏感试剂发出荧光或引起光强度的变化，信号经光纤传导至船载或陆上的分光光度计得以检测。

5.3.4 负二价硫传感器

海洋环境中的硫是构成其氧化还原体系最主要的元素之一，各种形式硫的分布在很大程度上能够灵敏地指示出某一特定海洋环境(如海水、沉积物、间隙水)的氧化还原性质，尤其是在缺氧的海盆和海洋沉积物中。负二价硫是影响和决定其氧化还原特性、重金属体系、自生矿物成因、沉积动力学和沉积环境学等最重要的体系之一。同时，由于负二价硫是养殖环境恶化的重要指标之一，也成为养殖底质环境的必测元素。由于负二价硫在样品采集和保存上有很大困难，发展能够用于直接测定海水中负二价硫的化学传感器显得尤为重要(赵卫东等，2000)。

传统的负二价硫传感器采用电位测量法，通常是通过检测负二价硫或硫化氢浓度，再通过样品 pH 值和平衡关系得到负二价硫的总浓度。电极可采用 Ag_2S 或者 Ag/Ag_2S，Ag_2S 是极难溶解的硫化物，具有极高的稳定性和对负二价硫很高的选择性，而 Ag/Ag_2S 电极的化学惰性较 Ag_2S 膜电极要差，但其制备简单、机械强度大、重现性好的特点更适合海洋现场直接检测。

近年来也发展了一些新型的负二价硫传感器，如采用光纤测量技术开发的光纤二价硫传感器和基于硫化氢感光片的硫化氢传感器。图 5-45 所示为基于硫化氢感光片的硫化氢传感器结构图和实物图。

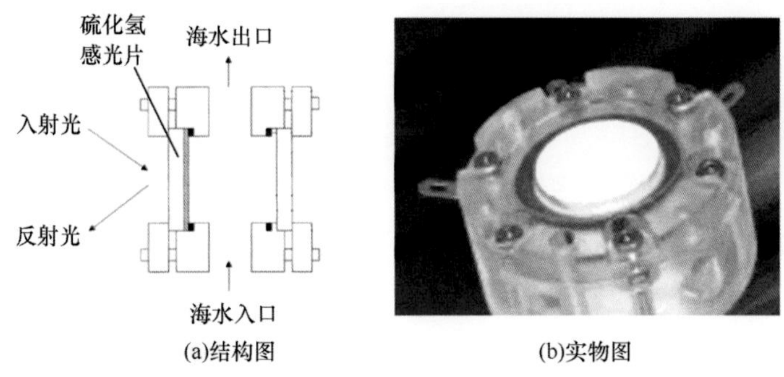

图 5-45　基于硫化氢感光片的硫化氢传感器结构图和实物图

5.3.5　氨氮传感器

氨氮是海水中重要的生源要素，是海洋植物生长所必需的营养要素之一，其含量是重要的营养盐指标。海水中氨氮含量是海洋常规监测的必测项目之一，获得实时精确的海水氨氮含量在海洋渔业养殖、海洋灾害预警、海洋资源保护等方面均具有非常重要的意义。

目前发展起来的氨氮测量方法有分光光度法(纳氏试剂比色法、次溴酸盐氧化法和靛酚蓝分光光度法)、荧光分光光度法、电极法、离子色谱法等，其中分光光度法和荧光分光光度法可同时用于淡水和海水中氨氮的测量，而电极法、离子色谱法等多用于生活污水、地表水等水体中氨氮的检测(皇甫咪咪，2016)。

1)分光光度法

分光光度法是通过测定被测物质在特定波长处或一定波长范围内光的吸光度或发光强度，对该物质进行定性和定量分析的方法。水质氨氮检测中常用的纳氏试剂比色法、次溴酸盐氧化法和靛酚蓝分光光度法均属于分光光度法的范畴。

纳氏试剂比色法是测量地表水、饮用水、废水中氨氮的常用标准方法。在碱性条件下，氨与纳氏试剂反应生成淡红棕色化合物。在一定浓度范围内，生成的红棕色化合物浓度与吸光度成线性关系，根据测得的吸光度即可定量算出水样中的氨氮含量。

该方法操作简单、反应灵敏，但是会受到水样浊度和色度的影响，不适合污染严重的水源，同时该方法所用碘化汞试剂具有毒性，在现场测量中具有一定的局限性。

次溴酸盐氧化法是《海洋监测规范　第4部分：海水分析》(GB 17378.4—2007)中规定的标准方法。目前，该方法被广泛地应用于海水中氨氮的测定。次溴酸盐氧化法方法灵敏，反应时间短，但该方法试剂配制繁琐(次溴酸钠溶液需要现用现配)，而且次溴酸钠容易氧化水样中的有机氮化物，导致测量结果偏高，因此，该方法在现场测量应用中受到了限制。

《海洋监测技术规程　第1部分：海水》(HY/T 147.1—2013)中规定的基于水杨酸钠分光光度原理的流动分析法，可实现对近岸海水和入海排污口水中氨氮含量的自动监测。在碱性条件下，水样中的氨氮在亚硝基铁氰化钠的催化下，与水杨酸钠及次氯酸钠发生反应，生成蓝色化合物靛酚蓝，该化合物在697 nm处产生强烈吸收，在方法允许测量范围内，靛酚蓝化合物的吸光度与样品氨氮浓度之间存在线性关系，符合朗伯-比尔定律。因此，根据靛酚蓝化合物的吸光度即可定量算出水样中的氨氮含量。水杨酸分光光度法是《水质　氨氮的测定　水杨酸分光光度法》(HJ 536—2009)规定的标准方法，用于地表水、水源水和生活污水中氨氮含量的检测。

2)荧光分光光度法

荧光分光光度法是当特定波长的光照射原子时，原子中的电子会吸收能量，从稳定的基态跃迁到不稳定的激发态。处于激发态的电子通过电子-电子相互碰撞或与电子-溶剂分子碰撞等过程消耗能量，从而回到第一激发态的最低振动能级。激发态的电子由最低振动能级重新跃迁回基态的不同振动能级时，会以荧光的形态发出能量。由于不同元素激发态和基态的能级差大小不一样，所以产生的荧光波长各不相同。根据荧光射线的波长和强度，可以得出样品中物质的种类和含量。

荧光分光光度法测量氨氮的原理是基于邻苯二甲醛(OPA)与氨氮之间的荧光衍生化反应，生成的衍生物的荧光强度与浓度之间在一定范围内符合朗伯-比尔定律，通过样品的荧光强度可推出样品的氨氮浓度。

3)其他氨氮监测方法

蒸馏-中和滴定法是《水质　氨氮的测定　蒸馏-中和滴定法》(HJ 537—2009)规定的测量生活污水中氨氮浓度的标准方法。当测量体积为250 mL时，方法的检出限为0.2 mg/L，由于该方法严格的预处理过程和较高的检测限，因此在海水中应用较少，也难以实现仪器的自动测量。

酶法是20世纪70年代发展起来的测定氨氮的方法，可用于食品和血液中氨氮的测量。酶促反应测量灵敏，过程专一，但其在水质氨氮的测量中应用很少。

离子色谱法的基本原理为酸性条件下水样中的NH_3转变为NH_4^+，通过检测NH_4^+色谱峰出峰时间和出峰面积对氨氮进行定量分析。

电极法是测量水中氨氮含量的常用方法，该方法操作简单，测量快速且不受水体浊度、色度等的影响，在淡水氨氮含量的测定中应用非常广泛。由于海水中的离子较复杂且干扰因素较多，使得电极法测量海水时测量不稳定，检出限较高，且方法受电极性质及寿命的影响较大，因此在海水中的应用受到了限制。

吹脱-电导法的基本原理是将水样 pH 调节为碱性并加热至 90℃，水样中的 NH_4^+ 变为 NH_3 被稀 H_2SO_4(5 mg/L)吸收，在一定浓度范围内，可通过吹出的 NH_3 浓度与吸收液电导率变化的线性关系求出水样中的氨氮含量。吹脱-电导法由于检出浓度过高，测量过程误差较大，在现场仪器测量中的应用很少。

5.4　海洋生物观测传感器

海洋生物检测的主体是海洋浮游生物检测。海洋浮游生物是海洋生态系统中的基础组成部分，在整个食物链物质循环和能量流动中起到重要作用。对浮游生物的生理、生态、多样性和过程研究是理解海洋资源、地球生物多样性水平、气候变化对生态系统的影响不可缺少的一环。

目前，得到一定程度应用的海洋浮游生物观测技术类型见表 5-6。

表 5-6　海洋浮游生物观测技术类型及比较

技术类型	浮游生物类型和粒级	类群组成	生态功能和动力学	采样频率级别	空间尺度
声学	中型及以上浮游生物	粒级和优势种	无	秒	较大空间尺度，海水剖面
水下摄像/显微摄像	中型及以上浮游生物	种类	无	秒	较大空间尺度或定点
叶绿素荧光	全粒级浮游植物	色素特征类群	初级生产力	秒	海水剖面或定点
生物光学	浮游生物	粒级	无	秒	海水剖面
流式细胞技术	小型及以下浮游生物	种类	无	分钟	定点
分子生物传感器	小型及以下浮游生物	种类	生态功能活性	小时	定点

5.4.1 基于声学的海洋生物观测传感器

声学技术在海洋生物观测中最主要应用于鱼类和哺乳动物的观测，具有快速有效、调查区域广、不损坏生物资源、提供可持续数据等优点，逐渐成为一种调查海洋生物特性的强有力手段。通过水听器对海洋生物声波的监听与记录，可以观测到鱼类和哺乳动物的分布、迁徙、种群动态等。由于浮游生物与海水密度差异导致声波传递速率不同，利用高频声波水声探测系统如声学多普勒流速剖面仪(ADCP)、多频率水声剖面系统(MAPS)、宽波段声呐等可以对不同类群的浮游生物分布进行定量观测。声学方法的最大优势在于，能够在比较大的空间尺度上及三维空间高频率展示浮游生物的分布。相对来说，应用于浮游生物的商业化声学仪器较少，主要由各实验室开发并初步应用，目前已经较成功地应用于研究与物理海洋环境有关的浮游动物分布特征，如大西洋湾流、冷暖涡、锋面、北太平洋中层水等物理海洋环境对生物分布的影响。声学设备在长时间观测上也得到应用，研究了浮游动物昼夜垂直迁移的季节变化。基于声学的观测方法虽然在观测频率、空间范围与长时间观测上具有突出优势，但是其对浮游动物种类组分的分辨能力差，定量不准确，通常需要与光学成像分析方法或其他传统海洋生物观测方法结合使用。

常用的基于声学的海洋生物观测传感器有水听器、回声探测仪和声呐。

1)水听器

水听器是一种将声信号转换成电信号的换能器，用来接收水中的声信号，称为接收换能器，也常称为水听器。现阶段普遍应用的水听器根据测量原理一般可分为标量水听器、矢量水听器和光纤水听器等(陈丽洁等，2006)。

标量水听器只能测量声场中的标量参数，如传统的声压水听器探测水下声信号以及噪声声压变化并产生和声压成比例的电压输出。

矢量水听器能够同时测量标量信息和矢量信息，即声压和质点振速，如图 5-46 所示。矢量水听器按照所用敏感元件的传感方式可分为惯性式矢量水听器和非惯性式矢量水听器两种类型。惯性式矢量水听器即目前经常使用的同振型矢量水听器(如同振柱型和同振球型矢量水听器)。结构上，它是由声学刚性浮力材料(通常为环氧树脂与玻璃微珠混合物)包裹惯性传感器而成的。理论上当水听器的平均密度近似于水密度时，其运动方式与声波在此点的运动方式是一致的。其优点在于适合较低频率声波的接收，且灵敏度较高，是目前应用较为广泛的一类矢量水听器。不过，由于其通常需要后期利用橡胶绳或金属弹簧悬挂，给应用人员带来较大不便，且悬挂技术的优劣会直接影响其性能指标。非惯性式矢量水听器即通常所说的压差式矢量水听器(声压梯度水听器)或多模水听器，其最简单的形式是利用两只频响曲线相同或相近的声压水听器组成。为了保证水听器能够准确获得声压梯度信号，水听器上限频率所对应的声波波长要远大于水听器之间的物理尺寸。通过两只水听器输出信号相减或将水听器进行反向并联，便可以得到声压梯度值。然而实际上要找到在各频率上性能一致的两只声压水听器并非易事。因此制作工艺的优劣直接影响压差式矢量水听器性能的好坏。为达到较高灵敏度，水听器通常工作在较高频率，且工作频带很窄(刘爽，2016)。

图 5-46　矢量水听器

光纤水听器系统一般由几个部分组成：光源和光学处理单元、光纤声波传感单元、光纤传输网络、光电检测和信号处理单元。光源发出的光信号经过光学处理后进入光纤传输网络。光信号在经过传感单元时，外界声场对其发生作用改变了它的强度、波长或者相位等信息，从而带有了外界声场的相关信息。然后光信号携带着外界声场信息通过传输网络进入光电探测器转变为电信号。最后信号处理系统解调出携带的关于强度、波长或者相位的信息，从而得到外界声场。光纤水听器按原理可分为干涉型、强度型和光栅型等。干涉型光纤水听器关键技术已经逐步发展成熟，在部分领域已经形成产品，而光纤光栅水听器则是目前光纤水听器研究的热点。光纤光栅水听器是以光栅的谐振涡合波长随外界参量变化而移动为原理(虞若雨，2019；王炳辉等，2004)。如图 5-47 所示是一种基于光纤布拉格(Bragg)光栅的光纤光栅水听器原理图。光纤水听器是利用光纤技术探测水下声波的器件，它与传统的压电水听器相比，具有极高的灵敏度、足够大的动态范围、本质的抗电磁干扰能力、无阻抗匹配要求、系统“湿端”质量轻和结构的任意性等优势，因此，足以应付来自潜艇静噪技术不断提高的挑战，适应了各发达国家反潜战略的要求，被视为国防技术重点开发项目之一。

2)回声探测仪

回声探测设备是最早的一类水下声学仪器，这种设备得到了广泛应用。回声探测仪的工作原理是利用一组发射换能器在水下发射声波，使声波沿海水介质传播，直到碰到目标后再被反射回来，反射回来的声波被接收换能器接收。然后再由声呐员或计算机处理收到的信号，进而确定目标参数和类型。回声探测仪类型很多，可分为记录式和数字式两类，通常都由振荡器、发射换能器、接收换能器、放大器、显示和记录部分所组成。由于声波在海水中的传播速度随海水的温度、盐度和水中压强而变化，在海洋环境中这些物理量越大，声速也越大。常温时海水中的声速典型值为 1 500 m/s，淡水中的声速为 1 450 m/s。所以在使用回声测深仪之前，应对仪器进行率定，计算值要加以校正。同时回声探测仪会受到其他因素的干扰，如仪器性能的差异，回声探测仪自身存在的盲区和外在因素如天气、气泡的干扰，鱼类时空变化、鱼类对调查船和声波的逃避行为等。

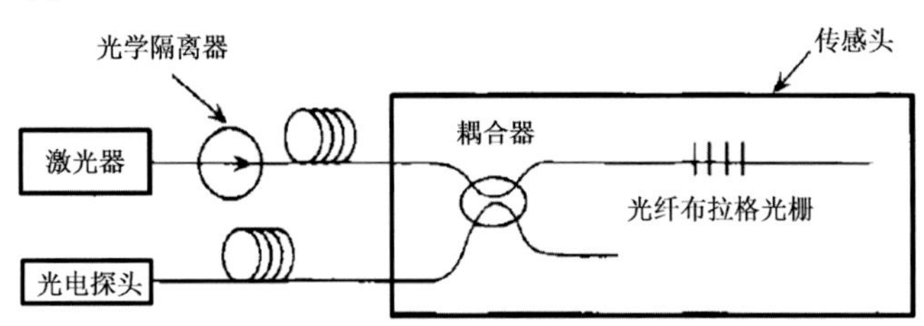

图 5-47　一种基于光纤布拉格光栅光纤光栅水听器原理图

3) 声呐

声呐是通过声波信号来对水下目标进行探测、定位的常见设备，其原理是模仿视力极低的蝙蝠通过声波实现视觉功能的特性。声呐在水下资源勘查、水下通信和海洋军事领域中起着决定性作用，已被各海洋国家广泛重视。声呐最早用于军事及海洋工程探测，直到 2000 年识别声呐才逐渐从军用转到民用领域，2002 年成立的 Sound Metrics 公司将 DIDSON 进一步推向民用市场，至此声呐开始用于渔业资源评估中。

声呐从工作原理来分可分为主动声呐和被动声呐两类(孙鹏程，2019)。

主动声呐又称回声声呐，其工作原理如图 5-48 所示。主动声呐的工作方式为发射机发射出特定频率的声波信号，触及目标物后接收反射波中的信息来测算出目标的各项参数，包括方位、距离和速度等。具体来讲，目标距离可以通过折返的声波信号与发射出的声波信号之间的时间差计算出来，目标方位可以通过测算回声弧形波线，再制出其法向量方向就是目标的方向，而目标的径向速度可根据多普勒效应测算回波信号与发射信号之间的频率之差得知。同理，目标的其他性质可通过比对回波信号与发射信号的变化规律来推测。主动声呐主要用于水下勘测，如暗礁、冰山、沉船等静止且无声的目标。主动声呐优点也在于此，能够较精确地测量方位以及距离等参数，缺点是工作时需发射声波信号采集回声，更易被敌方侦查，且探测距离有限。

被动声呐的工作原理如图 5-49 所示，被动声呐是通过接收目标自身发出的声波信号来探测目标，因此也被称为噪声声呐，这一功能是通过接收换能器基阵来实现的。被动声呐主要用来搜索、检测来自目标的声信号和噪声，其优点是拥有良好的隐蔽性、更远的侦察距离以及更强的识别能力。被动声呐只接收目标自身产生的信号，声呐本身并不发射信号，因而没有其他反射噪声造成的干扰。缺点是由于其需要目标物自身产生“噪声”，所以对静止无声的目标无法探测，仅仅可以发现目标但无法测出目标距离。

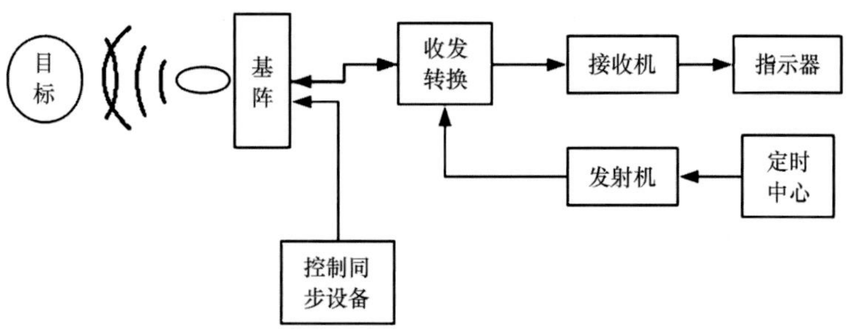

图 5-48　主动声呐工作原理图

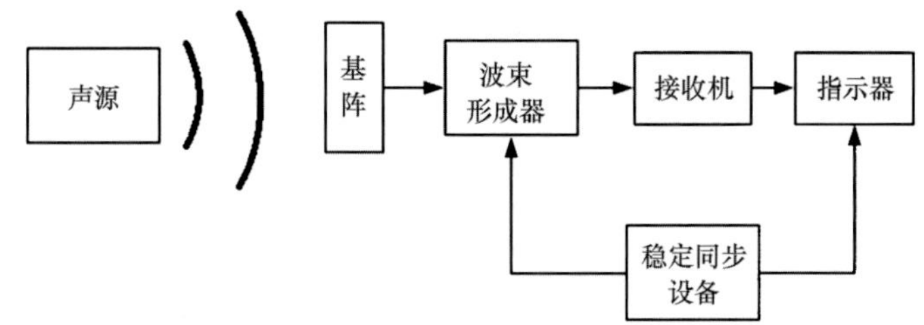

图 5-49　被动声呐工作原理图

实际应用中，多数声呐都采用主动和被动两种方式相结合使用，充分发挥出两种声呐的优点，扬长避短。在一般勘察使用时，工作在被动声呐模式下。当发现目标并分析出了目标的大概方位后，声呐的工作方式改为主动声呐模式来进一步获得目标的精确信息。

5.4.2　基于光学的观测传感器

生物光学传感器具备低能耗、高频率与应用空间范围大的特点，是经常应用于海洋生物观测平台的传感器。生物光学传感器按照其技术基础可分为基于浮游植物色素光学特征的光学传感器和基于水下摄像记录设备的光学传感器两类。

1）基于浮游植物色素光学特征

浮游植物色素光学特征在群落水平或个体水平上得到较深入的应用，浮游植物色素以叶绿素为主。叶绿素的结构是以一个镁与四个吡咯环上的氮结合以卟啉为骨架的绿色色素。叶绿素呈深绿或墨绿色油状或糊状，不溶于水，微溶于醇，易溶于丙酮和乙醚等有机溶剂和油脂类（张怀斌，2008；魏红艳，2009；赵友全等，2010）。其中，叶绿素 a 是所有叶绿素中含量最高的，是表征浮游植物生物量的主要参量，也是计算海洋初级生产力的主要输入参数，对全球碳循环、浮游植物生理学与生态学的研究都有非常重要的作用。

叶绿素 a 的测量方法主要有高性能液相色谱法(HPLC)、实验室荧光法、分光光度法、遥感法和荧光分析法。高性能液相色谱法(HPLC)、实验室荧光法和分光光度法是在实验室中进行的，需将叶绿素从浮游植物体内提取出来，不仅工作量大，而且整个过程中干扰因素很多，最后很可能得到错误的数据。遥感法在线测量叶绿素 a 仅适用于大面积的水域，而且航拍工作要求很高，检测结果处理复杂。相比之下，基于叶绿素 a 的分子结构和光谱特性的荧光分析法，测量更加简便并具有较高的测量精度和较宽的测量范围，更适于作为海洋生物光学观测传感器的检测原理。

荧光分析法的检测原理是叶绿素 a 在可见光波段有两个最强吸收区：波长为 640~660 nm 的红光波段和波长为 430~470 nm 的蓝紫光波段。叶绿素 a 对一定波长的蓝光信号具有吸收作用，因此通过采用该波长的蓝光光源对叶绿素 a 进行照射，可以促使叶绿素 a 产生波长更长的红色荧光信号，通过检测红色荧光信号的强度可以获得叶绿素 a 的相对浓度。

叶绿素传感器的结构原理如图 5-50 所示，通过超高亮蓝色激光光源对水体进行照射，通过透镜的聚光以及窄带干涉滤光片接收叶绿素 a 受激产生的荧光信号，荧光信号通过光电转换器件将其转换为电路所能处理的电信号，再经信号调理电路与模数转换电路对模拟信号进行处理，转换后的数字信号最后在微控制系统中完成数据的存储、标定计算等处理(史正等，2019；吴宁等，2019；李鑫星等，2015)。

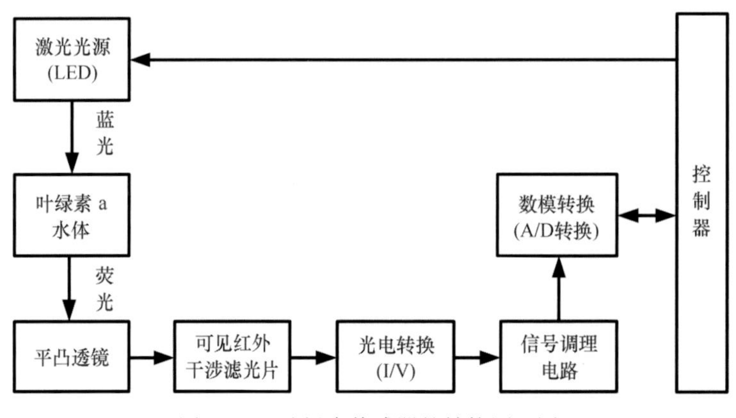

图 5-50　叶绿素传感器的结构原理图

荧光技术与设备的发展路线主要分为两个方面：①利用不同类群浮游植物的色素组成不同，进而具备不同的吸收光谱特征，结合吸光光谱与叶绿素荧光，可以对不同类群的浮游植物进行定量分析；②利用藻类荧光诱导理论，即浮游植物荧光发射的变动对应于激发能量的变动，基于光合系统 II(PSII)饱和动力学的可变荧光参数，可应用于计算浮游植物初级生产力的关键光合参数。目前可变荧光设备主要用于船载海水剖面测量或走航测量模式。

浮游植物的叶绿素荧光仪是目前技术最成熟、种类最多、应用最广的海洋生物观测设备。自 20 世纪 60 年代开始，叶绿素 a 荧光仪被广泛用于评估浮游植物丰度(生物量)的变动。叶绿素 a 荧光测量是一种快速、灵敏、非破坏性、低能耗的测量方式，是现场测量叶绿素 a 的一种简便快捷途径，因此叶绿素荧光探头成为走航观测、生态浮标、生态漂浮式浮标(Bio-Float)等自动观测平台的必备探头。叶绿素 a 荧光传感器是测量周围海洋环境中叶绿素 a 含量占比的传感器，通过用探头探测叶绿素 a 荧光的光度来估计环境中叶绿素 a 的浓度。如图 5-51 所示为叶绿素荧光仪和叶绿素 a 荧光传感器产品。

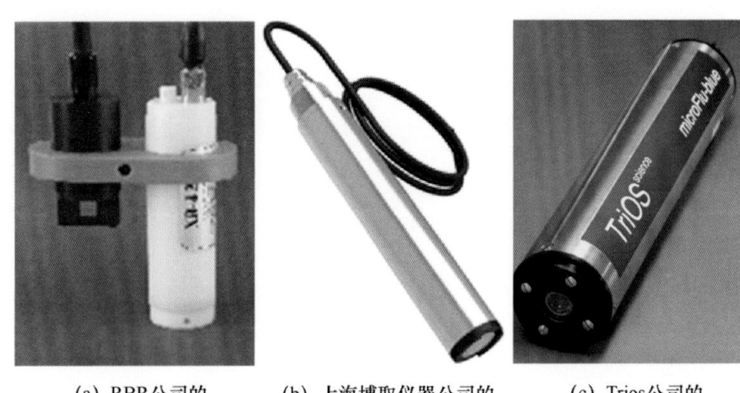

(a) RBR公司的 XR-42 TFI叶绿素仪　(b) 上海博取仪器公司的叶绿素a荧光传感器　(c) Trios公司的叶绿素a荧光传感器

图 5-51　叶绿素荧光仪和叶绿素 a 荧光传感器产品示例

2)基于水下摄像(包括显微摄像)记录设备

利用水下成像系统对浮游生物进行直接的图像记录是进行海洋浮游生物观测最直观的方法，特别是对中型以上粒级的浮游动物，已经有多种成像系统成功地应用于大面调查或种类鉴定，如浮游生物录像记录仪(video plankton recorder，VPR)、水下录像剖面仪(underwater video profiler，UVP)和浮游动物可视与成像系统(zooplankton visualization and imaging system)等(Hu et al.，2006；Yang et al.，2006；Davis et al.，2004)。浮游生物录像记录仪主要用于水平拖曳，记录 0.2~20.0 mm 粒级浮游生物的水平分布格局；水下录像剖面仪多用于浮游动物垂直剖面的定量观测，也可与浮标结合，实时获取图像与环境信息。这些水下成像系统可以记录从 10 μm 到数厘米大小不同的浮游生物光学图像，通过图像识别系统对浮游生物进行种类鉴定与定量。其中，VPR 应用最广泛，其成功应用于美国 GLOBEC 乔治浅滩项目(Georges Bank Regional Program)等多个海洋现场，连续多年观测中型浮游动物不同种类的时空分布；它也被应用于 BIO-MAPPER Ⅱ观测平台，与声学传感器结合实现对浮游动物更全面的观测。

相对于浮游动物，水下浮游植物成像系统要求具备更大倍率的显微镜头，由于在大倍率的显微镜头下对光、焦距都有较高的要求，直接在水体中对浮游植物进行成像较为困难，通过将流式细胞技术与显微摄像结合，工作粒径范围降低到 5～1 000 μm，是目前实现浮游植物显微成像的可行方式。

海洋生物光学在观测上一个较成功的应用是 Bio-Argo 浮标。Bio-Argo 浮标是在只用于物理海洋学观测的 Argo 剖面浮标基础上结合几种生物光学传感器形成的新的综合性海洋观测平台，是目前 Argo 项目的一个主要发展方向。图 5-52 所示是一种 Bio-Argo 浮标 PROVBIO，该剖面浮标是由一个传统的 Argo 浮标(PROVOR，法国 NKE 公司生产)搭载多个生物光学传感器构成的，包括：①三波段(412 nm、490 nm 和 555 nm)下行光照强度(辐照度)传感器(OC4，加拿大 Satlantic 公司生产)；②660 nm 波段透射计(C-Rover，美国 Wetlabs 公司生产)；③荧光与散射集成探头(Pucks，Wetlabs 公司生产)分别测量叶绿素 a 荧光、黄色物质(有色可溶性有机物，CDOM)荧光以及 532 nm 后向散射系数(邢小罡等，2012)。

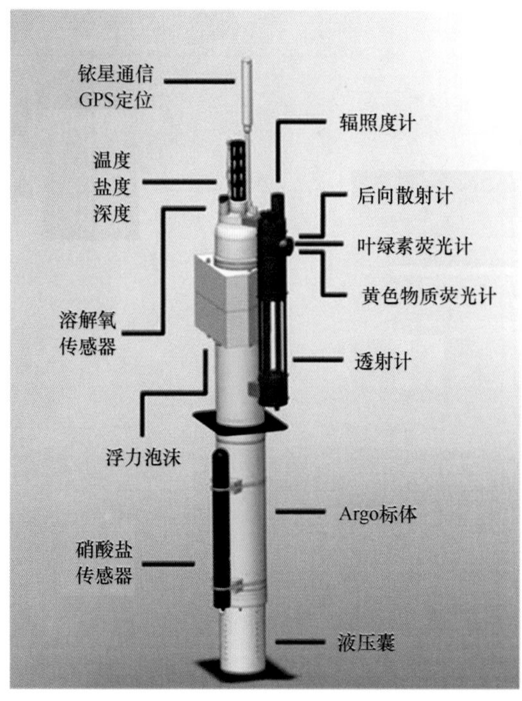

图 5-52　PROVBIO 浮标的基本结构

5.4.3　基于流式细胞技术的观测传感器

流式细胞技术(flow cytometry，简称 FCM)是一项集激光技术、电子物理技术、光电测量技术、计算机技术以及细胞荧光技术等为一体的细胞检测技术。严格来说，流式细胞技术也是一类基于生物光学的技术，但是不同于测量海水生物总体光学特征。流式细胞技术可以分析、计数单个颗粒物(生物)，海水中颗粒物在快速流动的液流中分散，然后通过一系列光学检测器获得单个颗粒物的光学信息(刘昕等，2007；Hoell et al. ,2017；宁修仁，2001)。

流式细胞技术最初用于生物医学研究，之后成功应用于海洋微型生物的分析。由于设备的复杂性、耗能高、运行条件苛刻，流式细胞技术在生物海洋观测中主要集中应用于实验室分析研究，且具有强大的功能和显著的优越性：①快速：每秒钟可测定数千个细胞；②灵敏：可通过流式细胞测定技术检测到显微镜及其他方法无法检测的生物；③精确：球粒形的单细胞生物光散射和荧光测定的变异系数(离散程度)低于1%；④具有细胞分选功能：通过测定的光学特性组合能够分选出纯种细胞；⑤使用广泛、潜力巨大：流式细胞测定技术不仅在海洋小型、微型生物监测与生态生理学的研究和海洋悬浮颗粒物的分析方面有显著的优越性，在赤潮生物监测、水产养殖开口饵料生物分析等方面也具有广阔的应用前景。

近年来有少量专门应用于现场的仪器被开发出来，特别是结合了显微摄像技术，实现对浮游植物种类较为准确的鉴定与计数的流式细胞仪，其工作示意图如图 5-53 所示。

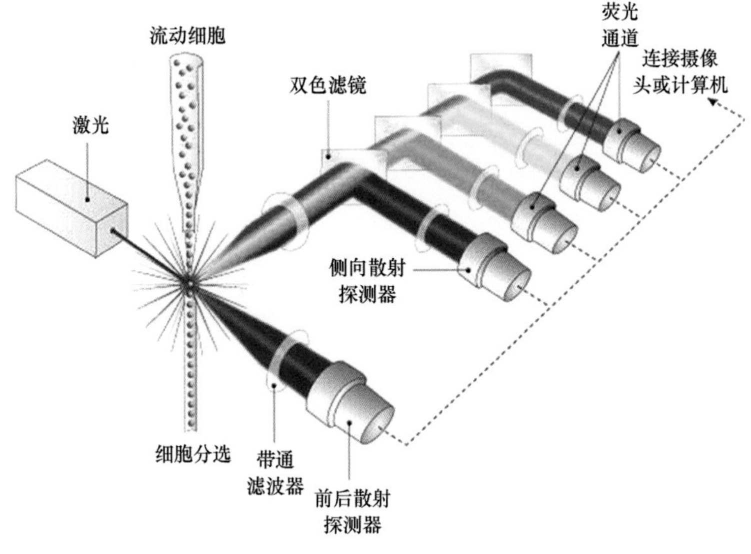

图 5-53　流式细胞仪工作示意图

流式细胞仪主要由流动室和液流系统、激光源和光学系统、检测分析系统及分选系统四大部分组成。

(1)流动室和液流系统。流动室由样品管、鞘液管和喷嘴等组成，是液流系统的心脏。样品管贮放样品，单个细胞悬液在液流压力作用下从样品管射出；鞘液由鞘液管从四周流向喷孔，包围在样品外周后从喷嘴射出。由于鞘液的包裹作用，被检测细胞就被限制在液流的轴线上，并且依次排列进行检测，如图 5-54 所示。

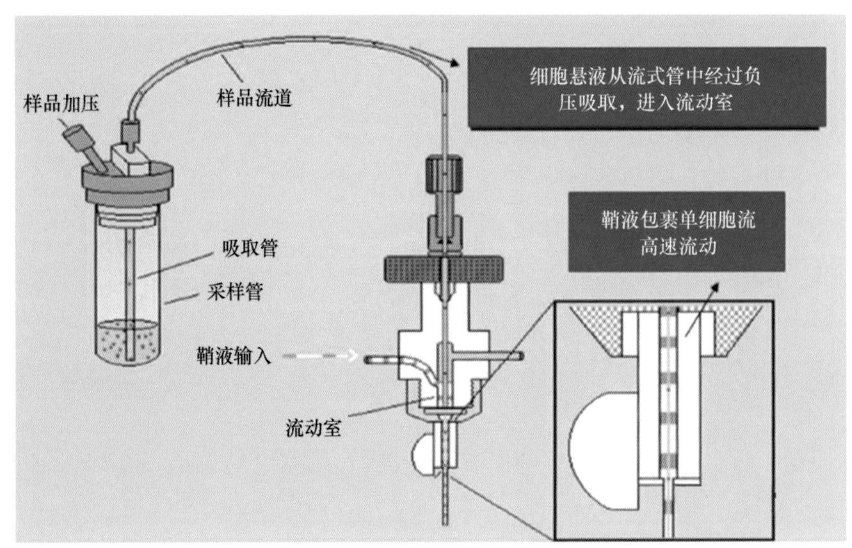

图 5-54　流动室和液流系统结构原理图

(2)激光源和光学系统。经特异荧光染色的细胞需要合适的光源照射激发才能发出荧光以供收集检测，所以需要一套光学系统对这些光学信息进行收集。激光和光学系统主要由激光源、滤光片及光学收集系统等元器件组成。为使细胞得到均匀照射，并提高分辨率，照射到细胞上的激光光斑直径应与细胞直径相近，采用经透镜会聚激光光束。为了进一步使检测的光信号信息更加丰富，并提高光信号的信噪比，在光路中还使用了多种滤片。带阻滤片或带通滤片是有选择性地使某一滤长区段的光线滤除或通过。

(3)检测分析系统。主要由光电转换器、光电倍增管(PMT)、放大器及计算机等部分组成，包括前向散射和侧向散射。前向散射(forward scatter，FSC)是光信号在激光光束照射的方向上进行检测，光散射信号在前向角 0.5°~2°测定光强值，这种光散信号反映细胞体积的大小。侧向散射(side scatter，SSC)是光信号在激光光束垂直的 90°方向上进行检测，信号经过积分放大之后得到散射的光强值，这种信号反映的是细胞内部结构的复杂程度。

(4)分选系统。根据某些特定参数决定细胞液滴是否被分选，然后由充电电路对其进行充电，带电液滴通过静电场发生偏转而分离。不同的细胞所带电荷量的大小不同，在同一电场下的偏转距离也不同，可以实行进一步的筛选。

检测分析系统和分选系统一般集成在一起，如图 5-55 所示。

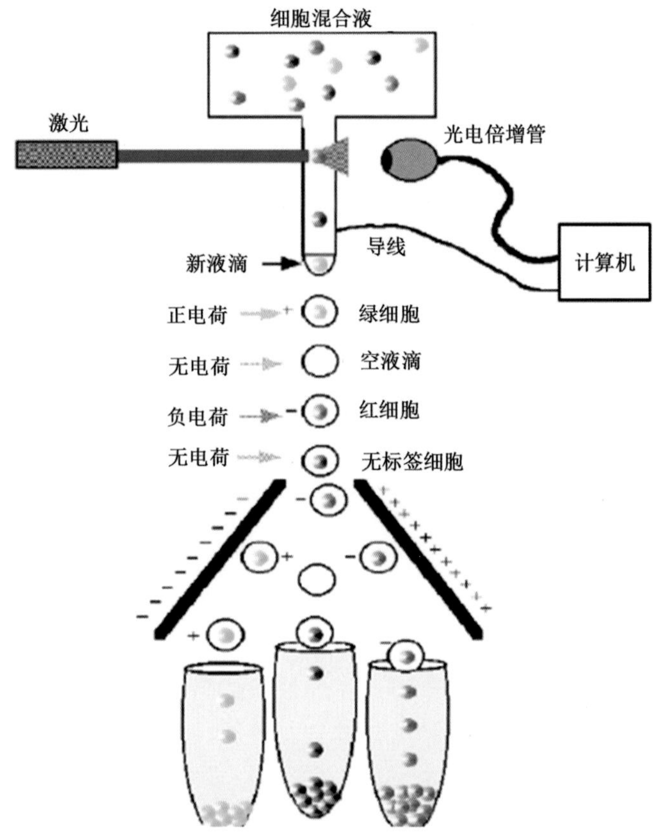

图 5-55　检测分析系统和分选系统结构原理图

Fluid Imaging Technologies 开发的 FlowCAM 系统[图 5-56(a)]，可以应用于走航系统或剖面分析平台；荷兰 Cyto-buoy 公司开发的 Cytobuoy 系列水下流式细胞仪[图 5-56(b)]，也已经成功应用于浮标、Ferrybox 等观测平台；伍兹霍尔海洋研究所开发的自动流式细胞仪 FlowCy-tobot 已经在美国 LEO-15 海底观测站运行。

流式细胞仪在海洋领域应用广泛(Rockey et al.，2019；Hansman et al.，2016)：①在海洋浮游植物研究领域，用于生物微粒粒径的划分和分析，由于海洋浮游植物种类繁多、人工分类耗费人力巨大，使用流式细胞仪分类客观迅速，可以进行多参数划分；②在海洋细菌研究领域，用于海洋细菌计数以及生物量统计、海洋细菌生理生化分析和海洋细菌的种类鉴定，流式细胞仪避免了细菌不含任何色素、体积小和检测信号弱等缺点，效果显著；③在海洋动物细胞研究领域，流式细胞仪能对单个细胞或细胞器的 DNA 含量进行快速测量。

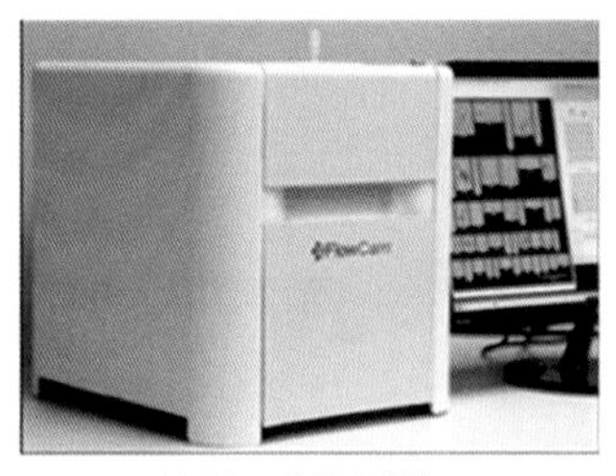

(a) FlowCAM系统

(b) Cytobuoy系列水下流式细胞仪

图 5-56　基于流式细胞技术的观测传感器

5.4.4　基于分子生物学的观测传感器

基于声学、光学基础的浮游生物原位观测技术在种类准确鉴定、生态功能分析与细胞动力学参数等方面的测定上都具有较大的局限性，而分子生物学技术提供了分析生物遗传信息组成、mRNA 表达水平、蛋白表达水平等信息的方法，来实现对浮游生态系统组成与功能的精确分析。在环境科学中应用分子生物学技术通常要求现场采集样品、保存样品、送回实验室分析等，这样要获得浮游生物群落的组成或活性信息，需要较长的分析时间。在实验室，样品收集、提取、分析，每个步骤需要不同的仪器。因此，基于分子生物学的生物传感器的基本原理是提供一套整合的系统来实现样品自动化收集、富集和分析。与传统分析方法相比，该类传感器拥有对被分析物具有高选择性、特异性、响应时间快、成本低、易于操作、装置小等优势。

基于分子生物学的海洋生物传感器是由识别元件(感受器)和与之结合的信号转换器(换能器)两部分组成的分析工具或系统，可以识别生物活性物质(分子)，将海洋生物检测量转换成可用的输出信号。生物传感器的感受器敏感物质可以是生物体成分(酶、抗原、抗体、激素、DNA)或生物体本身(细胞、细胞器、组织)，感受器能特异地识别这些被测物质或与之反应；换能器主要有电化学电极、离子敏感场效应晶体管、热敏电阻器、光电管、光纤、压电晶体等，其功能是将敏感元件感知的生物化学信号转变为可测量的电信号。这些生物传感器按照其感受器敏感物质，可分为酶传感器、微生物传感器、细胞传感器、组织传感器和免疫传感器；按照其信号转换器可分为生物电极传感器、半导体生物传感器、光生物传感器、热生物传感器和压电晶体生物传感器等。

基于分子生物学传感器的基本原理是待测物质经扩散作用进入生物活性材料，经分子识别，发生生物学反应，产生的信息继而被相应的物理或化学换能器转变成可定量和可处理的电信号，再经二次仪表放大并输出，便可检测待测物浓度。

目前，可以实现水下原位分子生物学分析的设备有限，主要有细胞传感器、免疫传感器、DNA 生物传感器、酶传感器、微生物细胞传感器和环境样品处理系统(environmental sample processor，ESP)等。

1)细胞传感器

细胞传感器是一类将活细胞和各种二级传感器结合从而用于检测细胞的生理生化等变化的新型生物传感器(Liu et al.，2014)。由于活细胞可以对很多物质产生特异性的反应且能产生相应的参数变化，因此利用活细胞作为敏感元件来检测某些化合物和环境变化由来已久。细胞传感器在结合了细胞检测优点的同时又克服了传统细胞检测方法的不足，因此有着巨大的发展潜力。

细胞传感器检测系统如图 5-57 所示。首先，环境中的物理和化学等刺激因素被作为一级换能器的活细胞感知，从而引起细胞发生一系列生理生化状态的变化。其次，这种变化可以被作为二级换能器的物理化学传感器检测，并将其转换成电化学或者光学信号后通过检测系统将其记录处理后转换成数字信号输出，最终通过计算机对数据进行处理和分析等(邹玲，2015)。

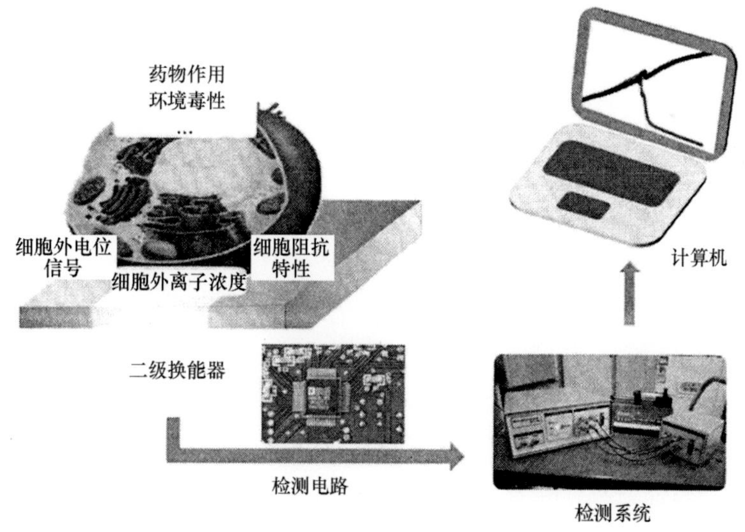

图 5-57　细胞传感器检测系统示意图

2)免疫传感器

免疫传感器是一种基于传感技术来检测抗原抗体反应的生物传感器。根据抗原抗体反应类型不同，免疫传感器检测方式可分为直接法、竞争法和夹心法(Ricci et al.，2012)。

直接法是最简单也是应用最多的一种方法，原理是利用传感技术检测抗原和抗体间的直接结合作用。直接法通常是将抗原(抗体)固定在传感器表面，然后通过抗原抗体结合后引起的一系列物理化学变化从而达到检测抗体(抗原)的目的。

竞争法又可分成直接竞争法和间接竞争法。直接竞争法是抗原和带酶标记的抗原竞争性与固定在传感器表面的抗体结合，在加入底物后信号发生变化。间接竞争法是当无法获得酶标记的一抗时，通过酶标记的二抗同一抗的 Fc 端结合来间接检测抗原的含量。在通常的检测中，间接竞争法要比直接竞争法应用广泛很多，一般来说对小分子的检测通常采用竞争法。

夹心法是抗原首先被固定在传感器表面的一抗所捕获，再加入与抗原另外一个决定簇特异性结合的带酶标的一抗，通过测定底物加入后信号的变化来检测被测物质。由于该方法需要抗原有至少两个抗原决定簇，因此夹心法只适合检测分子量比较大的物质，不适用于小分子的检测。

3)DNA 生物传感器

DNA 生物传感器依赖高特异性识别元件来检测目标分析物，通常是用于 DNA 的检测。基于特异性 DNA 探针杂交反应的 DNA 生物传感器包括一个识别元件和信号转换器。一条单链 DNA 固定在信号转换器界面作为识别元件，通过杂交反应后，能够特异性识别目标 DNA；信号转换器将 DNA 探针杂交前后的信息转换为可以分析测量的信号，该信号与目标分析物的浓度成正比，以实现对目标 DNA 的检测。根据换能器的不同，DNA 生物传感器主要有质量敏感型、热敏型、场效应型、光学、电化学等类型。其中，电化学 DNA 生物传感器和荧光 DNA 生物传感器的应用最为广泛(王日晟，2018；陈宪等，2012；刘萍等，2011)。

4)酶传感器

酶传感器是研究最早和最多的生物传感器之一，是以生物活性物质如酶、核酸、细胞等物质作为敏感元件，利用生化反应所产生的或消耗的物质的量，将电化学信号转换成电信号，然后用电化学测量装置(电极)定量地检测反应中生成或消耗的生物活性物质，通过分析待测物与检测的电信号之间的关系分析测定目标物的过程。常见的酶传感器有葡萄糖传感器、尿素传感器、胆固醇传感器等，由于具有良好的稳定性能，已应用于生物医学及环境监测等领域(夏善红等，2017；刘佳等，2012)。

5)微生物细胞传感器

微生物细胞传感器是以微生物细胞作为生物敏感元件，能够快速监测环境中的各种污染物的分析装置，其特点是特异性强，检测速度快，操作简单，在极低的浓度下，可以检测空气、土壤及环境中的毒性物质。微生物细胞传感器的敏感元件是微生物细胞，可以经过遗传工程重构，形成对环境中某种特殊物质产生生化反应，从而产生被检测到的信号。随着分子生物学的发展，微生物细胞传感器从利用菌类表达发光到导入荧光蛋白基因使微生物细胞发光，报告基因表达后可以产生被检测到的光信号，通过信号转换器将检测到的光信号放大、分析，通过对光信号的分析就可以定量检测目标物的浓度。目前，我国的环境污染情况不容乐观，出现了许多新的污染物，因此，对污染物的精准检测要求也越来越高。由于微生物细胞传感器的自身特点，其在对环境中各类污染物的检测方面具有广阔的应用前景(高勇等，2019)。

6)环境样品处理系统

环境样品处理系统(ESP)是由美国蒙特利海湾生物研究所(Monterey Bay Aquarium Research Institute，MBARI)开发的，如图5-58所示。ESP采样、样品处理与分析模块，可以进行非连续采样、富集浮游生物、分子探针杂交和荧光检测等操作，结合特定的探针芯片，能够鉴定细菌、古菌、浮游植物和浮游动物等多个物种，也可以应用于赤潮生物毒素的ELISA检测。ESP已经成功应用于蒙特利湾、缅因湾等海域，可以在浅海中连续工作1个月，并可以在4 000 m水深工作数天。随着技术的进步，ESP逐渐向着小型化方向发展，可与ROV和AUV等移动观测平台结合。传统实验室分析通常需要在海上收集水样并将其送回设备齐全的实验室。实验室分析的样品和实际样品存在明显时间差，且采样成本巨大。ESP允许远程应用分子探针技术，相当于在海洋中提供“持久存在”生物化学实验室，可以实时分析并且节省取样成本。

(a) 传统ESP

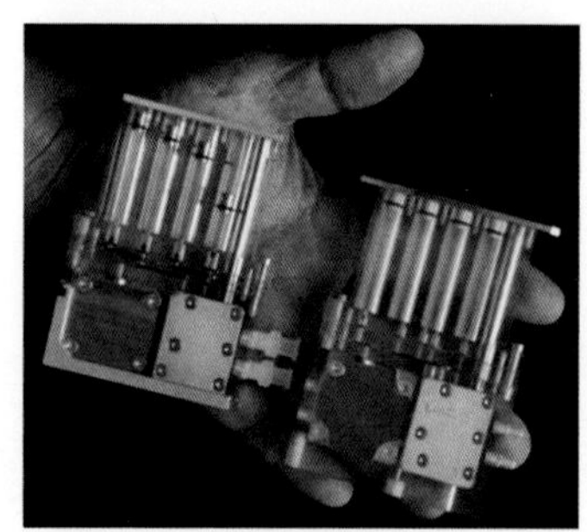

(b) 小型化ESP

图5-58　环境样品处理系统(ESP)

5.5　海底物探观测传感器

海底地球物理探测，简称“海底物探”，是通过地球物理探测方法研究海洋地质过程与资源特性的科学。海底物探主要用于海底科学研究和海底矿产勘探，研究对象包括海底重力、海底磁力、海底地震等。海底物探的工作原理和陆地物探方法原理相同，但因作业场地在海底，增加了海水这一介质，故对仪器装备和工作方法都有更严格的要求。

5.5.1 海底重力观测传感器

1）按测量原理分

海底重力的观测可以采用重力仪，重力仪结构原理与陆地重力仪相同，根据其测量原理的不同可分为自由落体重力仪、原子干涉重力仪、弹簧重力仪和超导重力仪，表 5-7 列出了重力仪的分类及代表产品。

（1）自由落体重力仪：物体只受重力时做自由落体运动。

（2）原子干涉重力仪：通过 3 束拉曼脉冲可以实现原子波的干涉，两条干涉路径的相位差包含了重力加速度的信息。

（3）弹簧重力仪：利用质量弹簧平衡测重原理，重力加速度值与弹簧伸长量成正比，具有蠕变、迟滞、非线性等特点。

（4）超导重力仪：用超导磁悬浮结构代替机械弹簧。

表 5-7　重力仪的分类及代表产品

类型	种类	测量原理	代表型号	精度/μGal	产地
绝对重力仪	自由落体重力仪	自由落体	FG-5 JILA-g	1	美国
	原子干涉重力仪	原子干涉	暂无	0.1	美国
相对重力仪	弹簧重力仪	倾斜金属零长弹簧	LCR	10	美国
		石英弹簧	CG-3 CG-5	1	加拿大
	超导重力仪	超导磁悬浮	GWR	0.001	美国

2）按测量方式分

根据重力仪的使用测量方式，可分为船载走航式重力测量、AUV 水下动态重力测量和海底重力仪测量。

（1）船载走航式重力测量：通过母船拖动重力仪在海底运动。美国加州大学进行了基于二级拖体的海底重力测量实验，实验中由母船位置估算重力仪位置，忽略水平加速度引起的重力测量误差；由母船速度和绞车收放线速度计算重力仪速度，近似认为重力仪的航向与母船相同。通过重力仪的位移、速度和加速度解算海底重力，测量原理和重力仪如图 5-59 所示。

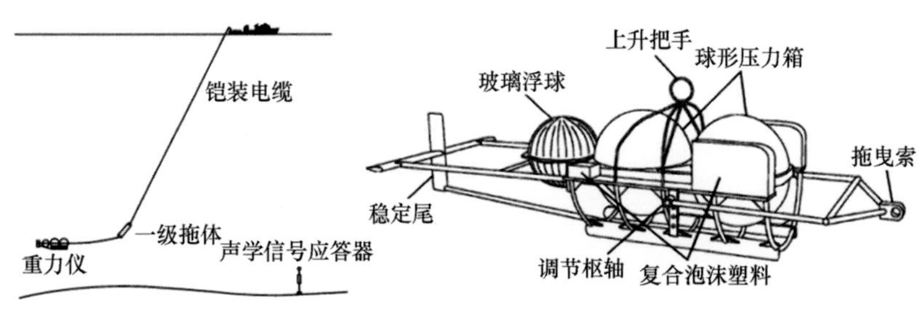

图 5-59　船载走航式重力测量原理和重力仪

(2) AUV 水下动态重力测量：通过 AUV 搭载重力仪在海底测量。日本东京大学进行水下动态重力测量实验，实验原理如图 5-60 所示。实验中，AUV 搭载 CG-3 重力仪，使用陀螺稳定平台并恒温，同时配备减震系统保证测量环境的稳定；外加屏蔽层，重复线精度可达 0.1 mGal。同时，AUV 还配备了组合导航系统，并用水声定位作为补充。

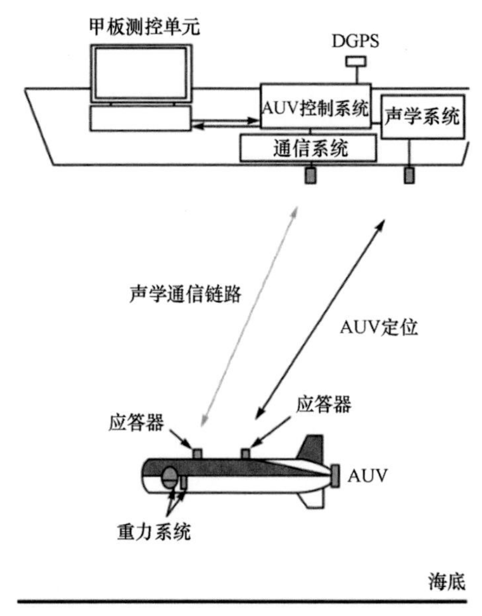

图 5-60　AUV 水下动态重力测量实验原理图

(3) 海底重力仪测量：将重力仪密封沉放到海底，通过遥控、遥测装置进行重力测量。海底重力仪用在海湾和浅海陆架地区，配合其他地球物理勘探方法进行以石油为主的矿产资源的普查勘探。这种仪器受风浪、船体震动的影响比较小，测量精度高于海洋重力仪。但水深太浅时，仪器的读数将受底流和微震影响，仪器工作不稳定。

5.5.2 海底磁力观测传感器

海洋磁力仪的应用范围很广，除了科研方面的常规地球物理调查外，在工程方面的应用也很广泛，如海底油气管线、海底光缆及通信电缆调查，海洋石油工业中的钻探井场调查；在事故处理方面，有对海底沉船、失事飞机的寻测；在环境保护方面，有对河流、湖泊、港口的污染沉积物探测等；海洋磁力仪在军事上的作用也越来越受到重视，如在反潜、搜寻海底军火等方面的应用。为实现较大区域内的磁力监控，海底磁力仪一般以直线或阵列的形式布控在海底环境中。

海洋磁力仪可分为质子旋进式、欧弗豪塞(Overhauser)式和光泵式。

1)质子旋进式

质子旋进式利用质子旋进频率和地磁场的关系来测量磁场，其公式如下：

$$T = 23.487f \tag{5-2}$$

式中，f是质子旋进频率；T是地磁场。只要测出质子旋进频率，就可以得到地磁场T的大小。

质子旋进式磁力仪灵敏度可达0.1 nT，一般无死区，有进向误差，采样率较低(可达3 Hz)，价格低廉，适用于要求不高的工程和科研地球物理调查。磁场梯度很大的情况下，质子旋进信号可能急剧下降从而导致仪器读数错误。

2)欧弗豪塞式

欧弗豪塞(Overhauser)式磁力仪是在质子旋进式磁力仪基础上发展而来的一种磁力仪，尽管它仍基于质子自旋共振原理，但Overhauser磁力仪在多方面与标准质子旋进式磁力仪相比有很大改进。

Overhauser磁力仪带宽更大，耗电更少，灵敏度比标准质子磁力仪高一个数量级。Overhauser磁力仪的灵敏度可达0.01 nT，无死区，无进向误差，采样率可达4 Hz，耗电很低，操作简单，价格便宜，适合于大多数工程和科研地球物理调查。

3)光泵式

光泵式磁力仪是建立在塞曼效应基础之上，利用拉莫尔频率与环境磁场间精确的比例关系来测量磁场，如下式：

$$T = Kf \tag{5-3}$$

式中，T是地磁场；K是比例系数；f是拉莫尔频率；只要测出拉莫尔频率，就可以得到地磁场T的大小。

光泵式磁力仪灵敏度可达0.01 nT以上，采样率可达10 Hz或更高，梯度容忍度远大于质子旋进式磁力仪，但也存在死区和进向误差，主要应用在对灵敏度要求较高的海洋磁力梯度调查等领域。

5.5.3　海底地震观测传感器

海底地震仪(ocean bottom seismometer，OBS)是一种将检波器直接放置在海底的地震观测系统，可以用于研究天然地震的地震层析成像以及地震活动性和地震预报等。OBS 探测具有噪声小、信号强、定位好、探测深度大(30~40 km)等优点，而且它是一种放置在海底的三分量速度检波器，与海底直接接触，因而，除记录到纵波(P 波)外，还可以直接记录由不同速度界面转换的横波信息，是少有的接收多波信息的探测方法之一。

海底地震仪由传感器单元、信号调节和暂时存储器单元、记录单元、控制单元、释放单元、仪器箱、联系通道连接、回收工具、电源组成。图 5-61 所示是 OBS 观测系统原理框图(Chen et al. ，1995；阮爱国等，2004)。

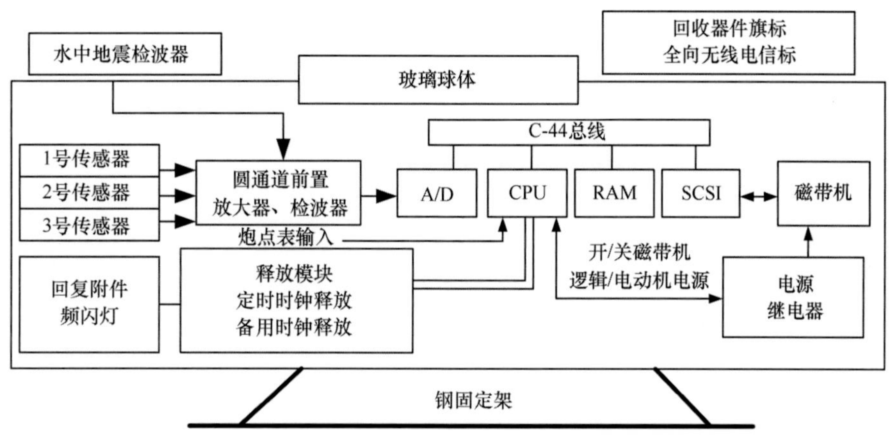

图 5-61　OBS 观测系统原理框图

从当今的海底地震观测技术发展来看，相关设备均属于数字地震仪，具体分高频地震仪和宽频带地震仪。

高频地震仪均为声学释放器控制的自返式地震仪，为单球结构。其工作频率一般在 2~200 Hz，主要的测震传感器为检波器。该产品主要用于油气勘探或者探测地壳、上地幔深部结构，接收调查船气枪阵激发的地震波对于海底地层的探测信号，也称为主动源 OBS 技术。

宽频带地震仪，工作频率通常为 50 Hz-30 s(或者 60 s)，主要地震传感器为摆。主要用于探测地壳、岩石圈或者更深部的地球圈层结构，监测和记录天然地震发生时从地震震源中传播出来的地震波，又称为被动源 OBS 技术。可分为声学释放器控制的、多球结构的自返式地震仪和驳接海底网络的宽频带地震观测系统。

海底地震探测是获取海底岩性和构造的主要手段，在海洋油气资源勘探、海洋工程地质勘查和地质灾害预测等方面也得到了广泛应用，如图 5-62 所示为国内外研发的 OBS 观测系统(黎珠博等，2015)。

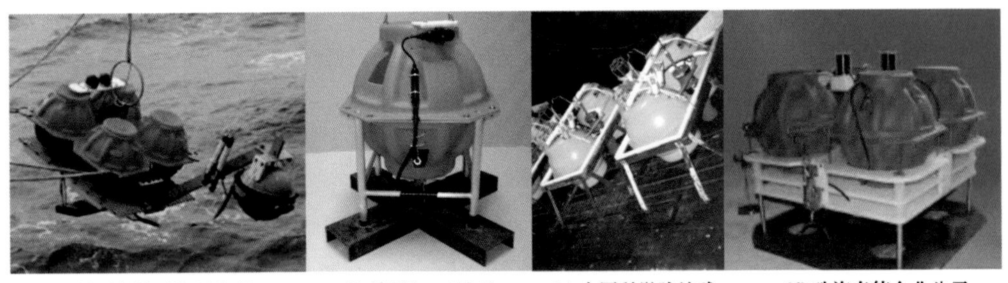

(a) 美国伍兹霍尔研究所　(b) 法国Sersel公司　(c) 中国科学院地球物理研究所　(d) 珠海泰德企业公司

图 5-62　国内外研发的 OBS 观测系统

在海洋油气勘探方面，海底地震探测为天然气水合物底部的似海底反射层开展广角反射和层析成像研究工作提高地层的识别能力和分辨率，解决了地震勘探排列长度不够、难于获得海底转换横波信号的问题，为地层岩性的识别提供了重要依据；在洋中脊和俯冲带等深部结构研究方面，开展海地地震探测可以克服深海水压、恶劣海流环境以及复杂海底地形等复杂外界因素问题，通过开展主动源和被动源的 OBS 探测实验，可揭示洋中脊和俯冲带的深部速度结构及构造活动等特征，为研究海洋板块运动的驱动力问题提供重要的壳幔信息；在海陆联合观测方面，OBS 技术的应用填补了海陆过渡带的地震测深资料的空白，揭示了该区域的深部壳幔结构特征，重点展现了深部圈层的速度分布情况，建立了二维或三维的地壳结构模型，同时充分应用陆区的地质构造资料和成果分析研究海域的地质特征，还可以提高人类对海域地质地球物理场特征的认识(Grevemeyer et al.，2000；Mienert et al.，2005；卫小东等，2010)。

5.6　海洋观测传感器发展方向

得益于材料、工艺等科学技术的进步，海洋传感器技术不断向前发展。海洋观测传感器主要向着微型化、多参数化，模块化、智能化，网络化，大深度化和创新化等方向发展(李红志等，2015；高铭泽，2018；张巍等，2018；殷毅，2018)。

1)微型化，多参数化

微机电系统(MEMS)技术的出现，使传感器的体积大大缩小，传感器发生了革命性的变化。这种技术必将应用在海洋领域，并促成动力参数传感器的小微型化和低功耗化。这种技术不仅在于使其零件更加微小，也使其功能更多，从而达到简化、缩小体积的效果，更有利于在水下滑翔器、垂直运动平台等移动平台上应用。RBR 公司采用

MEMS 技术的传感器模块相对独立，可根据用户实际需要任意组合拼接。法国的 NKE 公司所生产的单温和温深传感器的体积仅有一支马克笔的大小。

此外，多参数测量海洋仪器在海洋观测技术迅速发展的今天有着重要应用。许多国外公司均推出了自己的多参数集成的海洋参数测量仪器，除可以测量基本的温、盐、深三个参数外，还可以测量声速、浊度、溶解氧等其他物理、化学、生物参数。如美国 Sea Bird 公司的 SBE19 CTD 上外挂溶解氧传感器，还可选配 pH、浊度、荧光和 PAR 等传感器。

2）模块化，智能化

模块化是海洋传感（仪）器发展的重要方向。美国 Sea Bird 公司将产品分为若干功能单元，例如水下测量单元（温度传感器、电导率传感器、压力传感器等）、甲板单元、采水器及其控制单元、感应传输单元等，美国 Sea Bird 公司衍生出的所有产品都是由若干水下测量传感器单元和其他单元任意组合而成。加拿大 AML 公司则研制出了可以根据测量需要更换传感器探头的智能化实时测量仪器 Smart-X 及相应的 Xchange 系列探头（温度、盐度、深度和声速等）。遵循国际电气和电子工程师协会（IEEE）1451 标准，可以将传感器的类型、制造商、模块编号、序列号、标校数据、灵敏度和工作频率等参数以数字方式存储在 TEDS（传感器电子数据表单）模块中并置于传感器内部，更换传感器探头后可直接读取调用以进行标定和使用，即构成了智能传感器，为可重组传感器技术的实现奠定了基础。

智能化指的是传感器和微处理器结合，使得传感器具有信息处理、逻辑判断、自我诊断的功能。使用智能材料制造智能化传感器是海洋观测传感器重要的发展方向之一。智能材料是指材料本身就具备传统传感器的功能，能够对外界及自身性能的变化进行识别和判断，进而通过一定功能的转换，最终采取相应的行动来调整以适应外界变化和避免自身性能受损，人工智能材料更是开辟出新的天地，它同时具有三个特征：①能感知环境条件变化的功能；②识别、判断功能；③发出指令和自主采取行动功能。智能化可以有效提升海洋观测传感器的自适应能力，从而提升自增强、自修复以及自诊断的能力（殷毅，2018；宫芃成，2019）。

3）网络化

随着无线网络的不断发展，将无线网络运用到海洋观测传感器中，建立无线传感器网络也成为传感器的发展趋势。

在智能化的基础上，每个传感器网络节点将采集到的信息转化成数字信号进行编码，通过无线网络将信息发送给具有更大处理能力的服务器，进行多种数据的融合处理，并给出相应的逻辑判断，提取对用户有利的数据内容，判断环境情况。比如水文观测中通过传感器收集到水文信息，然后通过无线技术发送到集中控制平台，这样就可以在控制平台上监测到各个点的水文信息。

网络化通过多种类别的传感器构成复杂的网络，发挥其每个传感器的特点，并利用其互补性做到延长其寿命、提高其精度的作用。

4) 大深度化

世界海洋强国积极拓展深海战略空间，纷纷建立基于全球战略的海洋环境立体监测系统，为海洋军事活动、深远海资源开发和海上作业、交通等经济活动提供安全保障。我国海洋环境信息保障能力目前局限于近海，深海海洋环境信息获取能力薄弱，随着海洋强国战略的实施，发展深海海洋观测传感器技术已成为必然趋势。

5) 创新化

原位、实时观测技术蓬勃发展，带动海洋科学从“考察”向“观测”转变，海底观测网作为海洋观测的新平台正在兴起，由海基、陆基、空基、海底基观测平台构成的全新的海洋立体观测网建设列入日程，这些都对海洋观测传感器提出了新的需求，需要引入创新的设计，研发使用新方法和新原理的传感器，尤其在波浪、潮位和海流等的测量方面更是如此，如研究海洋生物的感应机理，设计仿生传感器应用于海洋观测之中。

Chapter 6 第6章

海洋机电装备通信技术

6.1 引言

近10年来，新兴的水下无线传感器网络技术为获取连续、系统、高时空分辨率、大时空尺度的海洋要素观测资料提供了一种全新的技术手段。水下无线传感器网络由多个低成本、低功耗、多功能的集成化微型传感器节点组成，这些传感器节点构成无线网络，具有数据采集、无线通信和信息处理的能力，将多个此类传感器节点布置在一个特定的区域内，可形成无线传感器网络，它们通过特定的协议，高效、稳定、准确地进行自组织，并通过各传感器节点协作进行实时测量、感知和采集各种海洋要素信息，利用无线通信技术将观测信息实时传输。因此，通过在感兴趣的海域布设大量廉价无线传感器节点可以获取海洋环境时空变化观测资料，实现大范围的观测区域高覆盖面的监测，为实现多点化、立体化、长时序、网络化、实时化和大空间尺度的海洋环境监测提供技术支撑。

在海洋军事活动中，为保障信息传输过程中不受干扰和不被截听，利用AUV进行指挥舰与潜艇、潜艇与潜艇之间的通信联络；在港口安全保障过程中，在AUV上搭载声学或光学监测传感器进行港口及水下设备检测和目标跟踪，并及时通过无线通信技术将信息传输到信息中心。

总之，对于水下通信技术的要求已经越来越高，而水下通信又是研制海洋观测系统的关键技术，借助海洋观测系统，可以采集有关海洋科学研究、海洋污染、全球气候变化检测、海底异常地震及火山活动等数据，同时可以探查海底目标并实现远距离图像传输。

根据有无缆线，水下通信可分为水下有线通信和水下无线通信；根据信号载体，水下通信可分为水下光纤通信、水下电磁波通信、水下量子通信、水下无线光通信和水声通信等。本章将着重介绍水下通信几种常见信号传输方式。

6.2 水下光纤通信

6.2.1 水下光纤通信概念

水下有线通信主要采用的是光纤通信，即海底光缆(submarine optical fiber cable)，用绝缘材料包裹的光纤，铺设在海底，用于跨海电信传输。光纤是一种由玻璃或塑料制成的纤维，可作为光传导工具。微细的光纤封装在塑料护套中，使得它能够弯曲而不至于断裂。通常，光纤一端的发射装置使用发光二极管(light emitting diode，LED)或一束激光将光脉冲传送至光纤，光纤另一端的接收装置使用光敏元件检测脉冲。由于光在光导纤维的传导损耗比电在电线传导的损耗低得多，光纤被用作长距离的信息传递。通常光纤与光缆两个名词会被混淆。多数光纤在使用前必须由几层保护结构包覆，包覆后的缆线即被称为光缆。光纤外层的保护层和绝缘层可防止周围环境对光纤的损害，如水、火、电击等（张文轩等，2010；张健，2011；高军诗，2004；黎红长，1997；艾恕，1997）。光缆包括光纤、缓冲层及披覆，一种典型的海底光缆结构如图 6-1 所示。

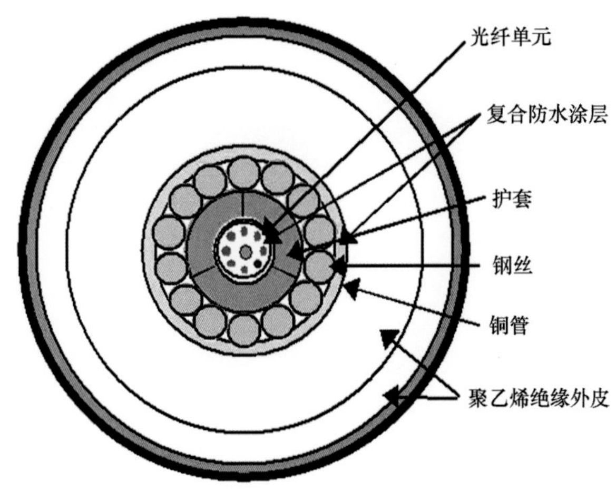

图 6-1　一种典型的海底光缆结构

自从 1985 年世界上第一条海底光缆在加那利群岛（Canary Islands）的两个岛屿之间建成以来，海底光缆的建设在全世界得到了蓬勃发展。1988 年，在美国与英国、法国之间敷设了越洋的海底光缆（TAT-8）系统，全长 6 700 km。这条光缆含有 3 对光纤，每对光纤的传输速率为 280 Mbit/s，中继站距离为 67 km。这是第一条跨越大西洋的通信海底光缆，标志着海底光缆时代的到来。

1989 年，跨越太平洋的海底光缆（全长 13 200 km）建设成功，从此海底光缆在跨越海洋的洲际海底通信领域取代了同轴电缆，远洋洲际间不再敷设海底电缆。

到 1991 年，光纤工作波长改用 1 550 nm 窗口，使用 G.654 损耗最小光纤，系统传输速率也上升至 560 Mbit/s。上述系统以采用电再生中继器和 PDH 终端设备为特点，称为第一代海底光缆系统。20 世纪 90 年代中期出现了第二代海底光缆系统，同步数字传输系统（SDH）引入海底光缆系统，掺铒光纤放大器（EDFA）取代了传统的电再生中继器。

进入 1997 年，随着密集波分复用技术（WDM）的出现及应用，基于密集波分复用技术的海底光缆系统应运而生，称为第三代海底光缆系统（艾恕，1997；孙学康，

2017；慕成斌，2017）。

海水可以防止外界电磁波的干扰，信噪比较低。海底光缆通信基本没有时间延迟，具有价格低、保真度高、频带宽、通信速度快等优点(图 6-2)。但是由于海底光缆是埋在海底，受到的压强较大，且海水具有腐蚀性，所以敷设维修困难。

图 6-2　海底光缆

光纤按传输模式分为单模光纤和多模光纤。单模光纤纤芯直径只有数微米，加包层和涂敷层后也只有几十微米到 125 μm，纤芯直径接近光波的波长。多模光纤纤芯直径为 15~50 μm，纤芯直径远远大于波长。多模光纤传输性能较差，频带较窄，传输容量也比较小，距离比较短。根据光纤的折射率沿径向分布函数不同又进一步分为多模阶跃光纤、单模阶跃光纤和多模梯度光纤等。

光纤强度一般大于或等于 0.7 GN/m^2。当传输距离过大时，需要用光纤连接器将各段光纤连接在一起，此时需要将发射光纤输出的光能量最大限度地耦合到接收光纤中去。光纤连接器是光纤通信系统中各种装置连接必不可少的器件，也是目前使用量最大的光纤器件。

在光纤通信系统中，作为载波的光波频率比电波频率高得多，而作为传输介质的光纤又较同轴电缆损耗低得多，因此相对于电缆或微波通信，光纤通信具有如下许多独特的优点。

(1)频带宽、通信容量大。光纤通信使用的频率为 10^{14}~10^{15} Hz 数量级，从理论上来讲，一根仅有头发丝粗细的光纤可以同时传输话路数亿路。虽然目前远未达到如此高的传输容量，但用一根光纤传输 10.92 Tbit/s(话路数相当于亿路)的试验已经取得成功，它比传统的明线、同轴电缆等要高出数万倍乃至数十万倍。

(2)损耗低、中继距离长。在光波长为 1.31 μm 和 1.55 μm 波长附近，石英光纤的损耗分别为 0.5 dB/km 和 0.2 dB/km，这比目前任何传输媒质的损耗都低，使得无中继传输距离可达数十千米，甚至数百千米，对海底光缆通信具有重要经济意义。

(3)抗电磁干扰。光纤由电绝缘的石英材料制成，不受各种电磁场的干扰和闪电的损坏，特别适合于存在强电磁干扰下的环境中使用。

(4)保密性能好。光纤传输的光泄漏非常微弱，即使在弯曲地段也无法窃听。没有专用的特殊工具，光纤不能分接，因此信息在光纤中传输十分安全。

(5)体积小、质量轻。光纤质量轻、直径小，相同容量情况下，光缆要比电缆轻。

众所周知，水下通信是人类在水下工程中面临的一大难题，陆地上被广泛使用的微波通信在水下衰减极快，有效传输距离通常只有数米，无法满足远距离通信需求。而目前通用的解决方案主要包括基于超声波的声呐通信和基于超长波的 VLF 无线电通信，然而上述两者波频较低，单位时间内能够传输的信息量较少，无法满足水下实时采集的高清视频图像传输需求。为解决这个问题，ROV 系统采用有线传输方式进行通信，即配备一根长度足够的柔性电缆连接陆上控制台和水下本体用于供电和通信。该通信系统实现方案的优点在于通信速度快、稳定性高。该水下电缆通常称为“脐带缆”，它和配套的缆车构成了脐带缆模块。

图 6-3 是常见的 ROV 脐带缆，其为水下机电装备供电，并提供水面设备与水下设备的通信功能。

图 6-3　ROV 脐带缆

6.2.2　水下光纤通信发展趋势

当前，海底光缆通信技术的发展趋势表现在以下几个方面(艾恕，1997)。

1)光放大器技术

掺铒光纤放大器(EDFA)以全光中继方式取代了传统的光—电—光中继方式，使海底光缆的中继间距大为提高。光放大器技术的一个最富有吸引力的特点是，系统改进扩容时，原先安装的系统仍可配套使用。例如，“第一代”长距离 EDFA 系统采用不归零调制形式，传输容量为每光纤对 215 Mbit/s 至 5 Gbit/s，以后，只需改进终端设备(如使用自适应判决电路、纠错码等)，就可以把这一指标提高到 10 Gbit/s。将来即使采用光孤子和光波分复用(WDM)技术使海底光缆系统的传输容量达到每光纤对 100 Gbit/s，也还可以使用类似于“第一代”EDFA 的光放大器。

2)光孤子/光波分复用技术

光孤子和光波分复用技术，也与光放大器技术一样，是下一代海底光缆系统必不可少的关键技术。对于光孤子传输，影响最大传输容量和传输距离的一个主要因素是 Gordon-Haus 抖动，它是由 ASE(放大的自发发射)噪声和克尔效应非线性之间的相互作用而引起的孤子频率的小偏差所造成的。目前，国外已研究出几种减轻 Gordon-Haus 抖动的方法，其中有一种方法是用一系列带通光滤波器，使抖动脉冲的波长重新回到中心位置，以达到减轻 Gordon-Haus 抖动的目的。另一种方法是使用数据速率时钟沿传输线定期地对脉冲实行重新调制，但这种方法较复杂。还有一种方法是使用一系列其中心频率沿传输线逐渐改变的带通滤波器。这些滤波器和非线性孤子脉冲之间的相互作用，使得孤子能够跟踪这一系列滑动频率导引滤波器(SFGF)中发生的逐步频移，但噪声和其他线性干扰信号却做不到这一点。光孤子技术的一个突出优点是便于光波分复用技术的采用，而这又可使光纤潜在的带宽容量得以充分发挥，使海底光缆传输技术再上一个新台阶。

对于光孤子/波分复用系统来说，传输光纤中的非线性，特别是“回波混频”(FWM) 效应，将严重影响系统的性能。如何克服 FWM 等非线性效应，已成为当前光孤子/波分复用系统研究的一个重要课题。在光 WDM 系统中，光纤中的光功率是随着光的信道数的增加而增大的，光功率足够大时就会产生 FWM 效应，使信道间相互串扰。FWM 效应与色散的关系还有这样一个特点：如果线路中光纤色散为零，FWM 干扰会十分严重。而光纤中有微量色散，FWM 干扰反而较轻。但由于高速光纤线路中的总色散必须为零，因此，可以采用以下方法来克服 FWM 效应：一种方法是采用正色散光纤和负色散光纤交替敷设，通过色散互补使线路的总色散为零；另一种方法是以负色散光纤为主，而用正色散光纤来补偿，使线路总色散为零。

3)高系统带宽技术

采用 C 波段和 L 波段并行 EDFA 中继器的 6 850 km 无电再生试验，已经实现 66 nm 带宽的传输。采用拉曼放大中继器的试验也证实了 37.5 GHz 波长间隔、240×12.0 Gbit/s、7 400 km 无电中继传输技术，带宽范围在 1 536.4~1 610.4 nm 共 74 nm。拉曼放大器结构比采用 C 波段和 L 波段 EDFA 的中继器结构要简单，放大器采用 4 种泵浦源，其波长范围在 1 430 ~1 502 nm，这种拉曼放大器的优点是容易控制增益波形，并减少增益均衡带来的损耗；最近研究中，中继器采用 C 波段 EDFA 和 L 波段拉曼两种放大器，可实现 38 GHz 波长间隔、256×12.3 Gbit/s、11 000 km 的无电中继传输，整个带宽从 1 527 ~1 606.6 nm 共 80 nm。

4) 光因特网(IP over DWDM)技术

海底光缆传输网络采用 IP 组网的体系结构将趋于简化，网络的功能层数越来越少，容量和效率则越来越高，光因特网技术将代表海底光缆通信网络体系结构的发展方向。为了满足传输网络的传输容量急剧扩张的需求，除了采用多芯光缆外，密集波分复用技术已成为一种极其经济有效的实用技术被人们所重视，而且技术开发和商品化均取得了重大进展。光节点采用光分插复用器(OADM)和光交叉连接器(OXC)的光传输网可对不同波长的信息实现上下和交叉连接的功能，为解决节点瓶颈提供了技术基础，而大容量路由器在传输网的应用将大大提高信号选路和转发的速度。

6.3　水下无线光通信

6.3.1　水下无线光通信概念

水下无线光通信主要包括水下无线激光通信和水下无线 LED 通信等。水下无线光通信的突出优点是数据传输率高，但是无线光通信在浑浊水体中受到限制。因为水对光信号的吸收很严重，所以即使在清澈的水体中，光的传播距离也比较短，约在百米以内，而且水中的浮游生物和悬浮粒子也会对光产生散射，进一步缩短通信距离。

19 世纪 60 年代，A. 贾文等发明了激光器，光通信摆脱了传统通信方式的限制，由于其极强的聚光特性，光通信的发展迈出了坚实的一大步。发展和突破主要集中在有线信道传输和不可见光通信传输领域。可见光在水中的衰减特性，使得水下可见光通信在实验研究初期成为无人问津的领域。直到 20 世纪 90 年代后期，Dimtley 等研究光波在水中的传输特性时，发现波长位于 450～550 nm 内的蓝绿光的波长段衰减最小，这一发现为后续水下可见光通信的研究打开了“绿色通道”(David，2013；Wiener et al.，1980)。这一理论研究发现，解决了长期困扰水下可见光通信研究者的难题，为水下资源探测、水下光节点互通、水下数据传输等障碍的解决提供了理论支撑，水下可见光通信领域开始得到更多关注和发展。

蓝绿激光通信的主要特点是：①相对其他波长，蓝绿激光在水下衰减率低，穿透能力强，如 498 nm 的蓝绿光，在 2 000 m 深的海水中，其透光程度平均可达 90%～95%；②耗能少，蓝绿光波能量受大气层和海水损耗极小，可增加通信的准确性和可靠性；③不易被侦察，潜艇不用上浮，就能与地面通信，从而具有良好的灵活性和隐蔽性；④激光通信具有高抗干扰能力、高保密性和高数据传输率。

目前，数据传输的实时性和高速性是水下可见光通信的研究重点，美国海军现处于水下光通信研究的最前沿。另外，无论是水声通信、电磁波通信，还是水下光通信，其应用水下传输速率都无法达到 20 Mbit/s，离战场要求高灵敏度、高速率、大容量数据传输通信要求还有一段差距。近年来，为提高水下传输速率，美国在更高效率的信源和信道编码方式、更高处理速率的芯片、更高功率的通信光源等方面进行重点研究。美国一些大学研究人员，已经在实验室模拟条件下，实现了传输速率 50 Mbit/s 的水下光通信系统、21.4 Mbit/s 的水下微波通信系统，较现役水下通信设备有了较大进步。

无线光通信目前主要应用于卫星对潜通信，无线光对潜通信根据激光器载体可分为星载激光通信系统和机载激光通信系统。星载系统可覆盖全球范围，比较适合对战略导弹核潜艇的通信，机载系统则对战术潜艇更为有效。现在正在解决的问题是其自动瞄准、捕获和跟踪(APT)技术。

目前，水下收发系统的研究滞后。蓝绿激光应用于浅水近距离通信存在如下固有难点。

(1)散射影响。水中悬浮颗粒及浮游生物会对光产生明显的散射作用，对于浑浊的浅水近距离传输，水下粒子造成的散射比空气中要强 3 个数量级，透过率明显降低。

(2)光信号在水中的吸收效应严重，包括水媒质的吸收、溶解物的吸收及悬浮物的吸收等。

(3)背景辐射的干扰。在接收信号的同时，来自水面外的强烈自然光以及水下生物的辐射光也会对接收信噪比形成干扰。

(4)高精度瞄准与实时跟踪困难。浅水区域活动繁多，移动的收发通信单元，在水下保持实时对准十分困难，并且由于激光只能进行视距通信，两个通信点间随机的遮挡都会影响通信性能。

由以上分析可知，由于固有的传输特性，水声通信和激光通信应用于浅水领域近距离高速通信时受到局限。

目前，对潜蓝绿激光通信最大穿透海水深度可达到 600 m，远比甚低频和特低频等射频信号强，且数据传输速率可达 100 Mbit/s 量级，远高于射频信号。其不足之处在于光源易被敌方的可视侦察手段探知，且通信设备复杂，技术难度较大，目前基本上尚处于研制、试用阶段，前景难料。

6.3.2 LED 无线光通信

LED 无线光通信是利用 LED 灯高速点灭的发光响应特性，将信号调制到 LED 可见光上，来传输信息和指令。其通信系统分为发射部分和接收部分，发射部分包括 LED 可见光发射系统及其驱动电路、信号输入和处理电路；接收部分包括接收光学系统、光电探测器、信号处理和输出电路。基本原理如图 6-4 所示。

整个电路包括以下几个部分。

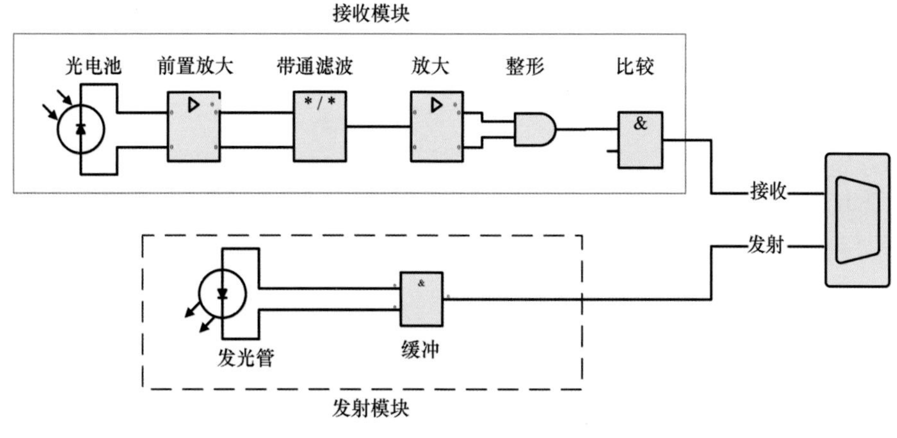

图 6-4　LED 无线光通信基本原理

(1)前置放大。从光电池出来的信号，是比较微弱的，尤其是在距离比较远的时候，一般只有几十毫伏左右，而且有比较大的外界干扰。因此，先要对信号进行前置放大。

(2)带通滤波与放大。为了把有用的信号从干扰中提取出来，必须进行滤波，滤去外界照明的干扰和高频干扰，采用的是带通滤波器。接下来，还要再对信号进行二次放大。

设计该电路时需要注意带通增益应小于 3，否则电路会产生自激现象。

(3)整形环节。由于 LED 在高频率下开启和关闭时，光电池接收到的脉冲信号是非常平滑的，不能达到进行解码的要求。为此，在滤波放大之后加进了两次一阶 RC 微分电路，也就是经过两次微分环节。这里放大的倍数可以根据实际情况进行一定范围内的调整。所以电路中设有可调电阻，在必要的时候可以进行调节。这里所应用的一阶微分是最简单的无源一阶微分，电路简单，但实际应用效果好。经过以上信号处理，信号的波形已经基本满足要求，为了使波形变得更加平稳，使信号再通过两个非门，这样波形就非常平稳了。

(4)比较。在这个环节中，上一步的信号通过一个预先设定阈值的比较器，使之满足输出电平的要求。

LED 无线光通信有如下特点：①不受外界电磁波干扰；②具有一定的方向性，在其照射范围内才能通信，而照射不到的地方没有信号，因此具有保密性，安全性高；④LED 灯发光效率高，能耗低，绿色环保，可靠性高；⑤调制性能好，响应灵敏度高；⑥不需要无线电频谱认证；⑦体积小，受温度影响小，易于安装，价格低。

在水下短距离通信中，LED 可以代替激光作为光源以减少体积和成本，而且，LED 发射角大，易于瞄准。然而，LED 大发射角也使得发射方向性变差，能量发散，缩短了传输距离。

目前应用较广泛的是采用激光二极管 LED 发光的水下激光通信，但因为 LED 具有功耗低、使用寿命长、尺寸小、响应灵敏度高等优点，在一般需求下常代替激光实现超高速数据通信。

图 6-5 所示为浙江大学在实验室完成的 LED 通信装置，在 9 600 bit/s 的传输速率下，LED 光通信系统在水中的通信距离可达到 2.5 m。该系统采用 36 只高亮 LED 灯实现信息光的发射，采用硅光电池作为检测元件。

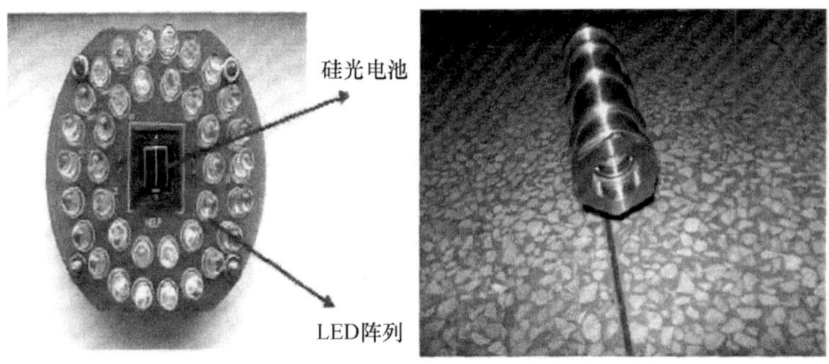

图 6-5　LED 光通信装置

目前，LED 无线光通信已经在实验室里实现了超高速的数据传输。LED 无线光通信具有很大的发展前景，将为光通信提供一种全新的高速数据接入方式，已经引起了国内外通信界的广泛关注和研究(周洋等，2006)。

6.3.3　水下无线激光通信

水下无线激光通信主要由三大部分组成：发射系统、水下信道和接收系统。水下无线激光通信的机理是将待传送的信息经过编码器编码后，加载到调制器上转变成随着信号变化的电流来驱动光源，即将电信号转变成光信号，然后通过透镜将光束以平行光束的形式在信道中传输；接收端由透镜将传输过来的平行光束以点光源的形式聚集到光检测器上，由光检测器件将光信号转变成电信号，然后进行信号调理，最后由解码器解调出原来的信息。图 6-6 所示为水下激光通信系统的组成。

水下无线激光通信具有以下优点：①传输速率高；②光波频率高，信息承载能力强；③抗电磁干扰能力强；④波束具有较好的方向性，需要用另一部接收机在视距内对准发射机才能拦截，但这样会造成通信链路中断，用户能及时发现，所以保密性高；⑤收发设备尺寸小，重量轻。

但是海水是一个复杂的物理、化学、生物组合系统。光波在水下传输过程中易受以下因素影响(隋美红，2009)：①吸收。由于海水本身、水中颗粒物、水中溶解物及浮游动植物的吸收，导致光波在水下传输时能量衰减，传输距离受限。②散射。光在水下传播时，会遇到粒子(如水分子、悬浮颗粒物等)的散射而改变传播方向，导致光束发生横向扩展，单位面积上的光强减弱，降低信噪比。

正是因为海水的吸收和散射以及激光光束具有极强的方向性，因此水下无线激光通信的主要缺点在于：①光束能量在海水中的衰减率高，通信距离一般限制在百米范围；②瞄准困难，激光束有极高的方向性，这给发射和接收点之间的瞄准带来不少困难。为保证发射和接收点之间瞄准，不仅对设备的稳定性和精度提出很高的要求，而且操作也较复杂。

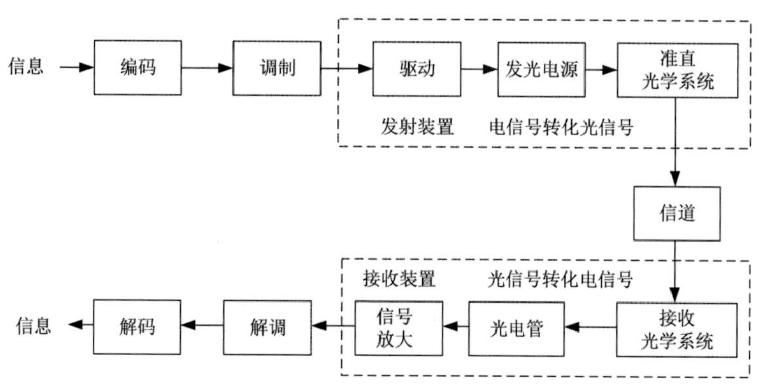

图 6-6　水下无线激光通信系统的组成

常用的水下无线激光通信调制方法包括以下几种。

(1)OOK 调制方法。OOK(on-off-keying)调制是二进制启闭键控调制。它是以单极性不归零码序列来控制正弦载波的开启与关闭。该调制方式的出现比模拟调制方式还早，这种方式实现极为简单，在光通信中被广泛应用。

(2)PPM 调制方法。PPM(pulse position modulation)调制即为脉冲位置调制。如果调制信号只使载波脉冲系列中每一个脉冲产生的时间发生改变，而不改变其形状和幅度，且每一个脉冲产生的变化量比例于调制信号电压的幅度，与调制信号的频率无关，这种调制称为脉冲位置调制，简称脉冲调制。

脉冲调制是以一种不连续的周期性脉冲载波的振幅、频率、强度等受到调制信号的控制而发生变化来达到传递信息信号的目的的方法。

(3)DPIM 调制方法。DPIM(digital pulse interval modulation)意为数字脉冲间隔调制，是光调制的一种。DPIM 是利用相邻脉冲之间的时隙数来传递信息的，每个调制符号包含不固定的时隙数，通常所说的 DPIM 带有一个保护时隙，能有效减少码间串扰带来的影响。

6.4 水下电磁波通信

6.4.1 水下电磁波通信概念

水下电磁波通信是指将水作为传输介质，把不同频率的电磁波作为载波传输数据、语言、文字、图像和指令等信息的通信技术(张丰伟，2013)。电磁波是横波，在有电阻的导体中的穿透深度与其频率直接相关，频率越高，衰减越大，穿透深度越小；频率越低，衰减相对越小，穿透深度越大。海水是良性导体，趋肤效应较强，电磁波在海水中传输时会造成严重的影响，原本在陆地上传输良好的短波、中波、微波等无线电磁波在水下由于衰减严重，几乎无法传播。目前，各国发展的水下电磁波通信主要使用甚低频(very low frequency，VLF)、超低频(super low frequency，SLF)和极低频(extremely low frequency，ELF)三个低频波段。低频波段的电磁波从发射端到接收的海区之间的传播路径处于大气层中，衰减较小，可靠性高，受昼夜、季节、气候条件影响也较小。从大气层进入海面再到海面以下一定深度接收点的过程中，电磁波的场强将急剧下降，衰减较大，但受水文条件影响甚微，在水下进行通信相当稳定。因此，水下电磁波通信主要用于远距离小深度水下通信场景。

6.4.2 水下电磁波通信频段

1)甚低频通信

甚低频(VLF)通信频率范围为3~30 kHz，波长为10~100 km，甚低频电磁波能穿透10~20 m深的海水(王毅凡等，2014)，但信号强度很弱，水下目标(潜艇等)难以持续接收。用于潜艇与岸上通信时，潜艇必须减速航行并上浮到收信深度，容易被第三方发现。甚低频通信发射设备造价昂贵，需要超大功率的发射机和大尺寸的天线。潜艇只能单方接收岸上的通信，如果要向岸上发报，必须上浮或释放通信浮标。当浮标贴近水面时，也易被敌方从空中观测到。此外，甚低频的发射天线庞大，易遭受攻击。尽管如此，甚低频仍是目前比较好的对潜通信手段，如美国海军就建成了全球性的陆基甚低频对潜通信网，网台分布在美国本土及日本、巴拿马、澳大利亚和英国等国。目前，正在发展具有较高生存能力的机载甚低频通信系统，如美国就以大型运输机EC-130Q为载台，研制了“塔卡木”甚低频水下通信系统，当陆基固定发射台被摧毁时，可以用飞机向潜艇提供通信保障。

2)超低频通信

超低频(SLF)通信频率范围是30~300 Hz，波长为1 000~10 000 km。超低频电磁波可穿透约 100 m 深的海水，信号在海水中传播衰减比甚低频小一个数量级。超低频水下通信是一种低数据率、单向、高可靠性的通信系统。如果使用先进的接收天线和检测设备，能让水下目标(潜艇)在水下 400 m 深处收到岸上发出的信号，通信距离可达数千海里，但潜艇接收用的拖曳天线也要比接收甚低频信号长。1986 年，美国建成超低频电台，系统总跨度达 258 km，天线总长达 135 km。

超低频通信的频带很窄，传输速率很低，并且只能由岸基向水下目标(潜艇)发送信号。超低频通信一般只能用事先约定的几个字母组合进行简单的通信，发送一封 3 个字母组合的电报需要十几分钟。但超低频通信系统的抗干扰能力强，核爆炸产生的电磁脉冲对其影响比较小，适合于对核潜艇的通信。

3)极低频通信

极低频(ELF)通信频率范围为 3~30 Hz，波长为 10 000~100 000 km。极低频信号在海水中的衰减远比甚低频或超低频低得多，穿透海水的能力比超低频强很多，能够满足潜艇潜航时的安全深度。此外，极低频对传播条件要求不敏感，受电离层的扰动干扰小，传播稳定可靠，相较于甚低频或超低频，在水中更容易传送。但是极低频每分钟可以传送的数据相对较少，目前只用于向潜艇下达进入/离开海底的简短命令。极低频通信是目前技术上唯一可实现潜艇水下安全收信的通信手段，不受核爆炸和电磁脉冲的影响，信号传播稳定，是对潜指挥通信的重要手段。

水下电磁波通信是当前和未来一个时期主要的水下通信技术，未来有三大发展趋势：①向极低频通信发展，对超导天线和超导耦合装置的研究将成为热点；②发展顽存机动发射平台，比如机载、车载及舰载甚低频通信系统；③提高发射天线辐射效率和等效带宽，提高传输速率。

6.4.3　水下电磁波传播特点

由于海水的导电性质，海水对电磁波起了屏蔽作用。海水中含多种元素，但在每升海水中含量超过 1 mg 的元素仅 12 种(除水中的氢和氧外)，它们以多种形式存在，绝大多数处于离子状态，其中 Na^{+}、K^{+}、Ca^{2+}、Mg^{2+}、SO_4^{2-}、CO_3^{2-}、Cl^{-}、HCO_3^{-} 8 种离子占海水中溶质总量的 99%以上，这是使海水成为导体的主要原因，其电导率为 3~5 S/m，随海区盐度、深度、温度而不同，工程上一般取其平均值 4 S/m，它高于纯水的电导率 5~6 个数量级。所以对平面电磁波传播而言，海水是有耗媒质，这就决定了平面电磁波在海水中的传播衰减较大，且频率越高衰减越大(梁涓，2009)。水下实验表明，MOTE 节点发射的无线电波在水下仅能传播 50~120 cm。低频长波无线电波水下实验可以达到 6~8 m 的通信距离。30~300 Hz 的超低频电磁波对海水穿透能力可达 100 余米，但需要很长的接收天线，这在体积较小的水下节点上无法实现。因此，无线电波只能实现短距离的高速通信，不能满足远距离水下组网的要求。

除了海水本身的特性对水下电磁波通信的影响外，海水的运动对水下电磁波通信同样有很大的影响。水下接收点相移分量均值和均方差均与选用电磁波的频率有关。水下接收点相移分量的均值随着接收点的平均深度的增加而线性增大，电场相移分量的均方差大小受海浪波动影响，海浪运动的随机性导致了电场相移分量的标准差呈对数指数分布。

6.4.4 水下电磁波通信发展

电磁波作为最常用的信息载体和探知手段，广泛应用于陆上通信、电视、雷达、导航等领域。20 世纪上半叶，人们始终致力于将模拟通信移至水中。水下电磁通信可追溯至第一次世界大战期间，当时的法国最先使用电磁波进行了潜艇通信实验。第二次世界大战期间，美国科学研究发展局曾对潜水员间的短距离无线电磁通信进行了研究，但由于水中电磁波的严重衰减，实用的水下电磁通信一度被认为无法实现。

早在 1914 年，索默飞和布里渊的研究表明，电磁脉冲在同性、各向同质的线性电介质中传播时，会发生频率的色散和吸收，当这一脉冲在传播了一段距离后，它将进化出一种独立的场，其频率、波长和衰减都不同于之前的场。当时他们用急速下降法来描述这一现象。1980 年之后，Oughstun 和 Sherman 等在这方面又做了大量的研究，他们改进了索默飞等的算法，用更为先进的渐近线扩展方法更好地描述了这一现象。

直至 20 世纪 60 年代，甚低频(VLF)和超低频(SLF)通信才开始被各国海军大量研究。甚低频的频率范围在 3~30 kHz，其虽然可覆盖数千米的范围，但仅能为水下 10~15 m 深度的潜艇提供通信。由于反侦查及潜航深度要求，超低频(SLF)通信系统投入研制。SLF 系统的频率范围为 30~300 Hz，美国和俄罗斯等国采用 76 Hz 和 82 Hz 附近的典型频率，可实现对水下超过 80 m 的潜艇进行指挥通信，因此，超低频通信承担着重要的战略意义。但是，SLF 系统的地基天线达几十千米，拖曳天线长度也超过千米，发射功率为兆瓦级，通信速率低于 1 bit/s，仅能下达简单指令，无法满足高传输速率需求。

1973 年，Siegel 和 Ronold 等已经开始了水下电磁通信的实验。他们在亚特兰大海域做了一系列的实验，用实际结果来验证水下电磁通信的理论推测(Siegel et al.，1970)。他们将发射天线和接收天线都放置于水面下，分别在 100 kHz 和 14 kHz 附近做了实验，测得了电场强度、天线电流分布情况以及天线的输入阻抗等，并与理论值进行对比。结果表明，在允许一定的实验误差的基础上，实测数据与渐近线方程得出的理论值较吻合，并证明目前研究水下通信时采用的电磁短偶极子模型是比较正确的。

2005 年，Oughstun 等又研究了布里渊前兆场的产生原理，并设计了一个适合产生前兆场的波形(Cartwright et al.，2005)。当超短波电磁脉冲射入色散介质中时，相位色散和基于频率的衰减从根本上改变了脉冲的属性，于是产生了前兆场。在 Debye 介质中，当此脉冲的传播距离超过一定距离时，这种动态场的进化主要会产生布里渊前兆场。这个距离是由脉冲的载波频率决定的。布里渊前兆场的峰值衰减与传播距离的开方成反比，而不是通常情况下快速的指数衰减。这一衰减较慢的特性使得布里渊前兆场非常适合用于远程遥感。

2009 年，Chakraborty 等(2010)研究了水下电磁波传播时的频率变化以及幅度衰减的情况。他们的研究主要针对射频频段，从趋肤效应、总路径损耗以及在不同距离和传导率的水质中适用的频率三方面对水下电磁通信做了研究。水下电磁通信面对的主要挑战是如何延长电磁波在水中的传播距离。电磁波在水下传播时，射频能量损耗很快，随着通信距离的增长，总路径损耗也会随之增大。这种损耗与波的频率以及介质的电导率有关。Chakraborty 等尝试通过使用合适的频率来延长电磁波在水中的传播距离。

Mohammed 等(2010)在前人研究的基础上，用实验观察了布里渊前兆场在水中的产生和传播。他们的实验使用了微波频段，提出了一种在这一频段内较为简单的描述布里渊前兆场的方法，并使用这种方法正确地描述了布里渊前兆场在 10 cm 深的普通自来水中传播的特性。这种方法可以适用于各种包络和类型的脉冲，在一定的频带限制下也适用于任意载波频率。使用这种方法，可以简化实验所用的仪器。

Shaneyfelt 等(2008)使用射频频段在真实环境下做了水下通信实验，实验使用水面上的船和水中的机器人进行通信。实验结果表明，因为电导率较大，趋肤深度较小，在盐水中通信与淡水相比比较困难。然而，在盐水中的通信距离仍然能够达到系统的要求。研究还发现，尽管理论上定向天线比全向天线能获得更好的场强，但是提高的效果没有预期明显。

美国国防高级研究计划局(Defence Advanced Research Projects Agency，DARPA)正在研究使用数百赫兹至 3 kHz 的特低频(ULF)电磁波和 3～30 kHz 的甚低频(VLF)电磁波在水下传输信号，项目名称为“机械天线”(AMEBA)。其根本目的是开发微型、全新的 ULF/VLF 信号发射机，单兵在陆上、水中、地下均可携带。AMEBA 项目研发经费约为 2 300 万美元，已于 2017 年第三季度启动，共分为三个阶段，第一阶段为期 18 个月，第二阶段为期 15 个月，第三阶段为期 12 个月，将在大约 4 年的时间里推出产品。

6.4.5　水下无线射频通信

射频(radio frequency，RF)是对频率高于 10 kHz，能够辐射到空间中的交流变化的高频电磁波的简称。射频系统的通信质量在很大程度上取决于调制方式的选取。由于海水导电的特性，使用水下无线射频通信的主要挑战是信号的严重衰减。在第二次世界大战期间，德国潜艇首先采用无线射频电磁波通信，天线输出功率高达 1～2 MW。ELF 信号，典型频率 80 Hz 左右，今天已用于全球海军潜艇通信。

水下的天线设计不同于用于大气中传统服务的天线。天线不是与海水直接接触，金属的发射和接收天线被防水电绝缘材料包裹。这种方式中，一个电磁波信号能从发射机馈入海水，一个远距离的接收机从海水中取出。

2006 年，英国 Wireless Fibre Systems 公司在国际上首次推出商用水下射频 Modem—S 1510。它的数据传输率为 100 bit/s，通信范围数十米。2007 年，推出宽带水下射频 Modem—S 5510，它的数据传输率为 1～10 Mbit/s，通信范围 1 m。由于电磁波的传播特性，电磁波通信只是非常短距离应用的选择。例如，AUV 与基站间的通信，AUV 在一个基站通信范围内运动，以下载数据和接收下一步的指令。

前期的电磁波通信通常采用模拟调制技术，极大地限制了系统的性能。近年来，数字通信日益发展。相比于模拟传输系统，数字调制解调具有更强的抗噪声性能、更高的信道损耗容忍度、更直接的处理形式(数字图像等)、更高的安全性，可以支持信源编码与数据压缩、加密等技术，并使用差错控制编码纠正传输误差。使用数字技术可将-120 dB 以下的弱信号从存在的严重噪声的调制信号中解调出来，在衰减允许的情况下，能够采用更高的工作频率，因此，射频技术应用于浅水近距离通信成为可能。这对于满足快速增长的近距离高速信息交换需求，具有重大的意义。

对比其他近距离水下通信技术，水下无线射频通信技术具有如下多项优势。

(1)通信速率高。可以实现水下近距离、高速率的无线双工通信。近距离无线射频通信可采用远高于水声通信(50 kHz 以下)和甚低频通信(30 kHz 以下)的载波频率。若利用 500 kHz 以上的工作频率，配合正交幅度调制(QAM)或多载波调制技术，将使 100 kbit/s以上的数据的高速传输成为可能。

(2)抗噪声能力强。不受近水水域海浪噪声、工业噪声以及自然光辐射等干扰，在浑浊、低可见度的恶劣水下环境中，水下高速电磁通信的优势尤其明显。

(3)水下电磁波的传播速度快，传输延迟低。频率高于 10 kHz 的电磁波，其传播速度比声波高 100 倍以上，且随着频率的增加，水下电磁波的传播速度迅速增加。由此可知，电磁波通信将具有较低的延迟，受多径效应和多普勒展宽的影响远远小于水声通信。

(4)低的界面及障碍物影响。电磁波可轻易穿透水与空气的分界面，甚至油层与浮冰层，实现水下与岸上通信。对于随机的自然与人为遮挡，采用电磁技术都可与阴影区内单元顺利建立通信连接。

(5)不需要精确对准，系统结构简单。与激光通信相比，电磁通信的对准要求明显降低，不需精确地对准与跟踪环节，省去复杂的机械调节与转动单元，因此电磁系统体积小，利于安装与维护。

(6)功耗低，供电方便。电磁波通信的高传输比特率使得单位数据量的传输时间减少，功耗降低。同时，若采用磁耦合天线，可实现无硬件连接的高效电磁能量传输，大大增加了水下封闭单元的工作时间，有利于分布式传感网络应用。

(7)安全性高。射频通信对于军事上已广泛采用的水声对抗干扰免疫。除此之外，电磁波较高的水下衰减，能够提高水下通信的安全性。

(8)对水生生物无影响，更加有利于生态保护。

6.5　水下声通信

水下声通信是水下通信最成熟的技术。声波是水中信息的主要载体，已广泛应用于水下通信、传感、探测、导航和定位等方面。声波属于机械波(纵波)，在水下传输的信号衰减小(其在海水中的衰减率为电磁波的 0.1%)，传输距离远，使用范围可从数百米延伸至数十千米，适用于温度稳定的深水通信。

6.5.1　水下声通信概念

水下声通信是指利用声波在水下的传播进行信息的传送，是目前实现水下目标之间进行水下无线中远距离通信的最主要手段。声波在海面附近的传播速度为 1 520 m/s，比电磁波在真空中的传播速率低 5 个数量级。与电磁波相比，声波是一种机械振动产生的波，是纵波，在海水中衰减较小，只是电磁波的 0.1%，在海水中通信距离可达数十千米。研究表明，在非常低的频率(200 Hz 以下)下，声波在水下能传播数百千米，即使 20 kHz 的频率，在海水中的衰减也只是 2~3 dB/km。另外，科学家还发现，海平面下 600~2 000 m 之间存在一个声道窗口，声波可以传输至数千千米之外，并且传播方式与光波在光波导内的传播方式相似。目前世界各国潜艇的下潜深度一般在 250~400 m，未来潜深将会达到 1 000 m，因此，水声通信是目前最成熟也是很有发展前景的水下无线通信手段。

水声通信的工作原理是将语音、文字或图像等信息转换成电信号，再由编码器进行数字化处理，然后通过水声换能器将数字化电信号转换为声信号。声信号通过海水介质传输，将携带的信息传递到接收端的水声换能器，换能器再将声信号转换为电信号，解码器再将数字信息解译后，还原出声音、文字及图片信息。水声换能器是将电信号与声信号进行互相转换的仪器，是水声通信的关键技术之一。

6.5.2 水下声信道的特征与影响因子

水声通信系统的性能受水声信道的影响较大，水声信道是由海洋及其边界构成的一个非常复杂的介质空间，它具有内部结构和独特的上下表面，能对声波产生许多不同的影响。

1) 声能量的传播损失

传播损失是由于声能扩展和衰减所引起的损失之和。扩展损失主要是由于波阵面的扩展引起声能的扩散。常见的几何扩展有两种：球面扩展和柱面扩展。球面扩展主要发生在深水通信中，而柱面扩展主要发生在浅水通信中。衰减损失包括吸收、散射和声能泄漏。声能量的吸收表现为海水介质吸收和界面介质(如海底)的吸收。

2) 环境噪声

海洋中有许多噪声源，包括潮汐、湍流、海面波浪、风成噪声、地震、火山活动和海啸产生的噪声、生物噪声、行船及工业噪声等。噪声的性质与噪声源有密切的关系，在不同的时间、深度和频段有不同的噪声源。

3) 多径效应

由于介质空间的非均匀性，水声信道必然存在多径现象，也就是说，在一定波束宽度内发出的声波可沿几种不同的路径到达接收点。声波在不同路径中传播时，由于不同路径长度的差异，到达该点的声波能量和时间也不相同，从而引起信号的衰落，造成波形畸变，并且使得信号的持续时间和频带被展宽。由于海水中内部结构(如内波、水团、湍流等)的影响，多径结构通常是时变的。在数字通信系统中，多径效应造成的码间干扰(ISI)是影响水声通信数据传输率的主要因素。

4) 起伏效应

由于介质不但在空间分布上不均匀，而且是随机时变的，使得声信号在传输过程中也将是随机起伏的。造成起伏的主要原因是海面、非均匀介质的温度微结构和内波。信道的起伏造成信道的脉冲响应具有时变性，这种时变性严重地影响了通信系统的性能。

5) 多普勒效应

由发送与接收节点间的相对位移产生的多普勒效应会导致载波偏移及信号幅度的降低，与多径效应并发的多普勒频展将影响信息解码。水媒质内部的随机性不平整，会使声信号产生随机的起伏，严重影响系统性能(李娜，2008；林伟，2005；朱昌平，2009)。

6) 其他

声波几乎无法跨越水与空气的界面传播；声波受温度、盐度等参数影响较大；声波隐蔽性差；声波影响水下生物，导致生态破坏。

6.5.3　水下声通信技术种类

水声信道是一个十分复杂的多径传输的信道，而且环境噪声高、带宽窄、可适用的载波频率低以及传输的时延大。为了克服这些不利因素，并尽可能地提高带宽利用效率，已经出现多种水声通信技术。

1）单边带调制技术

世界上第一个水声通信系统是美国海军水声实验室于 1945 年研制出来的水下电话，主要用于潜艇之间的通信。该模拟通信系统使用单边带调制技术，载波频段为 8~15 kHz，工作距离可达数千米。

2）频移键控

频移键控（FSK）的通信系统从 20 世纪 70 年代后期开始出现至今，在技术上得到逐渐提高。频移键控需要较宽的频带宽度，单位带宽的通信速率低，并要求有较高的信噪比。

在 FSK 调制中，用信息比特来选择发射信号载频的频率。接收机通过比较不同频率的测量功率来推断发射的是什么。接收机只使用能量检测器，这种方案省去了对通路估算的需求，对通路变化是友好的。然而，这种方案需要保护带宽，以避免频率扩展引起的干扰，需要对通路传输的连续符号间插保护间隔，以避免时间扩展引起的干扰。因而，FSK 的数据率非常低。跳频 FSK 改善了数据率，但由于经跳频后带宽扩大，总的带宽效率仍然很低，典型的低于 0.5 bit/（s · Hz）。

3）直接序列扩频

在直接序列扩频（DSSS）调制中，一个窄带波的带宽 W 在发射前扩展到一个大的带宽 B。这通过每个符号与一个长度 B/W 的扩频码相乘来实现，并以带宽 B 允许的高速率发射结果序列。多个到达接收侧的信号能经压扩操作分开，通过好的自动相关特性的扩频序列，抑制了时间扩展引入的干扰。如果用相位相干调制，如相移键控（PSK），在扩频前将信息比特映射进符号，需要通路估算和跟踪。对于非相干 DSSS，信息比特能用于选择使用不同的扩频码，每个匹配滤波器选择一种扩频码，接收机比较不同匹配滤波器输出的幅度，这将避免对通路估算和跟踪的需求。

DSSS 商用调制解调器，如 LinkQuest、DSPCoMM 和 Tritech，由于扩频操作，数据率通常是每秒数百比特，而使用带宽若干千赫兹，导致带宽效率在 0.5 bit/（s · Hz）以下。

4）相移键控

20 世纪 80 年代初，美国开始研发基于相移键控（PSK）调制技术的水声通信系统，发展出非相干通信和相干通信两种方式。相干通信是指接收机事先知道发射机的相位信息和载频频率，而非相干通信是指接收机事先不知道发射机载频及相位信息。相干通信的算法和结构一般比非相干通信复杂，但通信距离较远。目前，正在由非相干通信向相干通信发展。相移键控系统大多使用差分相移键控方式进行调制，接收端可以用差分相干方式解调。采用差分相干的差分调相不需要相干载波，而且在抗频漂、抗多径效应及抗相位慢抖动方面，都优于采用非相干解调的绝对调相。但由于参考相位中噪声的影响，抗噪声能力有所下降。

5) 多载波调制技术

多载波调制的思路是将可用带宽分成很多重叠的子带，使得在每个子带，符号波的持续时间长于通路的多径传播。因而，符号间干扰(ISI)能在每个子带中抵消，极大地简化接收机通路均衡的复杂度。基于这一优点，多载波调制以正交频分复用(OFDM)形式流行于最近的宽带无线射频应用。然而，水下通路蒙受大的多普勒扩展，在 OFDM 子载波间引入干扰。由于缺少有效抑制子载波间干扰(ICI)的技术，早期试图在水下环境应用 OFDM 具有非常大的限制。近期，对水下 OFDM 通信的研究包括非相干基于开关键控的 OFDM、低复杂度的自适应 OFDM 接收机和基于导频的逐块(block-by-block)接收机。逐块接收机不依赖通路，而依靠通过的 OFDM 块，它对通过 OFDM 块的快速通路变化是支持的。与单载波相位相干传输相反，OFDM 具有一个吸引人的特性，即一个信号设计能很容易扩展到不同的传输带宽，而接收机几乎不变。

6) 多输入多输出技术

多输入多输出(MIMO)系统是采用多个发射机和多个接收机的一个无线系统。它表示在一个严重的散射环境中，通路容量随 $\min(N_t, N_r)$ 线性地增加，这里 N_t 和 N_r 分别是发射机和接收机的数量。如此一个剧烈的容量增加，先前的功率和带宽资源不会增加更多的负担，但是它利用了空间维度虚拟建立并行的数据管道。因而，MIMO 调制是一种有前途的技术，它提供了另一种高速率水下声波通信的先进机制。

MIMO 已应用到单载波传输和多载波传输。对于单载波传输，现存的自适应通路均衡算法是应对 MIMO 通路的手段。例如，用 6 个发射机和 QPSK 调制器，在距离 2 km 时，用 3 kHz 带宽实现了 12 kbit/s 的通信速率，使带宽效率提升至 4 bit/(s · Hz)。由于 OFDM 具有唯一的用低复杂度的均衡来处理长色散通路的长处，组合 MIMO 和 OFDM 是高数据率传输的另一种有吸引力的方案，并具有低的接收机复杂性。Stojanovic 等用 12 kHz 带宽实现了 12 kbit/s 的通信速率，使带宽效率提升 1 bit/(s · Hz)。Vajapeyam 等通过 2 个发射机和 4 个接收机的 MIMO-OFDM 系统的实验结果表明，在 1/2 编码速率和 QPSK 调制后，将使单天线传输的带宽效率加倍。MIMO 调制引入了从不同发射机来的并行数据流之间的干扰，接收机具有多通路估算，这将导致在训练符号上花费更多。对于快变化的水下通路，出于最好的速率和性能考虑，发射机数不能太多。除了排列天线外，分布式 MIMO 也能聚合单发射机节点的协同工作。当然，分布式 MIMO 也面临大量的实际问题，如同步和协同。

6.5.4　欧洲水下声通信技术发展

水下声通信技术一直是制约水下装备技术发展的瓶颈技术，其中宽带、高速率的水下通信技术是实现海空天的宽频段、网络化通信，促进有人-无人系统的通信和联合作战的关键。欧洲诸多海军强国的水声通信技术研究起步较早(王晓静，2017)，2008 年开始针对水下声通信多个技术方向进行研究；2010 年开始研究水下声通信网络；2011 年针对数据链路层进行了仿真研究和海试；2013 年 9 月启动 SUNRISE 项目，在不同水域分别建立了 5 个联合水下声通信试验平台；2017 年确立了首个欧洲通信标准。

北约海事研究与试验中心(CMRE)从不同方面入手研究水下通信技术，并且非常重视国际间的合作开发。2008 年，CMRE 针对水声通信技术的多个方面开展了研究。为了解决物理层互操作问题，CMRE 开发了 JANUS 标准。自 2010 年开始，研究水声通信网络方面的内容。2011 年，针对媒体访问控制方面进行了仿真和海试。之后定义了时延和中断容错协议(DTN)，成功开发了轻型 DTN 用于海试，试图应对水下环境的挑战。2011 年至今，开发和演示了一个适用于 10～20 个节点的中等规模水声网络的布线方案，并且研究了水下网络节点的定位技术，在通信和定位架构中嵌入了时钟同步服务。

1)舰载试验

CMRE 的试验活动离不开“莱昂纳多”号和“联盟”号试验船。“联盟”号试验船是一艘专门设计的舰船，用于水下研究和试验。“联盟”号试验船长 93 m，提供了 400 m^2的封闭试验空间，可容纳 25 名工作人员。该船装备了甲板操作架、多功能绞车、起重机和工作艇。“莱昂纳多”号是世界上最小的试验船，船身长 28 m，可容纳 10 名工作人员。

自 2008 年开始，这两艘试验船就定期进行水下通信试验。CMRE 支持的水下通信项目一般每年都会进行一次舰载海试。试验中采集的数据用于新概念可行性的验证和新方案性能的评估。

2)近海观测网

早在 2009 年，CMRE 就确定需要开发样机试验通信方案以节约海试成本。CMRE 开发了一个物理测试平台——近海观测网络(LOON)，包括海床上一系列小的平台，每一个小平台均配备了各种通信设备，彼此连接，并通过光缆与岸基设备连接。最重要的是 LOON 被连接到互联网，世界各地的合作者可以直接访问，这大大降低了试验成本，而且可以获取真实的试验数据来测试新的通信技术，这也为长期进行海试提供了便利。该系统的主要优点是降低了数据采集的成本，缺点是该系统电缆和功率的限制。

3)机器人物理逻辑连接节点项目

2012年，欧盟“第七框架计划”(Seventh Framework Programme，FP7)内项目机器人物理逻辑连接节点项目(MORPH)启动，项目为期4年，该项目开发了一个新的概念，即一个机器人系统由很多空间上分开的移动机器人模块组成，这些模块携带不同且互补的资源，模块依靠信息流的虚拟链路连接，可以重新配置，以适应不同的复杂地形。信息流主要依靠水下通信来实现，由CMRE负责研发该项目中的水下通信网络，基于商业的调制解调器提供网络通信和节点定位功能。

4)SUNRISE项目

2013年，欧洲启动了SUNRISE项目，SUNRISE一词表示传感、监控、连接水下世界，水下通信技术为其主要研究内容。SUNRISE项目共有8个合作伙伴，其中6个来自欧洲，分别为项目的协调者罗马大学、CMRE、Nexse软件工程公司(罗马)、Evologics公司(德国柏林)、荷兰特温特大学、葡萄牙波尔图大学；其余两家合作伙伴分别为土耳其SUASIS公司和美国纽约州立大学布法罗分校。SUNRISE项目很大程度上受LOON启发，在欧洲和美国建立了5个试验平台，便于水下通信技术领域的试验与合作。

近年来，美国在水下声通信基础技术领域取得了丰硕的成果，编码技术、信道均衡技术、纠错及安全传输方面均取得重大进展。同时在电磁通信、光通信等非声通信基础技术领域也开展了大量的研究工作，取得了一定进展，为后续方案设计和研发奠定了良好的基础。2016年年末至2017年年初，美国海军和国防高级研究计划管理局(DARPA)等机构，面对实际作战场景，在水下声通信、无线电通信、光通信等领域均部署了重大应用项目。这一方面得益于近年来基础技术的积累，一方面又充分利用美国海军和DARPA这些善于利用创新思维、攻克瓶颈技术、形成颠覆性作战能力的机构的优势，上述重大项目落地指日可待，未来很可能突破水下通信和跨域通信的瓶颈。

6.6 水下量子通信

6.6.1 量子通信概念

量子通信作为迄今唯一被证明是无条件安全的通信方式，受到越来越多的关注。海洋是一个很大的领域，水下通信是军事指挥、作业及海下民事作业的关键通信手段。量子通信在水下通信的应用，对于安全性提高有很大帮助，而安全性是军事通信中最为重要的前提。水下量子通信的前提是要了解海水的特性，在此基础上，将量子通信系统中的关键技术应用于水下通信。量子通信在各领域的应用将是未来通信的大趋势。

量子通信是利用量子态叠加与量子纠缠交换作为基础来进行信息传递的通信方式，是量子力学原理和通信理论相结合而产生的一门交叉学科，是面向未来的全新通信方式(尹浩，2013；温巧燕，2009)。量子通信的根本原理就在于量子纠缠，量子纠缠就是两个不论距离多远的量子，改变其中一个的状态时另一个会在同时随之进行改变的一种特性。因为量子的测不准性、纠缠性以及不可克隆性等，量子通信具有容量大、距离远、速率快以及无条件安全传输的特点。

量子信号进行传输的方式有直接传输和间接传输(赵楠等，2008)。其中直接传输是指对量子信源所产生的量子信号进行编码以后经过量子信道，最后再发送给接收方的传输方式，它是目前所采用的比较普遍的传输方式，传输的信道包括光纤信道与自由空间信道；间接传输是指量子的隐形传态，即将某一个粒子的未知量子态传送给远处的另一个粒子，使该粒子处在这个未知量子态上，而原先的粒子不被传送。间接传输是量子通信特有的一种传输方式。

量子通信系统的主要部件是由量子态发生器、量子通道以及量子测量装置所构成的，图 6-7 所示是其基本模型。按量子通信所传送的信息可以将其分为两类，若其所传送的信息为经典信息，则一般用来传输量子密钥；若其所传送的信息为量子信息，则一般用来分发量子隐形传态以及量子纠缠。现阶段在量子通信系统实际工作应用中，通常采用“量子信道 + 辅助经典信道”的办法进行分发非理想类的量子密钥又或者是量子密码通信。在经典信道的辅助下，通信双方通过量子信道来完成量子信息的交互与同步，获取量子密钥(万骏，2018)。

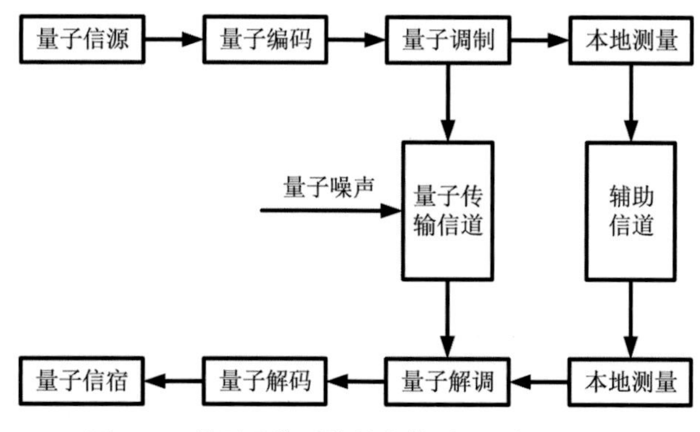

图 6-7　量子通信系统基本模型(万骏，2018)

现阶段量子通信发展面临如下问题(梁涵，2018)。

1)通信保密性问题

现阶段，量子通信技术还不能达到绝对安全的要求。从量子通信技术的特点来看，保密安全性是其一个重要特点，在实际操作中，通信密码不可能做到绝对保密，操作量子通信技术者可有意或无意泄密。另外，量子通信系统中的物理元件也不能保证其绝对的安全，这与理论分析中所设计的数学及物理模型存在一定的差距。所以，量子通信体系内由于某些因素或环节发生问题时，还存在一定的安全漏洞。在现代研究过程中，应用各系统的量子密钥，依然会受到信道、探测源和光源的干扰和影响，有可能会对量子通信系统的稳定性和安全问题产生不良影响。

2)技术方面的成熟度不高

量子通信是世界上最先进、最安全的通信技术，比传统通信具有独特的性能优势。对于现阶段的量子通信来讲，还存在技术手段不够成熟、安全漏洞无法解决和受干扰因素多等问题，尽管如此，量子通信仍然保持着世界领先的优势和地位，只是量子通信还有巨大的研究空间。在理想的条件下，量子通信在形成单子光源、量子检测和控制量子信息方面还有待提高。从目前的研究结果来看，还不能完全保证量子信息的保密安全。如果要在量子通信上做到绝对安全，还需要在单光子态的制发、传送和储存等技术方面进行深入的研究和探索。量子通信由于在配套技术开发上的不足，使一些通信技术在安全上的问题和难题还没有得到根本的解决，这些世界领域的难题也限制了量子通信的发展与应用。

3)对量子通信的标准化研究难有突破性进展

量子通信技术是世界上高新技术发展应用的成果，其标准化难度高，较难进行商用和市场化的普及。因为量子通信是一门界于量子理论和通信研究科学之间的交叉学科，所涉及的应用技术领域众多，给标准化技术应用增加了许多难度。现今，量子通信领域的国际化标准技术应用发展滞后，对量子通信标准化技术应用的重视程度不足，研制企业或机构联系不紧密、沟通不顺畅和协作不理想等因素普遍存在。

6.6.2 海水信道特点

海水是组成结构极其复杂的混合物。目前，主要将海水成分分为溶解的有机物和悬浮粒子两大类，其中溶解的有机物一般呈黄色，所以又称为黄色物质，悬浮粒子主要分为浮游植物和非色素悬浮粒子。一般把黄色物质、非色素悬浮粒子和浮游植物称为水色三要素，它们是构成水体固有光学特性的三种主要成分。当量子光信号在海水中传输时，由于海水中水色三要素的存在，对量子光信号产生散射和吸收等消光效应，必然会影响信号的高保真传输。而由于海水中溶解的无机盐、矿物质、碎屑以及细菌等，对光的吸收和散射效应都很小，一般情况下可忽略不计。海水中水色三要素是影响海水特性的主要因素(常乐，2018)。

1) 海水的透射光谱特性

海水对电磁波的衰减特性如图 6-8 所示，由图可知，海水在可见光波段有较好的透射特性(张贺等，2018)。

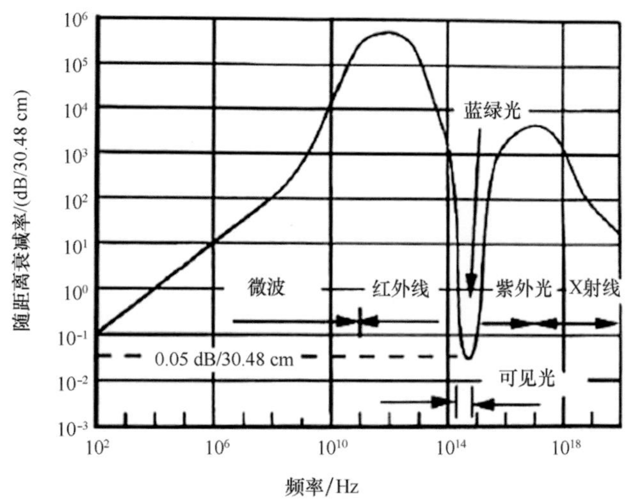

图 6-8　海水对电磁波的衰减特性曲线

海水吸收和悬浮微粒散射是光波在水中衰减的主要原因，可以通过不同海水的特点确定不同的发送光，从而使光量子信道达到最大效率。研究表明，400~580 nm 波段为海水的“蓝绿窗口”，海水对这一波段损耗较低，因此，人们利用蓝绿激光器实现对潜水下光通信。一般而言，对于含有浮游生物的海水，绿光部分衰减系数最小，而近岸海水浮游生物含量高于大洋海水，这一现象造成近岸海水在 530~580 nm 波段衰减系数最小，大洋海水在 480~500 nm 范围衰减系数最小。由此，在光源的选取上，可以在近岸选用绿光，大洋选用蓝光。

2) 海水对光子传播的影响

光束在海水中传播遭受损耗的机理与在大气中的传播基本相同，也有吸收、散射、扰动、热晕等。此外，对潜通信时，光束往往需要从大气进入海水，因此还有光束在水-气界面处受到的损耗。海水的吸收系数随深度变化，吸收系数通常随海水深度的增加而减小(张贺等，2018)。

(1) 海水散射。海水的散射包括水本身的瑞利散射和海水中悬浮粒子引起的米氏散射及透明物质折射所引起的散射。对于量子通信来说，海水散射可以使光能量得到衰减，而衰减与传播距离的比例关系可以应用到单光子的产生。即通过调节激光源能量，使信道中单光子态稳定在 10% 左右，此时信道性能最佳。由于海水与大气折射率不同，因此水-气界面也存在反射以及散射。

(2)海水吸收。海水的吸收作用主要包括纯海水、黄色物质、浮游植物和悬浮颗粒四个因素对光波的吸收效应。

(3)海水扰动。海水因为温度、盐度的不同而拥有不同的折射率。对潜通信中，光束在海水中的传播距离一般在 10~300 m，单光子的海水传播距离要远小于激光束。海水中，量子通信的中距离以及远距离都需要中继器保证。

(4)海水热晕。由于海水对光能量的吸收较大，并对光束有强烈的散射，可造成大的损耗，对光束的传播有致命影响。

6.6.3 水下量子通信关键技术

1)单光子信号产生技术

单光子信号，即光子数态中的单光子态，是光辐射场的最小能量单位。制备高效稳定的单光子源是实现 BB84 协议等量子保密通信协议的基础，是量子通信领域的研究重点。目前，制备单光子的技术主要分为两类：一是单光子枪；二是基于弱相干光脉冲产生的准单光子源(张贺等，2018)。

单光子枪是理想的单光子信号源，每个脉冲中只包含一个光子，但实用性还有待商榷。为了克服单光子信号的技术缺陷，实际运用中一般采用基于激光技术的弱相干光源。所谓弱相干光源是指将相干光源衰减到微弱的单光子量级的光源，在量子通信领域一般称为准单光子源。

目前，单光子源的实现方法是：利用激光器产生一束弱激光脉冲，再通过一个合适的衰减器将其衰减为微弱的光量子脉冲。这种方式可操作性强，在实验中很容易实现。

2)量子纠缠交换

单光子束由于能量微弱，无法支撑远距离传输，又因为在海水中能量的大量损失，所以水下量子通信的中远距离传输都需要中继器保证。量子中继器的核心思想在于：相距为 L 的两个节点之间的纠缠，可通过两个距离都是 $L/2$ 的纠缠态进行纠缠交换得到；而距离 $L/2$ 的两个节点之间可通过两个距离都是 $L/4$ 的纠缠态进行纠缠交换得到，依此类推，就可以建立远距离量子纠缠。第一个具有广泛影响的量子中继方案是由段路明等提出的 DLCZ 方案，陈增兵和潘建伟等改进了这一方案，并实验成功。在 DLCZ 方案中，宏观尺度的原子系统被用作量子存储器，通过拉曼散射建立起原子系统与光子的纠缠。之前建立在光子通道上的量子通信，由于光子损失和退相干，使得通信忠实度随着通信距离指数下降，而建立在原子系统基础上的量子中继器节点结合了量子存储技术和纠缠交换思想，可以在有损信道上实现鲁棒的量子通信。这就为水下量子通信的中继奠定了坚实基础。

3)诱骗态协议

与量子点光源相比，弱相干光源是一个宏观的光子发射过程，是大量原子集体跃迁的行为，释放的光子不可能单个出射。因此，在实际运用中，弱相干光源仅可看作一个准单光子源，无法保证通信的绝对保密性。光学理论认为，激光脉冲的光子数 n 服从泊松分布：

$$P(n) = \frac{\mu^n}{n!} e^{-\mu} \tag{6-1}$$

从理论上讲，窃听者可以通过光子数分流攻击的办法，成功完成窃听。针对这种攻击手段，韩国 Hwang、加拿大 Lo 等和清华大学 Wang 提出并完善了诱骗态技术。按照诱骗态理论，发送方随机在编码脉冲中掺入不同强度的诱骗态脉冲，接收方探测到这些脉冲后与发送方进行比对，统计不同强度的脉冲被探测到的概率。窃听者会因无法区分信号脉冲和诱骗脉冲而暴露自己。诱骗态量子密钥分发协议，已经得到大量实验验证，对于水下量子保密通信而言，诱骗态协议仍是最具实用性的协议之一。

6.6.4　水下量子通信国内外发展现状与面临的问题

1)国内外发展现状

1984 年，Bennett 与 Brassard 提出了首个著名的量子密钥分发协议(BB84 协议)，这也是量子通信的开始(张文昊，2018)。

1991 年，英国科学家 Ekert(1991)提出了一个量子保密通信协议，使量子纠缠态用于传输与确保信息的安全。

1993 年，Bennett 等来自 4 个国家的 6 位科学家提出了量子隐形传态的概念，即利用 ERP 对进行量子关联，将发送方的未知量子态在接收方处进行还原，而不是对粒子实体进行传输，从而达到量子信息安全传输的目的，这不仅对改变人类对事物的认知和揭示自然中的神秘现象具有重要意义，而且为未来量子通信的发展开辟了新的途径。

1994 年，美国的 Hughes 和 Nordholt，为了保证量子通信的可靠性，采用单光子技术进行量子密钥分配研究。

1995 年，Huttner 等(1995)提出了一种基于连续变量的量子保密通信协议。同年，中国科学院物理研究所做了量子通信示范性实验，该实验利用了量子密码 BB84 协议。

1997 年，中国科学技术大学教授潘建伟与荷兰学者波密斯特等，在奥地利成功地将一个量子态从甲地传到乙地，首次实现了量子态的远程传输。

2002 年，德国慕尼黑大学的 Weinfurter 团队实现了 23.4 km 的自由空间量子密钥分发实验。

2003 年，中国科学技术大学量子物理与量子信息实验室第一次实现了四光子纠缠光源的量子中继实验，该实验成功实现了量子纠缠态的浓缩。

2005 年，潘建伟团队实现了 13 km 级自由空间的量子纠缠分发和量子密钥分发，首次证实了光子纠缠态在穿越大气层后，其量子性能依然能够发挥作用，并验证了星地之间量子通信的可能性。同年，美国学者 Lo 等，提出了一种解决量子密钥分发系统中弱相干光源多光子安全漏洞多强度诱骗态的调制方案，为量子通信的实际应用奠定了基础。

2007 年，中国科学技术大学郭光灿团队，成功研制出了基于光子波长的量子路由器，该设备实现了城域量子光纤网络在商业光纤上的应用。同年，由德国、英国和奥地利三个国家的研究人员组成的实验小组实现了 144 km 的量子通信，再次刷新了量子通信最远距离的记录。

2010 年，清华大学与中国科学技术大学研究人员通力合作，完成了 16 km 的量子自由空间的信息传输实验，打破了百米通信距离的记录(Jin et al.，2010)。同年，中国科学技术大学上海研究院将通信距离又提高到了 97 km，横跨了整个青海湖。此次实验在 4 h 内对 1 000 余个光子进行传输，这意味着可将量子态从地表传输到卫星上，为实现全球范围的量子通信奠定了技术基础。

2012 年，在青海湖地区，中国科学技术大学潘建伟团队第一次在自由空间中完成了百千米级量子态的隐形传输与纠缠分发，为远距离量子探测奠定了基础(Yin et al.，2012；Wang et al.，2013)。同年，德国 Max-Planck 研究所与奥地利量子光学与量子信息研究所（IQOQI)在拉帕尔马(LaPalMa)岛与特内里费(Tenerife)岛之间，实现了自由空间光链路超过 143 km 的量子隐形传态通信实验，为星地之间实现量子通信奠定了坚实的科学基础(Max et al.，2012)。

2014 年 4 月，中国海洋大学史鹏等在 arxiv 网站上发表了论文《水下自由空间量子密钥分配的可行性》，阐述了水下量子密钥分配的理论分析结果(李文东等，2014)。

2016 年，中国发射了举世瞩目的第一个量子通信卫星“墨子”号，与此同时，中国也将初步构建“天地一体化”的量子通信网络。

2017 年，上海交通大学金贤敏课题组实现了首个海水量子通信实验，观察到了光子极化量子态和量子纠缠可以在高损耗和高散射的海水中保持量子特性，国际上首次实验验证了水下量子通信的可行性，这标志着向未来建立水下以及空-海一体化量子通信网络迈出了重要一步(Ji et al.，2017；聂敏等，2018)。

目前，针对水下的量子通信研究只是朝着水下量子通信迈出了第一步，离实现可实用化的水下及空-海一体化的量子通信网络还有很多工作要做，但是前景可期。

2)面临的问题

(1)通信距离较短，中继成本过高。与陆地自由空间量子通信、星-地远程量子通信等技术相比，水下量子通信方面的研究起步较晚，发展相对迟缓。目前，陆地量子通信已经可以实现 144 km 的传输，而在水下，史鹏团队仅从理论上论证了在百米范围内的清澈海水中，且在夜晚背景光噪声较弱的情况下，绝对安全的量子密钥分发，并且在最大安全距离 127 m 时，传输速率仅为 216 bit/s。然而海洋空间过于广阔，每百米加装量子中继器成本过高，并且数量庞大的中继器还需定期维护、补充能量，工作过于繁琐。在目前的量子通信模型下，量子通信在深水通信中并没有明显的技术优势，也很难突破经典通信的水下通信距离和速率极限。

(2) 中继装置无法固定。海水具有流动性，在广阔的海洋中难以找到有效的依托物，中继器会随洋流、季风等流动，再加上水面舰艇的碰撞，都会导致无法对准，从而丧失可通性。

(3) 水生生物因素。由于理论上的中继装置不会很大，极易发生被大型鱼类吞噬、碰撞攻击等行为，从而导致通信链路阻断。同时，水生生物种类较空中更为复杂，且不易控制，很容易出现水生动植物遮挡光线的现象(张贺等，2018)。

Chapter 7 第7章

水下机器人技术

7.1 引言

机器人技术是集运动学与动力学理论、机械设计与制造技术、计算机硬件与软件技术、控制理论、电动伺服随动技术、传感器技术、人工智能理论等科学技术为一体的综合技术。它的研究与开发标志着一个国家科学技术的发展水平，而其在各种机械领域的普及应用，则显示了这个国家的经济和科技发展实力。世界上许多国家为了推进本国的机器人开发事业，打入竞争日益激烈的国际高科技市场，不惜投入巨大的人力、财力来推动机器人技术的发展，开发出了许多类型的机器人。机器人的应用领域也逐渐从人工环境扩展到了水下和太空。

随着人口数量的增长和科学技术水平的不断提高，人类已把海洋作为生存和发展的新领域，海洋的开发与利用已经成为决定一个国家兴衰的基本因素之一，从而使水下机器人具有更加广阔的应用前景。水下机器人又称潜水器、潜航器或水下运载器，它的设计是一项综合性的复杂工程，技术密集度高，是公认的高科技产品，它的研制水平体现了一个国家的综合技术力量。目前，我国海洋事业处于迅速发展阶段，水下机器人作为一种新型海洋高科技设备，在海洋资源开采、海洋安检、水下观测、水下考古、海洋救援与打捞等众多方面均有广泛应用。

本章将从水下机器人设计原理、水下机器人操纵与控制技术、水下机器人导航定位技术、水下机器人目标探测与识别技术、水下机器人水动力学试验技术等方面详细介绍水下机器人技术相关知识。

7.2 水下机器人概述

水下机器人是能在水中浮游，具有视觉和感知系统，通过遥控或自主操作的方式使用机械手及其他水下作业，代替人或辅助人去完成某些水下作业的自动化装置。水下机器人并不是人们通常想象的具有类人形状的一个机器，而是一种可以在水下代替人完成某种任务的装置，在外形上更像一艘微小型潜艇。水下机器人的自身形态是依据水下工作要求来设计的。生活在陆地上的人类经过自然进化，诸多的自身形态特点是为了满足陆地运动、感知和作业要求，所以大多数陆地机器人在外观上都有类人化趋势，这是符合仿生学原理的。水下环境是属于鱼类的世界，人类身体的形态特点与鱼类相比则完全处于劣势，所以水下机器人的仿生大多体现在对鱼类的仿生上。目前，大部分水下机器人是框架式和类似于潜艇的回转细长体，随着仿生技术的不断发展，仿鱼类形态甚至是运动方式的水下机器人将会不断发展。水下机器人工作在充满未知和挑战的海洋环境中，风、浪、流、深水压力等各种复杂的海洋环境对水下机器人的运动和控制干扰严重，使得水下机器人的通信和导航定位十分困难，这是与陆地机器人最大的不同，也是目前阻碍水下机器人发展的主要因素。

水下机器人大体可分为载人水下机器人和无人水下机器人两类。其中，后者又可分为无人遥控水下机器人(ROV)、自主式水下机器人(AUV)、拖曳式水下机器人(TUV)和水下滑翔机(AUG)。

水下机器人不仅有着广泛的军事用途，而且还是开发海洋资源的重要工具。近年来，水下机器人的研究备受重视，已成为发达国家军事海洋技术研究的前沿。由于水下环境复杂，影响运动的因素较多，因此如何设计水下机器人是一个十分复杂的问题。

7.3　水下机器人设计原理

7.3.1　水下空间描述和坐标变换

1)基本假设

(1)将大地视为平面，不考虑大地的曲率及自转，即大地为惯性参考系。

(2)将水下机器人视为水下六自由度运动的常质量刚体。

对于具有复杂六自由度运动的物体，要分析运动体的各种运动参数，建立合适的坐标系。对于水下机器人，在实践中得到较多应用的是建立静、动坐标系。静坐标系为 E-$\xi\eta\zeta$ 坐标系(大地坐标系)，动坐标系为 O-xyz 坐标系(本体坐标系)，坐标系均遵循右手定则(图 7-1 和表 7-1)。

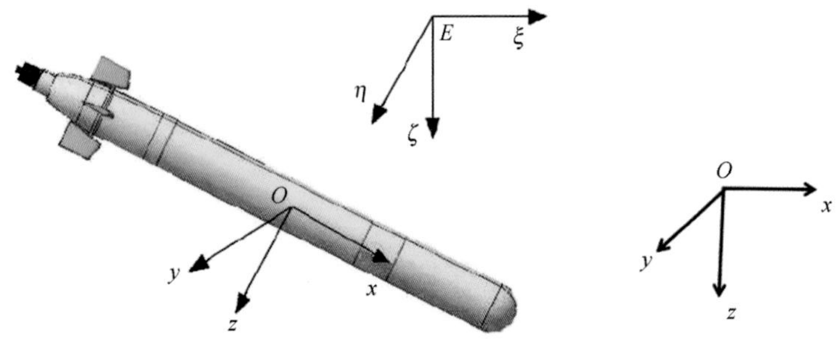

图 7-1　建立坐标系

机体坐标系与地面惯性坐标系之间的夹角就是运动体的姿态角，又称欧拉角。

①纵摇角 θ：动坐标系 Ox 轴与水平面之间的夹角，抬头为正。

②艏摇角 ψ：动坐标系 Ox 轴在水平面上的投影与静坐标系轴 $E\xi$ 之间的夹角，以

Ox 轴右偏为正。

③横摇角 ϕ：动坐标系 xOz 平面绕 Ox 轴转过的角度，右滚为正。

表 7-1 符号定义

运动		x 轴	y 轴	z 轴
直线	位移	x 纵荡	y 横荡	z 垂荡
	速度	u	v	w
旋转	角度	横摇角 ϕ	纵摇角 θ	艏摇角 ψ
	角速度	p	q	r
作用力	力	X	Y	Z
	力矩	K	M	N

2）动静坐标系之间的矢量变换矩阵

本书使用欧拉法描述坐标变换关系，虽然欧拉法在特定角度会产生歧义，但在水下机器人的实际使用中，极少出现翻转等动作，而欧拉法又具有表意清晰、易于理解的优点，故采用欧拉法进行分析。

$$\begin{pmatrix} x_0 \\ y_0 \\ z_0 \end{pmatrix} = \boldsymbol{T} \begin{pmatrix} x \\ y \\ z \end{pmatrix} \tag{7-1}$$

$(x_0, y_0, z_0)^T$ 为静坐标系中矢量，$(x, y, z)^T$ 为动坐标系中矢量，

$$\boldsymbol{T} = \begin{pmatrix} \cos\psi & -\sin\psi & 0 \\ \sin\psi & \cos\psi & 0 \\ 0 & 0 & 1 \end{pmatrix} \begin{pmatrix} \cos\theta & 0 & \sin\theta \\ 0 & 1 & 0 \\ -\sin\theta & 0 & \cos\theta \end{pmatrix} \begin{pmatrix} 1 & 0 & 0 \\ 0 & \cos\phi & -\sin\phi \\ 0 & \sin\phi & \cos\phi \end{pmatrix}$$

$$= \begin{pmatrix} \cos\psi\cos\theta & \cos\psi\sin\theta\sin\phi - \sin\psi\cos\phi & \cos\psi\sin\theta\cos\phi + \sin\psi\sin\phi \\ \sin\psi\cos\theta & \sin\psi\sin\theta\sin\phi + \cos\psi\cos\phi & \sin\psi\sin\theta\sin\phi - \cos\psi\sin\phi \\ -\sin\theta & \cos\theta\sin\phi & \cos\theta\cos\phi \end{pmatrix} \tag{7-2}$$

$$\boldsymbol{T}^{-1} = \boldsymbol{T}^{T} \tag{7-3}$$

以上转换矩阵对位移、速度均适用。

3）角速度转换矩阵

$$\begin{pmatrix} p \\ q \\ r \end{pmatrix} = \begin{pmatrix} 1 & 0 & -\sin\theta \\ 0 & \cos\phi & \cos\theta\sin\phi \\ 0 & -\sin\phi & \cos\theta\cos\phi \end{pmatrix} \begin{pmatrix} \dot{\phi} \\ \dot{\theta} \\ \dot{\psi} \end{pmatrix} \tag{7-4}$$

$$\begin{pmatrix}\dot{\phi}\\ \dot{\theta}\\ \dot{\psi}\end{pmatrix}=\begin{pmatrix}1 & \sin\phi\tan\theta & \cos\phi\tan\theta\\ 0 & \cos\phi & -\sin\phi\\ 0 & \sin\phi/\cos\theta & \cos\phi/\cos\theta\end{pmatrix}\begin{pmatrix}p\\ q\\ r\end{pmatrix} \tag{7-5}$$

式中，($\dot{\phi}$，$\dot{\theta}$，$\dot{\psi}$)是欧拉角速率(欧拉角变化率)，也就是一般陀螺仪获取的读数。(p，q，r)是动坐标系中角速度在三轴上的分量，该矩阵的主要作用是建立陀螺仪读数与角速度的转化关系。

7.3.2　水下机器人运动学与动力学

7.3.2.1　运动学与动力学概念

运动学是从几何的角度(指不涉及物体本身的物理性质和加在物体上的力)描述和研究物体位置随时间的变化规律的力学分支。运动学以研究质点和刚体这两个简化模型的运动为基础，并进一步研究变形体(弹性体、流体等)的运动。研究变形体的运动，需把变形体中微团的刚性位移和应变分开。点的运动学研究点的运动方程、轨迹、位移、速度、加速度等运动特征，这些都随所选参考系的不同而不同；而刚体运动学还要研究刚体本身的转动过程、角速度、角加速度等更复杂的运动特征。

机器人运动学只限于对机器人相对于参考坐标系的位姿和运动问题的讨论，未涉及引起这些运动的力和力矩及其与机器人运动的关系。

动力学是理论力学的一个分支学科，它主要研究作用于物体的力与物体运动的关系。动力学的研究对象是运动速度远小于光速的宏观物体。动力学是物理学和天文学的基础，也是许多工程学科的基础。许多数学上的进展也常与解决动力学问题有关，所以数学家对动力学有着浓厚的兴趣。

动力学方程是指作用于机器人各机构的力或力矩与其位置、速度、加速度关系的方程式，机器人的动态性能不仅与运动学因素有关，还与机器人的结构形式、质量分布、执行机构的位置、传动装置等对动力学产生重要影响的因素有关。动力学问题是既涉及运动又涉及受力情况的问题，或者说是与物体质量有关的问题，常与牛顿第二定律或动能定理、动量定理等式子中含有 m(质量)的项有关。

动力学的正逆问题：正问题是已知机器人各关节的作用力或力矩，求机器人各关节的位移、速度和加速度(即运动轨迹)，主要用于机器人的仿真；逆问题是已知机器人各关节的位移、速度和加速度，求解所需要的关节作用力或力矩，是实时控制的需要。求解动力学方程的目的，通常是为了得到机器人的运动方程，即一旦给定作为输入的力或力矩，就确定了系统的运动结果。

7.3.2.2 水下机器人动力学研究现状

动力学建模方法鲜有创新，水下机器人和水下机械手动力学方程的建立都依赖于动力学普遍定理(动量定理、动量矩定理、动能定理)，其中拉格朗日(Lagrange)方程、牛顿-欧拉(Newton-Euler)方程、凯恩(Kane)方程、最小约束的高斯原理（Gauss Principle）法及广义达朗贝尔(Generalized d' Alembert)法是常用的建模方法。

蒙特利湾海洋生物研究所(MBARI)的 McLain 等(1996)针对含单臂机械手的水下机器人机械手系统(UVMS)建立了水动力学模型，计算了机械手的水阻力和附加质量力，确定了水阻力系数 C_d和附加质量力系数 C_m，通过 OTTER 水下机器人的实验验证了由于水动力导致的动力学耦合现象(图 7-2)。Leabourne 等(1998)以 McLain 等的成果为基础，基于两连杆水下机械手建立了一个新的水阻力模型，在水阻力模型中加入了三个水阻力系数。Kato 等(1996)分析了多自由度水下机械手的逆运动学和动力学，通过数值仿真验证了所提出的协调控制方法在辅助两自由度滑动手臂稳定性方面的作用。Tarn 等(1996)建立了可以适用于多关节机械手的水动力模型，考虑了水阻力、附加质量力、流体加速力及浮力的影响，并将非线性控制策略应用到了一个六自由度加两自由度滑动的手臂，通过动力学解耦及线性化合理地协调了机器人和机械手之间的运动。Carlos Canudasde Wit 等将基于动力学的非线性控制应用到了 VORTEX/PA10 型水下机器人机械手系统(UVMS)(图 7-3)中，并研究了水阻力和海流作用力对水下机械手作业的影响。日本九州工业大学的 Ishitsuka 等(2007)建立了二杆水下机械手(图 7-4)的平面动力学模型，计算了其在水下所受到的拖曳力，忽略了其他因素的影响，在动力学仿真的基础上，利用了磁耦合机制代替电机驱动关节转动。

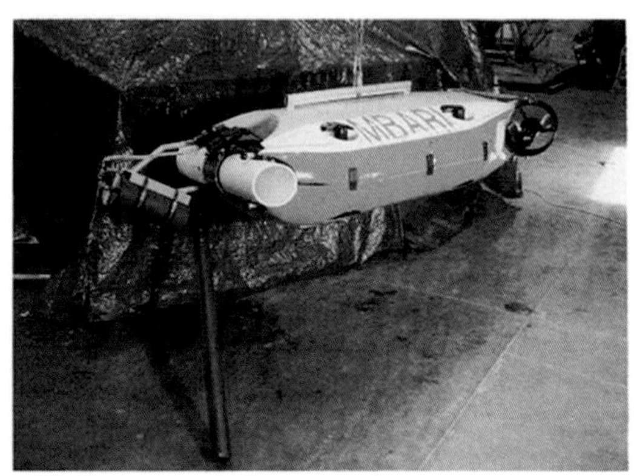

图 7-2 OTTER 单连杆水下机器人

图 7-3　VORTEX/PA10 型水下机器人

图 7-4　二杆水下机械手(Twin Burger)

哈尔滨工程大学王华(2012)采用牛顿-欧拉法建立了水下灵巧手(图 7-5)的动力学模型，在假定水环境处于静止状态(水流的速度、加速度都为零)的基础上，通过动力学仿真验证了水阻力和附加质量力对水下机械手动力学性能的影响；张立峰(2008)建立了三自由度水下机械手(图 7-6)的动力学模型，研究了不同水阻力系数 C_d对水下机械手动力学性能的影响；陈萍在其基础上将海流加速力矩也考虑在内。中国海洋大学的徐长密(2010)采用凯恩法建立了水下机械手的动力学模型，在不考虑流体加速度产生力的情况下，利用莫里森(Morison)方程建立了水动力模型和驱动力模型。华中科技大学的肖治琥(2011)采用拉格朗日方法建立了水下机械手(图 7-7)的动力学模型，将机械手在水下受到的作用力分为静水环境下机械手自身运动导致的力和水环境下机械手静止时所受到的水流冲击力，并分析了不同影响因素(浮力、水阻力等)对水下机械手动力学性能的影响。

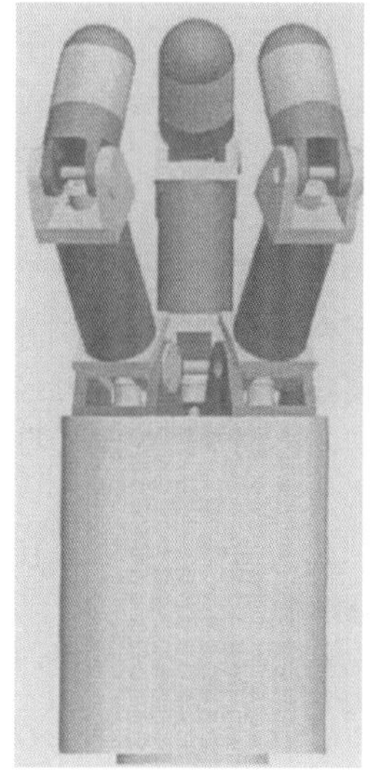

图 7-5　水下灵巧手

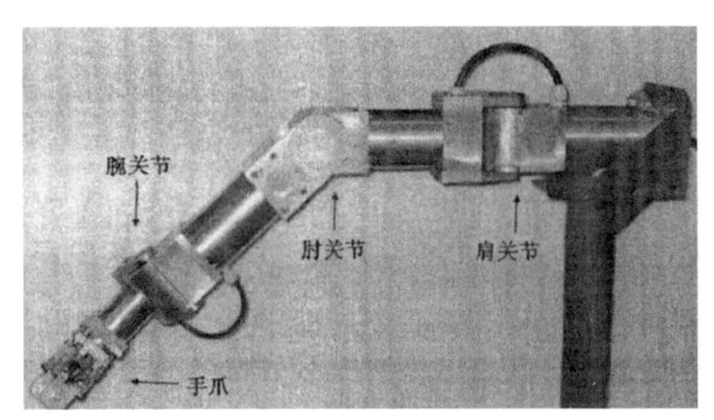

图 7-6　三自由度水下机械手

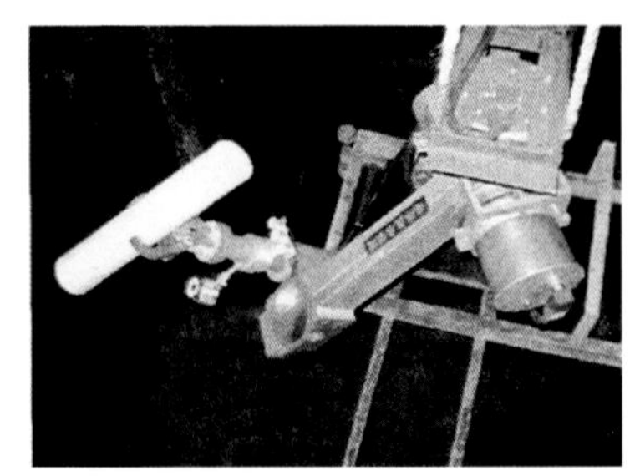
图 7-7　“华海 4E”机械手

通过以上分析可知，水下机械手动力学分析主要集中在以下两个方面。

1）水下机械手动力学研究

拉格朗日方程、牛顿-欧拉方程、凯恩方程是比较常用的建立动力学模型的方法。拉格朗日方程通过对能量方程进行复杂的偏导运算，直接建立主动力与运动的关系，由于其避开了力、速度和加速度等矢量的复杂运算所以比较适合控制模型的建立。牛顿-欧拉方程是通过计算包括系统内力在内的所有相互作用的力的一种递推的算法，其繁琐的计算过程不利于控制模型的建立。凯恩方程主要是通过加法和乘法运算计算各个部分的加速度以获得惯性力，计算过程简单高效。一般来说，拉格朗日方程计算量最大，牛顿-欧拉方程次之，凯恩方程的计算量最小。

2）水动力学模型研究

很多学者在研究水动力学模型时将水流作用力对水下机械手动力学性能的影响忽略不计，只研究水阻力对水下机械手动力学性能的影响，并假设水下机器人完全浸没在无限大的水环境中，且水环境处于静止状态。然而实际水环境是比较复杂的，水下机器人在水环境中不仅受到浮力、水阻力和附加质量力，而且还受到水流加速力，必须综合考虑上述力的影响才能最大可能地模拟水下机器人实际在水环境中的状态。

水动力学模型中的水阻力系数 C_d 和附加质量力系数 C_m 随着构件形状和科伊列根-卡彭特（Keulegan-Carpenter）数的变化而变化，特别是 C_d 值与表面粗糙度及雷诺数（Reynolds，*Re*）有关系。因为目前黏性波浪理论还不成熟，水动力学模型中的水阻力系数 C_d 和附加质量力系数 C_m 还不能从理论上直接给出，常利用实验获得。

7.3.2.3　水下机器人受力分析

1）静力

静力包括重力和浮力。

重力包括两部分：水下运动物体的基本重量 G_0 和相对于基本重量的改变量 ΔG（如抛载、重量转移等）。基本重量作用点在重心，改变量的作用点位于每个增减量的重

心，其表达式可表示为

$$\begin{pmatrix} F \\ \tau \end{pmatrix}_G = G\,(-\sin\theta \quad \cos\theta\sin\phi \quad \cos\theta\cos\theta \quad 0 \quad 0 \quad 0)^T \tag{7-6}$$

同理，浮力也分为两部分：基准航行状态下的浮力 B_0 和相对它的浮力改变量 ΔB（水下物理受压容积改变、海水比重改变等），前者作用点在浮心，后者作用点在每个浮力改变量的浮心，其表达式可表示为

$$\begin{pmatrix} F \\ \tau \end{pmatrix}_B = -B\begin{pmatrix} -\sin\theta \\ \cos\theta\sin\phi \\ \cos\theta\cos\phi \\ z_b\cos\theta\sin\phi - y_b\cos\theta\cos\phi \\ x_b\cos\theta\cos\phi + z_b\sin\theta \\ -y_b\sin\theta - x_b\cos\theta\sin\phi \end{pmatrix} \tag{7-7}$$

总静力大小等于重力和浮力的代数和，即

$$P = G - B = (G_0 + \Delta G) - (B_0 + \Delta B) = \sum_{i=0}^{n} G_i - \sum_{j=0}^{m} B_j \tag{7-8}$$

假设各重力对于动坐标系原点的矢径为 R_{Gi}（$i=0\sim n$），各浮力对于动坐标系原点的矢径为 R_{Cj}（$j=0\sim m$），则它们对动坐标系原点的力矩为各重力、浮力在动坐标系下与之所对应矢径的向量积的总和：

$$T_P = \sum_{i=0}^{n} R_{Gi} \times S^{-1} G_i + \sum_{j=0}^{m} R_{Cj} \times S^{-1} B_j \tag{7-9}$$

2）推动力

水下机器人所受推动力和推动力矩与推力器的布置有关，推力器的布置又与水下机器人的结构、线型、尺度及运动要求有关，属于结构设计范畴。这里暂不涉及结构设计，只给定各推力器的布置。以六自由度水下机器人为例，考虑到每对推力器可以取相同或相反的推力方向，因此安装三对推力器就可以实现六自由度的运动，如图 7-8 所示。

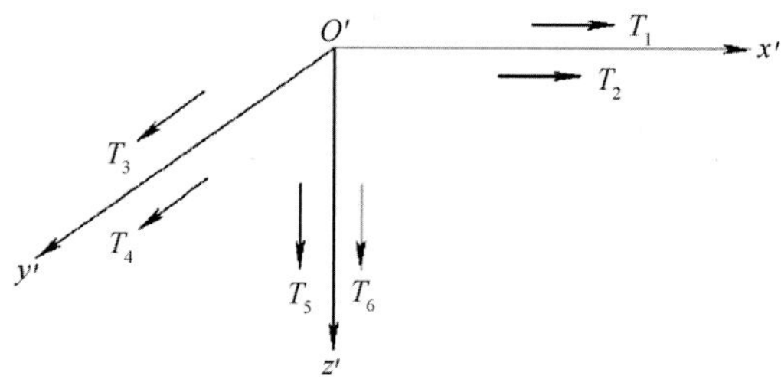

图 7-8　实现六自由度运动的推力器布置

图 7-8 中以箭头表示推力器，其中推力器 T_1、T_2位于 $O'x'y'$ 平面并且相对于 x' 轴对称，实现绕 z' 轴的转动及沿 x' 轴的平动；推力器 T_3、T_4位于 $O'y'z'$平面并且相对于 y' 轴对称，实现绕 x' 轴的转动及沿 y'轴的平动；推力器 T_5、T_6位于 $O'x'z'$ 平面并且相对于 z' 轴对称，实现绕 y' 轴的转动及沿 z' 轴的平动。

设第 i 个推力器的螺旋桨转速为 n_i，螺旋桨直径为 D_i，第 i 个推力器的推力系数为 K_{Ti}，第 i 个推力器产生的推力为 F_{Ti}，水的密度为 ρ，则有

$$F_{Ti} = \rho\, n_i^2\, D_i^4\, K_{Ti} \tag{7-10}$$

设沿 x'、y'、z' 轴方向上的合力分别为 $T_{x'}$、$T_{y'}$、$T_{z'}$，作用于 x'、y'、z' 轴的合力矩分别为 K_T、M_T、N_T，计算如下：

$$\begin{cases} T_{x'} = F_{T_1} + F_{T_2} \\ T_{y'} = F_{T_3} + F_{T_4} \\ T_{z'} = F_{T_5} + F_{T_6} \\ K_T = R_{T_3} F_{T_3} + R_{T_4} F_{T_4} \\ M_T = R_{T_5} F_{T_5} + R_{T_6} F_{T_6} \\ N_T = R_{T_1} F_{T_1} + R_{T_2} F_{T_2} \end{cases} \tag{7-11}$$

3) 水动力

水下机器人在水中还会受到水动力作用，由此产生的力和力矩要反映到局部坐标系中。设水流在大地坐标系下的速度为 $\boldsymbol{u}_f' = (u_f,\ v_f,\ w_f)^T$，水流的速度在局部坐标系与大地坐标系之间的变换关系为

$$u_f' = (u_1,\ v_1,\ w_1)^T = T_v^{-1}(u_f,\ v_f,\ w_f)^T \tag{7-12}$$

水流相对于机器人的速度 u_r'可表示为

$$u_f' = (u_r,\ v_r,\ w_r)^T = u' - u_1' \tag{7-13}$$

水动力的特性和大小与载体的尺度和形状、载体的运动状态和流场性质相关。一般情况下，水动力包括流体惯性力、阻尼力、环境力和控制力，如图 7-9 所示是螺旋桨的水动力示意图。

(1) 流体惯性力。实际流体是黏性的。如果忽略流体中的黏性，则称为理想流体。水下运动物体在理想水体中作加速运动时必须推动周围的水作加速运动，水质点反作用于水下物体形成阻力，称这种阻力为流体惯性阻力。可见当水下物体作加速运动时不但要克服其自身惯性力，还要克服水的惯性力。流体惯性阻力的大小与水下物体运动的加速度成比例，方向与水下物体加速度方向相反。流体惯性阻力与加速度的比例系数称为附加质量。

流体惯性阻力与水下机器人相对水流速度的平方成正比。设沿 x'、y'、z' 轴线方向

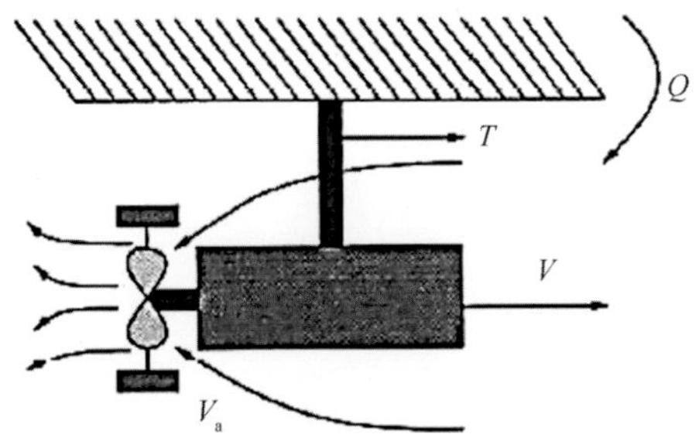

图 7-9　螺旋桨水动力示意图

V—运载器前进速度；V_a—螺旋桨进水速度；T—推力；Q—转矩

的惯性阻力分别为 $F_{x'}$、$F_{y'}$、$F_{z'}$，它们分别由下式计算：

$$
\begin{aligned}
F_{x'} &= 0.5\rho\, C_d\, S_{x'}\,|u_r|u_r \\
F_{y'} &= 0.5\rho\, C_d\, S_{y'}\,|v_r|v_r \\
F_{z'} &= 0.5\rho\, C_d\, S_{z'}\,|w_r|w_r
\end{aligned}
\tag{7-14}
$$

式中，ρ 为水密度；C_d 为无因次阻力系数，对于大多数水下机器人，C_d 的范围在 0.8～1.0；$S_{x'}$、$S_{y'}$、$S_{z'}$ 分别为水下机器人垂直于 x'、y'、z'轴的横断面面积。

水流产生的阻力矩与机器人角速度平方成正比，由试验测得阻力矩系数（$K_{x'}$、$K_{y'}$、$K_{z'}$）后，可以求得流体对水下机器人产生的阻力矩在 x'、y'、z'轴上的投影分别为 $K_{x'}|p|p$、$K_{y'}|q|q$、$K_{z'}|r|r$。

(2)阻尼力。阻尼力主要包括兴波阻力(potential damping)、摩擦阻力(层流与湍流，linear and quadratic skin friction)、黏压阻力(votex shedding)、波浪增阻(凶涛阻力，wave drift damping)。

(3)环境力。环境力主要是受海流的影响，水下运动物体不可避免地遭受海洋环境扰动作用。

流的分类及形成(由密度驱动)原因：①表层流，由海面风引起；②温盐流，由热与盐交换引起；③潮汐流，由引力引起。

7.3.2.4　水下机器人受力分析

1)拉格朗日动力学方法

拉格朗日法能以最简单的形式求得非常复杂的系统动力学方程，而且具有显式结构。

拉格朗日函数 L 定义为任何机械系统的动能 E_k 和势能 E_p 之差：

$$
L = E_k - E_p \tag{7-15}
$$

其中，动能和势能可以用任意选取的坐标系来表示，不局限于笛卡儿坐标。

假设机器人的广义坐标为 q_i，$i=1, 2, \cdots, n$，则该机械系统的动力学方程为

$$f_i = \frac{\mathrm{d}}{\mathrm{d}t}\frac{\partial L}{\partial \dot{q}_i} - \frac{\partial L}{\partial q_i} \tag{7-16}$$

将 $L=E_k-E_p$ 代入式（7-16）中：

$$f_i = \left(\frac{\mathrm{d}}{\mathrm{d}t}\frac{\partial E_k}{\partial \dot{q}_i} - \frac{\partial E_k}{\partial q_i}\right) - \left(\frac{\mathrm{d}}{\mathrm{d}t}\frac{\partial E_p}{\partial \dot{q}_i} - \frac{\partial E_p}{\partial q_i}\right) \tag{7-17}$$

由于势能 E_p 不显含 $\dot{q}_i$，$i=1, 2, \cdots, n$，拉格朗日动力学方程也可写成：

$$f_i = \frac{\mathrm{d}}{\mathrm{d}t}\frac{\partial E_k}{\partial \dot{q}_i} - \frac{\partial E_k}{\partial q_i} + \frac{\partial E_p}{\partial q_i} \tag{7-18}$$

拉格朗日动力学方法的基本步骤：①计算各连杆的质心的位置和速度；②计算机器人的总动能；③计算机器人的总势能；④造拉格朗日函数 L；⑤推导动力学方程。

拉格朗日法主要具备以下三个特点：①不需要考虑系统内部的作用力，即使研究对象是非常复杂的机械系统，它也可以用非常简便的方式得以处理；②推算动力学的过程清晰简单，其状态方程具有非常优秀的性质，可以实现闭环控制，从而优化了对目标的控制；③其具有的显式形式，方便设计人员进行分析和决策。

2）牛顿-欧拉（Newton-Euler）动力学方法

（1）达朗贝尔原理。达朗贝尔原理定义为对于任何物体，外加力和运动阻力（惯性力）在任何方向上的代数和为零。将静力平衡条件用于动力学问题。一个刚体的运动可分解为固定在刚体上的任意一点的移动以及该刚体绕这一点的转动两部分，因此达朗贝尔原理可表示成两部分。

①牛顿第二定律（力平衡方程）：

$$f_{ci} = \mathrm{d}(m_i v_{ci})/\mathrm{d}t = m_i \dot{v}_{ci} \tag{7-19}$$

②欧拉方程（力矩平衡方程）：

$$n_{ci} = \mathrm{d}({}^{c}I_i \omega_i)/\mathrm{d}t = {}^{c}I_i \dot{\omega}_i + \omega_i \times ({}^{c}I_i \omega_i) \tag{7-20}$$

（2）力和力矩的递推公式。在静力学分析中得到了力和力矩的平衡方程式，如图7-10所示。

连杆 i 处于平衡状态时，所受合力为零，力平衡方程为

$$^{i}f_i - {}^{i}f_{i+1} + {}^{i}m_i g = 0 \tag{7-21}$$

力矩平衡方程为

$$^{i}n_i - {}^{i}n_{i+1} - {}_{i}^{i+1}P \times {}^{i}f_{i+1} + {}_{i}^{ci}r \times {}^{i}m_i g = 0 \tag{7-22}$$

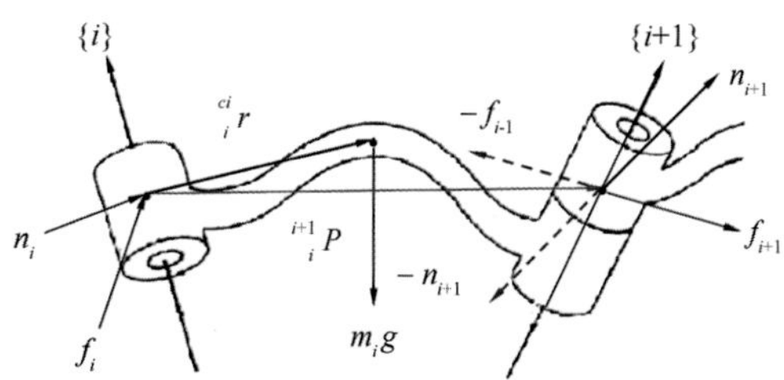

图7-10　力和力矩结构图

连杆 i 在运动的情况下，作用在 i 的合力为零，得力平衡式（不考虑重力）：

$$f_{ci} = {}^{i}f_i - {}^{i+1}_{i}R \cdot {}^{i+1}f_{i+1} \tag{7-23}$$

作用在质心上的外力矩矢量合为零，得力矩平衡式（不考虑重力）：

$$ {}^{i}n_{ci} = {}^{i}n_i - {}^{i+1}_{i}R \cdot {}^{i+1}n_{i+1} - {}^{i+1}_{i}P \times {}^{i+1}_{i}R \cdot {}^{i+1}f_{i+1} - {}^{ci}_{i}r \times {}^{i}f_{ci} \tag{7-24}$$

写成从末端连杆向内迭代的形式：

$$\begin{cases} {}^{i}f_i = {}^{i}f_{ci} + {}^{i+1}_{i}R \cdot {}^{i+1}f_{i+1} \\ {}^{i}n_i = {}^{i+1}_{i}R \cdot {}^{i+1}n_{i+1} + {}^{i}n_{ci} + {}^{i+1}_{i}P \times {}^{i+1}_{i}R \cdot {}^{i+1}f_{i+1} + {}^{ci}_{i}r \times {}^{i}f_{ci} \end{cases} \tag{7-25}$$

（3）递推的牛顿-欧拉动力学算法：递推的牛顿-欧拉动力学算法分两部分：①外推，从连杆1到连杆 n 递推计算各连杆的速度和加速度；②内推，从连杆 n 到连杆1递推计算各连杆内部相互作用的力和力矩及关节驱动力和力矩。

①外推计算各连杆速度和加速度，i：$0 \to n$：

$$ {}^{i+1}\omega_{i+1} = \begin{cases} {}^{i}_{i+1}R \cdot {}^{i}\omega_i + \dot{\theta}_{i+1} \cdot {}^{i+1}Z_{i+1} \\ {}^{i}_{i+1}R \cdot {}^{i}\omega_i \end{cases}$$

$$ {}^{i+1}\dot{\omega}_{i+1} = \begin{cases} {}^{i}_{i+1}R \cdot {}^{i}\dot{\omega}_i + {}^{i}_{i+1}R \cdot {}^{i}\omega_i \times \theta_{i+1} \cdot {}^{i+1}Z_{i+1} + \dot{\theta}_{i+1} \cdot {}^{i+1}Z_{i+1} \\ {}^{i}_{i+1}R \cdot {}^{i}\dot{\omega}_i \end{cases} \tag{7-26}$$

$$ {}^{i+1}\dot{v}_{i+1} = \begin{cases} {}^{i}_{i+1}R\left[{}^{i}\dot{v}_i + {}^{i}\omega_i \times {}^{i}P_{i+1} + {}^{i}\omega_i \times ({}^{i}\omega_i \times {}^{i}P_{i+1})\right] \\ {}^{i}_{i+1}R\left[{}^{i}\dot{v}_i + {}^{i}\dot{\omega}_i \times {}^{i}P_{i+1} + {}^{i}\omega_i \times ({}^{i}\omega_i \times {}^{i}P_{i+1})\right] + 2\,{}^{i+1}\omega_{i+1} \times \\ \qquad \dot{d}_{i+1} \cdot {}^{i+1}Z_{i+1} + \dot{d}_{i+1} \cdot {}^{i+1}Z_{i+1} \end{cases} \tag{7-27}$$

$$\begin{aligned} &{}^{i+1}\dot{v}_{C_{i+1}} = {}^{i+1}\dot{v}_{i+1} + {}^{i+1}\dot{\omega}_{i+1} \times {}^{i+1}P_{C_{i+1}} + {}^{i+1}\omega_{i+1} \times ({}^{i+1}\omega_{i+1} \times {}^{i+1}r_{C_{i+1}}) \\ &{}^{i+1}f_{C_{i+1}} = m_{i+1}\,{}^{i+1}\dot{v}_{i+1} \end{aligned} \tag{7-28}$$

$$ {}^{i+1}n_{C_{i+1}} = {}^{C_{i+1}}I_{i+1} \cdot {}^{i+1}\dot{\omega}_{i+1} + {}^{i+1}\omega_{i+1} \times ({}^{C_{i+1}}I_{i+1} \cdot {}^{i+1}\omega_{i+1}) \tag{7-29}$$

②向内递推力、力矩，i：$n\rightarrow1$：

$$
\begin{aligned}
&{}^{i}n_{i}={}_{i}^{i+1}R\cdot{}^{i+1}n_{i+1}+{}^{i}n_{C_i}+{}^{i}r_{C_i}\times{}^{i}f_{C_i}+{}^{i}P_{i+1}\times{}_{i}^{i+1}R\cdot{}^{i+1}f_{i+1}\\
&{}^{i}f_{i}={}_{i}^{i+1}R\cdot{}^{i+1}f_{i+1}+{}^{i}f_{C_i}\\
&\tau_{i}=\begin{cases}{}^{i}n_{i}^{T}\cdot{}^{i}Z_{i}\\{}^{i}f_{i}^{T}\cdot{}^{i}Z_{i}\end{cases}
\end{aligned}
\tag{7-30}
$$

牛顿-欧拉动力学算法有两种用法：①数值计算，已知连杆质量、惯性张量、质心矢量等；②封闭公式，即用关节变量、关节变量的速度和加速度表示关节力的封闭形式，可比较重力和惯性力的影响大小、向心力和科氏力的影响。

7.4　水下机器人操纵与控制技术

7.4.1　无人遥控水下机器人的运动控制

无人遥控水下机器人（ROV）的性能不仅取决于其硬件设计，控制器的设计也起到了至关重要的作用。为了优化 ROV 的性能，除了硬件上要合理设计之外，还需要优化其控制部分。ROV 最基本的控制是航行控制，即 ROV 的驾驶系统，以控制 ROV 的三维运动。ROV 航行控制主要包括航向控制、定深控制及定高浮游控制。

（1）航向控制。ROV 作业时处于海水中，不能利用 GPS 进行航向定位，在航向控制时要利用航向角的检测元件，如陀螺仪、磁罗盘、电罗经等，多运行的角速度进行闭环反馈，继而实现航行角度的控制。

（2）定深控制。ROV 有时需要沿着给定的深度航行，这需要通过控制垂直方向的螺旋桨来实现。由于 ROV 在水中会受到涌浪、潮汐等外界的干扰，深度传感器要选用高精度的压力传感器，同时要利用闭环二阶无静差系统，以增加系统的精度和增强抗干扰能力。

（3）定高浮游控制。有时由于作业需要，如要观察海底地貌或进行声呐侧扫，要求 ROV 能够距离海底一定的高度航行。定高与定深控制相类似，但传感器要选用声呐高度计，监测 ROV 到海底面的距离（李敏等，2010；李岳明，2008；齐霄强，2008）。

为了便于 ROV 的航行控制，在对 ROV 硬件及控制器设计时需要考虑 ROV 的静力和压载、ROV 载体的阻力和推力、ROV 载体的操纵性。

1）静力和压载

由于 ROV 在水下运行时是浮游运动，ROV 在水中的重力近似于浮力，一般根据具体的环境需要，通过浮力块的增减来调整至零浮力状态。当 ROV 更换了设备之后，也要进行相应的调节。同样，ROV 上压载块的调节也可以对 ROV 进行配平，改变 ROV

上压载块的布置可以调整 ROV 载体的姿态。同理 ROV 载体的稳定性对于航行的控制也十分重要。ROV 的稳心高越大，即稳心和重心之间的距离越大，越能产生大扶正力矩，越有利于提高 ROV 的稳定性。故在对 ROV 进行设计时，应该使轻的部件，如浮力材料置于载体的上部，将质量大的部件置于载体的下部。

2）阻力和推力

ROV 的推进系统是航行控制系统的主要组成部分。ROV 推进系统的选择和设计主要考虑 ROV 的阻力，最高航速与总动力和总阻力有关。ROV 的总阻力包括本体阻力和系缆阻力，本体阻力主要与 ROV 的截面大小、外形和航行速度有关，而系缆阻力主要与缆绳的直径和长度等因素有关。因此改善 ROV 推进系统的性能，要同时对载体和系缆阻力进行优化。

3）操纵性

ROV 的形状与传统的鱼雷、潜艇差别较大，已有的一些成熟的研究理论虽然可以借鉴，但并不能直接套用。ROV 在水下航行时具有以下特点：①航行速度低，一般的 ROV 在航行时只有 2~3 kn 的航速；②ROV 的运动要求灵活，由于 ROV 多用于观察水下的目标或在水下的某处进行作业，这就要求 ROV 在水下能有灵活的六自由度运动、左右回转、垂直上浮下沉、左右平移等；③外形较为特殊，由于 ROV 上部件较多，一般都会采用框式结构，航行阻力也较大；④ROV 稳心较高，由于 ROV 需要在水下进行作业，ROV 载体上的部件，如机械手动作时，会产生干扰力和力矩，影响 ROV 的姿态，而高稳心有利于克服这些干扰。由于 ROV 具有以上这些运动特点，可以通过研究 ROV 的水下操纵性能解决 ROV 的稳定性和机动性的矛盾。

7.4.2　自主式水下机器人的运动控制

自主式水下机器人（AUV）的控制系统一般由中央控制系统、运动控制系统、测量系统和导航系统组成。本节主要介绍 AUV 的运动控制。AUV 运动控制是通过计算机实现 AUV 垂直面和水平面的 4 个自由度及其控制方式，例如速度控制、位置控制等。

AUV 基本运动和控制方式主要由定向、定高、定深、定距、等速前进和后退、等角速度左转和右转、等速上浮和下潜、等倾，使 AUV 保持给定纵倾角航行、定位，AUV 保持给定位置、等速左转和右转等组成，而把这些基本的运动组合起来，就能得到 AUV 的基本航线。

AUV 的基本航线一般有直驶航线、回纹航线、与目标平行航线、圆形或扇形航线、跟踪航线、人工操作航行、悬停、压载下潜和抛载上浮等。

直驶航线指 AUV 从某点连续航行至另外一点，这是 AUV 最基本的航线形式，直驶航行时 AUV 不能超出导航系统和通信系统的覆盖范围，同时还要考虑海流的影响。

回纹行进航线呈矩形波形状，可以看成由多段直驶航线组成，这种航线主要用于对海底区域进行全覆盖调查，如对海底进行录像和照相，对海底矿产进行调查。

与目标平行航线是指 AUV 与目标外缘横向保持恒定距离的航线，这种航线适用于环绕目标的调查。要使用这种航线，AUV 必须在侧向安装测距声呐，利用测距信号构成闭环控制系统，保持 AUV 与目标的距离。

圆形或扇形航线指 AUV 实现按任意半径的圆周半径运动，主要需确定 AUV 的航向角速度为常数，且给定 AUV 的纵向前进速度。

跟踪航线指 AUV 对布防于海底的目标进行连续跟踪调查，如跟踪海底的一段电缆和石油管道，是一种十分重要的航线。

人工操作航行指 AUV 由操作人员发出指令来对其航线进行控制，相比 ROV 的控制，该控制并不能像 ROV 一样任意运动，一般只能实现简单的命令。

悬停是一种很特殊的航线，指 AUV 关闭所有的推进系统进入漂浮状态，主要作用是用以调整 AUV 的浮力。

压载下潜和抛载上浮能把 AUV 推向海底或从海底浮上水面，是 AUV 进行作业时必须用到的航线。

7.5 水下机器人定位导航技术

导航是引导运载体到达预定目的地的过程。导航问题的核心是载体的定位问题。由于经济上、科学上和军事上的需求，水下导航技术广泛应用于各种水下机器人中，如 AUV 和 ROV。

导航的性能指标主要有精度、数据更新率、定位时间和可靠性等。

导航分为基于传感器的自主式导航和基于外部信号的非自主式导航。如果装在运载体上的设备可以单独地产生导航信息，则称为自主式导航系统；如果除了要有装在运载体上的导航设备外，还需要有设在其他地方的一套或多套设备与其配合工作，才能产生导航信息，则称为非自主式或它备式导航系统。

自主式导航系统主要有惯性导航和天文导航等，非自主式导航系统主要有无线电导航和卫星导航等（张国良，2008）。

7.5.1 水下声学定位导航

目前，水下机器人采用的声学定位导航主要有三种形式，分别为长基线（long base line，LBL）定位导航、短基线（short base line，SBL）导航和超短基线（ultra short base line，USBL）定位导航。这三种形式都需要外部的换能器或换能器阵才能实现声学导航。换能器声源发出的脉冲被一个或多个设在母船上的声学传感器接收，收到的脉冲信号经过处理和按预定的数学模型进行计算就可以得到声源的位置。

在介绍这三种定位导航系统之前，首先介绍几个名词的含义。

（1）基线（base line）：声学基元之间的距离。

（2）水听器（hydrophone）：接收声信号的装置。

（3）应答器（transponder）：一种发射/接收装置，它在接收到特定的声信号后，发射一个响应声脉冲。

（4）声信标（beacon 或 pinger）：置于海底或装在水下机器人（载体）上的发射器，它以特定频率周期性地发出声脉冲。

如图 7-11 所示是三种定位导航系统示意图。

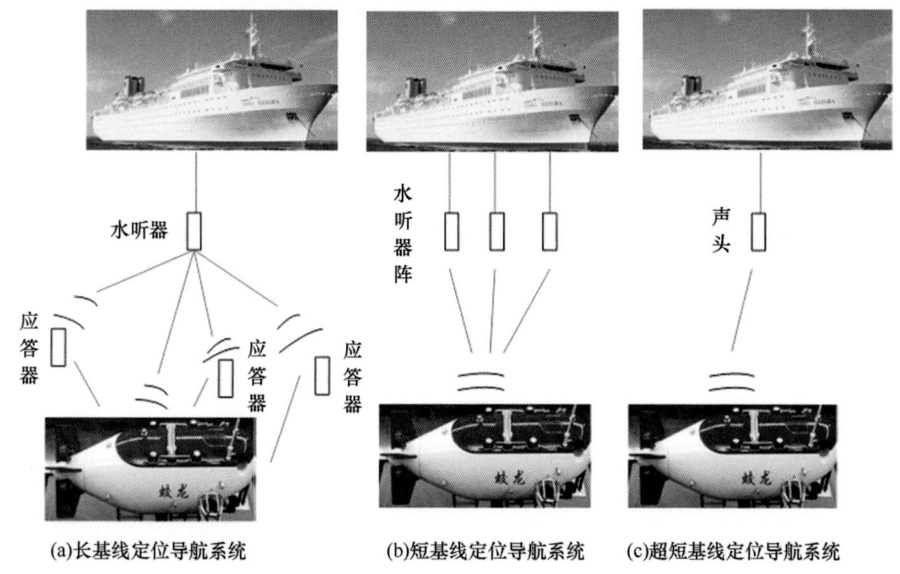

图 7-11　三种定位导航系统示意图

1）长基线定位导航系统

长基线定位导航系统的基线长度为 100~6 000 m，也指基线长度可与海深相比拟的系统。长基线定位导航系统利用布置于海底的应答器阵来确定载体的位置，一般情况下海底基阵由 3 个以上的应答器组成，应答器阵的相对阵型必须经过认真的反复测量，需要几小时甚至几天的时间。长基线定位导航系统所定出的载体位置坐标是相对于海底应答器阵的相对坐标，因此，必须知道海底应答器阵的绝对地理位置才能确定载体在大地坐标系的绝对位置。

2）短基线定位导航系统

短基线定位导航系统的基线长度为 1~50 m，也指基线长度远小于海深的系统。短基线定位导航系统要求被定位的船只或水下机器人上至少有3个水听器，水听器布置于母船底部，间距在10~20 m的量级。它们接收来自信标（或应答器）发出的信号，进而测出各水听器与信标（或应答器）的距离，最终获得信标（或应答器）相对于基阵的三维位置坐标。定位精度为距离的1%~3%。

3）超短基线定位导航系统

超短基线定位导航系统的基线长度极小，小到几厘米，可以在较小的载体上使用。发射换能器和几个水听器可以组合成一个整体，称为声头（张国良，2008）。声头可以悬挂在小型水面船的一侧，也可安装在船体底部。

由于基阵的尺寸非常小，因此必须利用相位差或相位比较法，通过测量相位差来确定信标（或应答器）在基阵坐标系中的方位（Heckman et al.，1973）。

4）三种声学定位导航系统比较

三种声学定位导航系统的具体特点见表7-2（阳凡林等，2006）。

长基线定位导航系统基线最长，因而定位精度最好，缺点是要获得这样的精度必须精确地知道布放在海底的应答器阵的相互距离，需要花费很长的时间测量基阵间距离。在深水使用时，位置数据更新率较低，达到分钟的量级。此外，布放和回收应答器是一件很复杂的事情，对操作者的要求比较高。

表7-2　三种声学定位导航系统特点

名称	优点	缺点
长基线（LBL）	定位精度很高；多余观测值增加，测量精度提高；换能器小，易于安装	系统复杂，操作繁琐；声基阵数量巨大，费用昂贵；需要长时间布设和收回海底声基阵；需要对声基阵仔细校准
短基线（SBL）	成本低，操作简便；是基于船只的定位系统，不需在海底布置应答器；距离测量精度高；有多余测量值，测量精度可提高；换能器体积小，安装简单	安装校准难；安装后的严格校准难以达到；精度依赖外围设备
超短基线（USBL）	成本低，操作简便；基于船只的定位系统不需在海底布置应答器；只需一个换能器；测距精度高	安装校准难；精度依赖外围设备；最低限的多余测量值

短基线定位导航系统不需要布置多个应答器并进行标校，因而定位导航比较方便，缺点是部分水听器可能必须安装在高噪声区（如靠近螺旋桨或机械的部位），以致跟踪定位性能恶化。一般来说，短基线系统的定位精度处在超短基线系统和长基线系统之间。

超短基线定位导航系统的定位精度往往比以上两种系统差，因为它只有一个尺寸很小的声基阵安装在载体上。它的基阵作为一个整体单元，可以布置在流噪声和结构噪声都较弱的位置。此外，它也不需要布置和标校应答器阵。

这三种声学定位导航系统可以单独使用，也可以组合使用，构成组合系统。组合系统既可以提供可靠的位置冗余，也可以体现各个系统的优点。

7.5.2 惯性导航系统

在惯性导航系统（inertial navigation system，INS）中，通过将加速度对时间两次积分来获得水下机器人的位置，自主性和隐蔽性好。这种优点对军用的水下机器人特别重要。

惯性导航系统中的陀螺仪用来形成一个导航坐标系，使加速度计的测量轴稳定在该坐标系中并给出航向和姿态角；加速度计用来测量运动体的加速度，经过对时间的一次积分得到速度，速度再经过对时间的一次积分即可得到距离。

图 7-12 和图 7-13 分别为陀螺仪结构示意图和加速度计结构示意图。

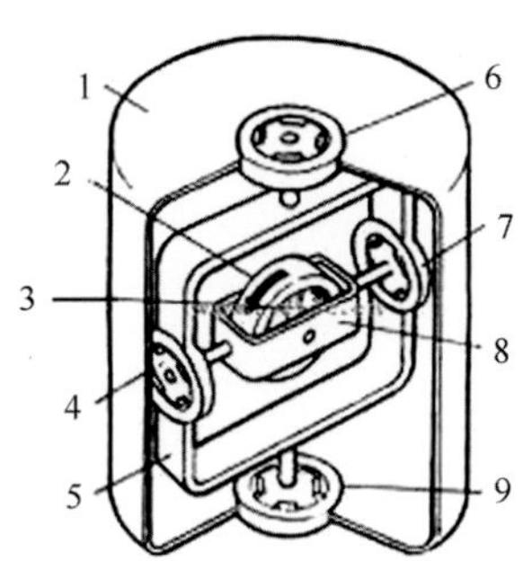

图 7-12 陀螺仪结构示意图

1—外壳；2—转子；3—转子的驱动机构；4—内环角度传感器；5—外环；6—外环力矩器；7—内环力矩器；8—内环；9—外环角度传感器

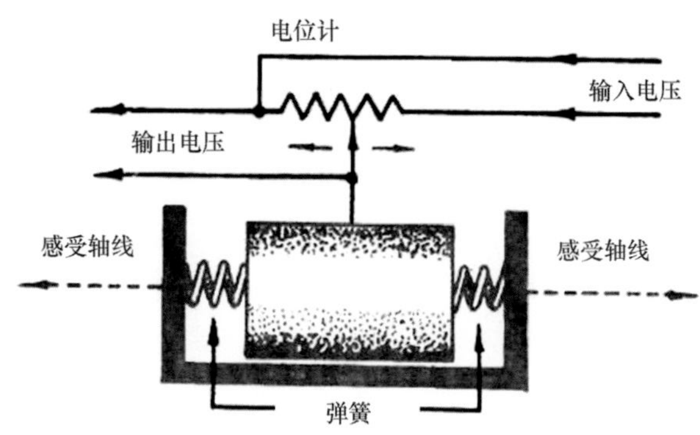

图 7-13 加速度计结构示意图

目前，INS主要有两种形式：平台式和捷联式。在平台式惯性导航系统中陀螺仪和加速度计置于由陀螺稳定的平台上，该平台跟踪导航坐标系，以实现速度和位置解算；在捷联式惯性导航系统中，陀螺仪和加速度计直接固连在载体上，所以体积小、结构简单、维护方便，容易实现导航与控制的一体化。基于体积、成本、能源等多方面的考虑，水下机器人一般都采用捷联式。

惯性导航系统的优点是不受环境限制，包括海陆空天和水下；隐蔽性好，生存能力强；可产生多种信息，包括载体的三维位置、三维速度和航向姿态；数据更新率高，短期精度和稳定性好。但是也有一些缺点，如初始对准比较困难，特别是由动态载体携带发射的水下机器人更加困难；设备价格昂贵。

惯性导航系统最主要的问题是随着水下机器人航行时间的延长，其误差也不断增大。若AUV周期性地浮出水面，并采用无线电导航系统或GPS对其位置修正，水下机器人的导航精度将会得到很大的提高（李俊等，2004）。

7.5.3　其他导航方法

1）航位推算导航

航位推算导航是最常用且应用最早的导航方法，它将水下机器人的速度对时间进行积分来获得水下机器人的位置（Leonard et al.，1998）。这种方法需要一个水速传感器来测量水下机器人的速度，再用一个罗经来测量水下机器人的方向。对于靠近海底航行的水下机器人，可以采用多普勒速度声呐（doppler velocity sonar，DVS）来测量水下机器人相对于大地的速度，从而可以消除海流对水下机器人定位的影响。

航位推算导航有两个优点：①可随时定位，不像无线电导航、卫星导航等系统，在水下因收不到信号而不能定位；②能够给出载体现在和将来的位置。

它的缺点和惯性导航方法一样，即误差随着水下机器人航行时间的增加而不断增大。

2）地球物理导航

地球物理导航是将水下机器人的传感器测量数据和已知的环境图数据进行比较，得出水下机器人的位置参数。地形辅助导航系统采用的地球物理参数包括磁场、重力等。

（1）基于地磁的导航。磁场强度会随着纬度、周围人工的或自然的物体的变化而变化，每天也会因时间的不同有微小的变化。由卫星或水面船只生成的磁场测绘图，在考虑了每天的磁场变化和深度变化后，就可以被水下机器人用来进行导航（Tuohy，1994）。

（2）基于重力场的导航。地球重力场不是均匀分布的，而是存在一个变化的拓扑

(Kahn，1984)。这些变化是由许多因素引起的，主要是当地拓扑和密度不均匀性造成的。

进行重力场导航时，导航系统中存有重力分布图，再利用重力敏感仪器测量重力场特性来搜索期望的路线，从而到达目的地。

3）组合导航技术

前面提到的各种导航技术，各有优缺点，由于用途不同，在实际应用时，还无法替代，因此都处于不断发展的阶段。但是，如果水下机器人上采用上面提到的单一的导航方法，其精度、可靠性无法满足未来水下机器人发展的需要。因此成本低、组合式及具有多用途和能实现全球导航的组合导航将是水下机器人未来导航技术的发展方向，如 LBL 与 INS 的组合、电罗经与 INS 的组合等。

将多种导航技术适当地组合起来，可以取长补短，大大提高导航精度，降低导航系统的成本和技术难度。此外，组合导航系统还能提高系统的可靠性和容错性能。

7.6　水下机器人目标探测与识别技术

7.6.1　水下成像

光在海水中的传播受到海水（包括水分子、盐类及其他溶解物、悬浮颗粒物、悬浮动植物）吸收、散射及折射的影响，导致观测距离受限、图像色彩失真、图像不稳定等。国内外针对海水的吸收、散射及折射三个方面展开了相应的研究工作。表 7-3 简要地解释了吸收、散射、折射这三个物理过程及其对成像的影响以及相应的研究方法（黄有为等，2007；Schettini et al.，2010；Kocak et al.，2008；冷洁，2008）。

表 7-3　海水对光学成像的影响以及相应的研究方法

物理过程	吸收	散射	折射
物理过程示意图	入射光　海水　透射光 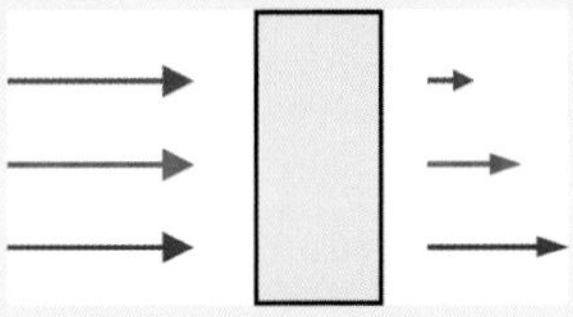	小角度散射： 背散射： 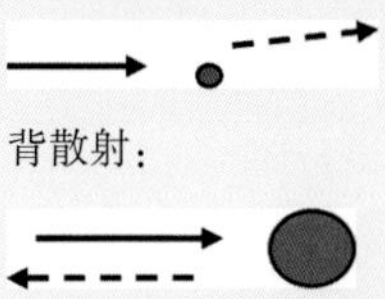	入射波前　海水　透射波前 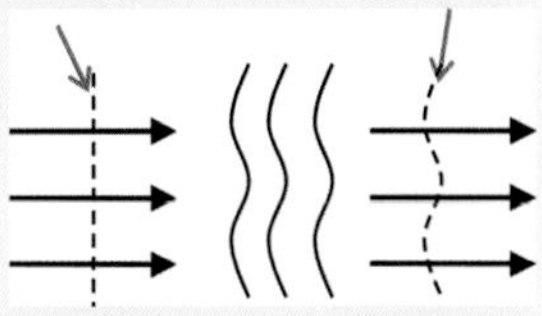
来源	水分子，悬浮动植物	水分子，泥沙等悬浮颗粒物，悬浮动植物	因海水内盐度、温度、压强、流速分布不均造成的海水折射率非均匀分布

续表

物理过程	吸收	散射	折射
直接影响	红外光和紫外光被大量吸收，蓝绿光吸收较少	光的传播方向发生变化，主要有小角度散射（≈0°）和背散射（≈180°）	光束的相位（也称作波前）发生畸变
对成像的影响	观测距离受限，图像色彩偏蓝绿	观测距离受限，图像背景模糊	图像模糊且不稳定，发生抖动
海水条件	发生于各种海水	发生于各种海水，在悬浮物浓度较高（浑浊）的海水中尤为明显	发生于各种海水，在悬浮物浓度较低（例如深水）或者水流频繁的海域尤为明显
研究方法	基于色彩模型对图像的颜色复原	图像复原，激光距离选通，激光线扫描等	使用自适应光学系统实时矫正波前畸变

1）距离选通技术

在浑浊水体中进行成像时，接收器接收的光信息主要有从目标反射回来的成像光束和直接由水中悬浮颗粒物反射回的照明光束。悬浮颗粒物反射回的照明光束增大了背景噪声，降低了图像的清晰度。

距离选通技术采用脉冲激光照明（图 7-14），使由被观察目标反射回来的辐射脉冲刚好在摄像机感光元件曝光的时间内到达摄像机并成像，而在其他时间，摄像机的选通门是关闭的（即感光元件不接收光照），挡住了悬浮颗粒物的背散射辐射，这样可以大大降低后向散射的影响，提高成像系统的探测距离和清晰度（冷洁，2008；Mclean et al.，1995）。

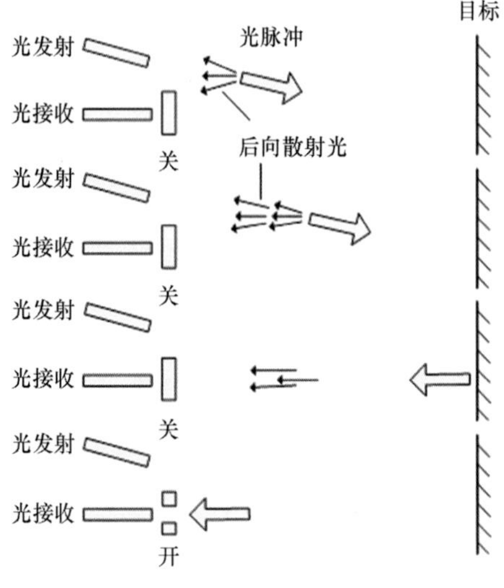

图 7-14　光学距离选通示意图

2）同步扫描水下激光成像技术

同步扫描水下激光成像系统如图 7-15 所示，激光扫描装置采用窄光束的连续激光器，同时使用窄视场角的高灵敏度接收器，使得被照明水体和接收器的视场只有很小的交叠区域，从而减小探测器所接收到的水体悬浮物产生的后向散射光。在成像过程中，扫描光束对被成像物体进行扫描，同时要求接收器与扫描光束很好地同步工作，收集反射光，对物体局部成像。在扫描结束后，根据收集的所有局部图像重建得到被照物体的整体图像。这种技术主要依靠高灵敏度接收器在窄小的视场内跟踪和接收目标信息，从而大大减小了后向散射光对成像的影响，进而提高了系统的信噪比和作用距离（李源慧等，2008）。

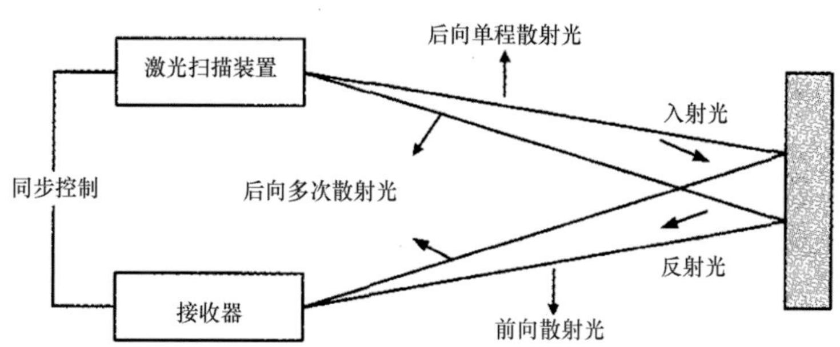

图 7-15　同步扫描水下激光成像系统（Holohan et al.，1997）

3）水下全息成像

全息成像技术不仅能够记录光束的光强信息，还能记录光束的相位，能够真实地再现物体的三维结构，因此得到了迅速发展。

已经有很多比较成熟的方法用于拍摄空气中物体的全息图，但是海水是一个特殊的拍摄环境，它会破坏一般情况下拍摄全息图所要求的光路稳定，如水和杂质对光的传输造成衰减、海水扰动等。目前，水下全息成像已经成功地应用于拍摄海洋浮游生物和微粒探测（贾辉等，2005），提供大景深和高分辨率的全息图像（Malkiel et al.，1999）。

光学全息成像主要分为两个过程（钟强，2008）。

（1）利用干涉进行波前记录。通过干涉方法把物光的相位分布转换成照相底板能够记录的光强分布来实现。因为两个干涉光波的振幅比和相位差决定着干涉条纹的强度分布，所以在干涉条纹中就包含了物光波的振幅和相位信息。

（2）利用衍射原理进行物光波的再现。用一个光波（一般情况下与记录全息图时用的参考光波相同）再照明全息图，光波在全息图上就好像在一块复杂光栅上一样发生衍射，在衍射光波中将包含原来的物光波，因此，当观察者迎着物光波方向观察时，便可看到物体的再现像。图 7-16 所示为全息图再现过程。

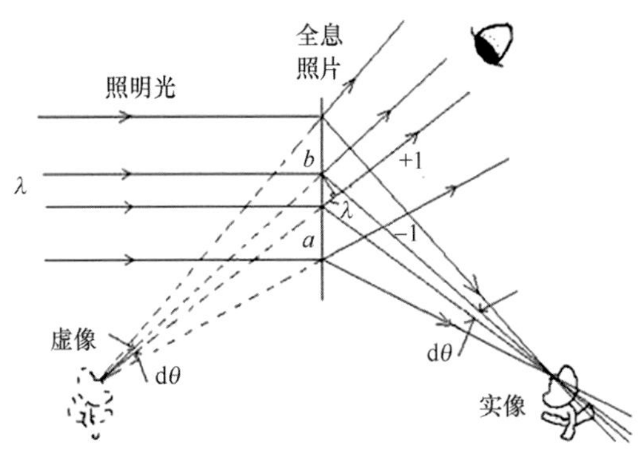

图 7-16　全息图再现过程

在数字全息技术中，记录过程是以 CCD 作为记录介质接收全息图，并以离散数字形式存储于计算机；再现过程是利用计算机以数字方式再现，得到再现像，再利用数字图像处理的方法消除零级衍射像，使再现原始像更加有利于人眼观察和满足各种测量的要求。

影响水下全息图像质量的因素主要有如下几个。

(1) 悬浮粒子和浮游生物的影响。海水中的悬浮粒子和浮游生物的不规则运动，使得被它们散射的那部分光对于入射光来说是不相干的，只是在全息图上增加一固定的曝光量，降低衍射效率和信噪比。

(2) 水的折射率变化影响。压强和温度的变化如湍流、热效应等，会引起水的折射率变化，导致激光光程改变，从而在全息图上产生定域条纹，使得被观察的图像变模糊，图像对比度降低。

(3) 水的吸收和散射影响。水的吸收和散射影响增加了全息图背景光噪声，降低信噪比，使水下全息图的分辨率下降。

7.6.2　水下目标识别与图像处理

1) 目标识别

一般来说，目标识别是在对图像目标进行预处理之后，选取一定的特征量加以识别和分类，然后输出结果。目标识别流程如图 7-17 所示（宋波，2014）。

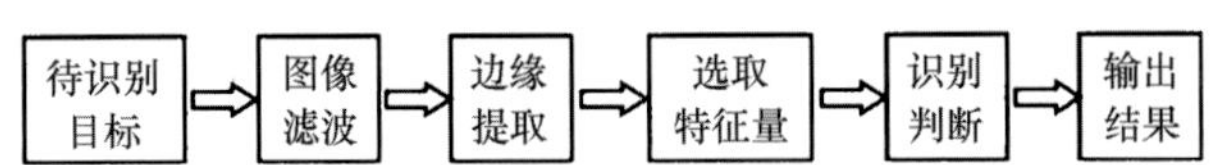

图 7-17　目标识别流程

从流程图中可以看出，一个图像处理与模式识别系统一般可分为两个主要部分。第一部分主要是对获取的图像信息进行加工、整理、分析、归纳，以去除冗余信息，提炼出能反映事物本质的特征，去除和保留什么信息与采用何种方法进行判决有直接关系；第二部分主要是针对所采用的识别方法对预处理后的图像信息进行特征选取，然后把得到的特征量输入设计好的识别系统中，按照约定的规则进行目标的归类。最后是输出的结果，最后得到的结果的品质与前面各个处理阶段的工作密不可分，所以要力求每个处理环节都能达到科学、合理、完善。

2）图像处理

图像处理过程的前期工作和必经的过程是图像的预处理，通常对一幅图像的预处理可以有很多种方式。选取什么样的方法进行处理，要因图像和用途的不同而有所不同。一般来说，处理一幅图像应该根据预想的结果和关注的信息部分来选择预处理方法，而且处理方法的选择往往是几种方法结合在一起的，或者有先后顺序的不同。图像处理过程如图 7-18 所示。

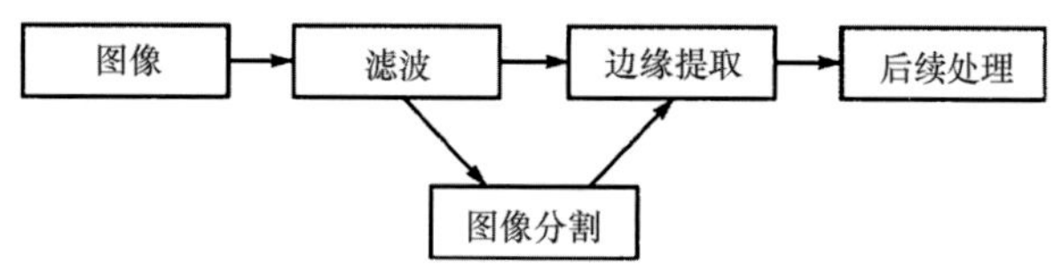

图 7-18　图像处理流程

混淆在有用信号里的无用的会产生干扰的信号就是所谓的图像噪声，待处理的图像中一般都包含不同程度的噪声，现阶段，图像噪声滤波方法较常用的有邻域均值滤波、高斯滤波、中值滤波、自适应平滑滤波、小波域滤波等。

（1）邻域均值滤波。均值滤波是一种线性滤波方法，用这种方法对图像进行处理，其优点是分析简单、易于实现。均值滤波原理是用均值代替原图像中的各个像素值，是一种直接的空间域滤波方法。

（2）高斯滤波。高斯滤波是根据高斯函数的形状来选择权值的一种滤波方法，该种方法也归属于线性平滑滤波。对于剔除服从正态分布的噪声，应用高斯平滑滤波器是非常有效的。

（3）中值滤波。中值滤波（medianfilter）方法有着非常广泛的应用，它基于排序统计理论，是一种非线性的去噪方法，该种方法能够在一定范围内有效地抑制非线性噪声。

（4）自适应平滑滤波。该滤波的算法思想是，利用预先设置好的一个局部加权模板与待处理信号进行迭代卷积，令加权系数在每次迭代卷积时随着不同的像素点进行改变，把它构造成像素点的梯度函数。同时设定一个恒定参数，使滤波器的加权系数对其具有依赖性，待处理图像的最后输出的边缘幅度就取决于该参数的取值。

（5）小波域滤波。小波去噪方法包括投影方法、阈值萎缩法及相关方法三类方法。阈值萎缩法比较容易理解，即对待处理图像的小波系数预先设置一个阈值，当小波系数大于这个阈值时，即认为该小波系数是来自包含噪声变换结果的有用信号。这类小波系数的幅值一般都比较大，而当小波系数小于这个阈值时，则认为该小波系数完全是由需要剔除的噪声变换而来。

7.7 水下机器人水动力学试验技术

7.7.1 水动力

水动力的特性和大小与载体的尺度和形状、载体的运动状态和流场性质相关。一般情况下，水动力包括流体惯性力、阻尼力、环境力和控制力。

水下运动体的动力特性问题在力学上是一种典型的流固耦合问题。研究这种流固耦合问题，比较常用的是附加质量法。其基本思想是将流体对固体的影响归结为一个在整个耦合界面上完全满阶的附加质量矩阵（附加质量可以解释为适合水下物体一起加速的那部分特殊的流体质点的体积）。

模型试验方法、计算流体力学（computational fluid dynamics，CFD）方法、水下运动物体的动力仿真是解决水下运动物体动力学问题的有效方法。

1）模型试验方法

针对各类水下运动物体水动力学设计的模型试验很多，如对低阻潜器进行的风洞试验，针对某水下航行体进行的自然和通气状态下的模型试验等。仅中国船舶集团有限公司第七〇二研究所就有深水拖曳水池实验室、减压拖曳水池、大型低速风洞实验室、旋臂水池实验室、耐波性水池实验室等。其中，深水拖曳水池实验室主要从事船舶等各类水中运动体水动力特性理论研究及实验测试，广泛开展流场分析、船舶性能预测、水中运动体型线优化等工作；减压拖曳水池可以承担半浸式螺旋桨水动力性能研究、半浸桨推进装置水上试验等试验；大型低速风洞实验室主要从事各型水下结构物、潜器、船舶、水上飞行器等的水动力/气动力特性研究与试验；旋臂水池实验室是可在稳定的角速度下进行模型水动力测试的大型试验设施，长期开展船舶主要性能之一的操纵性研究和试验，广泛开展针对各型水中运动体的操纵性性能预报。

2）计算流体力学方法

作为水下运动物体动力学研究的主要手段之一，对于水下运动物体的模型试验研究必不可少，但试验费用高，也不可能实现所有的物理环境。随着高速率计算机的普及，原来用分析方法难以进行研究的课题，可以用数值计算方法来进行，并将计算结果与试验数据对比，进而验证数值计算方法的有效性。常用的适用于海洋工程水动力载荷及效应分析的典型软件有以下几款。

（1）SESAM。SESAM 软件具有不同水深环境下的固定浮体、系泊浮体和自由浮体水动力载荷及其动力响应分析的一般功能以及海洋工程生产系统集成设计、管理与效益和风险评估的基本功能。

（2）WAMIT。WAMIT 是一款以三维面元法为基础的波物相互作用分析软件，其核心模块用于计算流场速度势与水动力载荷，辅有高性能的数据传输接口、有限元建模与动力响应分析等模块可对有限水深和无限水深下的位于水面、水中及海底的自由浮体、系泊浮体及固定浮体进行水动力载荷及其动力学响应分析。

（3）AQWA。WS Atkins AQWA 是一套集成模块，主要用于满足各种结构水动力学特性的评估及相关分析需求，该软件是全球最权威的船舶与海洋工程商业软件。

（4）HYDROSTAR。HYDROSTAR 是一款三维水动力分析软件，能完整地求解有限和无限水深条件下船舶与海洋结构物的波浪载荷与波浪诱导运动。联合其他软件还可进行总体结构分析与疲劳分析以及进行锚泊系统的静态与动态时域分析。HYDRSTAR 软件更适合于水动力学研究。

（5）FLUENT。FLUENT 是世界领先的 CFD 软件，在流体建模中被广泛应用。它基于非结构化及有限容量的解算器的独立性能在并行处理中的表现堪称完美。FLUENT 软件设计基于 CFD 软件群的思想，针对各种复杂流动的物理现象，采用不同的离散格式和数值方法，以期在特定的领域内使计算速度、稳定性和精度等方面达到最佳组合，从而高效率地解决各个领域的复杂流动计算问题。

7.7.2　水动力试验设备

水动力试验设备种类繁多，主要分为三种：水槽、水洞和水池。

1）水槽

水槽是常用的流体力学试验设备，主要用于有自由表面的水体流动规律。按结构形式分为固定、变坡、陡坡等。按照用途分为清水常规水槽、浑水（泥沙）水槽、波浪水槽、风水槽等。

水槽一般由储水箱及管路系统、净水装置、水泵组和槽本体组成（图 7-19）。

（1）净水装置。净水装置是为了避免水中杂质对水槽的污染设置的，水源在经过净水装置处理后才能进入回路。

（2）动力系统。动力系统由一组泵组成，开启不同数量的水泵就可得到不同流速的水流，水由泵组加压后流入集水箱，再通过导水管路到达水槽的安定段。

图 7-19　大型水槽

(3) 安定段。安定段作用与风洞相仿，内部装有粗孔塑料泡沫层和尼龙纱网，它们的作用是对水流进行整流。水流通过收缩段加速，可采用较高的收缩比来降低水流的原始湍流度。

(4) 试验段。试验段一般为长矩形槽，常用玻璃或有机玻璃做水槽壁面，便于对流场进行观察拍照。最后水流通过下流的排水阀门流回泵站。

2) 水洞

水洞的结构和原理与回流式风洞相似，只是其中的介质是水。水洞可进行常规水动力学试验、空泡试验、边界层机理和水噪声试验等，如图 7-20 所示。

图 7-20　小型水洞

水洞与风洞的不同之处在于：①由于水的密度比空气大数百倍，推动水流动的动力系统功率很大；②水洞试验段是封闭的管路系统，一般不能做敞开式；③水洞可以做成重力式，即利用高水位下落至低水位时势能转变为动能的原理，获得试验段一定速度的水流。

Chapter 8 第8章

海洋机电装备集成与试验技术

8.1 引言

海洋机电装备是战略性海洋新兴产业的重要组成部分，集中体现了国家的综合基础技术能力，是衡量一个国家综合实力和现代化程度的重要标志之一。海洋机电装备水平标志着一个国家的国防能力和科技水平，在海洋权益维护、军事海洋环境保障、应对全球气候变化、海洋资源开发、海洋环境保护、海洋防灾减灾等广泛的涉海领域有不可或缺的、关键性的作用。海洋装备不仅对国民经济和社会发展以及国家军事安全有极为重要的意义，还对未来的海底空间利用等有着不可估量的价值和战略意义。

海洋机电装备技术是支撑和服务于人类进行海洋及海洋资源探查、开发、利用与保护的工具和不可或缺的手段。海洋机电装备集成技术主要研究与海洋装备制造相关的设计技术以及将不同的海洋机电装备子系统根据需要有机地组合成一个完整的、一体化的、功能更强的海洋机电装备系统的技术。

当前世界海洋竞争已经聚焦深海和大洋，对海洋机电装备技术不断提出更高的要求和更大的需求。海洋机电装备集成技术着力攻克海洋机电装备研发中的关键技术如轻量化、功率设计、浮力设计和结构设计等技术难题，以提升海洋科学与技术研究水平。

海洋装备试验技术，是海洋技术装备集成研发和海洋工程系统实现中的重要环节。海洋试验技术范畴很广，就场所来分，就可分为室内试验、野外试验、湖泊试验及海上试验等。海洋装备试验技术还涉及一系列的试验方法与手段，包括一些实验室和海上的测量方法与技术。海洋装备试验技术是海洋机电装备技术必不可少的一项重要环节，例如，我国的“蛟龙”号载人深潜器多年来不惜投入大量人力、物力和财力，不断地在试验水池、内湖、南海、太平洋中进行 1 000 m、3 000 m、5 000 m 和 7 000 m 的海试工作，就充分表明了这一点。

8.2 海洋机电装备集成关键技术

由于海洋机电装备应用于海洋特殊环境中，因此在海洋机电装备集成过程中，需特别关注设备集成的轻量化、低功率、高可靠性、高耐压、高性能密封连接等特征，所涉及的集成关键技术包括高可靠水密连接技术、高能量密度能源供给技术、高集成度水下推进技术、高集成度水下液压驱动技术、高可靠水下作业技术、高可靠水下成像技术、轻量化设计技术、低功率设计技术、安全设计技术、高可靠性设计技术等。

8.2.1 高可靠水密连接技术

为了实现海洋机电装备在水下的可靠运行，高可靠的水密连接技术是海洋机电装备集成的最重要的关键技术之一。高可靠水密连接技术靠高可靠性的水密连接器以及水密缆来实现，近期，国内外还发展了非接触式水密连接技术。

水下连接器通常分为干式和湿式两种类型。干式连接器是在陆上插拔、水下使用，采用橡胶密封或玻璃金属密封等方法，其中的玻璃金属密封连接器最高可承受 100 MPa 的压力，该种连接器目前在水下 7 000 m 范围内的电子系统中得到广泛应用。湿式连接器可在水下插拔、水下使用，种类很多。国外湿式水下连接器已发展到相当高的水平，通常的使用环境为水下 1 000 m 以内，但国外某些产品的最高承压可达 137. 894 MPa，相当于 13 609 m 水深；绝缘电阻可达 2 000 MΩ；插拔寿命达 500~2 000 次；芯数最多可达数百芯。

当前水密连接器所采用的密封技术有两种：一种是利用橡胶密封机理，通过对插头针体进行耐腐蚀处理、插座插孔采用橡胶包裹的电连接器，通过针体将海水从插孔内挤出并实现密封。该结构具有结构简单、成本低廉、性能稳定可靠等优点，所以目前仍在广泛使用，但这种结构不能实现通电状态下的水下插拔；另一种则是利用压力平衡原理的充油密封结构，实现使用水深大大提高，能够适应任意的水深，这一设计目前也广泛应用到深海的多种连接器中，这种结构可以实现通电状态下的水下插拔。

1）水密接插技术

水密接插件（waterproof connector）属于干式水下连接器，用于匹配和连接水上或水下电缆。水密接插件由高质量材料组成，具有良好的水密性，广泛应用于水下仪器系统、水下通信系统、军用舰船系统、潜艇系统、声呐系统、水下机器人系统、海洋开采设备和深井探头、鱼雷系统等场合，负责水下的动力和信号的连接与传输功能，是水下机电通用装备中最为重要的部件之一。水密接插件既要保证正常状况下的通信可靠性，又要在电缆遭到破坏的情况下保证设备的安全，所以水密接插件本身必须具备优良的电气性能和可靠的水密性能以及优异的耐海水腐蚀性能。这种连接器直接影响设备的功能，甚至影响整个系统的安全。

水密接插件最早是由美国 Marsh&Marine 公司在 20 世纪 50 年代初推出的，其结构为橡胶模压（路道庆等，2008）。60 年代后期，为配合当时著名的“深海开发技术计划”（DOTP），美国研制成功了 1 800 m 的大功率水下电力及信号接插件，他们最初通过组建水下监听系统实现对水下潜艇、水面舰船的监视。水下声呐探测技术的发展也使得水下监听系统对于海军越来越重要，在此背景下，国外军方提出了一种适应复杂水下系统的新型连接器，具备水下插拔功能，因此军事应用对于水下插拔连接器的初期发展影响较大。80年代后，随着水下设备的大量应用，对动力、控制信号传输的要求更高，水密接插件技术又一次飞速提高。随着海洋油气开发，海洋工程项目对于水下插拔连接器的发展导向起着决定性的作用，连接器的后期发展方向偏重于工程应用。

遗憾的是，我国深海水密接插技术研究起步较晚，目前的技术水平仅相当于西方水密接插技术开发初期阶段，差距较大。自20世纪90年代中期以来，我国对深海水密接插技术的研究、开发、应用才初见成效。特别是在国家“863”计划海洋技术领域的布局下，在21世纪的第一个10年中，一直坚持组织国内的优势力量进行深海水密接插技术研发，取得了不俗的成绩。

2）水下快速湿插拔技术

水下快速湿插拔技术的实现主要依赖于连接器的密封结构设计。

水下插拔连接技术于20世纪60年代开始发展，到90年代后期，第一代商用水下插拔光纤连接器诞生。按采用的技术类别，水下插拔可分为电连接和光纤连接两种。

水下插拔电连接器采用充油与压力平衡式结构，连接器的内填充油可以反复使用，连接器采用绝缘体圆柱塞密封结构，每一个插座插孔都配有柱塞，并且每个柱塞后缘配有弹簧。当插头插针退出插孔时，柱塞自动堵住孔口，完成整体密封；在连接时，插头上的插针推回柱塞，经过充油舱到达预定位置，完成信号的连接。

光纤插拔连接器目前已开发到第二代。第一代水下插拔光纤连接器的设计特点是采用充油与压力平衡式插头和插座的密封舱结构，但是不能长期工作。第二代的设计思路是在第一代的基础上进一步提高，主要是在密封的同时保证光接口清洁，能够长期稳定地工作。具体结构是在插头和插座充油密封舱内，正对端口处采用一柱形的橡胶密封塞，在密封塞后缘排列着光插针。第一步，在连接时插头和插座端口处的密封塞首先对接，相互挤压，清除柱形密封塞上的水分；第二步，转动密封塞，清除杂物，插头和插座的充油传输通道相对接；第三步，推动插头，插针经密封通道进入到插孔；最后，清除光插件端口多余的胶体，完成光信号路由导通。拆卸则相反。在整个操作过程中光插件一直处在密封件内（叶杨高等，2008）。

国外第一代水下插拔光纤连接器直到20世纪80年代中期才得以使用，但只能提供一路光通道，而且效果也不是非常理想。90年代中期，以美国ODI（Ocean Design Inc.）公司为代表研发的水下插拔光纤连接器才真正得以应用。如图8-1所示的Rolling-Seal型系列连接器在美国加拿大的海底观测网络NEPTUNE计划中的MARS（The Monterey Accelerated Research System）工程中得到了应用并取得成功。

水下插拔技术在军事、海洋探测、水底通信与海啸预警系统中大量应用，减少了系统维护费用，延长了系统的使用寿命，为其以后的升级换代提供了最有力的技术支持。通过使用水下插拔连接器，使得水下系统中某一部件的增加与减少只要通过ROV

在水下操作，无需将整个系统打捞出水面即可完成，大大减少了替换时间，为在一些较为偏远及深海区域的系统方便集成与维护提供了可能。在通信行业中，这种连接技术也可为海底观测网络建设预留多个接口，以适应未来新的带宽要求。

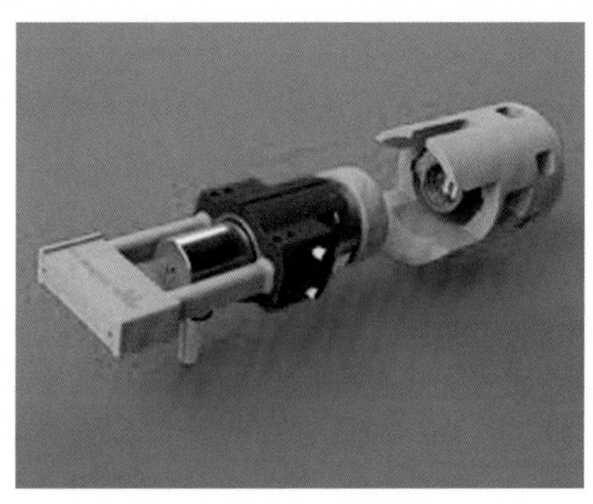

图 8-1　Rolling-Seal 型水下插拔光纤连接器（Painter et al.，2006）

3）可靠耐压的水密线缆技术

常见的水密线缆有电缆、光缆、光电复合缆和脐带缆等，此处以脐带缆为例介绍水下线缆的组成、特点和设计技术。

水下脐带缆（umbilicals）通常是连接水面系统和水下系统，或者水下系统之间的通信和动力接连线。脐带缆的主要类型有热缩管脐带缆、钢管脐带缆、动力电缆脐带缆和综合功能脐带缆。

（1）组成及结构特点。脐带缆的外观如图 8-2 所示，一般由功能单元和加强单元组成，功能单元由管单元、电缆单元、光缆单元组成，加强单元由聚合物层、聚合物填充和碳棒或钢丝组成，各组成单元的作用见表 8-1（郭宏等，2016；中海油研究总院，2010）。

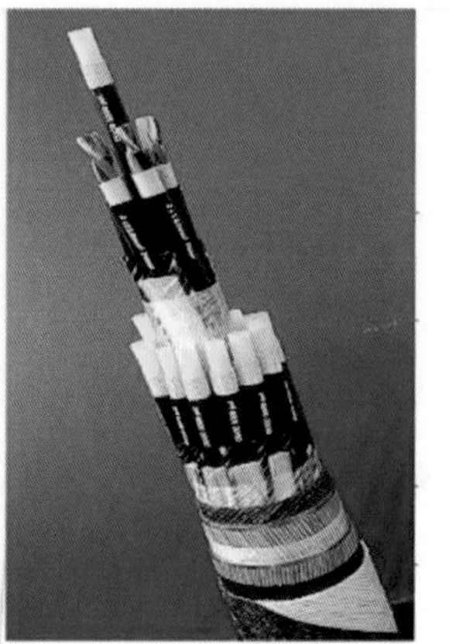

图 8-2　脐带缆的外观

表 8-1　脐带缆的组成及作用

脐带缆	功能单元	管单元	输送液压液或其他化学药剂等流体
		电缆单元	输送电力信号
		光缆单元	数据传输
	加强单元	聚合物层	绝缘和保护
		聚合物填充	填充空白和固定位置
		碳棒或钢丝	增加轴向刚度和强度能力

脐带缆通过一种螺旋技术进行组装，首先形成一个环状束，用一个压制热塑护层将环状束包裹起来，根据需要缠绕两层或多层螺旋走向相反的钢丝进行铠装加固，最后再用一个护层包裹起来。此外，还包含可以起到绝缘和保护作用的聚合物护套，可以填充空白位置和固定其他管线位置的填充物以及具有可以增加轴向刚度和强度能力的铠装铜线或碳棒。

（2）脐带缆设计。脐带缆设计一般包括组件设计、截面设计、局部分析和整体设计与分析等。脐带缆设计有许多专门的设计标准，如 ISO 13628—5、ISO 13628—6 等。

脐带缆设计的分析手段见表 8-2。

表 8-2　脐带缆设计的分析手段

分析内容	分析项目	分析工具
整体分析	极值荷载分析； 疲劳荷载分析； 稳定性分析； 冲撞分析； 安装分析	FlexCom，OrcaFlex， Abaqus，Sesam， Moses，Harp 等
局部分析	疲劳分析； 侧压分析； 拉伸、弯曲、扭转等； 水动力分析	Ansys，Abaqus，USAP， Cable Cad，UFLEX， RiFlex，OrcaFlex 等

脐带缆设计需要考虑以下因素：海洋环境条件、回接距离、水深，功能元件数量，流体尺寸、压力，化学药剂类型，电力负荷需求，回路布置，终端装置，附件，设计寿命，材料选择，动态、静态缆长度，安装条件等。

4）非接触式连接技术

在各种连接方式中以电能传输为例，传导式电能传输方法在水下应用时，密封是首先要解决的问题。然而，复杂的密封结构必然导致如上所述的使用问题及高昂的造价（李泽松，2010）。

电能的传输方式除了直接传导方式外，电磁感应是主要的形式，如采用电力变压器等。这种传输方式的优点在于电源侧和负载侧的电路完全隔离，通过线圈之间的电磁耦合将电能以非电接触的方式进行传输。两侧电路可独立封装，对接后封装结构不发生改变。因此，不需要复杂的密封结构来保证电路系统与环境的隔离，也不需要大的安装力来确保金属电极的接触。因此，非接触式电能传输（CLPT）比传导式传输方法更适合水下环境的应用。

CLPT 技术建立在法拉第电磁感应定律基础上，通过线圈之间的电磁感应，将能量在电与磁之间进行转换与转输，其原理及水下应用如图 8-3 所示。

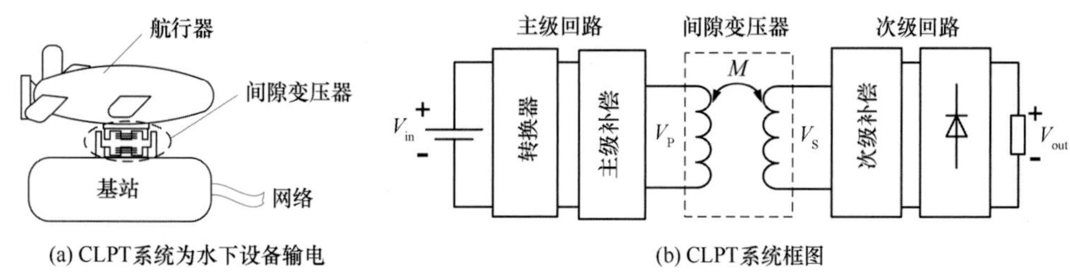

(a) CLPT系统为水下设备输电　　(b) CLPT系统框图

图 8-3　水下 CLPT 系统原理及应用

从图 8-3（a）中可以看出，CLPT 系统在应用中不需要精确定位和大的安装力，磨损小，使用寿命长。相对于湿插拔接口而言，具有更高的安全性和可靠性，更适合海洋尤其是深海环境下应用。图 8-3（b）为 CLPT 的电路系统结构原理，可以看出，初级电路和次级电路自成体系，电路结构上完全隔离，没有直接电气连接，避免了对接过程中存在的漏电、电击等安全隐患。初级和次级电路通过线圈之间的互感进行能量的传输，以“电-磁-电”的方式，将电能转换、发射、接收，并提供给负载。

近代电力电子技术的发展，为高频电力系统（如开关电源）提供了高电压、大电流的开关器件，可以进行大功率电能转换与传输。另外，软开关技术（soft switching）使开关系统的频率进一步提高，解决了开关元件的高频开关损失大的问题，大大提高了磁性元件的能量密度，使系统集成度提高，体积重量降低。CLPT 技术在此基础上发展起来，作为一种替代传统接触式插拔接口的电能传输方法，适用于矿井、水下等各种恶劣环境及电源侧与负载侧具有相对运动的场合。由于不存在直接的电气连接和物理接触，其安全性、可靠性比接触式输电要高得多，且磨损小，使用寿命长，甚至可以免于维修。另外，非接触对接方式使系统对制造工艺要求大大降低，系统制造成本远远低于湿插拔接插件。因此，CLPT 系统替代湿插拔接插件是海洋技术领域发展的必然趋势。

国外研究方面，新西兰奥克兰大学下属的 UNISERVICES 公司开发的感应电能传输项目，已取得 13 项发明专利，可在大约 200 mm 的间隙范围内，为电动车辆提供 200 kW的传输功率，如图 8-4 所示。德国的 Wampler 公司开发的 IPT-Floor 系列和 IPT-Rail系列的感应动力传输系统可为有轨车辆提供 6~35kW 的驱动功率，满足不同场合的需求。目前，Wampler 公司 IPT 系列的产品已大量投入生产，以满足不同客户的需求。

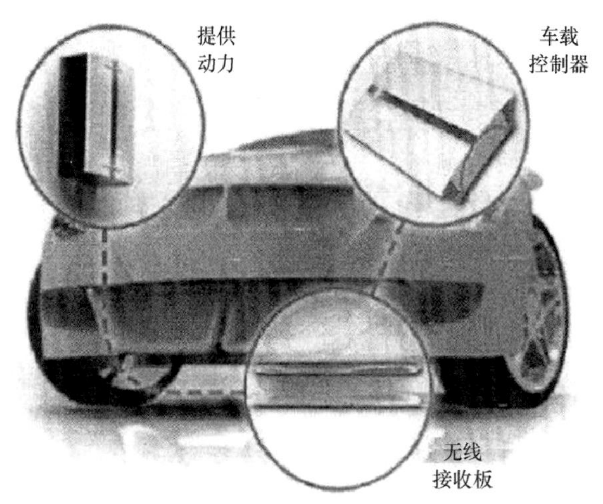

图 8-4 UNISERVICES 公司开发的电动车辆 IPT 充电系统

8.2.2 高能量密度能源供给技术

1）长程高效动力传输技术

对 ROV、海底观测网络来说，长程、高效动力传输技术尤为重要。

高压交流输电和高压直流输电是现今两种较为成熟的远距离输电方式。对于布设在水下数千米的水下设备来说，由于海水是导体，若采用交流输电方式，由于电缆具有大容量的容性充电无功功率需要在线路中间设置并联电抗器补偿，因此，交流输电是不切实际的。直流线路虽然也存在对地电容，但由于其电压波形纹波较小，所以稳态时电容电流很小，沿线电压分布平稳，没有电压异常升高的现象，也不需要并联电抗补偿。因此，水下长程高效电能传输采用了高压直流输电的方式（田晓辉，2009）。

在海岸基站上，首先把低压 AC 380 V 交流电升压变流为 DC 10 kV 高压直流电，然后，采用单极金属回路方式，通过海底电缆把 DC 10 kV 高压直流电远距离输送到海底接驳盒中。最后，通过接驳盒内部的高压-低压 DC/DC 转换器，把 DC 10 kV 高压直流电的电压降低，转换成 DC 48/24/12 V 低压直流电，供各种水下设备工作使用。

2）长效高能量密度电池技术

深海探测、取样及其他作业的水下机电设备，包括 AUV、HOV、ROV、深海钻机、深海底取样、原位测量仪器和海底长期观测站等，都全部或部分需要水下电池供电单元。水下电池单元作为水下机电设备的动力源，其重要性不言而喻。目前在海洋仪器设备上广泛使用的电池中，锂离子电池的整体性能较其他电池好，具有以下突出优点（田晓辉，2009）。

（1）单体电池端电压高。锂离子电池的公称电压值为 3.6 V，是镍氢电池的 3 倍，工作电压高，在提供相同能量的前提下，电池使用的数目会减少，同时也可降低电池组的故障率。

（2）高的能量密度。锂离子电池的体积能量密度可达到 300 Wh/L，是镍氢电池的 1.5 倍，镍镉电池的 2 倍；质量密度可达 125 Wh/kg，是镍氢电池的 2 倍，镍镉电池的 2~3 倍。

（3）电池工作的温度范围广。锂离子电池能够在 -20 ~ 60℃正常工作，并且电池的实际容量不会有明显变化。

（4）自放电率低。自放电率低的电池适合用于长时间备用电池。在室温下，锂离子电池的自放电率为 0.5%/d，而镍氢电池为 3%/d，镍镉电池为 1%/d。

（5）循环使用寿命长。正常使用情况下，锂离子电池的循环次数可达 500 次，此时，电池的输出容量约是全新电池的 80%。

（6）无记忆效应、无污染。锂离子电池在循环使用中不存在记忆效应，且不含重金属物质，不会造成环境污染。

锂离子电池诞生于 20 世纪 90 年代初，与其他二次电池相比，具有电压高、体积小、质量轻、比能量高、寿命长、无记忆效应、无污染、自放电小等独特的优势，因而被广泛应用于电子产品、交通领域，而且对国防军事领域也同样存在着巨大的吸引力，成为各国军事部门研发重视的对象。在深海设备中，电池的性能更是遭受残酷的考验，水下锂离子电池的研发亦引起了科学界的重视。

锂离子电池并非完美无缺，由于能量密度高及特有的化学特性，在安全性和稳定性方面存在隐患。锂离子电池的安全性与其质量成反比，而用于水下装备的动力锂离子电池质量、体积都比便携式电池大得多，要求电池功率、放电倍率也都大，因此放电状况的复杂性，出现滥用情况的可能因素会有很大差别，不安全性也会更大。另一方面水下装备对动力电池的可靠性和安全性也会有更高的要求。因此，安全问题是锂离子电池在水下装备应用中的关键。各个国家对于电池的安全性能都非常重视。各国对锂离子电池在军事领域的使用制定了相应的安全标准，并对电池进行测评。美国根据 NAVSE 指令和技术手册，对用于水下装备的锂离子电池，都进行安全性评估。美国海军水面作战中心，曾针对水下无人航行装置设计的锂离子电池组，进行了安全性测评，结果并不理想，由锂离子电池构成的电池模块在挤压、过充测试中均冒烟、起火；高温测试中，满电荷电池模块起火，放电态电池模块冒烟但未起火。由此可以看出，锂离子电池在水下装备的应用中仍存在安全性问题。

3）深海电能节能与管理技术

水下复杂的机电装备，如 AUV、ROV 和海底观测网络系统等，需要进行电能的节能与管理。本书以海底观测网络的电能供给为例来说明深海电能节能与管理技术。电能供给网络是要为水下观测设备提供平稳的、安全的电能。海底观测系统的负载是不确定的，随着负载的变化，电缆中的电压和电流也会随着变化。能量管理和控制系统可确保电压和电流在一定的允许范围内变动。当系统因为负载过大，电压超出低极限值时，能量管理和控制系统必须马上动作，通过调节海岸能量供给点的输出电压或抛弃负载的方式，使电压值变化恢复到允许范围之内。所以，在海底观测网络的整个工作过程中，能量管理和控制系统必须一直关注电缆上输送的电压和电流值，决定是否要升高或降低源电压值或抛弃负载来使得整个电缆网络的电压和电流值都处于一个允许的范围之内。能量管理和控制系统工作框图如图 8-5 所示。

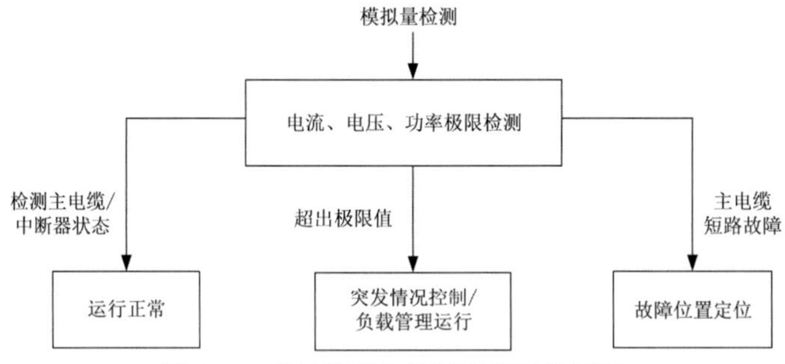

图 8-5　能量管理和控制系统工作框图

4）海洋能利用技术

海洋能源通常指海洋中所蕴藏的可再生的自然能源，主要为潮汐能、波浪能、海流能（潮流能）、温差能和盐差能。更广义的海洋能源还包括海洋上空的风能、海洋表面的太阳能以及海洋生物质能等。按储存形式又可分为机械能、热能和化学能。其中，潮汐能、海流能和波浪能为机械能，温差能为热能，盐差能为化学能。海洋能源具有如下特点：①由于潮汐、海流和波浪等运动周而复始，永不休止，海洋能是可再生能源；②属于一种洁净能源；③能量多变，具有不稳定性，运用起来比较困难；④总量巨大，但分布分散、不均，能流密度低，利用效率不高，经济性差。

从 20 世纪 80 年代开始，各国就已经开展了海洋环境能源收集利用的研究工作，目前主要集中在太阳能、波浪能、风能和温差能的收集利用方面，并取得了以太阳能无人船、波浪滑翔机、无人帆船、温差能滑翔机等为代表的一系列成果（俞建成等，2018）。

（1）海面太阳能利用。海洋表面没有覆盖物的遮挡，接收光照的条件较好，平均太阳能功率密度为 168 W/m^2（Hermann，2006），太阳能主要集中在海水表面，海洋机器人在水面或者浅水航行时，可以通过太阳能电池板将光照转化为电能进行储存并供给机器人使用。

美国加州大学圣克鲁兹分校的科研人员 2009 年开始对太阳能水面机器人进行了研究，设计了如图 8-6 所示的 SeaSlug 太阳能水面机器人。该机器人长 5.9 m，甲板上安装有峰值功率 1 kW 的太阳能电池板，采用低速大扭矩的电机带动双叶螺旋桨进行推进（Mairs et al. ,2013），额定航速 3 kn，巡航速度 2 kn，最大速度 4.5 kn。SeaSlug 只可以在水面航行，不能潜入水下，但是可以通过压载调节船体的横倾角，使甲板上的太阳能电池板能够保持较好的光照入射角度，提高太阳能的利用效率（Mairs et al. ，2012）。

图 8-6　太阳能驱动无人水面机器人 SeaSlug

美国 Emergent Space Technologies 公司 2004 年开始在 NOAA 管理局的支持下开展太阳能水面无人船的研究工作，研制出了 OASIS ASV3，如图 8-7 所示。在船甲板上倾斜铺设了太阳能电池板，船长 5.48 m，宽 1.52 m，高 1.83 m，桅杆高 4.57 m，质量约 1 360 kg，桅杆可以折叠以便进行运输。OASIS ASV3 和 SeaSlug 都注意到了太阳能电池板的布置角度问题（Higinbotham et al. ，2008）。

图 8-7　OASIS ASV3

日本 Eco Marine Power 公司在 2011 年开始了 Aquarius USV 的研究，并于 2015 年进行了测试。为了增大太阳能电池板的面积，Aquarius USV 设计为三体船，如图 8-8 所示。每个船体之间横跨连接太阳能电池板，该 USV 长 5 m，宽 8 m，航速可以达到 6 kn（Eco Marine Power，2014）。

图 8-8　太阳能驱动无人水面机器人 Aquarius

在海洋上使用太阳能提供能源有诸多限制，比如水面机器人太阳能利用率较高，而水下机器人则需要定期返回水面接受光照。此外，夜晚、阴雨天气、太阳能电池面板易受生物污染等，都会影响发电效率。根据现有的太阳能获取技术，海洋机器人往往需要一个较大面积的平台安装太阳能电池板，这在一定程度上增大了海洋机器人的体积，不适用于常规结构的水下机器人。

（2）海面风能利用。一年四季内风能在海洋上的分布较为广泛（Zheng et al.，2014），一年中超过 80% 的时间海上风的平均功率密度超过 5 W/m^2，最大为 1 600 W/m^2。根据美国相关专家估计，海面风速约为 14 m/s（Pynne et al.，2009）。与波浪能的利用方式相似，海洋机器人对风能的利用方式也主要集中在利用风力直接推进和利用风能发电两个方面。

美国 Harbor Wing 科技公司致力于 USV 的研发工作。2006 年推出了 HWT X-1 原型样机并进行了海上测试，船体为双体船，可以 360°旋转的翼帆采取了“翼中翼”设计，该船在风力推进模式下航行速度低于设计航速时，可以通过折叠螺旋桨辅助推进，推进电机的功率为 7.5 kW（Elkaim et al.，2007）。2008 年完成了 HWT X-3 版本 USV 的设计，如图 8-9 所示。该版本是一艘三体船，长 15.24 m，宽 12.19 m，帆高 18.29 m，有效载荷 680.39 kg，帆表面积 65.03 m^2，航速 25 kn，航行范围 804.67 km，续航能力大于 3 个月。

美国 Ocean Aero 公司研制的 Submaran S10 UUSV（unmanned underwater surface vehicle）如图 8-10 所示（Ocean Aero，2015），采用太阳能电池板和风能获取能源的方式，兼具水面航行和水下航行的能力。在船体上安装一个独立于船体的可以 360°旋转的翼帆。翼帆在使用时是竖直的，但是可以折叠，折叠机构可以使其向后旋转 90°到甲板上的狭长缝隙内。这种独特的设计可以在风力较为猛烈的时候保护翼帆，同时减小船舶水下航行阻力，翼帆在竖直状态下的高度为 1.83 m。翼帆将风能转化为推进力，并且通过设计使推进速度接近风速的一半，最大为 6 kn，2014 年进行了原型机测试。在 2016 年 12 月进行的一次实验中，该船在 15~18 kn 的风速下依然保持了 5.5 kn 的航速，验证了其结构的坚固性。桅杆顶部的风速计持续不断地对风速和风向进行分析以便控制器进行调整，优化翼帆的推进力，精确地保持航向和航速。在无风状态下，依然可以通过喷水推进使船体保持静止或者运动状态，在清澈的水中，水深为 8.84 m 状态下，安装在船体上表面的太阳能电池板每天仍可以提供 1.5 Wh 的电能。

图 8-9　HWT X-3 USV

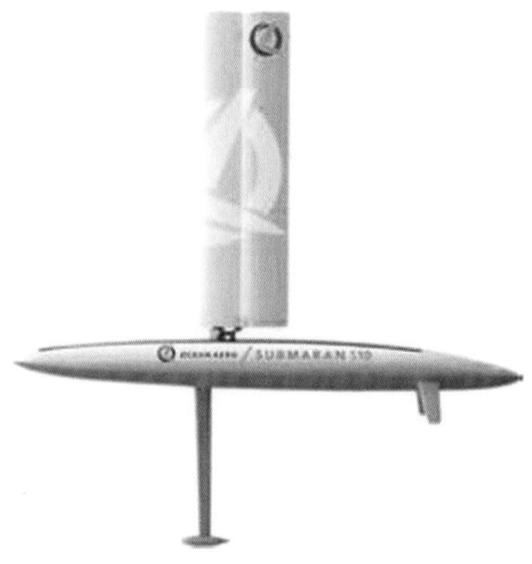

图 8-10　Ocean Aero 公司研制的 Submaran S10 UUSV

Submaran S10 UUSV 水下运动流程如图 8-11 所示。在水面的时候翼帆张开，在风力作用下获得前进的推力，需要下潜时翼帆折叠收起并下潜，到达水面后翼帆再次张开。该 UUSV 可以在 1 min 之内从水面潜伏到水下，从而提供一个自我防卫机制，防止被攻击或者被更大的船舶碰撞，同时潜航状态下可以避开海面极端天气情况。

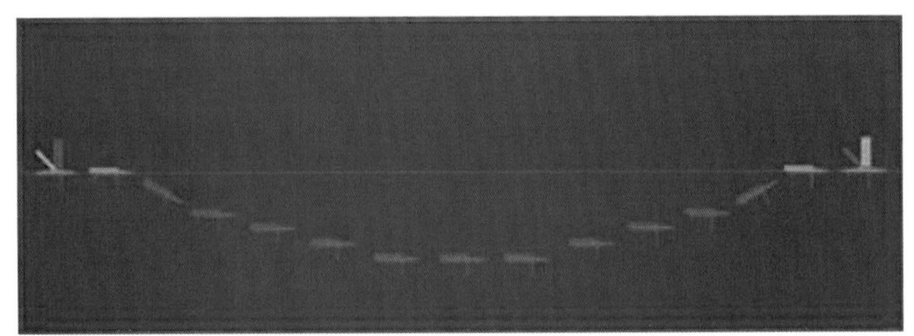

图 8-11　Submaran S10 UUSV 水下航行示意图

美国 ASV Global 公司研制了水面机器人 CEnduro，如图 8-12 所示（ASV Global，2017）。其长 4.2 m，宽 2.4 m，高 2.8 m（包括天线），空载 350 kg，满载 450 kg。通过 2 个无刷电机带动螺旋桨推进，采用峰值功率 3.2 kW 的柴油发电机提供电能，同时配备了 12 块太阳能电池板，峰值功率为 1 200 W，带有 4.4 kWh 的锂离子电池，配备了峰值功率 720 W 的三叶风力发电机，实现了风、光互补。航行时间可以超过 3 个月，航速超过 3.5 kn，最大移动距离可以超过 6 400 km。该风力发电装置与太阳能发电不同，不受夜间或者阴雨天的限制，可以持续发电。

图 8-12　美国 ASV Global 公司研制的水面机器人 CEnduro

（3）海洋波浪能利用。波浪能指的是海洋的表层海水在海风作用下形成的波浪所具有的动能和势能（孙志峰，2015）。波浪能以机械能形式出现，是品位最高的海洋能（杨灿军等，2015）。全球海洋有近 90% 的区域能量密度高于 2 kW/m（单位波前宽度上的波浪功率）（Zheng et al.，2014）。波浪能与波高的平方、波浪的运动周期以及迎波面的宽度成正比（罗建等，2013）。在实际使用中，可以利用机器人在波浪作用下产生的振荡和摇摆运动获取能量。目前海洋机器人对波浪能的利用方式主要集中在两个方面：一是直接利用波浪能推进；二是利用波浪能发电。

美国 Liquid Robotics 公司在 2005 年开始波浪滑翔机的研究，并于 2007 年推出了第一款产品（Liquid Robotics，2016），其航速范围为 1～3 kn，在 0.4～1 m 高的海浪中前进速度约为 1.5 kn，续航能力大于 1 年，工作水深大于 15 m。还搭载了峰值功率 86 W、平均功率 5 W 的太阳能电池板为负载提供电力供应。截至 2017 年 8 月，Liquid Robotics 公司的波浪滑翔机累计航行 263.71× 10^4km，32 667 d，单次最远航行距离为 17 371.76 km。

波浪滑翔机的驱动原理：当水面浮体由波谷移动到波峰位置时，浮体被抬高，通过柔性缆索带动水下滑翔机向上运动，水下滑翔机翼板上侧的水流冲击翼板逆时针翻转，水流作用在翼板上一个水平方向的分力；当水面浮体由波峰移动到波谷位置时，水下滑翔机依靠自身重力下降，翼板下侧的水流冲击翼板顺时针翻转，同时在翼板上产生一个水平方向的分力，如图 8-13 所示。在波浪的交替作用下，滑翔机不断前进，具体前进方向由舵控制。

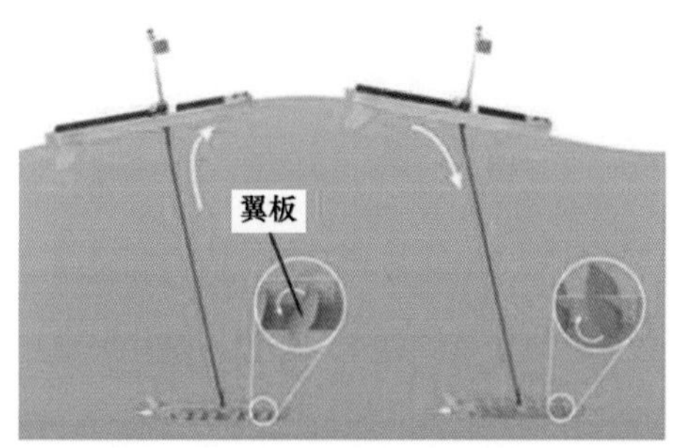

图 8-13　Liquid Robotics 波浪滑翔机工作原理

英国 AutoNaut 公司在 2012 年推出了波浪辅助驱动的水面无人艇 AutoNaut USV，如图 8-14 所示（AutoNaut，2016）。目前已经形成了长度包括 2 m、3 m、5 m 和 7 m 的谱系化产品，2 m 长系列的 AutoNaut USV 宽 0.5 m，质量 60 kg，有效载荷 15 kg。上表面串联的太阳能电池板可以提供 125 W 的电能，也可以同时配备 25 W 的甲醇燃料电池以增加续航能力，该 USV 通过推进器推进，航速为 1～2 kn，最大 3 kn。

意大利比萨大学的科研人员在波浪能驱动海洋自主观测平台项目的支持下研制出了波浪能量回收系统模块，如图 8-15 所示（Tenuccs et al.，2016）。模块可以安装在水下滑翔机上，包含 2 个翼，翼端通过活动关节和舱段连接，舱段内部关节机构与发电机相连接。在充电阶段，滑翔机浮在海面，被设计为负浮力的翼受到波浪的运动影响，相对于滑翔机本体产生绕活动关节的转动，带动舱体内部的无刷发电机工作产生电能。水下滑翔时，活动关节转角为0°，两个翼相当于水下滑翔机的固定翼，有利于产生前进方向上的推力，根据仿真计算，在浪高为0.34～0.82 m的状态下，产生500 Wh的能量需要39 h。2016年4月11—12日在第勒尼安海进行了测试，测试中发现波浪能量回收系统模块可以持续地产生电能。该结构形式较为新颖，而且其模块化的设计增加了使用和技术升级的便捷程度，同时可以在水下滑翔机返回水面通信时调整为发电状态进行发电，减少了专门回到水面发电的次数。

图8-14　AutoNaut公司的波浪驱动USV

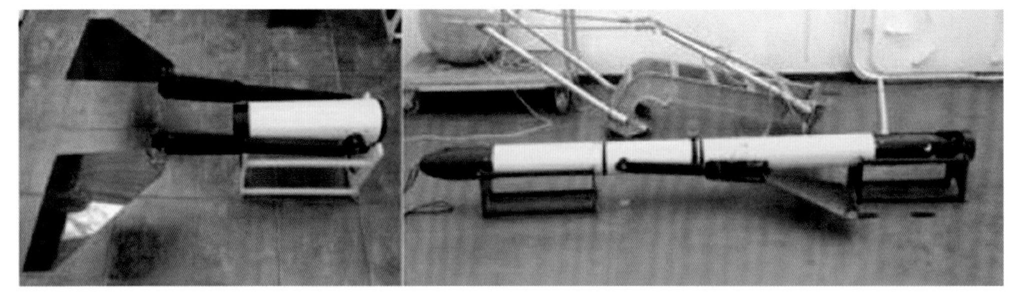

图8-15　波浪能量回收系统模块

（4）海洋温差能利用。海水表面受到太阳的照射，海水吸收太阳能并以热能的形式保存，导致海面水温上升。随着水深的增加，海水接收到的光照越来越少，水温逐渐降低，与海面附近海水产生一定的温差。在低纬度海域，深层海水是通过热盐环流由极地下沉输送而来的高密度冷水，海洋表面海水与深层海水间温差甚至超过20℃（汪洁，2012）。要想对温差能加以利用，则需要海洋机器人在工作时可以反复穿越温跃层以获得温差变化。目前，海洋机器人对温差能的利用主要体现在温差能水下滑翔机上，温差能热机利用相变材料在不同温度下体积的变化来驱动滑翔机浮力调节系统中传递液体的流动，改变外油囊的体积以改变水下滑翔机的净浮力，进而实现水下滑翔机的上浮或者下沉。考虑到水下承压要求，相变材料大多采用固-液相变材料。

1988 年，美国伍兹霍尔海洋研究所开始进行海洋观测装备温差驱动的研究工作，并提出了温差能驱动的海洋观测设备 Slocum 的设计方案，重点对温差能热机进行了研究。1998 年，由 Webb 创建的 Webb Research Corporation 首次将温差能热机和水下滑翔机结合在一起，研制了温差能水下滑翔机 Slocum（图 8-16），并在 5～18℃ 的温差环境中进行了测试，Slocum 温差能滑翔机直接借助相变材料体积的变化对水下滑翔机的浮力调节系统状态进行调节（Webb et al.，2001）。

图 8-16　温差能水下滑翔机 Slocum

与利用相变材料体积变化改变浮力调节系统状态不同，美国斯克里普斯海洋研究所研发的 SOLO-TREC（sounding oceanographic lagrangrian observer thermal recharging）新型水下机器人利用温差能热机发电，即利用固-液相变材料的体积变化驱动系统中传递液体流动，通过活塞推动发电机转动进行发电，为设备提供能源供给，如图 8-17 所示（Chao，2016）。该系统每次穿越温跃层可产生约 1.7 Wh（6 120 J）的能量，足以驱动 GPS、铱星和 CTD。

2015 年 4—6 月，天津大学的科研人员在南海对温差能水下滑翔机原型机进行了测试，如图 8-18 所示（Yang et al.，2016）。热机的平均功率约为 124 W，每个周期平均储存能量 2.48 kJ，滑翔机连续运行了 29 d，获取了 121 个剖面数据，总航程为 677 km。

上述方案都包含了温差能热机，但是后端能量转化方式不同。对于温差能热机直接驱动外油囊体积变化的方式，省略了温差能转化为电能，再将电能转化为机械能这个二次转化过程的中间环节，减少了能量损失。与该方案相比，温差能发电虽然效率有所降低，但是可以为传感器等负载提供电能，而且可靠性较高，即当一个或者多个相变周期出现故障时，不会直接对运行造成影响。相变材料的体积变化率和相变速率对于温差能利用装置具有重要的影响，因此相变材料的选择是温差能水下滑翔机的研究重点（Ma et al.，2016）。应用较为广泛的相变材料主要包括结晶水合盐、脂肪酸以

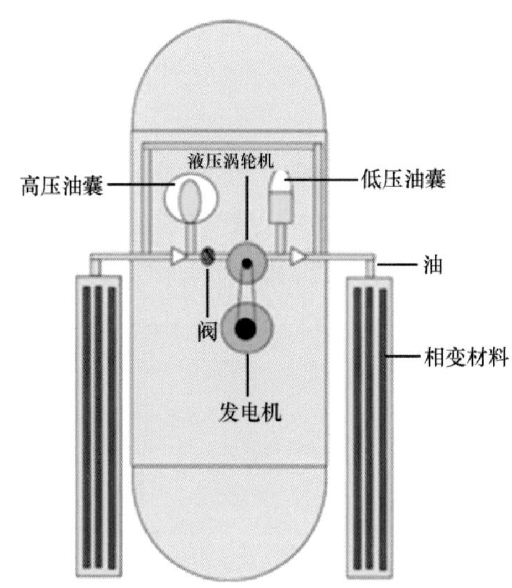

图 8-17　温差能热机发电示意图

图 8-18　天津大学温差能水下滑翔机

及石蜡。

8.2.3　高集成度水下推进技术

推进装置是水下机器人的主要组成之一，水下航行器所携带的能源通过推进装置才能转变为推进航行器所必需的机械能。目前，绝大部分水下机器人的动力推进系统的动力部分和推进部分都是分体结构，质量和体积大，总效率较低，且噪声很大，航迹比较明显。

水下推进技术主要有电机推进、全液压推进、喷水推进及仿生推进四种。

1）电机推进技术

传统螺旋桨工作原理如图 8-19 所示（刘文峰等，2007）。螺旋桨周围的流体由于螺旋桨对其做功而产生了额外的速度，从而产生系统所需的推力。这些流体在流动时会从外部环境中带入额外的流体，由于离开螺旋桨的叶片后没有其他的力作用在这些被带入的流体上，这些被带入的流体不会对系统产生任何的额外推力。为了提高推进器的效率，就应充分利用这部分被带入流体中的能量。根据牛顿第二定律和第三定律，可以在螺旋桨周围适当地设置一个管道（导管），利用被带入的流体对其做功产生额外推力。这就是泵喷射推进器的工作原理，如图 8-20 所示。

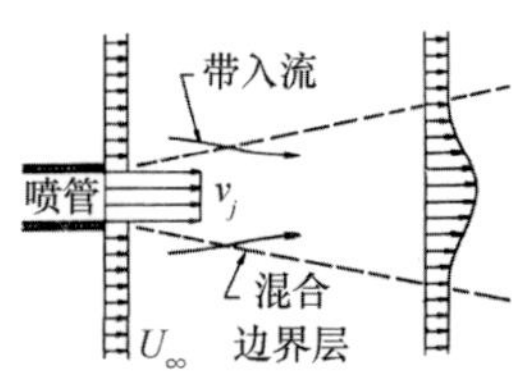

图 8-19　传统螺旋桨推进器工作原理

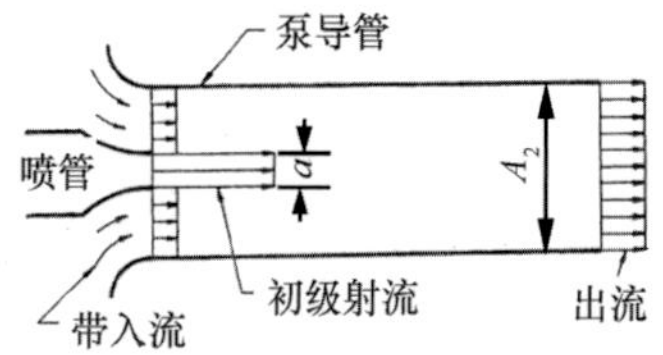

图 8-20　泵喷射推进器工作原理

图 8-20 中 A_2和 a 的比值以及导管的形状对泵喷射推进器的推力增大起着重要的作用，此外采用扩散型的导管也会有利于推力的增大。

泵喷射推进器主要由转子、定子和导管三部分组成，如图 8-21 所示。转子和定子是机翼式的圆截面叶片，一个旋转，一个固定，两者都被导管罩着。电机通过驱动转子对流体做功，将电能转化为动能，为系统运动提供所需的推力。定子的作用主要是导流。转子与定子的轮廓线型应与运载器尾部线型一致。

导管分成加速导管和减速导管两种（刘文峰等，2007），如图 8-22 所示。加速导管是加速水流，提高了推动效率，但牺牲了空泡或噪声性能；减速导管是减速水流，尽管效率会有所降低，但其空泡性能更佳。集成电机推进器（integrated motor propulsor，IMP）中采用的多为减速型导管，起到减速、增压的效果，从而推迟空泡产生，达到降噪的目的。

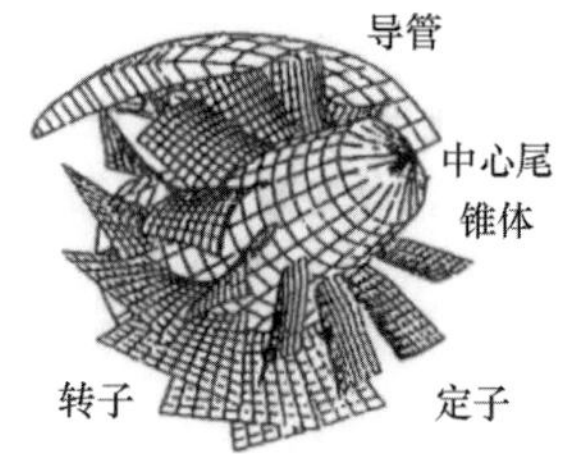

图 8-21　泵喷射推进器结构图

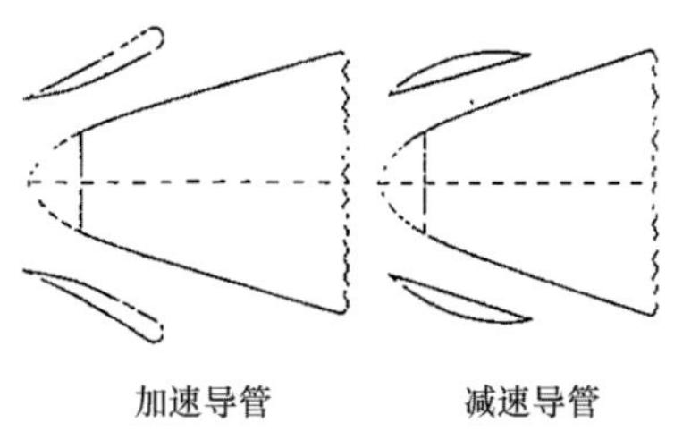

图 8-22　两种导管类型

集成电机推进器是近年来国外出现的一种新型动力电机和泵喷射推进器结构一体化的水下推进装置（万里，2018）。IMP 最初由美国海军水下作战中心和宾夕法尼亚州立大学应用研究实验室联合研制。当时的 IMP 是把电机放在潜水器（水下机器人的一种）推进器的外罩内。IMP 主要由导流罩、集成电机、静液栅和转子叶片组成。其中电机的转子和泵喷射推进器的转子设计为一体，电机的定子和推进器导流罩设计为一体（何东林，2005）。这种布置可省去常规电机的冷却水套、电机辅助冷却系统及电机和推进器之间的驱动轴和联轴节，从而提高潜水器的有效负载，增加内部空间，提高其执行任务和续航的能力。

IMP 作为一种新型的水下推进装置，其结构和工作原理与普通泵喷射推进器非常类似。IMP 主要由泵喷射推进器（一般选择后旋式泵喷射推进器）和电机组成。电机的转子和泵喷射推进器的转子设计为一体，电机磁钢安装在转子的轮缘上（分内嵌和外镶两种形式），从而可以直接驱动转子，这样可提高驱动效率并降低噪声。电机的定子和泵喷射推进器的导管设计为一体，电机的电枢铁芯固定安装在导管内部。IMP 通过安装轴可以非常方便地安装在水下机器人上。安装在航行器内部的控制装置通过安装轴、定子和导管内的通道利用电机电缆实现对整个推进装置的控制。这样电机就可以驱动泵喷射推进器的转子从而产生推力，而定子可以消除流体的旋转运动，降低航行器水下航行时的航迹。

比之传统推进系统，IMP 结构紧凑，质量轻，噪声和震动小，散热好，效率高，维护方便，并可于后期安装，适合作为水下机器人和鱼雷的推进系统，也可用于其他水下航行器的动力推进（图 8-23）。

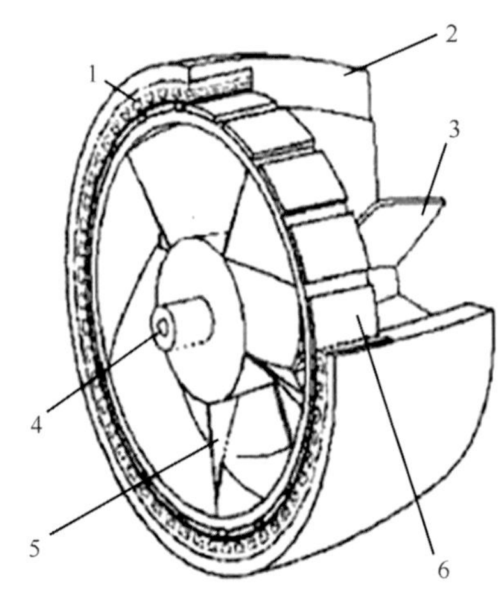

图 8-23　集成电机推进器结构

1—电机定子；2—导流罩；3—导叶；4—安装轴；5—转子叶片；6—永磁体

表 8-3 为几种型号的电机推进器的技术参数。

表 8-3　几种型号的电机推进器技术参数

图片	型号	推力	功率/电压	质量	尺寸（直头）	尺寸（弯头）
	T260 推进器	向前推力：5.4 kg；向后推力：1.8 kg	350 W/48 V (DC)	空气中质量：0.9 kg；水中质量：0.7 kg	导流罩外径：ϕ 95.2 mm；推进器总长：233.3 mm	导流罩外径：ϕ 95.2 mm；推进器总长：221.3 mm
	T280 推进器	向前推力：5.4 kg；向后推力：5.4 kg	350 W/48 V (DC)	空气中质量：1.0 kg；水中质量：0.8 kg	螺旋桨外径：ϕ115 mm；推进器总长 240 mm	螺旋桨外径：ϕ115 mm；推进器总长：228 mm
	T300 推进器	向前推力：8.2 kg；向后推力：3.6 kg	460 W/48 V (DC)	空气中质量：1.0 kg；水中质量：0.7 kg	导流罩外径：ϕ111.1 mm；推进器总长：227.2 mm	导流罩外径：ϕ111.1 mm；推进器总长：215.2 mm
	T540 推进器	向前推力：10 kg；向后推力：10 kg	600 W/48 V (DC)	空气中质量：2.1 kg；水中质量：1.4 kg	螺旋桨外径：ϕ150 mm；推进器总长：315 mm	螺旋桨外径：ϕ150 mm；推进器总长：303 mm
	T561 推进器	向前推力：17.3 kg；向后推力：10 kg	1.1 kW/48 V (DC)	空气中质量：2.1 kg；水中质量：1.4 kg	导流罩外径：ϕ158 mm；推进器总长：318.7 mm	导流罩外径：ϕ158 mm；推进器总长：306.7 mm
	T650 推进器	向前推力：28 kg；向后推力：26 kg	1.3 kW/110 V (DC)	空气中质量：5.7 kg；水中质量：3.5 kg	导流罩外径：ϕ217 mm；推进器总长 351 mm	导流罩外径：ϕ217 mm；推进器总长 339 mm
	T1020 推进器	向前推力：22.7 kg；向后推力：14.5 kg	1.1 kW/48 V (DC)	空气中质量：2.7 kg；水中质量：2.1 kg	导流罩外径：ϕ190 mm；推进器总长：359 mm	导流罩外径：ϕ190 mm；推进器总长：347 mm
	T1060 推进器	向前推力：48 kg；向后推力：29 kg	2.7 kW/150 V(DC)	空气中质量：6.2 kg；水中质量：4.6 kg	导流罩外径：ϕ237 mm；推进器总长：350 mm	无

续表

图片	型号	推力	功率/电压	质量	尺寸（直头）	尺寸（弯头）
	T2020推进器	向前推力：116 kg；向后推力：73 kg	5.5 kW/260 V(DC)	空气中质量：11.4 kg；水中质量：8.7 kg	导流罩外径：ϕ323 mm；推进器总长：502 mm	导流罩外径：ϕ323 mm；推进器总长：487.4 mm
	T2040推进器	向前推力：85 kg；向后推力：85 kg	6.4 kW/300 V(DC)	空气中质量：12 kg；水中质量：8.1 kg	螺旋桨外径：ϕ254 mm；推进器总长：528.8 mm	螺旋桨外径：ϕ254 mm；推进器总长：514.2 mm
	SM5推进器	向前推力：38 kg；向后推力：38 kg	1.125 kW/250 V (DC)	空气中质量：8 kg；水中质量：4 kg	导流罩外径：ϕ302 mm；推进器总长：448 mm	无
	T561FOD推进器	向前推力：17.3 kg；向后推力：10 kg	1.1 kW/48 V (DC)	空气中质量：2.8 kg；水中质量：2.1 kg	导流罩外径：ϕ158 mm；推进器总长：277 mm	无

另外，针对传统手持式水下推进器笨重、携带不便、续航里程短等问题，糜凌飞（2018）设计并实现了一种可穿戴式水下推进器。该推进器以飞思卡尔 KL25Z128VLK4 芯片为核心，采用防水能力强、具有自我保护功能的无刷电机，自行设计电机的控制系统，配合更高能效的锂离子电池，解决了推进器小型化和轻量化的问题。图 8-24 展示了该推进器的外部结构。

图 8-24　可穿戴式水下推进器

1—导流罩外壳；2—推进器；3—连接座；4—控制包；5—自适应手臂护臂装置

其中，导流罩外壳决定了整个产品的主要外形，对内部的推进器起到保护的作用；推进器包括导流头、连接件、防水无刷直流电机和螺旋桨；连接座将推进器与可穿戴装置连接起来；控制包将锂离子电池与控制板封装在一个圆柱体中，通过控制线连接到控制手柄。锂离子电池具有更高的能效与使用寿命，可以明显提高水下推进器的性能。控制手柄可以控制推进器的启动停止以及加减速等；自适应手臂护臂装置将整个推进器固定在使用者的手臂上，使用者可以根据自己手臂的特点自由调节，保证穿戴的舒适度。

根据图 8-24 所示，水下推进器的驱动电机、螺旋桨与控制手柄是设计穿戴在手臂上的，蓄电池与控制装置则是密封在控制包内，在给蓄电池充满电之后，可以将控制包背在背部，类似潜水的设备。

在下水之前，打开电池盖，按下启动按钮，按钮指示灯从红色变为绿色，让推进器做好启动的准备。用手轻轻按下控制手柄，可以实现速度控制。

此时，蓄电池给无刷电机供电，无刷电机通过传动装置驱动螺旋桨旋转，将水流向后推，从而带动人前进。将控制手柄按到底，可以实现全速前进。放松控制手柄，电机就会迅速制动，人会在水的阻力之下降低速度。

为了保证水下推进器的安全性与能效，其中还设计了堵转保护与动力回收的功能。当有异物进入电机或者干扰螺旋桨时，电机会立即制动，避免引发安全事故。而一部分动能会通过动力回收系统为电池充电，减少不必要的能耗，延长推进器的续航时间。

2）全液压推进技术

液压推进是指主机驱动液压泵，液压泵产生的液体静压力驱动液压电机，再由液压电机驱动螺旋桨。

当采用液压推进后，柴油机与螺旋桨之间没有刚性连接，因此，传动平稳，振动小，噪声小，磨损少；在不改变柴油机的转速与转向的情况下就可实现螺旋桨的调速和换向，操纵灵活，因此机动性高；由于液压传动可以实现无级调速，因此螺旋桨与主机可获得较好的工况配合特性；采用液压推进后，通过液压电机可使几台柴油机的功率供给一个螺旋桨，功率汇集非常容易，适合大功率传动；整个动力装置的质量和尺寸指标都有大大改善，同时由于柴油机与螺旋桨之间没有轴系连接，主机可以根据需要安装于机舱任何位置，因此机舱布置非常灵活；通过溢流阀可以很好地解决螺旋桨负载突增或者堵转时的系统保护问题，提高系统安全可靠性。但是液压推进的传动效率较低，另外，系统对液压油的质量和密封装置要求较高。

3）喷水推进技术

喷水推进是一种特殊的船舶推进方式，与螺旋桨不同的是它不是利用推进器直接产生推力，而是利用推进泵喷出水流的反作用力推动船舶前进（图 8-25）。与螺旋桨轴系这一传统的推进方式的理论和应用发展相比，喷水推进技术进展相当缓慢，主要是由于理论研究不成熟，有些关键技术没过关。例如低损失无空泡进口管道系统，高效率和大功能转换能力的推进泵，船、机、泵的有机配合，水动力性能极佳的倒航操纵装置等技术没得到解决等。但喷水推进毕竟具有推进效率高、抗空泡性强、附体阻力小、操纵性好、传动轴系简单、保护性能好、运行噪声低、变工况范围广和利于环保等常规螺旋桨所不及的优点。

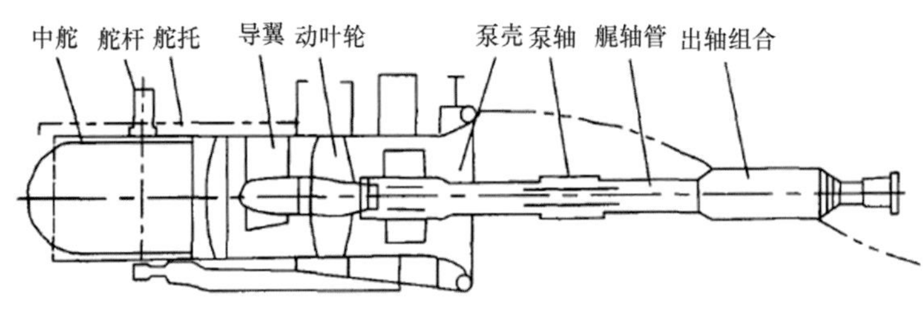

图 8-25　喷水推进装置

目前，喷水推进器还存在一些尚未克服的缺点：①喷水推进装置进水口所损失的功率占主机总功率的 7%~9%，还未找到很好的办法以更进一步地降低这一损失；②船在转弯时，其推力容易丧失；③缺乏一套操作灵敏、水动力学性能优良的倒车装置；④喷水推进器的浅吃水航行，带来了在砂砾较多水域碎石和砂砾吸入系统的风险。

4）仿生推进技术

仿生推进技术是目前仿生学领域研究的一个重要方面，模拟生物在特定条件下的卓越能力，制造出拥有类似生物上千万年进化而来的特定优势的推进装置，是仿生推进方式研究的目标。

近年来，随着仿生学研究的不断进步，科研工作者的目光集中到长期生活在水下，特别是能在水中自由遨游的鱼类的游动机理的研究上（Sfakiotakis et al.，1999）。鱼类长期生存在水下，进化出了性能完备的游动机能和器官。利用鱼类游动机理推动机器人在水下浮游的想法伴随着仿生学、材料科学、自动控制理论等学科的发展成为现实（图 8-26）。

与传统螺旋桨推进器相比，仿鱼鳍水下推进器具有如下特点（Triantafyllou et al.，1995）。

（1）能源利用率高。初步试验表明，采用仿鱼鳍新型水下推进器比常规推进器的效率可提高 30%~100%。从长远看，仿鱼鳍的水下推进器可以大大节省能量，提高能源利用率，从而延长水下作业时间。

（2）流体性能更完善。鱼类尾鳍摆动产生的尾流具有推进作用，可使其具有更加理想的流体动力学性能。

图 8-26 仿生推进装置三维模型（张晓涛等，2011）

（3）机动性能更强。采用仿鱼鳍水下推进器，可提高水下运动装置的起动、加速和转向性能。

（4）噪声低。仿鱼鳍推进器运行期间的噪声比螺旋桨运行期间的噪声要低得多，不易被对方声呐发现或识别，有利于突防，具有重要的军事价值。

（5）结构简单。仿鱼鳍推进器的应用将改变目前螺旋桨推进器与舵系统分开、功能单一、结构庞大及机构复杂的情况，实现桨-舵功能合二为一，从而可精简结构和系统。

（6）驱动方式多样。对于应用于船舶、游艇等方面的仿鱼鳍推进器可采用机械驱动，也可采用液压驱动、气压驱动以及混合驱动方式；对于微小型水下运动装置，可采用形状记忆合金、人造肌肉以及压电陶瓷等多种驱动元件。

四种推进方式的优缺点见表 8-4。除了上述四种推进方式之外，还有直接传动推进、齿轮传动推进、可调螺距螺旋桨推进、磁流体推进等。

表 8-4 四种推进方式优缺点

推进方式	优点	缺点
电机推进	结构紧凑，重量轻，噪声和振动小，散热好，效率高，维护方便	发电机与电动机间存在能量损失，推进效率低，过载保护能力差等
全液压推进	传动平稳，振动小，噪声低，磨损少，操纵灵活，可以实现无级调速	传动效率低，对液压油的质量及系统密封性要求高
喷水推进	推进效率高，抗空泡性强，附体阻力小，操纵性好，传动轴系简单，保护性能好，运行噪声低	经济性较差，使船舶的排水量明显增加，有可能会吸入砂砾和碎石等危险
仿生推进	推进效率高，机动性高，噪声小，稳定性高	技术尚未成熟，推进功率有限，系统模型较为复杂等

8.2.4 高集成度水下液压驱动技术

1）水下液压技术发展概况

水下液压技术是伴随着人们开发和利用海洋过程发展起来的。我们知道，海洋与陆地截然不同，其环境条件十分苛刻、复杂多变，给人类研究、开发和利用海洋带来极大的挑战。因此，无论是海洋环境资源的考察，还是海底矿产资源的开采等各种实践工作，都离不开现代化的水下作业设备，而水下液压技术为这些设备的设计和开发提供了重要的技术支撑。

国外对水下液压系统的研究较早，美国海军早在20世纪50年代就开始研制水下液压系统。早期的水下液压系统并未采取压力补偿措施，而是将液压源、液压控制单元及液压执行器分别安装在压力容器中，以防止海水压力对液压系统的影响，这种方法不仅增加了系统的体积和质量，而且没有从根本上解决海水压力的影响问题。60年代初美国开始研制载人潜水器，水下液压系统也因此得到了迅速发展。水下液压系统在水下机器人（潜水器），特别是作业型遥控潜水器和载人潜水器上得到了广泛应用，此后相继发展了“AMETEK2006”“RECONII”“Alvin”号等多种型号潜水器。日本的“SHINKAI 6500”载人潜水器，其液压系统由液压泵单元、两个液压控制单元、压力补偿器等组成，其中一个液压控制单元主要为机械手、云台及各类作业工具等提供动力，另一个液压控制单元则主要为潜水器的纵倾调节系统提供动力，油箱和压力补偿器通过管路相连，实现回油压力补偿，两个液压控制单元也通过管路和压力补偿器相连，以平衡外界海水压力。此外，法国的“NAUTIL”号载人潜水器以及俄罗斯的“Mirl/Mir2”载人潜水器也采用液压系统为机械手、作业工具等提供动力。

国内对水下液压系统的研究虽然起步较晚，但在引进国外先进技术的基础上不断消化吸收，目前也取得了一些发展。如在借鉴国外潜水器技术的基础上，我国自主研发的一台以军用援潜救生为主、兼顾海洋油气开发的8A4遥控潜水器。由哈尔滨工程大学研制的水下作业工具系统，在某些场合也得到了重要应用。由浙江大学流体动力与机电国家重点实验室研究开发的部分ROV产品已经实现产业化。

对于水下液压技术而言，最核心的就是液压系统，本章这里将结合液压系统对这一部分进行介绍。液压传动技术以其功率质量比大、易获得较大力（力矩）、快速性好、能在较大范围内实现无级调速、易于实现功率调节等特点，能够较好地适应深海高压、高腐蚀以及复杂多变的工作环境，在水下作业装备中得到了广泛的应用。

根据工作介质的不同，应用于水下作业设备中的液压系统可分成两类：①以液压油为工作介质的水下液压系统；②以海水为工作介质的海水液压系统。

2）以液压油为工作介质的水下液压系统

由于水下液压系统工作介质是液压油，为了避免系统工作介质损失以及避免污染环境，必须将系统设计成封闭结构。作为液压系统的执行器，液压缸和液压电机不可避免地暴露在海水中，如果将常规液压系统不采取任何措施就应用到海水环境中，海水压力将直接影响液压系统的正常工作。

以执行器为单活塞杆液压缸的水下液压系统为例，由于活塞杆暴露在海水中，活塞杆末端受到海水压力的作用，因此水下液压系统除了要克服作用在活塞杆上的负载力外，还必须克服作用在活塞杆上的海水作用力，系统的工作深度越大，活塞杆上的海水作用力就越大，系统压力就越高。当达到一定深度时，海水作用力就会超出常规液压系统的最大负载驱动能力，从而无法驱动液压缸。

为了使水下液压系统适应不同海水深度下的作业要求，需要对其进行压力补偿，通过弹性元件感应外界海水压力，并将其传递到液压系统内部，使系统的回油压力与外界海水压力相等，并随海水深度变化自动调节，实现不同海水深度下的压力补偿。压力补偿后的水下液压系统，其系统压力建立在海水压力的基础上，液压系统的各个部分包括液压泵、液压控制阀、液压执行器等的工作状态与常规液压系统相同，这样水下液压系统便可按照常规液压系统的方法来设计，而不必考虑海水压力的影响，且常规液压系统中的各种控制方法和节能技术等均可应用于水下液压系统中。

因此，与常规液压系统相比，水下液压系统有如下特点：①在海水环境中，工作深度从几百米到几千米，液压系统不仅要承受内部高压，还要承受外界海水压力；②对安全性要求极高，一旦海水渗入液压系统内部，轻者使液压系统不能正常工作，重者导致液压元件损坏；③在体积和质量方面都有严格限制，体积小、质量轻是提高水下液压系统功率重量比的关键；④水下液压执行器直接暴露在海水中，密封元件不仅要耐液压油腐蚀，还要耐海水腐蚀；⑤不仅在结构设计上要紧凑，在材料选择上也要考虑海水的腐蚀问题。

3）以海水为工作介质的海水液压系统

海水液压系统是以海水为工作介质，不存在常用液压系统以矿物型液压油为工作介质而产生的各种隐患，如易燃易爆、泄漏污染、资源浪费等。并且海水液压系统工作介质直接来源于周围工作环境，既经济便利，又降低了系统设计的复杂性，因此在海洋工程领域中应用具有突出的特点，主要表现在以下几方面。

（1）海水液压系统工作介质为海水，取之于海洋用之于海洋，不存在泄漏污染问题，大大降低了系统成本，且不存在火灾隐患，提高了系统整体工作的安全性。

（2）系统可设计成开式系统结构，不需要考虑回水管和水箱等零部件，因此系统响应速度快，稳定性好，结构简化，有利于减小系统体积和质量，从而提高机动性、灵活性和系统效率。

(3) 海水液压系统具有水深压力的自动补偿功能，可以高效地工作在任意水深，尤其在大深度场合具有很大的使用优势。

(4) 海水黏温、黏压系数小，并且其黏度在正常海洋环境温度及深度条件下基本保持不变，因此海水液压系统工作稳定性高。

尽管海水液压系统具有以上诸多优点，但是也面临着众多技术难题，如密封与润滑性差，耐磨以及腐蚀现象更加严重，更容易发生气蚀现象等，还需要更加深入地进行研究。

4) 压力自适应技术

一般的水下作业系统，从船上布放到水下特定工作地点过程中，系统所承受的外部压力随着深度的增加而增大；相反，将水下作业系统回收的过程，其外部压力是逐渐减小的。为了避免由于外部压力的变化而造成对水下作业系统工作性能的影响，一般都需要有一个压力平衡装置来适应压力的变化。典型的压力平衡装置可分为被动式(如皮囊式、金属薄膜盒式、波纹管式和弹簧活塞式) 和主动式两种。这里就皮囊式压力平衡装置作简要介绍，其他内容可参阅相关文献。

皮囊式压力平衡装置如图 8-27 所示，其有一个薄壁封闭容腔，允许有一定的弹性变形。平衡器的出口与作业系统相连，容腔内充满不可压缩液体。当平衡器的外壳受到水压力作用时，外壳产生弹性变形，此压力传递给容腔内的液体，根据液体的不可压缩性质，平衡器内部的压力与外部水压力相等，而作业系统与平衡器是连通的，因此作业系统内部的压力也与外界的海水压力相同。这样，不论多大深度，工作系统内部的压力总与外部海水压力相等，工作系统壳体所受到的内外压差为零，实现了对不同水深水压力的补偿。另外，为保证可靠性和气密程度，通常要采用弹性元件作用在补偿器上，使系统内部压力始终大于外部海水压力。

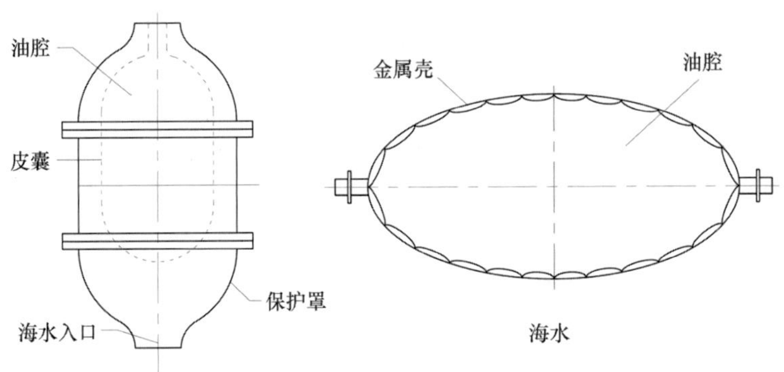

图 8-27　皮囊式压力平衡装置

8.2.5　高可靠水下作业技术

众所周知，海洋中蕴含着极其丰富的资源，而对这些资源的勘探、研究、开发和利用都需要借助专业的水下作业装备，从而不断地推动水下作业技术的发展。常用的水下作业技术包括水下机械手技术、水下打捞、水下切割、水下焊接、水下拧螺丝以及采样、拖网等，本小节将就其中的几种作简要介绍。

1）水下切割技术

水下切割技术广泛地应用于水下设施（如水下油气管道、水下建筑）的修复、海底矿藏的开采、船舶潜艇等海洋装备的维修以及各种废弃海洋装备的拆除、障碍物清除、海洋打捞等多个领域。

目前，完成水下切割的方法很多，依据其基本原理和切割状态，水下切割技术可分为两大类，即热切割法和冷切割法，具体分类如图 8-28 所示。值得一提的是，虽然冷切割方法近年来得到了很大的发展，但是水下切割仍然是以热切割法为主。水下热切割法与陆地上用到的方法从名字上看比较相近，但是由于其特殊的使用环境，实现方式上还是有很大区别的。

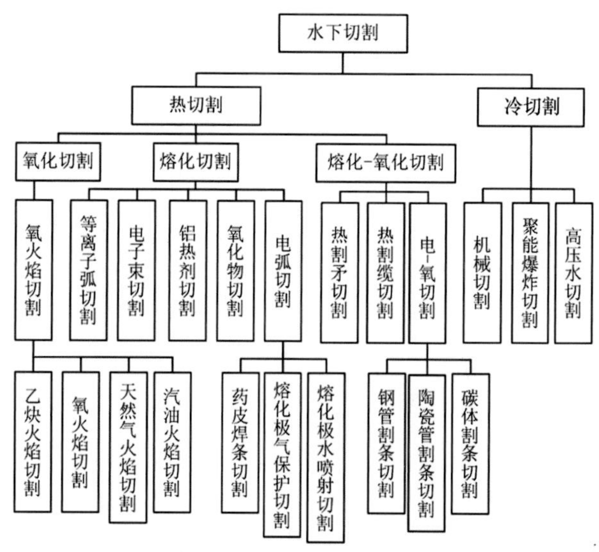

图 8-28　水下切割技术分类（王俭辛等，2018）

2）水下焊接技术

水下焊接顾名思义是指在水下焊接金属的工艺。1802 年，Humphrey Davy 指出电弧能够在水下连续燃烧，提出了水下焊接的可能性。1917 年，在英国海军船坞，焊工首次采用水下焊接方法封堵位于轮船水下部位漏水的铆钉缝隙。1932 年，Khrenov 发明了厚药皮水下专用焊条，现在以英国 Hydroweld 公司为代表的多家企业发展了多种水下焊条，取得了很好的实用效果。目前，水下焊接技术已广泛用于海洋工程结构、海底管线、船舶、船坞港口设施、江河工程及核电厂维修。

现在已经应用的水下焊接方法有几十种，但是应用较为成熟的还是电弧焊。从工作环境上分，水下焊接方法可分为三大类：湿法、干法和局部干法。

（1）湿法水下焊接是焊工在水下直接施焊，而不是人为地将焊接区周围的水排开的水下焊接方法。该法经常受到水下能见度差的影响，潜水焊工由于看不清焊接实际状况而出现“盲焊”现象，因此焊接质量难以保证。但是该方法具备操作灵活、设备简单、成本较低、适用性强等优势。

（2）干法水下焊接是用气体将焊接部位周围的水排除，而潜水焊工处于完全干燥或半干燥的条件下进行焊接的方法。干法焊接需采用大型气室罩住焊件，焊工在气室内施焊，由于是在干燥气相中焊接，其安全性较好。干法水下焊接又可分为高压干法水下焊接和常压干法水下焊接。

（3）局部干法水下焊接是用气体将正在焊接的局部区域的水人为地排开，形成一个较小的气相区，使电弧在其中稳定燃烧的焊接方法。由于它降低了水的不利影响，使焊接接头质量较湿法焊接有明显改善，与干法焊接相比，不需要大型昂贵的排水气室，适应性明显增大。局部干法综合了湿法和干法两者的优点，是一种较先进的水下焊接方法，也是当前水下焊接研究的重点与方向。

3）水下机械手技术

水下机械手是水下作业机器人作业系统中的重要组成部分，它扮演着操纵其他具体作业工具的角色。机械手的作业范围、动力性和控制灵巧性等决定着整个作业系统的性能。载人潜水器上用到的液压机械手方案一般是两只机械手中一只为主从式机械手，另一只为开关式机械手。液压动力源的功率不大于 4.5 kW。这种方案兼顾了技术指标和经济指标，为国外大多数载人潜水器所采用。两只机械手分别完成各自的功能，主从式机械手具有七自由度；开关式机械手主要具有锚定功能，同时具备 7 个动作功能。两只机械手的全伸长距离和全伸长时的举力都有明确的要求，最大举力（正常工作状态下）可达 2 500 N。机械手材料选用钛合金。图 8-29 所示为安装在美国“Alvin”号载人潜水器上的液压机械手，它有七自由度。均采用高强度防腐钛合金材料，其主要技术指标为：最大举力为 1 kN；最大伸距为 1.75 m；最大夹紧力矩为 40 Nm；自重低于 160 kg。

图 8-29　美国“Alvin”号载人潜水器上的机械手

8.2.6　高可靠水下成像技术

水下成像系统是随着现代科学技术的应用需求而建立起来的新一代视频成像系统。它具有系统简单、多功能、易操作和应用广等诸多特点，在现代水下观察、监测、勘探领域中发挥着越来越重要的作用。

水下成像系统主要由水下单元、岸边设备及控制室三大部分组成。其工作原理为：预定水下目标物体运动轨迹，在相应的槽沟内布放水下成像设备，调整每个升降机构，将水下摄像机及照明灯调整到适当的深度。给水下单元供电，控制室或控制显示器观察各系统是否工作正常，并进一步调整水下设备的位置。水下实验开始时纪录水下实验视频图像，一轮结束后可以重放实验过程，对实验情况进行分析调整。实验全部完成后可以将保存在硬盘上的视频数据复制、存档、刻录光盘等。系统示意图如图 8-30 所示。

1）水下单元

水下单元主要由水下摄像装置、水下照明装置、深度传感器、水下云台成像系统、升降设备及水下电缆组成，主要用于水下观察和水下搜索。

（1）水下摄像装置。近年来，随着科学技术的飞速发展，特别是计算机和数字技术的进步，水下视频图像技术在市场视频技术的推动下，以前所未有的增长速度发展，这些技术包括数字视频压缩技术、图像获取和记录技术、高分辨率的 CCD 传感器及小型低成本的视频摄像机和数码摄像机等，它们被广泛用于水下摄像系统的设计和制造中。国家海洋环境监测中心根据国内海洋开发市场的需求，从 1996 年开始设计制作了多台套低价位、高性能的普及型水下摄像机，解决了许多用户在海洋开发实际工作中遇到的难题，其适用性和可靠性等均得到用户的一致好评。

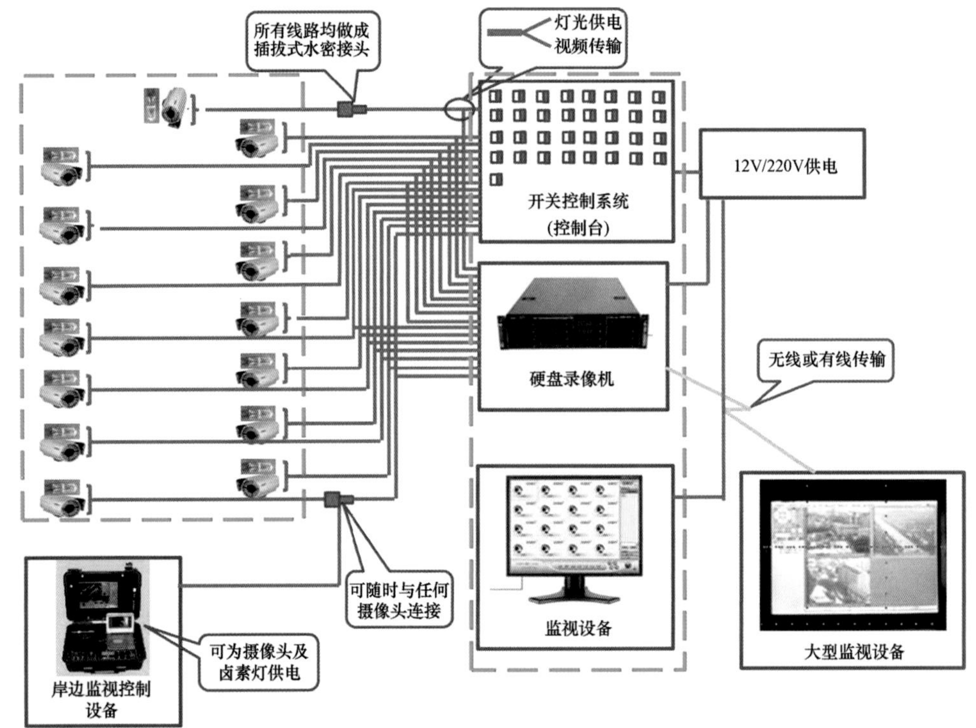

图 8-30　水下成像设备系统示意图

中国科学院光电技术研究所研发的核级水下高分辨率耐辐射摄像系统成功应用于国内各大核电基地，其各项技术指标在国内外同类产品中处于领先地位。该套高分辨率耐辐射摄像系统 IOE-CPR-M 独有辐射屏蔽技术，可以在 5 000 Gy/h 的剂量率条件下稳定工作 100 h，并且图像输出质量优良。同时系统还配置了特殊的水下动密封部件，在水下 100 m 工作依然稳定可靠，这是该系统所具备的最大优势。另外，因其采用高性能图像传感器，分辨率可达 200 万像素，同时可以输出 1080P 高清视频。在精密电机驱动下，该系统反应灵敏，运转平稳，在任何速度下都可以保证捕捉到的画面图像无抖动现象。由于系统可以在水平方向 360°连续旋转，因此在核电站水下监视工作中无监视盲区。以上技术特点使其足可媲美国外同类产品，在该领域真正实现“中国制造”。

水下摄像头装置是水下成像系统中最为主要的设备，目前常用水下摄像头及技术参数见表 8-5。

表 8-5　常用水下摄像头及技术参数名称

名称	型号	图片	主要技术参数	
鲨鱼彩色固定焦距摄像头	SV-16HR		成像	CCD 成像
			分辨率	700 TVL
			视角	92°
			光照灵敏度	0.15 Lux
			尺寸	长 7.4 cm，直径 3.8 cm
			焦距	固定 3.6 mm
			水深范围	600 m
Imenco 彩色固定焦距摄像头	Reef Shark		图像传感器	1/3Super HAD CCDⅡ
			视角	80°广角
			分辨率	550 TVL
			最低照明度	0.05 Lux
			焦距	固定
			尺寸	长 8.6 cm，直径 3 cm
			水深范围	500 m
Imenco 彩色固定焦距摄像头	Mako Shark		图像传感器	1/3Super HAD CCDⅡ
			视角	80°广角
			分辨率	600 TVL
			最低照明度	0.005 Lux
			焦距	固定
			尺寸	长 10.5 cm，直径 3 cm
			水深范围	1 000 m
Imenco 彩色变焦摄像头	Hammerhead Shark		图像传感器	1/4Exview HAD CCD
			视角	60°广角
			分辨率	470 TVL
			最低照明度	0.71 Lux
			镜头	4.2~74 mm
			焦距	18 倍光学变焦
			尺寸	长 24 cm，直径 3 cm
			变焦	自动/手动
			水深范围	3 000 m

续表

名称	型号	图片	主要技术参数	
鲨鱼彩色变焦摄像头	SV-DSP-ZOOM2		图像传感器	1/4 超感 CCD
			视角	46°广角望远端
			分辨率	470 TVL/460 TVL
			最低照明度	1.51 Lux
			像素	380 000 Pixels
			焦距	10 倍光学变焦
			尺寸	长 17 cm，直径 6.35 cm
			变焦	自动/手动
			水深范围	600 m
Imenco 彩色变焦摄像头	Blacktip Shark		图像传感器	1/4Exview HAD CCD
			视角	4°~46°
			分辨率	470 TVL
			最低照明度	1.51 Lux
			镜头	4.2~24 mm
			焦距	10 倍光学变焦
			尺寸	长 13.8 cm，直径 5.8 cm
			变焦	自动/手动
			水深范围	3 000 m

（2）水下照明装置。水下照明在海洋开发的各种设计中是经常使用的，特别是在深海中，在几乎不能得到自然光（太阳光）照明的情况下，水下光源便成为海底调查设备不可缺少的装置。在水中光的问题与在空气中不同，海水对光的吸收和光在海水中的散射现象，使得光受到很大影响。光线既容易衰减，光色也容易发生变化。因此，水下照明装置的设计必须考虑到光的波长分布范围（光谱分布）和海水的光学特性以及观察仪器的灵敏度等相互之间的关系，并注意照明效率、配光特性以及装置的耐水压性能等。

在水下用得最多的照明装置是水下卤素灯，它能为水下摄像头提供足够的光源，以保证水下摄像的视频效果。通常选用高性能的卤素灯作为水下相机的照明设备。卤素灯光照强度高，使用寿命长，密封性好，工作水深可达 3 000 m，适合长时间连续工作。卤素灯的种类繁多，常用的有 SV-Q10K 的卤素灯（图 8-31），其使用寿命为 3 000 h，最大使用深度为 3 000 m。

近年来，随着人们对水下照明要求的不断提高以及新技术的发展，传统照明方式受到强有力的挑战，新的照明器具、照明技术逐渐被应用，其中光纤照明是比较有发展前途的照明技术之一。光纤照明是光纤发光部同其耦合光源隔离，发光部不带电的安全照明系统，可以避免诸如漏电、打火之类事故的发生。光纤照明不仅可用于高温、高湿、易燃、易爆等环境照明，而且光纤点阵照明方式还具有在水下传递信息的作用。因此，光纤照明技术的发展又为水陆间信息传递的发展开辟了新的道路（马明祥，2008）。

图 8-31　SV-Q10K 卤素灯

（3）深度传感器。深度传感器实例及技术参数见表 8-6。

表 8-6　深度传感器实例及技术参数

名称	图片	主要技术参数	
青岛水德仪器深度传感器 NetMind		测量值	深度（压力）
		测量范围	0~2 100 m
		精度	±1% F. S
		空气质量	1 kg
艾飞星创深度传感器 AS-136		测量范围	0~5 m
		精度	±0. 5% F. S、±0. 25% F. S
		供电电压	5 V
		输出信号	0~3 V
		过载能力	1. 5 倍量程
		介质温度	-10~70℃
		整体材料	外壳 304 不锈钢，316L 膜片

（4）水下云台成像系统。云台是安装、固定摄像机的支撑设备，它分为固定云台和电动云台两种。固定云台适用于监视范围不大的情况，在固定云台上安装好摄像机后可调整摄像机的水平和俯仰的角度，达到最好的工作姿态后只要锁定调整机构就可以了。电动云台适用于对大范围进行扫描监视，它可以扩大摄像机的监视范围。电动云台高速姿态由两台执行电动机来实现，电动机接受来自控制器的信号精确地运行定

位。在控制信号的作用下，云台上的摄像机既可自动扫描监视区域，也可在监控中心值班人员的操纵下跟踪监视对象。表 8-7 中所列为两种型号的水下云台成像系统的技术参数。

表 8-7　两种型号的水下云台成像系统的技术参数

外观	型号	旋转角度	入水深度	色温与照度	焦距	像素与分辨率
	YD300-2 云台	水平：360°；垂直：180°	工作水深：350 m；测试水深：450 m	色温：5 000 K；照度：≥7 000 Lux	焦距：2.8 ~ 12 mm；4 倍光学变焦	210 万像素 1 920×1 080 分辨率
	YD300-4 云台	水平：360°；垂直：180°	工作水深：350 m；测试水深：450 m	色温：5000 K；照度：≥7 000 Lux	焦距：2.8 ~ 12 mm；4 倍光学变焦	210 万像素 1 920×1 080 分辨率

Novasub 公司生产了一款俯仰转动式水下云台，它高度整合了摄像头和灯光的控制，并以两个全功率的机器人步进电机、综合控制（RS485）和电源供应器为基础。俯仰装置能自转，并将一端的摄像头和另一端的灯光连接起来。相机（任何组合相机）系统中内建控件，任何标准的 CCTV PTZ 控制器通过 Pelco-D 协议都能控制它。此外，俯仰和转动功能的控制也是通过标准的 PTZ 控制器以 Pelco-D 协议执行。俯仰转动装置的位置是由地磁编码器决定的，这使它可以使用 Pelco-D 协议中的预调装置功能。预调装置存储在 Eprom 构件内，这使它能够快速地指导摄像头到达预置点。装置上已经建立了一个双绞线视频转换器，这使得它可以通过双绞线电缆在 400 m 范 围内使用和控制 P&T 装置。其主要技术参数见表 8-8。

（5）升降设备。升降设备主要由升降轨道、升降电机、绞车与升降架组成。每个升降架上安装一套水下摄像机、两套水下照明灯及一套深度传感器，升降架由水面电动装置带动在升降轨道上上下移动。

升降设备主要用来固定水下单元，调整相机角度，控制水下单元在实验水池的深度。升降结构上的水下设备固定架可以定制。

（6）水下电缆。水下电缆主要用于摄像头、云台控制，供电和数据传输。外壳采用高性能防腐、防水材料组成，能够长时间在水下工作。具有一定的断裂强度，能够承受一定的外力。

水下电缆两端留有接头，一头连接水下成像设备（摄像头、卤素灯、深度传感器)，一头连接水上脐带缆或控制显示器。水下电缆接头采用专用的水密接头，密封性非常好，能够抗压和长时间在水下工作。

水下电缆主要由 6 对线芯组成：1 对线芯用来给摄像头供电，1 对给卤素灯供电，1 对给深度传感器供电，1 对控制摄像头变焦，1 对控制云台，1 对实现数据传输（图 8-32）。

表 8-8　Novasub 公司生产的一款水下云台主要技术参数

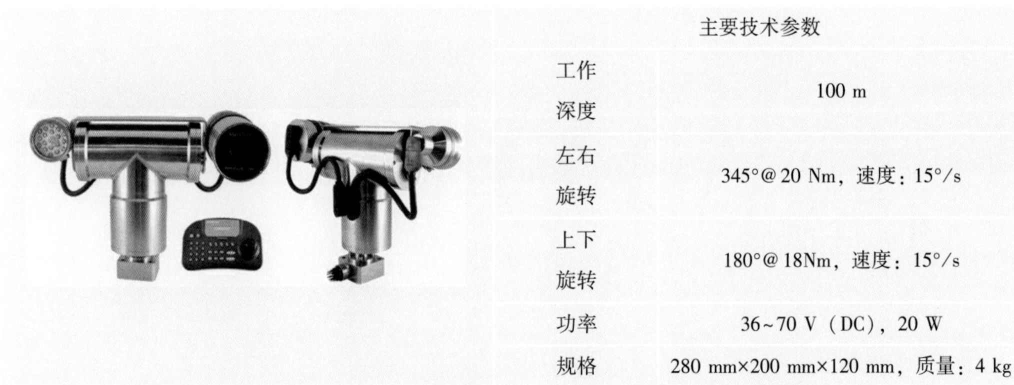

主要技术参数	
工作深度	100 m
左右旋转	345°@ 20 Nm，速度：15°/s
上下旋转	180°@ 18Nm，速度：15°/s
功率	36~70 V（DC），20 W
规格	280 mm×200 mm×120 mm，质量：4 kg

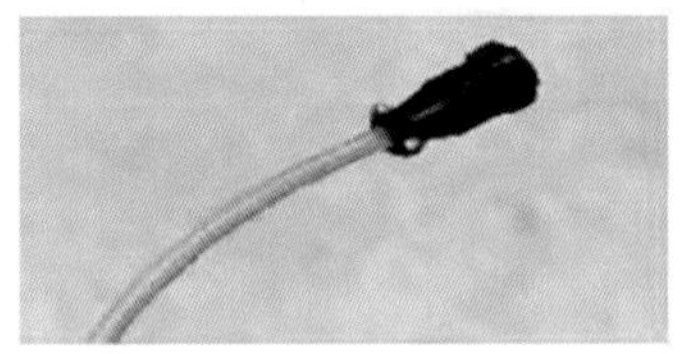

图 8-32　水下电缆

2）岸边设备

岸边设备主要由水上电缆及控制显示器组成。

（1）水上电缆。水上电缆的线芯组合及应用与水下电缆相同，对应试验水池槽沟的位置埋藏在电缆沟内，一端与控制室里的控制台连接，另一端留有接头与水下电缆连接。

为了方便试验中间的三个槽沟每个都能同时在不同深度连接四套水下设备。在这几个槽沟对应的电缆沟内增加了 3 条水上电缆，即每个槽沟对应着 4 条陆地电缆与控制室连接，岸边都留有接头（图 8-33）。

（2）控制显示器。控制显示器是与水下单元配套的设备，主要用于试验水池岸边的便捷操作与观察（图 8-34）。

控制显示器可以实现水下卤素灯 220 V 供电、水下卤素灯亮度控制、水下云台的

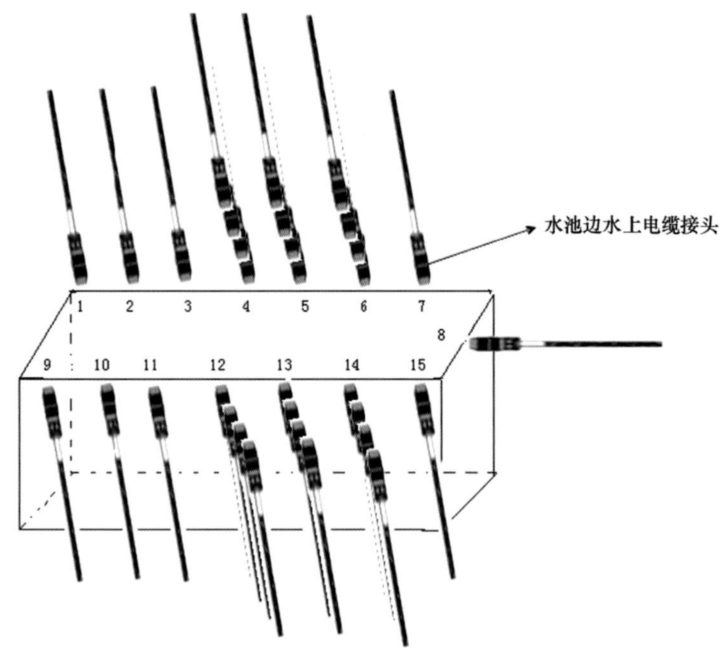

图 8-33　试验水池槽沟电缆布局示意图

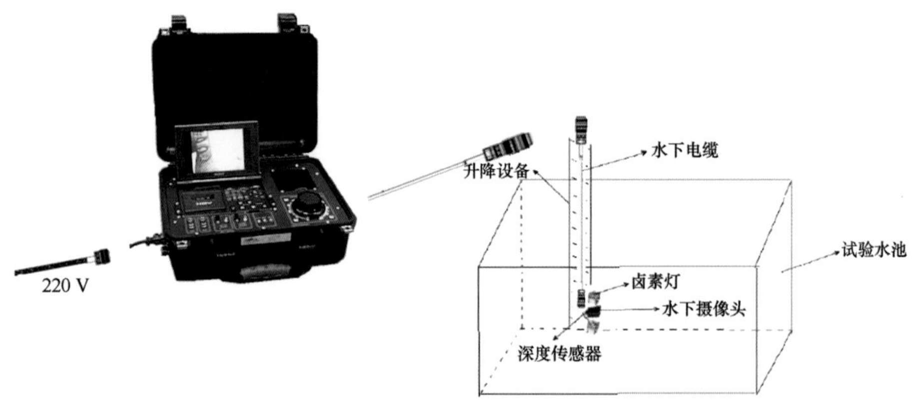

图 8-34　控制显示器与水下单元配套设备关系

控制、水下摄像头变焦的控制、水下摄像头及深度传感器 12 V 供电、水下视频信号的转换显示。控制显示器是一款集控制与显示于一体、便携式操控系统（图 8-35）。控制显示器利用岸边 220 V 外部电源进行供电，一端连接 26 m 长水下电缆接头，电压及视频的转换全在内部进行，本身带有显示器及控制按钮进行控制与显示，从而实现试验水池岸边的便捷操作与观察。

图 8-35　控制显示器

3）控制室

控制室主要由控制台、硬盘记录器及显示器组成。可以在控制室里实时观察、记录水下实验的录像。

控制台通过电缆给水下单元供电，各路水下视频信号经过电缆传输到硬盘记录器，由硬盘记录器转换成标准的视频格式实时显示在液晶显示器上。在硬盘记录器处另外引出一条数据线，用于连接大屏幕供来访者观看。硬盘记录器带有存储硬盘，实验人员可以随时进行数据回放、数据下载、刻录光盘等。

（1）控制台。控制台是电源开关控制系统，主要控制各部分的电源开关，每一路（共 33 路）水下成像系统都对应一套相应的电源开关，控制台同时也可以调节卤素灯的亮度。

（2）硬盘记录器。硬盘记录器即数字视频录像机，相对于传统的模拟视频录像机，硬盘记录器采用硬盘录像，故也常被称为硬盘录像机（DVR）。它是一套进行图像存储处理的计算机系统，具有对图像/语音进行长时间录像、录音、远程监视和控制的功能。

DVR 集合了录像机、画面分割器、云台镜头控制、报警控制和网络传输五种功能于一身，用一台设备就能取代模拟监控系统众多设备的功能，而且在价格上也逐渐占有优势。DVR 采用的是数字记录技术，在图像处理、图像储存、检索、备份以及网络传递、远程控制等方面也远远优于模拟监控设备，DVR 代表了电视监控系统的发展方向，是目前市面上电视监控系统的首选产品（图 8-36）。

硬盘记录器　　监视设备

图 8-36　硬盘记录器和监视设备

8.2.7　轻量化技术

轻量化技术实际上是一种优化设计方法，即人们在利用经验、实验、理论计算和有限元分析等方法来指导产品设计时，使产品在达到设计要求的同时尽量减少材料的使用量，以达到减少成本、降低能耗的目的。

在现代海洋装备设计中，轻量化是一个重要的设计理念。特别对于深海技术装备来讲，轻量化可以解决带入深海的许多问题，它不仅仅是节能降耗的概念，它有时是装备实现的基本保证。因此，轻量化设计在海洋装备的实现中十分重要。

实现轻量化技术的主要途径有以下几种：发展新型材料、简化结构、利用优化设计算法（张慧博，2008；陈崇等，2010）。

1）发展新型材料

几百年来，新型材料不断问世。人们利用力学性能更好、密度更小的材料代替原有材料，使得很多产品都从粗大笨重型转变为精巧轻盈型。例如，在铁道车辆的车体设计中，可以选择玻璃纤维增强复合材料和碳纤维增强复合材料代替钢材使用，不仅可以减轻车体自重，而且有利于铁道车辆综合性能的改善（孙晓东，2004；于用军等，2017；徐昱等，2019）。

利用新型材料进行轻量化设计影响因素单一，方法简单可靠，但往往难以控制成本。

2）简化结构

在保证最低设计要求的前提下，省略、简化和合并部分结构可以有效实现轻量化。例如在铁道车辆牵引车的设计上，采取利用宽体单胎取代备用轮胎，使用窄体驾驶室等有效措施（余景宏，2009）。

3）利用优化设计算法

优化设计是近年来发展起来的一门新兴学科。随着计算机应用技术的迅速发展和商业有限元软件的不断完善，以内嵌于商业有限元软件的基于数学规划的优化技术得到了前所未有的迅猛发展。典型的优化算法包括自适应响应面法、可行方向搜索法、神经网络法及序列二次规划法等（Zhou et al.，2011；Obrecht et al.，2008；吕毅宁等，2009；张勇等，2008；郝志勇等，2006；陈晓雅，2018）。

（1）自适应响应面法。响应面法是依据若干初始样本点处的数据来构造响应面近似函数，然后直接利用数值方法对响应面模型进行寻优。自适应响应面法的基本思想是先通过较少的样本点构造一阶响应面，确定寻优方向，然后在优化过程中采用适当的步长沿响应面函数的梯度方向获得新的设计点，并将新的设计点引入设计空间，这样便可以逐步构造出二阶响应面模型，在后续的迭代中继续引入新的设计点来优化二阶响应面。这种方法的优点是：在构造二阶响应面时，所选择的设计点贴近目标函数的梯度方向，提高了二阶响应面的寻优效率；同时，由于响应面函数随着迭代的进行而不断更新，拟合精度也随之提高，通过对响应面函数进行优化更新，可使响应面函数的最优点不断向真实最优点逼近。如果在连续的两次迭代中，所得最优点的响应或者变量的变化小于预设的阈值，则计算结果收敛；如果迭代次数超过预设值，优化过程也会终止。该方法通过不断地更新设计空间，最终可以达到设计人员所要求的精度。

（2）可行方向搜索法。可行方向搜索法可看作无约束下降算法的自然推广，其典型策略是从可行点出发，沿着下降的可行方向进行搜索，求出使目标函数值下降的新的可行点。算法的主要步骤就是选择搜索方向和确定沿此方向移动的步长。搜索的选择方向的不同形成了不同的可行方向法。根据搜索方向的不同选择方式可得到以下几种可行方向搜索法：Frank－Wolfe 可行方向法、Zoutendijk 可行方向法、Topkio－Veinott 可行方向法等。

（3）神经网络法。神经网络分析法（neural network analysis）是从神经心理学和认知科学研究成果出发，应用数学方法发展起来的一种具有高度并行计算能力、自学能力和容错能力的处理方法。神经网络的结构由一个输入层、若干个中间隐含层和一个输出层组成。神经网络分析法通过不断学习，能够从未知模式的大量的复杂数据中发现其规律。神经网络方法克服了传统分析过程的复杂性及选择适当模型函数形式的困难，它是一种自然的非线性建模过程。

（4）序列二次规划法。序列二次规划法，是将一个非线性规划问题，在指定点将目标函数按泰勒级数展开取至二次项，将约束函数按泰勒级数展开取至线性项，并构成二次规划的数学模式；然后按二次规划法求解得一新点作为一个计算循环；如此再以新点为指定点一次一次地循环下去，一直逼近到最优解为止。

8.2.8　低功耗设计技术

在装备系统的设计与应用中，很多组件需要由电池供电，采用功率设计技术，即降低功率消耗是非常必要的。深海机电系统常常要求在水下工作几个月甚至长达一年的时间，由于水下电能供给的局限性，低功耗更是系统工作的首要条件。

1）技术层面的低功耗设计技术

（1）电容最小化。CMOS 电路的能耗与电容成正比。因此，降低能耗的有效方法之一就是电容最小化。减小电容的方法之一是减小外部存取并通过使用高速缓存或寄存器等芯片来优化系统；优化系统的时钟频率以及减小芯片体积也可以有效减小电容。

（2）降低工作电压和频率。降低电路能耗的最有效的方法之一是降低供给电压，因为能耗与电压的平方成正比。电压与频率两个变量在延迟与能耗间达成平衡，单独减小时钟频率会延长系统工作时间，并不能降低能耗，电压降低则延迟增加。降低能耗的通常做法是，首先增加模组的性能，再在需求性能可以满足的前提下最大限度地降低电压。为了在低电压下良好运转，时钟频率必须相应降低。

（3）避免不必要的活动。避免不必要活动的几种技术，包括时钟控制、最小化转换、非同步设计、可逆逻辑电路等，都可以实现功耗降低。此外，让不工作的元件处于休眠状态，等需要工作时再唤醒，也是一种常用的降低功耗的手段。

2）系统层面的低功耗设计技术

（1）硬件系统架构。系统能耗的实现相关部分与其性能和算法有很大的关系。构成总能耗的系统各构件之间是相互关联的。通过改善硬件系统架构降低能耗的两种机制是应用特定模组和分级存储器系统。

（2）降低通信能耗。降低无线通信系统能耗的技术手段有很多，如误差控制、系统分割、低功率短程网络、能量敏感 MAC 协议等。

（3）操作系统与应用软件。包括时序安排、能量管理、代码与算法转换等。

8.2.9 安全可靠性设计技术

装备的安全设计，需要综合考虑零件安全、整机安全、工作安全和环境安全四个方面。这四个方面是一个整体，它们相互联系，相互影响（肖敏等，2003；Liang et al.，2010）。

装备的安全设计方法主要有机械设备安全可靠性设计技术和电子设备的安全可靠性设计技术两种。

1）机械设备安全可靠性设计技术

机械设备安全可靠性设计方法分为直接安全设计、间接安全设计和提示性安全设计三种类型。

直接安全设计法指直接满足安全要求，保证机器在使用中不出危险，主要遵循安全存在原理、有限损坏原理和冗余配置原理；间接安全设计法指通过防护系统和保护装置来实现技术系统的安全可靠；提示性安全设计法指在事故或危险出现以前，通过指示灯闪亮、警铃等发出报警声提醒人们注意，以便使用者及时停止机器的工作，排除故障。

2）电子设备的安全可靠性设计技术

可靠性保证是贯穿于电子设备全寿命周期的完整体系，可以通过在产品的设计阶段、测试阶段以及生产阶段采取各种技术对策实施。电子设备的可靠性设计技术应包括四个方面的内容：根据电子设备的可靠性要求正确地选用元器件；电子线路的可靠性设计；印制电路板的可靠性设计；机箱结构的可靠性设计（车永明，2003）。

另外，安全系数在安全设计中也有重要的应用。进行工程设计时，为了防止因材料的缺点、工作的偏差、外力的突增等因素所引起的后果，工程的受力部分实际上能够担负的力必须大于其容许担负的力，二者之比叫作安全系数，即极限应力与许用应力之比。安全系数考虑计算载荷及应力准确性、机件工作重要性以及材料的可靠性等因素影响机件强度的强度裕度，其值大于等于1。影响安全系数的因素很多，归纳起来有：失效的形式是否弄清，是静载破坏还是疲劳破坏，是屈服准则还是断裂准则；建立的强度判据是否合理，是应力判据还是寿命判据；采用的计算方法是否精确；制造时的质量控制是否严格；零件本身的重要性和要求达到的可靠程度等。对于台数少而将来需要不断增大载荷的机械，应采用较大的安全系数。

8.3 海洋机电装备试验技术

8.3.1 海洋机电装备试验技术相关概念

海洋机电装备试验技术内涵可以从两个方面进行描述：①对海洋机电装备本身在实验室水池或室外水体或海上开展的试验工作，目的是进行功能验证、性能验证，以满足功能确认、性能优化、系统完善等需求；②为研究、再现、验证海洋科学问题需要，在实验室水池或室外水体或海上将海洋机电装备应用于开展海洋科学问题探究试验工作，如针对海洋内波现象研究应用海洋机电装备所开展的一系列海洋科学试验。

具体来说，海洋机电装备试验技术的目的有这样几点：①检验海洋装备的功能可行性；②验证性能指标；③优化系统性能与结构；④完善系统；⑤探究海洋科学现象；⑥验证海洋科学假设等。

海洋试验技术按功能要求分类可分为耐压试验、低温试验、耐盐试验、振动试验等海洋环境适应性试验，水动力学试验、启动试验、运行试验、冲击试验等功能性试验，以及动态可靠性试验、寿命试验、故障模拟试验等长期耐受性试验等。

按试验方法分类，可分为常规试验、模型试验、加速试验、半物理试验、数字试验、水池试验和海上试验等。

8.3.2 试验阶段

一个完整的海洋装备研发过程，一般根据不同的阶段，开展以下几个方面的试验：实验室台架试验、水池试验、湖泊或浅海试验以及海上试验。有些技术装备需要经过其中的几个环节，但对于重要的海洋工程与技术装备，则必须经过每个试验环节。

1）实验室台架试验

实验室台架试验是海洋装备研发过程中不可缺少的环节。在海洋技术装备的设计研制过程中，需要对装备的功能、物理特性等方面进行一些试验考核与研究。这些工作，通常可以通过搭建试验台架来实现。譬如要做水密接插件的插拔寿命试验，就可以做一个专门的机械装置，不断地对水密接插件进行插拔，并记录插拔力与插拔次数。进行耐压密封试验的高压舱，也算是台架试验的一个设备。

比起野外试验来，实验室台架试验成本低、工作方便，因此，在海洋机电装备研发过程中，尤其是初级阶段，是经常用到的。这些台架试验，多数需要“量身制作”，没有现成的产品。事实上，在一些先进的海洋技术研究机构中，实验室试验台架的水平，有时最能够反映这个研究机构的实际水平。

2）水池（槽）试验

水池（槽）试验是海洋试验技术中最常用，也是最重要的试验技术。水池试验就是在各种实验水池中开展的试验研究。实验室里拥有某种类型的水池，是一个海洋技术研究机构的基本特征。水池的最重要技术指标，就是其几何尺寸——水池的长、宽、高。根据水池的水深不同，往往分成浅水水池和深水水池。一般来讲，大于 8 m 水深的水池，称为深水水池。浅水水池的水深通常仅在 1～1.5 m。长宽尺寸如果相差比较大，则称为水槽。

根据不同的试验需要，在水池之外又添加各种设备，就可形成各种不同功能的水池，如造波水池、拖曳水池、风浪流试验水池等。所谓造波水池，就是通过配置造波设备，在水池内能同时模拟或部分模拟水面的波浪进行模型试验的水池，通常造波水池还需要安装消波器，以保证造波质量。在水池上面加上拖曳装置，就可形成拖曳水池，拖曳水池可用于船舶性能的试验研究，包括水面船舶与水下机器人。风浪流试验水池由于增加了一些条件，如水面的造风等，其功能则更为全面。

还有一些非常特殊的水池，如在芬兰的 Alto 大学，就建有冰水池。冬天只要打开房顶，就可自然形成冰水池，而夏天则只能依靠强大的冷却系统，来保证冰水池的实现。冰水池对于北欧国家非常重要，可以用来研究海洋结构或海洋装备在结冰海面的工作性能。

3）湖泊或浅海试验

简单的实验室狭小水池，已经很难在包括布放、安装、试验、检测、回收等一系列流程上对许多海洋机电装备实现全面的测试。在海洋机电装备开发过程中，当实验室试验完成后，往往需要到内湖或浅海开展大量的野外试验，进一步验证所研发装备的性能，为将来在海上实际使用奠定基础。我国浙江千岛湖、云南抚仙湖，由于其水域较深，水质较清，为许多海洋技术研究单位所青睐。如中国科学院声学研究所、中国船舶集团有限公司第七一五研究所等单位，就在浙江千岛湖设立试验站。国内的许多单位，包括浙江大学、中国科学院沈阳自动化研究所、同济大学、上海交通大学、哈尔滨工程大学等单位，都曾在千岛湖这些试验站里，开展过湖试研究。

众所周知，湖泊的底质情况、水面与水底的波浪流情况、试验船自身的升沉与摇晃以及湖水的物理、化学、生态等方面参数，毕竟与海洋实试相比差距甚大。所以有些单位就选择海边，开展浅海试验。譬如同济大学、浙江大学在开展海底观测网络关键技术研究工作时，就曾在浙江嵊泗群岛的嵊山岛附近，开展过浅海试验工作。

4）海上试验

对于海洋技术装备来讲，最合理的试验应当是放到其将来应用的真实条件下去做，也就是说开展海上试验。在国外，有一些海上试验场，如加拿大维多利亚大学（University of Victoria）的海洋技术试验场（ocean technology test bed，OTTB）等。然而，我国迄今为止尚没有很好的海上试验条件。目前，海上试验的唯一途径是通过科学考察船去海上试验。通常海洋机电装备要开展海上实试，就要去申请船时，上船去远海开展试验。由于船时紧张，上船试验成本很高，使得许多海洋机电装备在研制过程中，缺乏海上实试这一环节。这一问题，长期困扰着我国海洋机电装备技术界，极大地阻碍着这一技术的发展。

8.3.3　试验条件建设

一个完整的海洋装备技术研究机构，一定需要建设相应的试验条件。海洋科学与技术研究机构的试验条件水平，决定了这个研究机构的研究水平。

试验条件有室内室外之分，甚至有些研究机构（像前面提到的中国科学院声学研究所、美国蒙特利海湾生物研究所等），还有野外甚至海上的试验条件。美国蒙特利海湾生物研究所在他们的实验室不远的海域，有深达数千米的海沟，在那儿他们建设了一个海上试验场。对于不同的研究对象，其试验条件也不尽相同。试验条件内容很多，有拖曳水池、动力水槽、深水池、高压试验舱、粒子成像测速仪、振动台、走入式冷库、机加工车间、高温高压流动培养釜等。如对于船舶研究机构来讲，造波水池应该是其最为重要的试验条件了；而对于深海技术装备的研发部门，模拟深海海底环境的高压舱，则是必不可少的。

下面以拖曳水池和用于水下机器人试验的试验水槽为例，做进一步介绍。

1）拖曳水池

拖曳水池是水动力学实验的一种设备，是用船舶模型试验方法来了解船舶的运动、航速、推进功率及其他性能的试验水池。试验是由拖车牵引船模进行的，船舶、潜艇、鱼雷、滑行艇、水翼艇、气垫船、冲翼艇、水上飞机、水下系统、水下机器人和各种海洋结构物等都可在水池中做模型试验。

2）水下机器人试验水槽

水下机器人试验水槽是进行水下机器人性能研究试验的重要设施，其主要任务是进行水下机器人实物或模型的拖曳、螺旋桨性能、自航及耐波性等试验。水下机器人试验水槽一般比较狭长，有一定的深度，配置有拖动设备和测量仪器，以测得被试物在不同速度下的阻力值等参数。水下机器人试验水槽的尺度，在实验场所的允许条件下，主要由被试水下机器人的实物或模型的大小和拖曳速度而定。

每次试验时，启动拖车并加速到规定的试验速度，需要经过一段加速距离。然后进入匀速段，测量和记录被试对象的阻力和速度等。最后拖车开始减速直至停止，需要留有一段减速距离。被试对象速度越高，则各段距离相应亦要增加，特别是匀速段距越长，越易于进行测量和记录。

拖车式试验池通常沿水池两旁轨道安装行驶的拖车。拖车实现拖曳被试对象保持一定方向和一定速度运动，并安装测量和记录仪器，如测定拖曳阻力的阻力仪、记录船模升沉和纵倾的仪器以及记录被试对象速度的光电测速仪等。为了便于观察试验现象、拍摄照片和录像，在拖车上常常还设有观察平台。先进的水下机器人试验水槽的拖车上还配置有计算机数据采集和实时分析系统，以便迅速地给出试验结果。

在海洋试验领域还有一种重要的试验条件，即海洋科学考察船（Research Vessels）（郝虹，2011）。科学考察船是在海上进行科学研究与试验的重要载体，一个海洋研究机构，经常会以拥有多条科学考察船以及科学考察船的先进程度为荣。许多海洋技术装备，都是搭载科学考察船在远海进行海上试验的。如美国伍兹霍尔海洋研究所的R/V“Atlantis”、德国的“太阳”（Sonne）号等。截至2019年年底，我国已拥有50多艘海洋科学考察船，如国家海洋局的“大洋一号”“大洋二号”和“雪龙”号、“雪龙2”号等，中国地质调查局广州海洋地质调查局的“海洋四号”和“海洋六号”等，中国科学院的“科学”系列科学考察船，以及中国海洋大学的“东方红2”号、“东方红3”号等。

通常，在科学考察船上建有各类实验室，主要是为海洋科学研究设置的。同时，科学考察船上还配置有水下机器人、海洋探测装备等重要工具，譬如美国伍兹霍尔海洋研究所的 R/V “Atlantis” 就常载有 “Alvin” 载人深潜器，有时还配有 Jason 水下遥控机器人（ROV）。中国的“海洋六号”就配置了一台深海 ROV。这些工具为海洋技术装备开展海上试验，提供重要的支撑。图 8-37 所示为美国 R/V “Atlantis” 海洋科学考察船（陈鹰，2004）。

图 8-37　美国 R/V “Atlantis” 海洋科学考察船

8.3.4　相关试验规范

1）“863”计划规范化海上试验管理办法（节选）

课题承担单位按照计划进度和时间节点，在完成仪器设备等组装集成、充分做好实验室检测的基础上，制定海试计划、编制海试大纲（方案）。

海试大纲（方案）主要内容：

（1）海上试验性质和目的；

（2）参试仪器设备的技术状态和数量（含备件数量）；

（3）海试考核主要技术指标和考核方式；

（4）海上试验时间、海区和环境条件（含极限条件要求）；

（5）海上试验人员、数量及责任分工；

（6）试验进度要求和组织措施；

（7）数据获取和评价方案（包括试验数据和比测数据的处理方法，海上试验结果的评定准则，比测仪器及其技术状态，比测方法和程序等）；

（8）海上试验保障条件和特殊要求；

（9）海上试验安全方案、应急措施；

（10）作业现场技术文件、记录表格；

（11）达到海上试验条件的证明材料（包括基本环境试验结果评价报告、实验室测试结果报告、水池或湖泊试验报告等)。

课题承担单位负责组织海试大纲(方案)的评审，评审专家组由5~7名具有海试经验的同行专家组成，其中属于课题承担单位的专家不多于1人。评审专家组负责对海试大纲(方案)的规范性、可行性和科学性进行评审，并给出通过/不通过评审的结论及继续完善修改的意见和建议。

海试大纲(方案)如未通过评审，课题组需根据意见修改后，应邀请同一批专家再次进行评审。

海试大纲(方案)评审通过后，课题承担单位将修改过的海试大纲(方案)及专家评审意见报甲方备案。课题负责人应严格按照海试大纲(方案)，组织做好海试前的各项准备工作。课题负责人原则上应亲自参加海试，海试计划如有变更应及时上报甲方和主题专家组责任专家。

第三方负责对规范化海试结果进行现场见证和评价，第三方包括具有资质的专业检测机构、经甲方认可的现场验收或测评专家组等。

现场验收或测评专家组由3~5名同行专家组成，遵循“863”计划的回避原则，由甲方认可或聘请。现场验收或测评专家组须全程参与海试检验流程，记录海试过程，保证海试数据的真实性。

作为现场验收的海试，第三方应给出通过/不通过现场验收的意见。原则上达到任务书规定考核指标90%的，为通过现场验收。没有通过现场验收的课题，课题组需在技术改进后重新进行海试验收。

海试结束后，由参试单位负责整理海试相关文档、数据和试验记录，编制海试总结报告，提交甲方，海上试验评价结果作为国家科技报告编制的主要依据之一，纳入报告编写内容。

2) 自主式水下机器人海上试验规范(节选)

AUV样机在海试前应具备以下条件。

(1) 完成设计规定指标所需的所有检验与试验，并经本单位质量部门确认认可;

(2) 外观无损伤，配套完整;

(3) 试验所需的备件、附件及工具齐全且完好。

海上试验所用的监视和测量仪器(设备)应满足以下要求:

(1) 所有提供测试数据的仪器、设备，包括AUV自身携带的测速仪器、导航系统、深度计、GPS等应符合海上试验所需量程、精度和使用环境要求。

(2) 所有提供测试数据的仪器、设备应送授权的法定计量检定机构检定或校准，经检定合格或校准之后方可使用。不具备条件或无检定和校准方法的，由仪器持有单位按合法化的自校或互校方法进行校准，并提交书面文件或资料。所有监视和测量仪器（设备）应在检定、校准证书有效期内使用。

（3）自制专用测试仪器、设备应有单位鉴定认可证明。

3）海上试验及考核方法

（1）最大航速

①试验样机状态。AUV 样机空载，携带或自带测速仪器并可记录。

②试验方法。AUV 样机在水下以最大工作转速定深往返直航，单边航行距离 1 km 以上，航速稳定后保持一段时间（≥2 min）。测速仪器记录航速，采样频率不低于 1 Hz。该试验应至少完成两个有效条次。

③数据处理。分别取 AUV 顺流与逆流航行速度稳定后一段时间（≥2 min）的速度数据（顺流和逆流时速度采样数保持一致），剔除异常数据，计算单边（顺流或逆流）航速保持时间段内速度的平均值，按下式计算。

$$\bar{v} = \sum_{i=1}^{N} v_i / N \tag{8-1}$$

式中，$\bar{v}$ 为 AUV 单边（顺流或逆流）航行的平均航速；v_i 为 AUV 稳定航行后采样的第 i 点速度；i 为采样速度点；N 为计算平均速度所采样的个数。

计算载体最大航速的数据样本，应保证载体工作在定深稳定直航状态。

④试验结果要求。通过采样多个速度点，计算每个有效条次的最大航速值应不小于指标要求。每个有效条次的最大航速值按下式计算：

$$v_{\max} = (\bar{v}_s + \bar{v}_n)/2 \tag{8-2}$$

式中，$v_{\max}$ 为 AUV 最大航速；$\bar{v}_s$ 为 AUV 顺流航行的平均航速；$\bar{v}_n$ 为 AUV 逆流航行的平均航速。

（2）导航精度

①试验样机状态。AUV 样机空载，携带或自带卫星定位系统，并可记录定位信息。

②试验方法。选择合适水深的水域，确保计程仪稳定工作打底跟踪模式。将 AUV 样机布放入水，按图 8-38 所示的航行线路，自起点入水，定深直航距离 2～10 km，到达直线终端时，浮起进行定位；在终端，AUV 再次入水，沿原路线返回，至起点浮起进行定位。在整个航行过程中，记录每个浮起点卫星定位信息及 AUV 水下自主导航系统的推算位置信息，将两者进行比较，计算 AUV 导航误差。该试验应至少完成两个有效条次。

③数据处理。采用《2000 中国大地测量系统》（GJB 6304—2008）中高斯投影方法将卫星定位经纬度及水下自主导航系统推算位置信息转换为平面坐标，计算 AUV 导航位置坐标差 Δ_S。

每一定位点的导航精度值由下式得出：

图 8-38 导航精度验证试验航行线路

$$\alpha_i = \frac{\Delta_S}{D} \times 100\% \quad (8\text{-}3)$$

式中，α_i 为每一定位点的导航精度值；Δ_S 为 AUV 导航位置坐标差；D 为设定 AUV 航行距离。

④试验结果要求。通过式（8-3）得到每个条次的起点和终点的导航精度值，计算每个有效条次的导航精度值应不小于指标要求。每个有效条次的导航精度按下式计算：

$$\alpha = (\alpha_{起} + \alpha_{终})/2 \quad (8\text{-}4)$$

式中，α 为一个有效条次的导航精度值；$\alpha_{起}$为一个有效条次起点的导航精度值；$\alpha_{终}$为一个有效条次终点的导航精度值。

（3）最大工作深度

①试验条件及样机状态。选取在大于最大工作水深且底部较为平坦的海域，AUV 样机空载，携带或自带深度测试仪器，并可记录。

②试验方法。航行路线为直线，航行距离大于 1 km，AUV 以正常工作速度从水面分段下潜到最大工作水深后定深航行，到达直线终端时，再沿原路线返回。在整个航行过程中，AUV 需定深在最大工作水深航行一段距离 S，S 值一般取大于 AUV 全航程的 10%。总航程大于 200 km 或大深度（≥3 000 m）潜器的航程可根据实际情况确定。该试验应至少完成两个有效条次。

③数据处理。回收后读取 AUV 航行深度数据。取其中最大深度航程不少于总航程的 10%，且深度曲线波动误差控制在 5%以内的深度数据。

④试验结果要求。

i. 一个有效条次内获取的最大航行深度数据满足指标要求；

ii. 在最大工作水深定深航行时，深度控制误差应优于指标要求，且各动作机构应工作正常；

iii. AUV 耐压部分应无明显变形、渗漏。

（4）续航能力

①试验条件及样机状态。选取底部较为平坦的海域，AUV 携带或自带 GPS 及深度、速度等测试仪器，并可记录。

②试验方法。AUV 以正常作业速度绕母船周边定深矩形环绕航行，矩形每边长在试验前根据实际海域情况确定。航行过程中根据海况，AUV 定期浮出水面进行校准，记录导航位置信息及速度信息，达到规定航程或时间后，与母船通信和回收，根据系统记录的数据绘出航行路线图。该试验应至少完成两个有效条次。

③数据处理。将实时航速与采样时间（周期）的乘积进行累加，得出 AUV 航行距离。

④试验结果要求。AUV 实际航行距离或航行时间应大于规定指标值。

（5）其他个性化指标。个性化指标单指 AUV 研制单位任务书中提出的除上述四点以外的自身所特有的性能指标，该类指标的考核方法应由研制单位根据自身产品特点在海试大纲中提出。

8.3.5 典型试验举例

如前所述，海洋试验技术中有许多重要试验。这里限于篇幅，我们只选一种最常用的典型试验——耐压试验进行阐述。

耐压试验，顾名思义，就是把所试验装备放在压力容器内，用水或其他适宜的液体作为加压介质，在压力容器内，施加比它的最高使用压力还要高的试验压力，并检查装备在试验压力下是否有渗漏、明显的塑性变形或其他缺陷，检验在高压状态下，装备的工作性能是否受到影响。通常，压力和持续指标是耐压试验的重要指标，有时，快速的压力升降、压力变化的次数和频率，也是对海洋装备在海洋高压环境下的动态耐压性能的一项重要考核指标。在深海技术研究领域，耐压试验尤为重要。一般来讲，没有经过耐压试验的系统，不能到深海环境中使用（Wu et al.，2011）。

耐压试验是水下装备一项必要的试验工作，主要检验设备的耐压结构强度和密封性，通常使用高压舱来实现。图 8-39 所示为浙江大学流体动力与机电系统国家重点实验室内建设的高压舱及控制系统示意图。其基本技术参数为内径 700 mm，深度 1 200 mm，最大工作压力为 60 MPa，工作介质为淡水，采用快开型结构。该高压舱的最大特点是，除了能够将电缆引入高压舱内部（可在内部安装摄像系统，观测被试系统在高压环境下的作业情况）之外，还可将液压管道接入高压舱内，供水下液压技术试验之用。

耐压试验中最主要的一项内容，是确定加压（卸压）方式，以模拟多次在水下使用的情况，来检验系统的性能。一般来讲，试验时 10 次反复加压泄压，每个循环 0.5 h 左右。最后一次循环通常再保压 1~2 h 以上。有时，这样的循环试验可达上百次。这样的加压方式是一种经验方式，是海洋研究人员通过多年的积累而形成的一种有效的加压方式。

(a) 高压舱外形

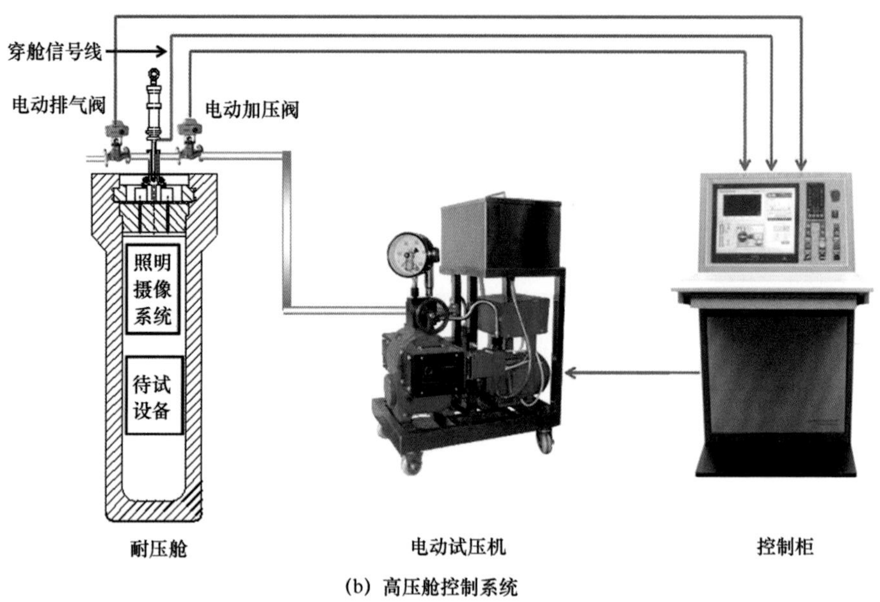

(b) 高压舱控制系统

图 8-39 高压舱外形照片及控制系统示意图

对于一个被试系统，如何确定其试验的压力参数呢？一般来讲，这个系统用于某一海域的最大深度，应该是这个系统的试验压力参数。也就是说，一旦海上应用时不慎掉到海底，系统的耐压性能可保证其仍然保持不坏。当然，这样选取压力参数，对于系统的设计制造成本就要提出很高的要求。还有一种选取方法，那就是额定工作深度（额定工作压力的 1.5 倍）。譬如说，一个海洋装备要求被用于 4 000 m 水深，那么它的试验压力参数应该为 60 MPa。

对于一些特殊的海洋技术装备，耐压试验有时要加入其他试验因素，如温度参数。例如对于用于深海热液体系的科学考察装备，在进行耐压试验时，需要考核该系统在一定温度（系统的工作环境温度）下的密封性能。

8.4　海洋机电装备集成与试验技术发展趋势

1）模块化

在现在模块化的产业结构下，每个模块遵守固定的标准，而各个模块自身的功能全部可以在模块内部进行。子模块能够进行独立设计，整个装备可以进行模块的合并、拆分，具有良好的适应性与延展性。

2）标准化

随着海洋科学与技术的迅速发展，海洋装备生产规模越来越大，技术要求越来越复杂，分工越来越细，生产协作越来越广泛。这就需要实现装备的标准化，促进科研、生产、使用三者的沟通，实现技术交流和资源共享。

3）功能多样化

随着海洋技术日新月异的发展，海洋装备的需求面越来越广，这就需要海洋装备设计与集成技术实现功能多样化，以适应更多的科研和生产需求。

4）智能化

随着现代通信技术的飞速发展，海洋装备设计与集成技术逐渐通过整合信息技术、电子控制技术、计算机网络技术、智能控制技术实现智能化。

5）环境友好化

海洋是地球宝贵的生态资源与环境资源，在探索和开发海洋的过程中，保护海洋的物理环境与生态环境，保证海洋的可持续发展，也是海洋装备设计与集成技术的重要发展方向。

参 考 文 献

阿尔弗雷德·魏格纳，2018. 海陆的起源[M]. 王春雨，李辰莹，译. 北京：北京理工大学出版社.

艾恕，1997. 海底光缆通信技术的现状和发展趋势[J]. 广东通信技术(1)：13-15，18.

柏连发，张毅，陈钱，等，2009. 距离选通成像实现过程中若干问题的探讨[J]. 红外与激光工程，38(1)：57-61.

曹少华，张春晓，王广洲，等，2019. 智能水下机器人的发展现状及在军事上的应用[J]. 船舶工程，41(2)：79-84，89.

常乐，2018. 大气及海洋中量子通信性能研究[D]. 西安：西安邮电大学.

车亚辰，程敏，邹强，2016. Argo 浮标 CTD 温度传感器实验室中测试评估方法[J]. 海洋技术学报(3)：78-81.

车永明，2003. 现代电子设备的可靠性设计技术[J]. 电子产品可靠性与环境试验(6)：24-29.

陈崇，曹霞，王万宇，等，2010. 9000m 海洋绞车滚筒轻量化设计分析[J]. 石油机械，38(6)：88-91.

陈洁，温宁，李学杰，2007. 南海油气资源潜力及勘探现状[J]. 地球物理学进展(4)：1285-1294.

陈丽洁，张鹏，徐兴烨，等，2006. 矢量水听器综述[J]. 传感器与微系统(6)：5-8.

陈宪，林亚惠，洪诚毅，等，2012. Recent advances in research of DNA biosensor%DNA 生物传感器研究进展[J]. 福州大学学报(自然科学版)(5)：117-130.

陈晓雅，2018. 某型抗冲击波特种车身疲劳特性分析及轻量化技术研究[D]. 南京：南京理工大学

陈鹰，2004. 深海科考探险日记[M]. 杭州：浙江大学出版社.

陈鹰，2006. 海底观测系统[M]. 北京：海洋出版社：98-106.

陈鹰，2014. 海洋技术定义及其发展研究[J]. 机械工程学报，50(2)：1-7.

陈鹰，瞿逢重，宋宏，等，2018. 海洋技术教程[M]. 2 版. 杭州：浙江大学出版社：5-7.

陈鹰，连琏，等，2018. 海洋技术基础[M]. 北京：海洋出版社.

陈泽鸿，李衍森，2014. 浅谈几种海浪观测法的优缺点[J]. 科技创新与应用(32)：82-83.

崔维成，刘峰，胡震，等，2011. 蛟龙号载人潜水器的 5000 米级海上试验[J]. 中国造船，52(3)：1-14.

崔维成，刘峰，胡震，等，2012. 蛟龙号载人潜水器的 7000 米级海上试验[J]. 船舶力学，16(10)：1131-1143.

戴洪磊，牟乃夏，王春玉，等，2014. 我国海洋浮标发展现状及趋势[J]. 气象水文海洋仪器，31(2)：118-121.

董立立，赵益萍，梁林泉，等，2010. 机械优化设计理论方法研究综述[J]. 机床与液压，38(15)：

114-119.
樊敦秋，张卿，薛世峰，等，2010. 自升式平台齿轮齿条参数优化研究[J]. 中国制造业信息化，39(5)：19-23.
冯士筰，李凤岐，李少菁，1999. 海洋科学导论[M]. 北京：高等教育出版社.
盖广生，2011. 孙中山的海洋抱负与实践[J]. 海洋世界(6)：36-45.
高军诗，2004. 跨洋海底光缆技术及其发展[J]. 通信世界(38)：44-45.
高铭泽，2018. 传感器应用现状及发展前景探究[J]. 科技经济导刊，26(35)：28.
高勇，郭艳，安维，等，2019. 生物传感器的研究现状及展望[J]. 价值工程，38(31)：225-226.
耿嘉，2018. 水下携带式高精度温盐深测量系统设计与实现[D]. 哈尔滨：哈尔滨工程大学.
宫芃成，2019. 浅析智能传感器及其应用发展[J]. 通讯世界，26(1)：92-93.
龚步才，2005. O 型圈在静密封场合的选用[J]. 流体传动与控制(4)：52-56.
顾晓勤，2019. 工程力学：静力学与材料力学[M]. 2 版. 北京：机械工业出版社.
郭斌斌，李琦，肖波，等，2015. SBE 917plus CTD 剖面仪及其自容式作业[J]. 海洋信息(1)：42-45.
郭宏等，2016. 水下生产系统脐带缆设计、制造及测试关键技术[M]. 北京：石油工业出版社.
郭为民，李文军，陈光章，2006. 材料深海环境腐蚀试验[J]. 装备环境工程(1)：10-15+41.
郝虹，2011. 德国科学考察船编队：未来十年战略需求[M]. 青岛：中国海洋大学出版社.
郝志勇，贾维新，郭磊，2006. 拓扑优化在单缸机缸体轻量化设计中的应用[J]. 江苏大学学报(自然科学版)(4)：306-309.
何东林，2005. 集成电机泵喷推进器技术研究[D]. 西安：西北工业大学.
皇甫咪咪，2016. 海水氨氮现场检测方法研究[D]. 天津：天津大学.
黄有为，金伟其，王霞，等，2007. 凝视型水下激光成像后向散射光理论模型研究[J]. 光学学报(7)：1191-1197.
姬再良，董树文，2012. 世界首座海洋观测网体系——加拿大“海王星”海底观测技术[J]. 地球学报，33(1)：13-22.
纪玉龙，2008. 船舶综合液压推进技术基础研究[D]. 大连：大连海事大学.
贾辉，张世强，陈晨，等，2005. 像全息的水下应用[J]. 红外与激光工程(1)：118-121.
贾志成，于晓山，尼建军，等，2010. XCTD 剖面仪数据传输电路的设计与实现[J]. 海洋技术，29(2)：1-4.
姜锡瑞，2000. 船舶与海洋工程材料[M]. 哈尔滨：哈尔滨工程大学出版社.
蒋高明，2018. 海洋生态系统[J]. 绿色中国(1)：62-65.
兰卉，2014. 七电极电导率传感器及 CTD 测量系统技术研究[D]. 天津：天津大学.
兰卉，吴晟，程敏，等，2014. 新型感应式电导率传感器技术研究[J]. 海洋技术(33)：22.
冷洁，2008. 水下光学成像系统的研究现状和展望[J]. 激光杂志(1)：7-8.
黎红长，1997. 海底光缆通信技术[J]. 光通信技术(4)：265-270.
黎珠博，潘飞儒，2015. 海底地震观测技术现状与展望[J]. 华北地震科学，33(3)：56-63.
李红志，贾文娟，任炜，等，2015. 物理海洋传感器现状及未来发展趋势[J]. 海洋技术学报，34

(3)：43-47.

李建如，许惠平，2011. 加拿大“海王星”海底观测网[J]. 地球科学进展，26(6)：656-661.

李俊，徐德民，宋保维，等，2004. 自主式水下潜器导航技术发展现状与展望[J]. 中国造船(3)：73-80.

李民，刘世萱，王波，等，2015. 海洋环境定点平台观测技术概述及发展态势分析[J]. 海洋技术学报(3)：40-46.

李敏，刘和平，陈永刚，等，2010. 基于神经网络的滑模控制在水下机器人中的应用[J]. 河南科技大学学报(自然科学版)，31(3)：18-21，108.

李娜，2008. OFDM 水声通信中信道估计与均衡技术研究[D]. 哈尔滨：哈尔滨工程大学.

李宁，2019. 光纤 Bragg 光栅温度/应变解调仪设计[D]. 太原：太原理工大学.

李庆超，2016. 复合菌种对海洋工程材料微生物腐蚀的影响研究[D]. 舟山：浙江海洋大学.

李硕，刘健，徐会希，等，2018. 我国深海自主水下机器人的研究现状[J]. 中国科学：信息科学，48(9)：1152-1164.

李思忍，陈永华，龚德俊，等，2008. 不锈钢薄壁浮球的设计与制作[J]. 机械设计与制造(1)：124-126.

李文东，史鹏，赵士成，等，2014. 水下量子密钥分配的理论分析[C]// 中国物理学会量子光学专业委员会. 第十六届全国量子光学学术报告会报告摘要集. 第十六届全国量子光学学术报告会，延吉，8月3—6日. 太原：中国物理学会量子光学专业委员会：146.

李新华，2018. 密封元件选用手册[M]. 2版. 北京：机械工业出版社.

李鑫星，王聪，陈英义，等，2015. 基于荧光分析法的水体叶绿素 a 传感器光通路设计[J]. 农业机械学报，46(5)：300-305.

李一平，李硕，张艾群，2016. 自主/遥控水下机器人研究现状[J]. 工程研究-跨学科视野中的工程，8(2)：217-222.

李源慧，钟晓春，杨超，等，2008. 水下激光目标探测及其发展[J]. 光通信技术(6)：61-64.

李岳明，2008. 多功能水下机器人运动控制[D]. 哈尔滨：哈尔滨工程大学.

李泽松，2010. 基于电磁感应原理的水下非接触式电能传输技术研究[D]. 杭州：浙江大学.

李壮云，2011. 液压元件与系统[M]. 3版. 北京：机械工业出版社.

连琏，魏照宇，陶军，等，2018. 无人遥控潜水器发展现状与展望[J]. 海洋工程装备与技术，5(4)：223-231.

梁涵，2018. 量子通信技术的发展现状与应用前景分析[J]. 黑龙江科学，9(10)：32-33.

梁涓，2009. 水下无线通信技术的现状与发展[J]. 中国新通信，11(23)：67-71.

林伟，2005. 远程水声通信技术的研究[D]. 西安：西北工业大学.

刘峰，崔维成，李向阳，2010. 中国首台深海载人潜水器——蛟龙号[J]. 中国科学：地球科学，40(12)：1617-1620.

刘佳，殷立峰，代云容，等，2012. 电化学酶传感器在环境污染监测中的应用[J]. 化学进展，24(1)：131-143.

刘嘉麒，倪云燕，储国强，2001. 第四纪的主要气候事件[J]. 第四纪研究(3)：239-248.

刘骏，2016. 传感器技术在海洋水质检测中的应用研究[D]. 大连：大连海洋大学.

刘萍，任有良，狄燕清，2011. DNA 生物传感器研究综述[J]. 商洛学院学报，25(2)：35-41.

刘爽，2016. 新型矢量水听器研究[D]. 哈尔滨：哈尔滨工程大学.

刘文峰，胡欲立，2007. 新型水下集成电机推进装置的泵喷射推进器结构原理及特点分析[J]. 鱼雷技术(6)：5-8.

刘昕，张俊彬，黄良民，2007. 流式细胞仪在海洋生物学研究中的应用[J]. 海洋科学（1）：92-96.

刘秀洁，2018. 温盐深多参数传感技术研究[D]. 哈尔滨：哈尔滨工程大学.

刘彦祥，2016. ADCP 技术发展及其应用综述[J]. 海洋测绘，36(2)：45-49.

刘烨，邢小罡，2019. Argo 浮标观测溶解氧数据的原理与质量控制[J]. 海洋科学，43(1)：28-37.

龙小敏，王盛安，蔡树群，等，2005. SZS3—1 型压力式波潮仪[J]. 热带海洋学报，24(3)：81-85.

卢汉良，李德骏，杨灿军，等，2010. 深海海底观测网络水下接驳盒系统的设计与实现[J]. 浙江大学学报(工学版)(1)：36-41.

卢其进，2013. 海洋风电支撑结构的随机性动力优化设计[D]. 上海：上海交通大学.

路道庆，邓斌，于兰英，等，2008. 深海水密接插件结构设计[J]. 机械工程师(7)：53-55.

吕斌，宋文杰，刘鹏，等，2019. 适用于水下滑翔器的 CTD 传感器设计[J]. 海洋技术学报，38(3)：21-27.

吕利强，席锦会，王伟，等，2015. 我国海洋工程用钛合金发展现状及展望[J]. 冶金工程，2(2)：89-92.

吕毅宁，吕振华，2009. 基于等刚度条件的薄壁结构的一种材料替代轻量化设计分析方法[J]. 机械工程学报，45(12)：289-294+299.

罗建，杨屹，董海涛，等，2013. 水下环境能源与收集技术[J]. 水雷战与舰船防护，21(2)：29-33.

马东洋，谢宏全，敖新东，等，2018. 卫星海洋波浪测量研究现状与发展趋势[J]. 科学技术创新(5)：37-38.

马明祥，2008. 光纤水下照明与字符显示系统的研制[J]. 现代电子技术(1)：191-193.

马腾飞，2017. 基于光学的波浪测量方法在波浪特性中的研究[D]. 天津：天津理工大学.

梅博杰，2017. 海水二氧化碳现场快速检测传感器技术研究[D]. 舟山：浙江海洋大学.

蒙占彬，2011. 自升式平台桁架桩腿结构型式优化分析研究[C]//中国海洋工程学会：中国海洋学会海洋工程分会. 第十五届中国海洋(岸)工程学术讨论会论文集(上). 中国海洋工程学会：4.

糜凌飞，2018. 可穿戴式水下推进器的设计与实现[J]. 电子技术，47(3)：39-41.

慕成斌，2017. 中国光纤光缆 40 年[M]. 上海：同济大学出版社.

聂敏，潘越，杨光，等，2018. 非均匀水流中涌浪运动对水下量子通信性能的影响[J]. 物理学报，67(14)：78-86.

宁修仁，2001. 流式细胞测定技术在海洋生物和海洋生态环境监测研究中的应用[J]. 东海海洋（3)：56-60.

牛付震，2009. 温盐深传感器测量技术的研究与设计[D]. 哈尔滨：哈尔滨工程大学.

欧阳洵孜，2010. 基于雷达遥感测定海洋工程中潮位的技术应用[D]. 大连：大连海事大学.

潘安宝，闻化，姚东媛，等，2008. 石英晶体谐振式绝对压力传感器研制[J]. 传感器与微系统，27

（1）：85-86，89.
潘顺龙，张敬杰，宋广智，2009. 深潜用空心玻璃微珠和固体浮力材料的研制及其研究现状[J]. 热带海洋学报，28(4)：17-21.
彭力雄，2006. 潮汐测量技术方法展望[C]//中国航海学会 . 中国航海学会航标专业委员会测绘学组学术研讨会学术交流论文集 . 2006 年中国航海学会航标专业委员会测绘学组学术研讨会，11 月 1 日，河源：32-35.
彭晓彤，周怀阳，吴邦春，等，2011. 美国 MARS 海底观测网络中国节点试验[J]. 地球科学进展，26（9）：991-996.
齐霄强，2008. 潜器悬浮运动模型及控制方法研究[D]. 哈尔滨：哈尔滨工程大学 .
阮爱国，李家彪，冯占英，等，2004. 海底地震仪及其国内外发展现状[J]. 东海海洋（2）：19-27.
阮锐，2001. 潮汐测量与验潮技术的发展[J]. 海洋技术（3）：68-71.
沙鸥，顾凤，徐国想，等，2011. 光度法测定环境水样中溶解氧[J]. 理化检验：化学分册（11）：102-104.
单辉祖，2004. 材料力学教程[M]. 2 版 . 北京：国防工业出版社：19-40.
单忠伟，2011. 海流测量技术综述[J]. 声学与电子工程（1）：3-7.
邵广昭，2011. 十年有成的“海洋生物普查计划”[J]. 生物多样性，19(6)：627-634.
沈国英，黄凌风，郭丰，2010. 海洋生态学[M]. 北京：科学出版社 .
沈新蕊，王延辉，杨绍琼，等，2018. 水下滑翔机技术发展现状与展望[J]. 水下无人系统学报，26（2）：89-106.
石新刚，苏强，2015. 投弃式海洋仪器设备发展现状[J]. 声学与电子工程(4)：46-48.
史正，胡映天，刘超，等，2019. 基于双光路荧光强度法的水体叶绿素 a 原位传感器设计[J]. 传感技术学报，32(5)：670-675，687.
宋波，2014. 水下目标识别技术的发展分析[J]. 舰船电子工程，34(4)：168-173.
隋美红，2009. 水下光学无线通信系统的关键技术研究[D]. 青岛：中国海洋大学 .
孙鹏程，2019. 声纳识别系统性能提升途径[J]. 电子技术与软件工程(18)：94-95.
孙晓东，张立明，2004. 铁道车辆轻量化中复合材料的应用[J]. 机械工程师(7)：76-77.
孙学康，2017. 光纤通信技术基础[M]. 北京：人民邮电出版社 .
孙志峰，2015. 国内外海洋能利用技术发展现状[C]//中国造船工程学会，中国海洋学会等 . 2015 年深海能源大会论文集 . 2015 年深海能源大会，12 月 3 日，海口：519-526.
唐文献，秦文龙，张建，等，2013. 自升式平台桩靴结构优化设计[J]. 中国造船，54(3)：78-84.
唐原广，孙磊，2014. SZF 波浪浮标双通信数据接收回放系统[J]. 计算机技术与发展，24(6)：196-199.
田晓辉，2009. 锂离子电池 SOC 预测方法应用研究[D]. 洛阳：河南科技大学 .
同济大学海洋科技中心海底观测组，2011. 美国的两大海洋观测系统：OOI 与 IOOS[J]. 地球科学进展，26(6)：650-655.
万骏，2018. 浅谈量子通信理论及其应用[J]. 科技传播，10(6)：100-101.
万里，2018. 集成电机推进器(IMP)推进电机热设计研究[D]. 北京：中国舰船研究院 .

汪洁，2012. 海流能转换器水动力特性的数值模拟及实验研究[D]. 杭州：浙江工业大学.
汪萍，2013. 机械优化设计[M]. 4 版. 武汉：中国地质大学出版：81.
王炳辉，陈敬军，2004. 声纳换能器的新进展[J]. 声学技术(1)：67-71.
王聪，秦明新，董秀珍，等，2004. 磁感应方式电导率测量基础研究[J]. 中国医学物理学杂志，21(3)：182-185，181.
王华，2012. 水下灵巧手运动学分析与实验[J]. 机械传动，36(3)：67-69.
王辉辉，窦培林，2006. 拘束度对管节点受力性能的影响[J]. 中国海洋平台(5)：7-12.
王俭辛，朱青，黎文航，等，2018. 水下切割研究现状及发展趋势[J]. 江苏科技大学学报(自然科学版)，32(2)：180-185，207.
王健刚，刘汉法，2007. 耦合模理论对光纤光栅的分析[J]. 山东理工大学学报(自然科学版)(1)：88-91.
王瑨，王永杰，张登攀，2019. 面向海洋应用的光纤光栅温度传感器研究进展[J]. 激光与红外，49(5)：5-12.
王平，严开祺，潘顺龙，等，2016. 深水固体浮力材料研究进展[J]. 工程研究-跨学科视野中的工程，8(2)：223-229.
王庆璋，2001. 海洋腐蚀与防护技术[M]. 青岛：青岛海洋大学出版社.
王日晟，2018. DNA 传感器在环境监测中的应用[D]. 淮南：安徽理工大学.
王晓静，2017. 欧洲水下声通信技术发展综述[EB/OL]. (2017-06-26)[2020-03-21]. 蓝海星智库：SICC_ LHX.
王心明，2011. 工程压力容器设计与计算[M]. 2 版. 北京：国防工业出版社：131-142.
王鑫，方建华，刘坪，等，2019. 相变材料的研究进展[J]. 功能材料，50(2)：2070-2075.
王一新，王家林，王家映，等，1998. 瞬变电磁系统探测海底电导率的研究[J]. 地球物理学报，41(6)：841-847.
王宜举，2019. 非线性最优化理论与方法[M]. 3 版. 北京：科学出版社.
王毅凡，周密，宋志慧，2014. 水下无线通信技术发展研究[J]. 通信技术，47(6)：589-594.
王瑜，2010. 基于有限元分析的自升式平台桁架腿选型优化设计[J]. 船舶设计通讯(2)：60-64.
王志丹，2016. 光学浊度传感器的设计与实现[D]. 南京：南京信息工程大学.
卫小冬，赵明辉，阮爱国，等，2010. 南海中北部 OBS2006-3 地震剖面中横波的识别与应用[J]. 热带海洋学报，29(5)：72-80.
魏红艳，2009. 叶绿素荧光检测技术及仪器的研制[D]. 天津：天津大学.
温巧燕，2009. 量子保密通信协议的设计与分析[M]. 北京：科学出版社.
吴明钰，李建国，2001. 高精度 CTD 剖面仪温度传感器[J]. 海洋技术(1)：145-148.
吴宁，马海宽，曹煊，等，2019. 基于荧光法的光学海水叶绿素传感器研究[J]. 仪表技术与传感器(10)：21-24，29.
吴荫顺，1996. 腐蚀试验方法与防腐蚀检测技术[M]. 北京：化学工业出版社.
溪流的海洋人生，2015. 水下无线通信的方法与应用[EB/OL]. (2015-07-08)[2020-03-21]. http：//www.360doc.com/content/17/0702/09/15447134_ 668128567.shtml.

夏兰廷，黄桂桥，张三平，2003. 金属材料的海洋腐蚀与防护[M]. 北京：冶金工业出版社：3-355.
夏善红，边超，孙楫舟，等，2017. 面向水环境监测的生物传感器研究[J]. 中国科学院院刊，32(12)：1330-1340.
肖敏，孙逸华，2003. 机械的安全设计及其应用[J]. 机床与液压(3)：242-243.
肖治琥，2011. 深水机械手动力学特性及自主作业研究[D]. 武汉：华中科技大学.
谢芳，王慧琴，2003. 用光纤 F-P 滤波器解调的光纤光栅传感器的研究[J]. 光电子·激光 (4)：31-34.
邢小罡，赵冬至，Hervé CLAUSTRE，等，2012. 一种新的海洋生物地球化学自主观测平台：Bio-Argo 浮标[J]. 海洋环境科学，31(5)：733-739.
徐长密，2010. 水下机器人—机械手系统动力学建模及运动控制研究[D]. 青岛：中国海洋大学.
徐伟哲，张庆勇，2016. 全海深潜水器的技术现状和发展综述[J]. 中国造船，57(2)：206-221.
徐昱，杨自斌，张继祥，2019. 轻量化技术在车身设计制造中的应用[J]. 汽车实用技术(4)：64-67.
许国根，2018 最优化方法及其 MATLAB 实现[M]. 北京：北京航空航天大学出版社：134-153.
薛发玉，翟世奎，2006. 大洋中脊研究进展[J]. 海洋科学(3)：66-72.
阳凡林，康志忠，独知行，等，2006. 海洋导航定位技术及其应用与展望[J]. 海洋测绘(1)：71-74.
杨彬，2009. 多孔 SiC 陶瓷及其与环氧树脂复合材料的制备研究[D]. 青岛：中国海洋大学.
杨灿军，陈燕虎，2015. 海洋能源获取、传输与管理综述[J]. 海洋技术学报，34(3)：111-115.
杨书凯，刘慧，汤永佐，等，2019. 浮子、压力和雷达验潮仪的比较[J]. 信息技术与信息化，228(3)：137-139.
杨习成，2016. 激光验潮仪的研制及数据算法[J]. 港工技术，53(6)：107-110.
杨晓明，陈明文，张渝，等，1999. 海水对金属腐蚀因素的分析及预测[J]. 北京科技大学学报(2)：185-187.
杨亚楠，2017. 温差能—电能复合动力水下滑翔机系统设计与性能分析[D]. 天津：天津大学.
杨炎华，甘进，2013. 海上多功能工作平台管节点的应力集中系数分析方法[J]. 武汉理工大学学报(交通科学与工程版)，37(2)：400-403.
杨子赓，2004. 海洋地质学[M]. 济南：山东教育出版社.
姚素薇，郭萌，2004. 氧传感器的研究与应用[J]. 传感器世界，10(3)：12-15.
叶安乐，李凤岐，1992. 物理海洋学[M]. 青岛：青岛海洋大学出版社.
叶杨高，朱家远，李锦华，2008. 国外水下插拔光纤连接器的发展[J]. 光纤与电缆及其应用技术(2)：1-4.
佚名，2018. 蓝宝石压力传感器原理与应用[EB/OL]. (2018-07-02)[2020-03-20]. https://wenku.baidu.com/view/33d59fb41ed9ad51f11df2b3.html.
殷毅，2018. 智能传感器技术发展综述[J]. 微电子学，48(4)：504-507，519.
尹浩，2013. 量子通信原理与技术[M]. 北京：电子工业出版社.
尹衍升，2008. 海洋工程材料学[M]. 北京：科学出版社.
于军晖，杨慧仙，杨胜圆，等，2004. 电导滴定法测定水中溶解氧的研究[J]. 中国卫生检验杂志(1)：28-29.

于兴河，郑秀娟，2004. 沉积学的发展历程与未来展望[J]. 地球科学进展(2)：173-182.
于用军，李飞，王帅，等，2017. 整车轻量化技术研究综述[J]. 汽车实用技术(24)：43-45.
于宇，李嘉琪，2018. 国内外钛合金在海洋工程中的应用现状与展望[J]. 材料开发与应用，33(3)：111-116.
余景宏，2009. 欧洲牵引车在轻量化方面的有效举措[J]. 商用汽车(8)：90-91，93.
余立中，商红梅，张少永，2001. Argo 浮标技术研究初探[J]. 海洋技术(3)：34-40
俞建成，孙朝阳，张艾群，2018. 海洋机器人环境能源收集利用技术现状[J]. 机器人，40(1)：89-101.
虞若雨，2019. 光纤光栅水听器的研究[D]. 北京：北京邮电大学.
詹亚歌，蔡海文，向世清，等，2005. 高分辨率光纤光栅温度传感器的研究[J]. 中国激光，32(1)：83-86.
张川，王聪，王爱军，等，2012. 海洋浊度传感器校准过程中“边界效应”的研究[J]. 海洋技术（3）：48-51.
张丰伟，2013. 水下无线中长波通信机的设计与实现[D]. 大连：大连理工大学.
张国良，2008. 组合导航原理与技术[M]. 西安：西安交通大学出版社
张贺，王申涛，李海涛，2018. 水下量子保密通信可行性分析[J]. 中国新通信，20(8)：29-30.
张鸿翔，赵千钧，2003. 海洋资源——人类可持续发展的依托[J]. 地球科学进展(5)：806-811.
张怀斌，2008. 叶绿素的光学性质及其应用[D]. 济南：山东师范大学.
张慧博，2008. 超大型岸边集装箱起重机金属结构静动态特性分析与轻量化研究[D]. 上海：上海交通大学.
张伙带，张金鹏，朱本铎，2015. 国内外海底观测网络的建设进展[J]. 海洋地质前沿，31(11)：64-70.
张健，2011. 海底光缆的通信技术[J]. 数字技术与应用(9)：25.
张立峰，2008. 三自由度水下机械手本体结构及阻抗控制研究[D]. 哈尔滨：哈尔滨工程大学.
张龙，叶松，周树道，等，2017. 海水温盐深剖面测量技术综述[J]. 海洋通报，36(5)：481-489.
张铁栋，2011. 潜水器设计原理[M]. 哈尔滨：哈尔滨工程大学出版社.
张婷，蒋望，何焰兰，2002. 水下全息实验[J]. 激光与光电子学进展(11)：23，30-31.
张巍，姜大成，王雷，等，2018. 传感器技术应用及发展趋势展望[J]. 通讯世界（10）：301-302.
张文昊，2018. 量子通信的关键技术及发展前景[J]. 内燃机与配件(7)：228-229.
张文轩，姬可理，陆奎，2010. 海底光缆技术发展研究[J]. 中国电子科学研究院学报，5(1)：40-45.
张晓涛，吕建刚，郭劭琰，等，2011. 一种仿生推进装置研究[J]. 机械传动，35(7)：48-51.
张雅楠，2016. 海洋工程材料腐蚀监测与防护技术[J]. 科技创新与应用(29)：123.
张勇，李光耀，钟志华，2008. 基于移动最小二乘响应面方法的整车轻量化设计优化[J]. 机械工程学报，44(11)：192-196.
张兆英，2003. CTD 测量技术的现状与发展[J]. 海洋技术(4)：106-111.
章家保，蔡辉，陈加银，等，2015. 当前海洋波浪测量的技术特点和实测分析[J]. 海洋技术学报(4)：

36-41.
赵军，2009. 聚苯乙烯空心微球及其复合材料的制备与性能研究[D]. 武汉：武汉理工大学.
赵楠，闫毅，裴昌幸，2008. 水下量子通信的研究[J]. 现代电子技术(7)：8-10，16.
赵卫东，宋金明，2000. 海洋化学传感器研制的动态评述[J]. 海洋与湖沼，31(4)：453-459.
赵羿羽，2018. 万米级潜水器现状及发展重点[J]. 中国船检(9)：76-81.
赵友全，魏红艳，李丹，等，2010. 叶绿素荧光检测技术及仪器的研究[J]. 仪器仪表学报，31(6)：1342-1346.
赵子仪，2015. 面向海洋环境的溶解氧检测系统及有效性审核模型研究[D]. 杭州：浙江工业大学.
中海石油研究总院，2010. 深水工程手册：水下生产系统脐带缆[Z]. 北京：中海石油研究总院.
钟强，2008. 水下粒子场数字全息探测方法研究[D]. 青岛：中国海洋大学.
周庆伟，张松，武贺，等，2016. 海洋波浪观测技术综述[J]. 海洋测绘，36(2)：45-50.
周洋，刘耀进，赵玉虎，2006. LED 可见光无线通信的现状和发展方向[J]. 淮阴工学院学报(3)：35-38.
周媛，陈先，梁忠旭，2006. 水下用轻质复合材料的研究进展[J]. 热固性树脂(4)：44-46.
周媛，陈先，梁忠旭，等，2008. 浮筒材料在深水技术开发海洋立管中的应用[J]. 高科技与产业化(12)：44-47.
朱昌平，2009. 水声通信基本原理与应用[M]. 北京：电子工业出版社.
朱大奇，胡震，2018. 深海潜水器研究现状与展望[J]. 安徽师范大学学报(自然科学版)，41(3)：205-216.
朱建中，1996. 微型 Clark 氧传感器的进展[J]. 传感器世界，10(9)：5-10.
庄雪峰，1992. 我国对虾主要养殖种类的耐盐性[J]. 水产养殖(5)：28-29.
邹海，边信黔，熊华胜，2006. AUV 控制系统规划层使命与任务协调方法研究[J]. 机器人(6)：651-655.
邹玲，2015. 细胞和分子传感器及其在海洋生物毒素检测中的应用研究[D]. 杭州：浙江大学.
左其华，2008. 现场波浪观测技术发展和应用[J]. 海洋工程(2)：128-143.
ACHORD J M，HUSSEY C L，1980. Determination of dissolved oxygen in nonaqueous electrochemical solvents[J]. Analytical Chemistry，52(3)：601-602.
AHLÉN J，SUNDGREN D，BENGTSSON E，2007. Application of underwater hyperspectral data for color correction purposes[J]. Pattern Recognition and Image Analysis，17(1)：170-173.
ASV Global，2017. C-Enduro[EB/OL]. (2017-01-07) [2017-02-01]. http：//asvg-lobal. com/product/c-enduro/.
ATTA A M，ABDOU M I，ELSAYED A A A，et al.，2008. New bisphenol novolac epoxy resins for marine primer steel coating applications[J]. Progress in Organic Coatings，63(4)：372-376.
AutoNaut，2016. Autonaut in Chichester marina[EB/OL]. (2016-12-22) [2016-12-24]. http：//www. autonautusv. com/gallery/autonaut-chichester-marina.
BAIDEN G，BISSIRI Y，MASOTI A，2009. Paving the way for a future underwater omni-directional wireless optical communication systems[J]. Ocean Engineering，36(9-10)：633-640.

BARNES C, 2009. Transforming the ocean sciences through cabled observatories[J]. 2009 IEEE Aerospace Conference Proceedings, March17-14. Big Sky, MT: 1-2.

BERGMAN I, 1985. Amperometric oxygen sensors: problems with cathodes and anodes of metals other than silver[J]. The Analyst, 110(4): 365.

BONDARYK J E, 2001. Bluefin autonomous underwater vehicles: Programs, systems, and acoustic issues [J]. The Journal of the Acoustical Society of America, 115(5): 2615-2615.

BOWEN A D, YOERGER D R, TAYLOR C, et al., 2009. The Nereus hybrid underwater robotic vehicle for global ocean science operations to 11, 000m depth[C]// IEEE. Oceans2008, September 15-18. Quebec City, Canada: IEEE.

CARTWRIGHT N A, OUGHSTUN K E, 2005. Uniform signal contribution of the step function modulated sine wave[C]//IEEE. 2005 IEEE Antennas and Propagation Society International Symposium, July 3-8. Washington, D. C.: IEEE.

CASTRO A, IGLESIAS G, CARBALLO R, et al., 2010. Floating boom performance under waves and currents[J]. Journal of Hazardous Materials, 174(1-3): 226-235.

CATDS Salinity Expeertise Center, 2010. Sea Surface Salinity Remote Sensing at CATDS Ocean Salinity Expert Center (CEC-OS) [EB/OL]. [2019-11-11]. http: //www. salinityremotesensing. ifremer. fr/.

CECCHI D, GARAU B, CAMOSSI E, et al., 2015. Sensor - driven glider data processing [C]// IEEE. OCEANS 2015, May 18-21. Genoa: IEEE.

CHAKRABORTY U, TEWARY T, CHATTERJEE R. P, 2010. Exploiting the loss-frequency relationship using RF communication in Underwater communication networks [C]//IEEE. 2009 4th International Conference on Computers and Devices for Communication (CODEC), December 14-16. Kolkata: IEEE.

CHAMBAH M, SEMANI D, RENOUF A, et al., 2003. Underwater color constancy: enhancement of automatic live fish recognition [J]. Proceedings of SPIE - The International Society for Optical Engineering: 5293.

CHAO Y, 2016. Autonomous underwater vehicles and sensors powered by ocean thermal energy[C]//IEEE. Oceans 2016, April 10-13. Shang Hai: IEEE.

CHEN A T, 张德玲, 1995. 海底地震仪：仪器及其实验技术[J]. 地质科学译丛 (1): 75-78.

CHEN G Y, DU L B, HE H J, et al., 2015. Research on key techniques of expendable conductivity temperature depth measuring system[J]. 仪器仪表学报(英文版)(2): 18-27.

CHRIST R D, WERNLI R L S, 2013. The ROV manual: a user guide for remotely operted vehicles[M]. Amsterdam: Elsevier.

CRESCENTINI M, BENNATI M, TARTAGNI M, 2011. Integrated and autonomous conductivity-temperature-depth (CTD) sensors for environmental monitoring[C]// IEEE. IEEE International Midwest Symposium on Circuits & Systems, Aug. 7-10. Seoul : IEEE.

CRESCENTINI M, BENNATI M, TARTAGNI M, 2014. A gigh resolution interface for Kelvin impedance sensing[J]. IEEE Journal of Solid State Circuits, 49(10): 2199-2212.

DAI J G, AKIRA Y, WITTMANN F H, et al., 2010. Water repellent surface impregnation for extension of service life of reinforced concrete structures in marine environments: The role of cracks[J]. Cement and Concrete Composites, 32(2): 101-109.

DAVID D, 2013. Light in the Sea[J]. World Literature Today, 87(2): 94-97.

DAVIS C S, HU Q, GALLAGER S M, et al., 2004. Real-time observation of taxa-specific plankton distributions: an optical sampling method[J]. Marine Ecology Progress Series(284): 77-96.

DELANEY J R, CHAVE A D, 2000. NEPTUNE: A fiber-optic 'telescope' to inner space[J]. Oceanus, 42(1): 10-11.

DEMAS J N, DEGRAFF B A, XU W Y, 1995. Modeling of luminescence quenching-based sensors: comparison of multisite and nonlinear gas solubility models[J]. Analytical Chemistry, 67(8): 1377-1380.

Density of Ocean Water [EB/OL]. [2019-11-11]. https://www.windows2universe.org/earth/Water/density.html.

DONG C F, AN Y H, LI X G, et al., 2009. Electrochemical performance of initial corrosion of 7A04 aluminium alloy in marine atmosphere[J]. Chinese Journal of Nonferrous Metals, 19(2): 346-352.

D'SOUZA R B, HENDERSON A D, et al., 1993. Semisubmersible floating production system: past, present and future technology [J]. Transactions - Society of Naval Architects and Marine Engineers (101): 437-484.

D'SPAIN G L, JENKINS S A, ZIMMERMAN R, et al., 2005. Underwater acoustic measurements with the Liberdade/X- Ray flying wing glider [J]. The Journal of the Acoustical Society of America, 117(4): 2624.

EBIE K, YAMAGUCHI D, HOSHIKAWA H, et al., 2006. New measurement principle and basic performance of high-sensitivity turbidimeter with two optical systems in series[J]. Water Research, 40(4): 0-691.

Eco Marine Power, 2014. Aquarius unmanned surface vessel[EB/OL]. (2014-06-05) [2016-12-12]. http://www.ecomarinepower.com/en/aquarius-usv.

EKERT A K, 1991. Quantum cryptography based on Bell's theorem[J]. Physical Review Letters, 67(6): 661-663.

ELKAIM G H, BOYCE LEE C O, 2007. Experimental validation of GPS-based control of an unmanned wing-sailed catamaran[C]//ION Global Navigation Satellite Systems Conference. North Miami Beach, USA: Curran Associates Inc: 1950-1956.

ERIKSEN C C, OSSE T J, LIGHT R D, et al., 2001. Seaglider: a long-range autonomous underwater vehicle for oceanographic research[J]. IEEE Journal of Oceanic Engineering, 26(4): 424-436.

FENUCCI D, CAFFAZ A, COSTANZI R, et al., 2016. WAVE: A wave energy recovery module for long endurance gliders and AUVs[C]//IEEE. OCEANS 2016 MTS/IEEE Monterey, September 19-23. Monterey: IEEE.

FOFONOFF N P, 1977. Computation of potential temperature of seawater for an arbitrary reference pressure [J]. Deep Sea Research, 24(5): 489-491.

GELEIL A S, HALL M M, SHELBY J E, 2006. Hollow glass microspheres for use in radiation shielding[J].

Journal of Non-Crystalline Solids, 352(6-7): 0-625.

GOULD J, ROEMMICH D, WIJFFELS S, et al., 2004. Argo profiling floats bring new era of in situ ocean observations[J]. Eos, Transactions American Geophysical Union, 85(19): 179, 190-191.

GREVEMEYER I, ROSENBERGER A, VILLINGER H, 2000. Natural gas hydrates on the continental slope off Pakistan: constraints from seismic techniques [J]. Geophysical Journal International, 140 (2) : 295-310.

HAGEN O K, ANONSEN K B, SAEBO T O, 2011. Low Altitude AUV Terrain Navigation Using an Interferometric Sidescan Sonar[C]// IEEE. OCEANS'11 MTTS/IEEE KONA, September 19-22, Waikoloa, HI, USA: IEEE.

HANSMAN R L, SESSIONS A L, 2016. Measuring the in situ carbon isotopic composition of distinct marine plankton populations sorted by flow cytometry[J]. Limnology & Oceanography Methods(14): 87-99.

HAWKES, GRAHAM, 2009. The old arguments of manned versus unmanned systems are about to become irrelevant: new technologies are game changers[J]. Marine Technology Society Journal, 43(5): 164-168.

HECKMAN D, ABBOTT R, 1973. An acoustic navigation technique[C]//Ocean 73 - IEEE International Conference on Engineering in the Ocean Environment. IEEE.

HERMANN W A, 2006. Quantifying global exergy resources[J]. Energy, 31(12): 1685-1702.

HIGINBOTHAM J R, MOISAN J R, SCHIRTZINGER C, et al., 2008. Update on the development and testing of a new long duration solar powered autonomous surface vehicle[C]//IEEE. Oceans 2008, September 15-18, Quebec City: IEEE: 1-10.

HILBRECHT H, 1996. Extant planktic foraminifera and the physical environment in the atlantic and indian oceans. An atlas based on CLIMAP and Levitus (1982) data[EB/OL]. [2019-11-11]. https://www.ngdc.noaa.gov/mgg/geology/hh1996.html.

HOELL I A, OLSEN R O, HESS-ERGA O K, et al., 2017. Application of flow cytometry in ballast water analysis—biological aspects[J]. Management of Biological Invasions, 8(4): 575-588.

HOLOHAN M L, DAINTY J C, 1997. Low-order adaptive optics: a possible use in underwater imaging[J]. Optics and Laser Technology, 29(1): 51-55.

HONG Z, BAO C F, QIU W F, et al., 1998. Online turbidity measurement using light surface scattering [C]// International Society for Optics and Photonics. Automated Optical Inspection for Industry: Theory, Technology, and Applications II. Proceedings of SPIE - The International Society for Optical Engineering (3558): 28-30.

HONGVE D, KESSON G, 1998. Comparison of nephelometric turbidity measurements using wavelengths 400-600 and 860nm[J]. Water Research, 32(10): 3143-3145.

HU Q, DAVIS C, 2006. Accurate automatic quantification of taxa-specific plankton abundance using dual classification with correction[J]. Marine Ecology Progress Series, 306(1): 51-61.

HUTTNER B, IMOTO N, GISIN N, et al., 1995. Quantum cryptography with coherent states[J]. Physical Review A, 51(3): 1863-1869.

ISERN A R, CLARK H L, 2003. The ocean observatories initiative: a continued presence for interactive ocean research[J]. Marine Technology Society Journal, 37(3): 26-41.

ISHITSUKA M, ISHII K, 2007. Development and Control of an Underwater Manipulator for AUV[C]//IEEE. 2007 Symposium on Underwater Technology and Workshop on Scientific Use of Submarine Cables and Related Technologies, April 17-20. Tokyo: IEEE.

ITO S, OMATA H, MURATA T, et al., 1988. Atmospheric corrosion and development of a stainless steel alloy against marine environments[J]. ASTM Special Technical Publication: 68-77.

JAFFE J S, 1990. Computer modeling and the design of optimal underwater imaging systems[J]. IEEE Journal of Oceanic Engineering, 15(2): 101-111.

JEANS G, PRIMROSE C, DESCUSSE N, et al., 2003. A comparison between directional wave measurements from the RDI workhorse with waves and the datawell directional waverider[C]//IEEE. Proceedings of the IEEE/OES Seventh Working Conference on Current Measurement Technology, March 13-15. San Diego: IEEE.

JI L, GAO J, YANG A L, et al., 2017. Towards quantum communications in free-space seawater[J]. Optics Express, 25(17): 19795-19806.

JIANG W W, LI J, ZHAO R F, et al., 2010. Analysis of fiber grating filters written in fiber coupler by employing the unified coupled-mode theory[J]. Acta Optica Sinica, 30(3): 644-649.

JIE D, CUI W F, ZHANG S X, et al., 2006. Corrosion resistance of low alloy steels used for marine engineering under the condition of immersion corrosion[J]. Journal of Northeastern University, 27(2): 187-189.

JIN X M, REN J G, YANG B, et al., 2010. Experimental free-space quantum teleportation[J]. Nature Photonics, 4(6): 376-381.

KAHN W D, 1984. Accuracy of Mapping the Earth's Gravity Field Fine Structure with a Space Borne Gravity Gradiometer Mission[R]. NASA Goddard Geodynamic Branch.

KATO N, LANE D M, 1996. Coordinated Control of Multiple Manipulators in Underwater Robots[C]//IEEE. Proceedings of IEEE International Conference on Robotics and Automation, April, 22-28. Minneapolis, USA: IEEE.

KITTS C, BINGHAM B, CHEN Y, et al., 2012. Introduction to the focused section on marine mechatronic systems[J]. IEEE/ASME Transactions on Mechatronics, 17(1): 1-7.

KIZU S, ONISHI H, SUGA T, et al., 2008. Evaluation of the fall rates of the present and developmental XCTDs[J]. Deep Sea Research Part Ⅰ Oceanographic Research Papers, 55(4): 571-586.

KOCAK D M, DALGLEISH F R, CAIMI F M, et al., 2008. A focus on recent developments and trends in underwater imaging[J]. Marine Technology Society Journal, 42(1): 52-67.

La Que F L, 1948. Handbook on Marine Corrosion[M]. New York: John Wiley & Sons Inc: 383.

LEABOURNE K N, ROCK S M, 1998. Model development of an underwater manipulator for coordinated arm-vehicle control[C]//IEEE Oceanic Engineering Society. OCEANS '98 Conference Proceedings, Sept. 28-Oct. 1. Nice, France: IEEE.

LEIMKUHLER A M, LUKENS W E, et al., 1987. Weldable rapidly solidified aluminum alloy for marine applications[J]. International Journal of Powder Metallurgy (Princeton, New Jersey), 23(1): 39-42.

LEONARD J J, BENNETT A A, SMITH C M, et al., 1998. Autonomous underwater vehicle navigation[C]// Mit Marine Robotics Laboratory Technical Memorandum.

LEVEQUE J P, DROGOU J F, 2006. Operational overview of NAUTILE deep submergence vehicle since 2001 [C]//Marine Technology Society. Proceedings of Underwater Intervention Conference. New Orleans, LA.

LEWIS E L, 1980. The practical salinity scale 1978 and its antecedents[J]. IEEE Journal of Oceanic Engineering, 5(1): 3-8.

LI D, YU Z T, TANG W S, et al., 2001. A New α TiAlloy(Ti-4Al-2V) for marine engineering[J]. Journal of Materials Science and Technology(JMST), 17(1): 77-78.

LIANG X F, YI H, ZHANG Y F, et al., 2010. Reliability and safety analysis of an underwater dry maintenance cabin[J]. Ocean Engineering, 37(2-3): 268-276.

LIN C Y, WANG L A, CHERN G W, 2001. Corrugated long-period fiber gratings as strain, torsion, and bending sensors[J]. Journal of Lightwave Technology, 19(8): 1159-1168.

LINDSTROM E J, 2003. Establishing an integrated ocean observing system for the United States[J]. Marine Technology Society Journal, 37(3): 47-50.

Liquid Robotics, 2016. Energy harvesting ocean robot[EB/OL]. (2016-12-18) [2016-12-18]. http: //www. liquid-robotics. com/platform/how-it-works/.

LIU Q J, WU C S, CAI H, et al., 2014. Cell-based biosensors and their application in biomedicine[J]. Chemical Reviews, 114(12): 6423-6461.

LIU Z S, 2001. Underwater image transmission and blurred image restoration[J]. Optical Engineering, 40 (6): 1125.

LV J S, ZHANG F X, ZHAO Q, et al., 2017. Design and simulation of FBG based rapid response ocean temperature sensors[J]. Shandong Science, 30(1): 59-63.

MA X S, THOMAS H, THOMAS S, et al., 2012. Quantum teleportation over 143 kilometres using active feed -forward[J]. Nature, 489(7415): 269-273.

MA Z, LIU Y, WANG Y, et al., 2016. Improvement of working pattern for thermal underwater glider[C]// IEEE. Oceans 2016, April 10-13. Shanghai: IEEE.

MAIRS B, CURRY R, ELKAIM G, 2013. SeaSlug: A low-cost long-duration mobile marine sensor platform for flexible data - collection deployments [DB/OL]. (2013 - 06 - 20) [2017 - 04 - 15]. http: // byron. soe. ucsc. edu/projects/SeaSlug/Documents/ION%20GNSS+%202013/SeaSlug ION GNSS. pdf

MAIRS B, ELKAIM G, 2012. SeaSlug: A high-uptime, long-deployment mobile marine sensor platform [EB/OL]. (2012-04-30) [2017-05-14]. http: //citeseerx. ist. psu. edu/viewdoc/download; jsessionid =E19AD1948A49ACE753A3E9E21B690ABB? doi=10. 1. 1. 294. 4882&rep =rep1&type=pdf.

MALAHOFF A, GREGORY T, BOSSUYT A, et al., 2002. A seamless system for the collection and cultivation of extremophiles from deep-ocean hydrothermal vents[J]. IEEE Journal of Oceanic Engineering, 27 (4): 862-869.

MALKIEL E, ALQUADDOOMI O, KATZ J, 1999. Measurements, of plankton distribution in the ocean using submersible holography[J]. Measurement Science & Technology, 10(12): 1142.

MARTHINIUSSEN R, VESTGARD K, KLEPAKER R A, et al., 2004. HUGIN - AUV concept and operational experiences to date[C]// IEEE. OCEANS'04 MTTS/IEEE TECHNO-OCEAN'04, November 9-12. Kobe, Japan: IEEE.

MBARI. The environmental sample processor (ESP) sensors: underwater research of the future (SURF Center) [EB/OL]. [2020-04-10]. https://www.mbari.org/technology/emerging-current-tools/instruments/environmental-sample-processor-esp/.

MCLAIN T W, ROCK S M, LEE M J, 1996. Experiments in the coordinated control of an underwater arm/vehicle system[J]. Autonomous Robots, 3(2-3): 213-232.

MCLEAN E A, BURRIS H R, STRAND M P, 1995. Short-pulse range-gated optical imaging in turbid water [J]. Applied Optics, 34(21): 4343-4351.

MCPHAIL S D, PEBODY M, 1997. Autosub-1. A distributed approach to navigation and control of an autonomous underwater vehicle[C]//IET. Seventh International Conference on Electronic Engineering in Oceanography, June 23-25, Southampton: Institution Engineering and Technology.

MCPHAIL S, FURLONG M, HUVENNE V, et al., 2009. Autosub6000: its first deepwater trials and science missions[J]. Underwater Technology, 28(3): 91-98.

MELCHERS R E, 2003. Effect on marine immersion corrosion of carbon content of low alloy steels[J]. Corrosion Science, 45(11): 2609-2625.

MIENERT J, BÜNZ S, GUIDARD S, et al., 2005. Ocean bottom seismometer investigations in the Ormen Lange area offshore mid-Norway provide evidence for shallow gas layers in subsurface sediments[J]. Marine & Petroleum Geology, 22(1-2): 0-297.

MISRA H P, FRIDOVICH I, 1976. A convenient calibration of the Clark oxygen electrode[J]. Analytical Biochemistry, 70(2): 632-634.

MOHAMMED H U R, DAWOOD M, ALEJOS A V, 2010. Software tool for simulation of brillouin precursors in dispersive dielectrics[C]//IEEE. 2010 IEEE Antennas and Propagation Society International Symposium, July 11-17. Toronto: IEEE.

MOMMA, HIROYASU, 1999. Deep ocean technology at JAMSTEC[J]. Marine Technology Society Journalx, 33(4): 49-64.

MURAKAMI M, HORIGUCHI S, et al., 2003. Copper alloys evaded by marine organisms-a copper alloy with both anti-fouling and anti-corrosion properties[J]. Zairyo to Kankyo/ Corrosion Engineering, 52(11): 613-617.

NANBA N, MORIHANA H, NAKAMURA E, et al., 1990. Development of deep submergence research vehicle"SHINKAI 6500"[R]. Techn Rev Mitsubish Heavy Industr Ltd(27): 157-168.

NEVALA A E, LIPPSETT L, 2009. Floating without Imploding: WHOI Engineer Don Peters[J]. Oceanus, 47(3): 36-37.

NUNES F, NORRIS R D, 2006. Abrupt reversal in ocean overturning during the Palaeocene/Eocene warm period[J]. Nature, 439(7072): 60-63.

OBRECHT H, FUCHS P, REINICKE U, et al., 2008. Influence of wall constructions on the load-carrying capability of light - weight structures [J]. International Journal of Solids and Structures, 45 (6): 1513-1535.

Ocean Aero, 2015. SubmaranTM S10: Wind and solar-powered freedom to go further and faster[EB/OL]. (2015-12-02) [2016-12-22]. http: //www. oceanaero. us/Ocean-Aero-Submaran.

OKA E, ANDO K, 2004. Stability of temperature and conductivity sensors of argo profiling floats[J]. Journal of Oceanography, 60(2): 253-258.

OTHONOS A, 1997. Fiber Bragg gratings[J]. Review of Scientific Instruments, 68(12): 4309-4341.

PAINTER H, FLYNN J, 2006. Current and future wet-mate connector technology developments for scientific seabed observatory applications[C]. IEEE. Oceans 2006, September 18-21. Boston: IEEE: 1-6.

PETIT F, CAPELLE LAIZÉ A S, CARRÉ P, 2009. Underwater image enhancement by attenuation inversion with quaternions[C]//IEEE. 2009 IEEE International Conference on Acoustics, Speech and Signal Processing, April 19-24. Taipei: IEEE.

PETZRICK E, TRUMAN J, FARGHER H, 2014. Profiling from 6, 000 meter with the APEX-Deep float [C]// Oceans. IEEE.

PICKARD G L, EMERY W J, 1990. Descriptive physical oceanography: an introduction [M]. Oxford: Pergamon Press.

POSTOLACHE O A, GIRAO P M B S, PEREIRA J M D, et al., 2007. Multibeam optical system and neural processing for turbidity measurement[J]. IEEE sensors journal, 7(5): 677-684.

QIAO X G, JIA Z A, FU H W, et al., 2004. Theory and experiment about in-fiber Bragg grating temperature sensing[J]. Acta Physica Sinica, 53(2): 494-497.

QU Y P, WANG W J, PENG J K, et al., 2017. Sensitivity-enhanced temperature sensor based on metalized optical fiber grating for marine temperature monitoring[C]//IEEE. 2017 16th International Conference on Optical Communications and Networks (ICOCN), Aug. 7-10. Wuzhen: IEEE: 1-3.

RAHMSTORF, STEFAN, 2002. Ocean circulation and climate during the past 120, 000 years[J]. Nature, 419(6903): 207-214.

RAMAMOORTHY R, DUTTA P K, AKBAR S A, 2003. Oxygen sensors: materials, methods, designs and applications[J]. Journal of Materials Science, 38(21): 4271-4282.

RAO Y J, WEBB D J, JACKSON D A, et al., 1997. In-fiber bragg-grating temperature sensor system for medical applications[J]. Journal of Lightwave Technology, 15(5): 779-785.

RESTE L S, DUTREUIL V, ANDRé, et al., 2016. "Deep-Arvor": A new profiling float to extend the Argo observations down to 4000m depth[J]. Journal of Atmospheric and Oceanic Technology.

REVIE R W, UHLIG H H, 2011. Uhlig′s corrosion handbook[M]. New York: John Wiley & Sons Inc.

RICCI F, ADORNETTO G, PALLESCHI G, 2012. A review of experimental aspects of electrochemical immunosensors[J]. Electrochimica Acta (84): 74-83.

RIZZI A, GATTA C, MARINI D, 2003. A new algorithm for unsupervised global and local color correction [J]. Pattern Recognition Letters, 24(11): 1663-1677.

ROCKEY N, BISCHEL H N, KOHN T, et al., 2019. The utility of flow cytometry for potable reuse[J]. Current Opinion in Biotechnology(57): 42-49.

ROSS C T F, 2006. A conceptual design of an underwater vehicle[J]. Ocean Engineering, 33(16): 2087-2104.

RUDNICK D L, DAVIS R E, SHERMAN J T, 2016. Spray underwater glider operations[J]. Journal of Atmospheric and Oceanic Technology, 33(6): 1113-1122.

RUDNICK D L, KLINKE J, 2007. The underway conductivity-temperature-depth instrument[J]. Journal of Atmospheric and Oceanic Technology, 24(11): 1910-1923.

RYNNE P F, VON E K D, 2009. Unmanned autonomous sailing: Current Status and Future Role in Sustained Ocean Observations[J]. Marine Technology Society Journal, 43(1): 21-30.

SCHETTINI R, CORCHS S, 2010. Underwater image processing: state of the art of restoration and image enhancement Methods[J]. EURASIP Journal on Advances in Signal Processing(3): 1-15.

SCHMITT M L, SHELBY J E, HALL M M, 2006. Preparation of hollow glass microspheres from sol-gel derived glass for application in hydrogen gas storage[J]. Journal of Non-Crystalline Solids, 352(6-7): 0-631.

SCHMITT R W, PETITT R A, 2006. A fast response, stable CTD for gliders and AUVs[C]//IEEE. OCEANS 2006, September 18-21. Boston: IEEE.

SCHOFIELD O, KOHUT J, ARAGON D, et al., 2007. Slocum gliders: robust and ready[J]. Journal of Field robotics, 24(6): 473-485.

SCHUEREMANS L, GEMERT D V, GIESSLER S, 2007. Chloride penetration in RC-structures in marine environment - Long term assessment of a preventive hydrophobic treatment[J]. Construction & Building Materials, 21(6): 1238-1249.

SFAKIOTAKIS M, LANE D M, DAVIES J B C, 1999. Review of fish swimming modes for aquatic locomotion [J]. IEEE Journal of Oceanic Engineering, 24(2): 237-252.

SHANEYFELT T, JOORDENS M A, NAGOTHU K, et al., 2008. RF communication between surface and underwater robotic swarms[C]// IEEE. 2008 World Automation Congress (WAC 2008), Sept. 28-Oct. 2. Hawaii: IEEE.

SHENIO, 2018. 船舶与海洋复合材料结构物工程应用技术[M]. 北京: 科学出版社.

SHERMAN J, DAVIS R E, OWENS W B, et al., 2001. The autonomous underwater glider \ "Spray"[J]. IEEE Journal of Oceanic Engineering, 26(4): 437-446.

SHIBLI S M A, ARCHANA S R, ASHRAF P M, 2008. Development of nano cerium oxide incorporated aluminium alloy sacrificial anode for marine applications[J]. Corrosion Science, 50(8): 0-2238.

SIEGEL M, KING R W P, 1970. Electromagnetic fields in a dissipative half-space: a numerical approach [J]. Journal of Applied Physics, 41(6): 2415-2423.

SOPHOCLEOUS M, ATKINSON J K, 2015. A novel thick-film electrical conductivity sensor suitable for liquid and soil conductivity measurements[J]. Sensors and Actuators B Chemical, 213(1): 415-422.

SORATHIA U, DAPP T, KERR J, 1991. Flammability characteristics of composites for shipboard and subma-

ence energy[C]. Oceans 2017, Anchorage: 1-6.

YANG R, ZHANG R, SUN S, 2006. Automated classification of zooplankton based on digital image processing[J]. Computer Simulation, 23(5): 167-170.

YANG Y, WANG Y, MA Z, et al., 2016. A thermal engine for underwater glider driven by ocean thermal energy[J]. Applied Thermal Engineering(99): 455-464.

YIN J, REN J G, LU H, 2012. Quantum teleportation and entanglement distribution over 100-kilometre free-space channels[J]. Nature, 488(7410): 185-188.

ZHANG Z P, QI Y H, LIU H, et al., 2009. Marine biofouling on the fluorocarbon coatings comprising PTFE powders[C]//中国机械工程学会. Fifth International Conference on Surface Engineering, 2007-07-07. 大连: 123.

ZHENG C W, PAN J, 2014. Assessment of the global ocean wind energy resource[J]. Renewable and Sustainable Energy Reviews, (33): 382-391.

ZHENG CW, SHAO LT, SHI WL, et al., 2014. An assessment of global ocean wave energy resources over the last 45 a[J]. Acta Oceanologica Sinica(1): 94-103.

ZHOU L, BAI S, HANSEN M R, 2011. Design optimization on the drive train of a light-weight robotic arm [J]. Mechatronics, 21(3): 560-569.

ZILBERMAN N, MAZE G, 2015. Report on the Deep Argo Implementation Workshop[C]// Deep Argo Implementation Workshop, Hobart, May 5-7th.

rine internal applications[J]. International SAMPE Symposium and Exhibition (Proceedings), 36(2): 1868-1878.

SUYKENS J A K, VANDEWALLE J, 1999. Least squares support vector machine classifiers[J]. Neural Processing Letters, 9(3): 293-300.

SUZUKI H, KOJIMA N, SUGAMA A, et al., 1991. Micromachined Clark oxygen electrode[J]. Sensors & Actuators B Chemical, 10(2): 339-342.

SWINNERTON J W, LINNENBOM V J, CHEEK C H, 1962. Determination of dissolved gases in aqueous solutions by gas chromatography [J]. Analytical Chemistry, 34(4): 483-485.

TARN T J, SHOULTS G A, YANG S P, 1996. A dynamic model of an underwater vehicle with a robotic manipulator using Kane's method[J]. Autonomous Robots, 3(2-3): 269-283.

THURMAN H V, BURTON E A, 1997. Introductory oceanography[M]. Upper Saddle Rive : Prentice Hall.

TRAMPP D A, 2012. Upper ocean characteristics in the tropical Indian Ocean from AXBT and AXCTD measurements. Monterey: Naval postgraduate school.

TRIANTAFYLLOU M S, TRIANTAFYLLOU G S, 1995. An efficient swimming machine[J]. Scientific American, 272(3): 64-70.

TRUCCO E, OLMOS-ANTILLON A T, 2006. Self-tuning underwater image restoration[J]. IEEE Journal of Oceanic Engineering, 31(2): 511-519.

TSAI C C, CHANG C Y, TSENG C H, 2004. Optimal design of metal seated ball valve mechanism[J]. Structural and Multidisciplinary Optimization(26): 249-255.

TUOHY S T, 1994. Geophysical map representation, abstraction and interrogation for autonomous underwater vehicle navigation[M]. Massachusetts Institute of Technology.

URA T, OBARA T, NAGAHASHI K, et al., 2004. Introduction to an AUV r2D4 and its Kuroshima Knoll Survey Mission[C]// IEEE. OCEANS'04 MTTS/IEEE TECHNO-OCEAN'04(IEEE Cat. No. 04CH37600), November 9-12. Kobe, Japan: IEEE.

WANG J Y, YANG B, LIAO S K, 2013. Direct and full-scale experimental verifications towards ground - satellite quantum key distribution[J]. Nature Photonics, 7(5): 387-393.

WEBB D C, SIMONETTI P J, JONES C P, 2001. SLOCUM: an underwater glider propelled by environmental energy[J]. IEEE Journal of Oceanic Engineering, 26(4): 447-452.

WIENER T F, KARP S, 1980. The role of blue/green laser systems in strategic submarine communications [J]. IEEE Transactions on Communications, 28(9): 1602-1607.

WOOD S, PARDIS R, 2013. Inexpensive expendable conductivity temperature and depth (CTD) sensor [C]//IEEE. OCEANS 2013, September 23-27. San Diego: IEEE.

World Ocean Atlas, 2005. Salinity Distribution at the Ocean Surface[EB/OL]. [2019-11-11]. http: //www. salinityremotesensing. ifremer. fr/sea-surface-salinity/salinity-distribution-at-the-ocean-surface.

WU S J, YANG C J, PESTEDR N J, et al., 2011. A new hydraulically actuated titanium sampling valve for deep-sea hydrothermal fluid samplers[J]. IEEE Journal of Oceanic Engineering, 36(3): 462-469.

XIA Q C, CHEN Y H, ZANG Y J, et al., 2017. Ocean profiler power system driven by temperature differ-